高等院校精品教材

半导体物理

季振国 编著

内容提要

本书针对半导体材料与器件的发展趋势，有必要向读者介绍新型半导体材料相关的知识和基本工作原理。以介绍基本物理概念为主，尽量避免复杂的数学推导和过分细致的器件细节，并尽可能多地利用量子力学知识分析、解释半导体材料和器件涉及的物理原理。本书内容较广，适合于本科生、研究生以及相关研究人员参考。

图书在版编目（CIP）数据

半导体物理／季振国编著．—杭州：浙江大学出版社，2005.9（2020.1重印）
ISBN 978-7-308-04458-5

Ⅰ．半… Ⅱ．季… Ⅲ．半导体物理学 Ⅳ．047

中国版本图书馆CIP数据核字（2005）第107307号

半导体物理

季振国　编著

责任编辑　杜希武
封面设计　俞亚彤
出版发行　浙江大学出版社
（杭州天目山路148号　邮政编码310028）
（网址：http://www.zjupress.com）
排　　版　杭州好友排版工作室
印　　刷　杭州杭新印务有限公司
开　　本　787mm×1092mm　1/16
印　　张　17.5
字　　数　408千
版 印 次　2005年9月第1版　2020年1月第6次印刷
书　　号　ISBN 978-7-308-04458-5
定　　价　39.00元

前　言

半导体是一个相对年轻的学科，但用它制成的各种器件已广泛应用于人类生活的各个方面。半导体材料与器件的水平已经成为一个国家综合实力的重要组成部分。从人们的日常生活到高科技的航空航天技术，都离不开半导体器件。在人类社会进入信息时代的今天，半导体材料与器件正发挥着越来越大的作用，在微电子领域，锗、硅起到特别重要的作用，特别是以硅材料科学与技术为基础的微电子技术构成了现代信息技术的主体。在半导体电子器件方面，器件的集成度和特征线宽的发展趋势基本符合莫尔定律（指数增长以及指数减小），即每过 18 个月，器件的集成度提高一倍，而器件的特征线宽却降低一半，见图 1 和图 2。例如微处理器中的晶体管数量从 20 世纪 70 年代的每片 1K 左右个晶体管（4004 系列）到目前的每个芯片的上亿个晶体管（奔腾 4 中晶体管的数量超过 4000 万个），随机存储器中 DRAM 的晶体管数量也从 1K 增加到 1G 左右。另一方面，电子器件的工作速度不断提高，从 CPU 的运算速度看已经从 20 世纪 70 年代末的 1M 主频（苹果机）以及 20 世纪 80 年代的 4.77MHz/8MHz(IBM-PC/XT)，到了目前的 几个 GHz。

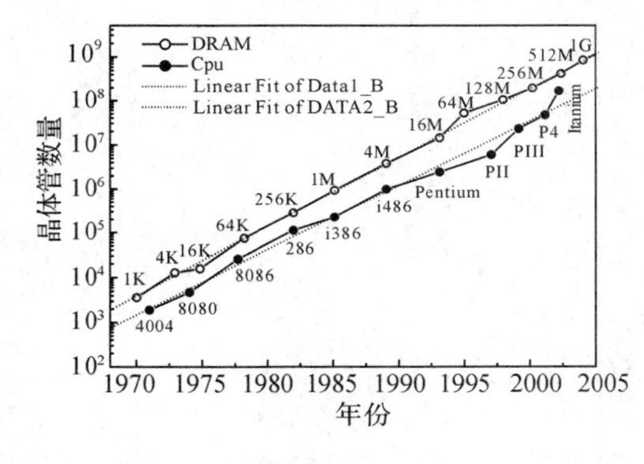

图 1　DRAM 和 CPU 的变化趋势

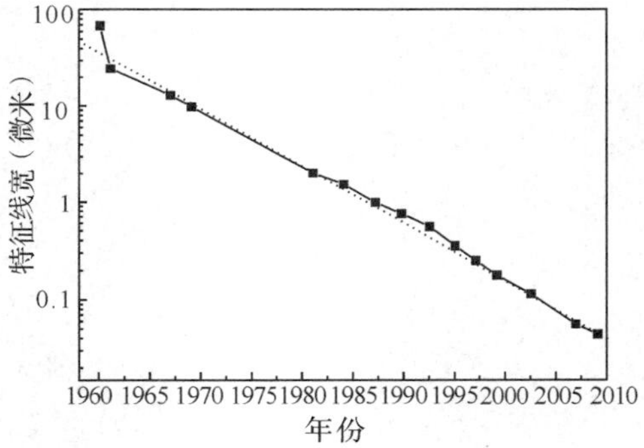

图 2　特征线宽的变化趋势

然而，人们的追求看来还无止境。但是由于电子器件的特征宽度已经接近宏观器件的工作极限，因此新一代基于量子力学原理的微电子、纳电子器件将在下一代电子器件中发挥越来越重要的作用。

另一方面，21 世纪的信息科学与技术将以超高速、超大容量为标志，因此实现超高速及超大容量信息传输与处理是新一代半导体材料的特点，这对光学性能先天不足的硅材料提出了严峻的挑战（间接能带、载流子迁移率小等）。由于这个原因，预见化合物半导体材料，以及基于量子点、量子阱、超晶格和其他低维、异质结构材料的应用将越来越多；另外有机半导体材料由于具有能带可裁剪性、柔软性、低毒性、低成本等优点，也可能在某些领域得到应用。为此本书将在介绍传统半导体材料物理性能的基础上，适当增加量子力学、低维材料、异质结构、光电性能等方面的内容。

目　录

第1章　量子力学初步

§1.1　量子力学的诞生

§1.1.1　经典物理学的困难

如前言所叙，随着半导体器件尺寸的不断缩小，以及各种各样低维结构与器件如量子阱、超晶格、纳米线、纳米点、隧道结、单电子器件等等的出现，描写电子运动的经典电子学将不再适用，因此学习和研究半导体材料必须掌握一些量子力学方面的基础知识。本章主要介绍半导体材料与器件中要涉及的一些量子力学概念及几种最基本的运动方式。

大家知道，19世纪末，物理学理论已经被认为达到了尽善尽美的境界。牛顿力学、热力学和电磁理论以及光的波动方程的建立使得人们以为所有的物理问题都已经解决了。大到巨大的星体、小到气体分子的运动，都可以用经典物理学精确地预测。然而到了20世纪初，物理学碰到了一些前所未有的难题，这些难题包括：黑体辐射、光电效应、氢原子光谱等。

§1.1.2　黑体辐射

什么是黑体？从普通物理学我们知道，能吸收入射到其上面全部辐射能的物体称为绝对黑体，简称黑体。黑体辐射就是由这样的物体发出的辐射，例如一个开有小孔的空腔发射出来的电磁波就可以认为是黑体辐射。

当时，人们已经很清楚光与电磁波的关系，并用光的波动方程很好地解释了各种光学现象。但是，在解释黑体热辐射时，却遇到了前所未有的困难。

实验发现，热平衡时，空腔辐射的能量密度随辐射波长的分布曲线的形状和辐射极大值对应的波长位置只与黑体的绝对温度 T 有关而与黑体的形状和材料无关。

1. 维恩黑体辐射公式

维恩从热力学出发，利用连续波长分布近似，得到一个热辐射强度随频率的分布公式：

$$\rho_\nu \mathrm{d}\nu = C_1 \nu^3 \mathrm{e}^{-C_2 \nu / T} \mathrm{d}\nu \tag{1.1}$$

$$\rho(\lambda)\mathrm{d}\lambda = \frac{C_1}{\lambda^5} \mathrm{e}^{\frac{C_2 c}{\lambda T}} \mathrm{d}\lambda \tag{1.2}$$

式中 C_1、C_2 为参数，T 为温度，ρ_ν 是单位体积在频率 $\nu \to \nu + \mathrm{d}\nu$ 之间的辐射能量，c 是光速，k 为波尔兹曼常数，λ 为波长，ν 为频率。

与实验数据比较，发现维恩公式在短波部分与实验结果比较符合，但在长波部分则明显不一致。

2. 瑞利-金斯黑体辐射公式

瑞利-金斯以经典电动力学出发推导黑体辐射公式。经典电动力学认为空腔腔壁是由电谐振子组成，谐振子的能量为 kT。谐振子能够辐射和吸收能量以保持热平衡，从而得到理论公式：

$$\rho_\nu \mathrm{d}\nu = \frac{8\pi}{c^3} kT\nu^2 \mathrm{d}\nu \tag{1.3}$$

或者

$$\rho_\lambda \mathrm{d}\lambda = \frac{8\pi c}{\lambda^4} kT \mathrm{d}\lambda \tag{1.4}$$

式中各参数的意义同上。

与维恩公式相反，瑞利-金斯公式在长波部分与实验符合较好，而在短波部分则完全不符，而且趋于无穷大，即当时的所谓**"紫外灾难"**。

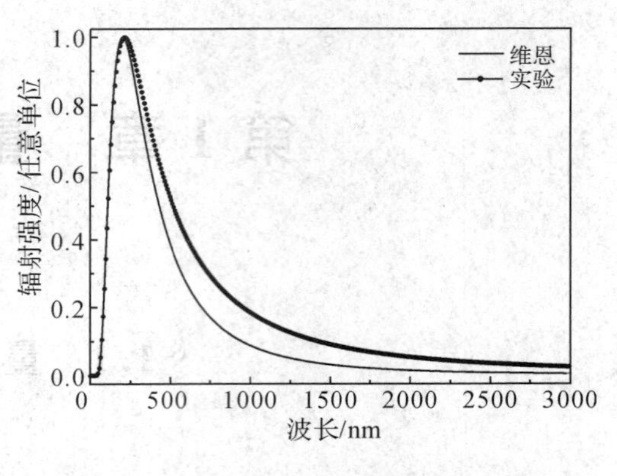

图 1.1　维恩公式与实验数据的比较

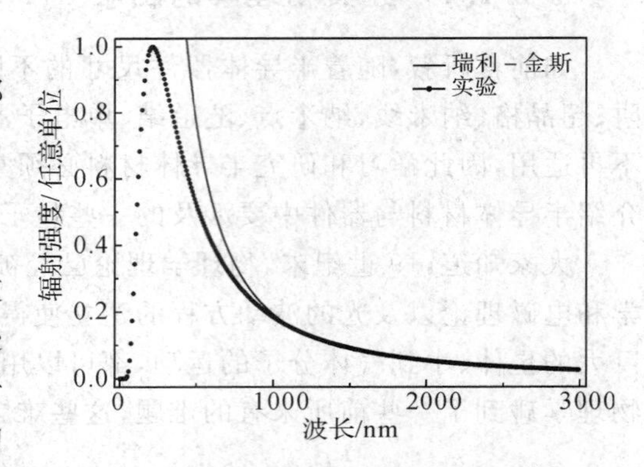

图 1.2　瑞利-金斯公式与实验数据的比较

3. 普朗克黑体辐射公式

普朗克在 1900 年 12 月 14 日发表的论文中认为，如果空腔内的黑体辐射和腔壁原子处于平衡状态，那么辐射的能量分布与腔壁原子的能量分布就应有一种对应。作为辐射原子的模型，他假定：

(1) 原子的性能和谐振子一样，以给定的频率 ν 振荡；原子的能量只能取 $h\nu$ 的整数倍，即 $0h\nu, 1h\nu, 2h\nu, \cdots$ 这与量子力学中谐振子的能量一致，但量子力学中还发现谐振子的能量存在零点能。

(2) 黑体只能以 $h\nu$ 为能量单位以不连续的方式发射和吸收能量，因此称 $h\nu$ 为**"能量子"**，$h=6.6260755\times10^{-34}\ \mathrm{J\cdot s}$ 为普朗克常数。

根据这个假定，频率为 ν 的谐振子的平均能量为

$$\bar{\varepsilon}_{\nu,T} = \frac{\sum_{n=0}^{\infty} n(h\nu)\mathrm{e}^{-\frac{nh\nu}{kT}}}{\sum_{n=0}^{\infty} \mathrm{e}^{-\frac{nh\nu}{kT}}} \tag{1.5}$$

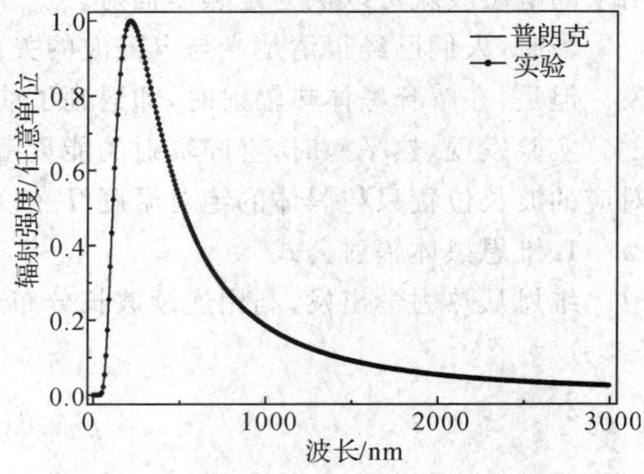

图 1.3　普朗克公式与实验数据的比较

令 $\beta=\frac{h\nu}{kT}$，则上式可以化为

$$\bar{\varepsilon}_{\nu,T} = -h\nu \frac{\frac{\mathrm{d}}{\mathrm{d}\beta}\sum_{n=0}^{\infty}\mathrm{e}^{-n\beta}}{\sum_{n=0}^{\infty}\mathrm{e}^{-n\beta}} = -h\nu \frac{\frac{\mathrm{d}}{\mathrm{d}\beta}\frac{1}{1-\mathrm{e}^{-\beta}}}{\frac{1}{1-\mathrm{e}^{-\beta}}}$$

$$=-h\nu\frac{\left(-\frac{e^{-\beta}}{(1-e^{-\beta})^2}\right)}{\frac{1}{1-e^{-\beta}}}=\frac{h\nu e^{-\beta}}{1-e^{-\beta}}=\frac{h\nu}{e^{\beta}-1} \tag{1.6}$$

用这个平均能量取代瑞利-金斯公式中的热运动能 kT，即得到与实验结果符合很好的黑体辐射公式：

$$\rho_\lambda d\lambda=\frac{8\pi c}{\lambda^4}\frac{h\nu}{e^{\frac{h\nu}{kT}}-1}d\lambda=\frac{8\pi hc^2}{\lambda^5}\frac{1}{e^{\frac{h\nu}{kT}}-1}d\lambda \tag{1.7}$$

或

$$\rho_\nu d\nu=\frac{8\pi h\nu^3}{c^2}\frac{1}{e^{\frac{h\nu}{kT}}-1}d\nu \tag{1.8}$$

以上两式都是普朗克辐射定律的表达式。

当频率很高或很低时，普朗克公式趋近维恩公式和瑞利-金斯公式。可以证明：

(1)当频率 ν 很高(即波长很短)时，$e^{\frac{h\nu}{kT}}-1\approx e^{\frac{h\nu}{kT}}$，普朗克定律转化为维恩公式：$\rho_\nu d\nu=C_1\nu^3 e^{-C_2\nu/T}d\nu$。

(2)当频率 ν 很低(即波长很长)时，因为 $e^{\frac{h\nu}{kT}}-1\rightarrow\frac{h\nu}{kT}$，所以普朗克公式转化为瑞利-金斯公式：$\rho_\lambda d\lambda=\frac{8\pi c}{\lambda^4}kTd\lambda$。

普朗克在推导上述定律时用到的假定不能完全用经典概念来解释，但它却能很好地描述实验结果。存在即有它的合理性，后来发展的量子力学证明了普朗克假设的正确性。

普朗克的假定冲破了当时经典理论的束缚，打开了认识光及电磁波的微粒性的途径，使后人意识到光子的能量是不连续的，或者说，能量是量子化的。

§1.1.3 光电效应

如果说普朗克的黑体辐射理论揭示了光子能量的量子化的特点，那么1887年赫兹的发现进一步揭示了光的粒子性。赫兹发现，当光波照射到金属表面上时，有电子从金属表面逸出，这种现象称为光电效应，逸出的电子称为光电子，如图1.4所示。

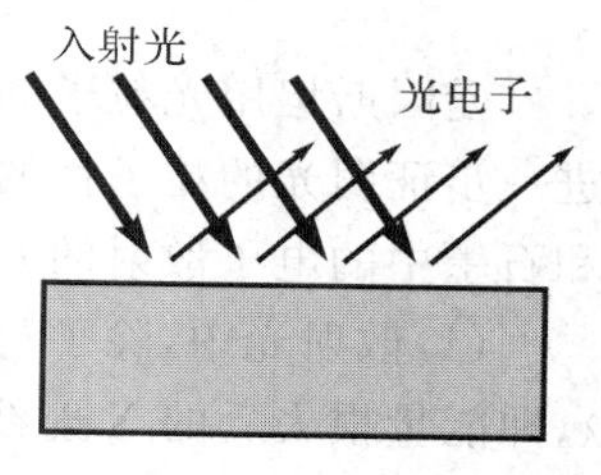

图1.4 光电效应示意图

实验中发现，要使电子从金属表面逸出，则入射光的频率必须大于某一确定值 ν_0，否则不论光强度多大，照射时间多长，都没有光电子产生，这就是所谓的**“光电效应的红限”**。

该实验的另一个发现是：逸出的光电子的能量只与入射光的频率有关，与入射光的强度无关，入射光的强度只决定逸出光电子数目的多少。然而，按照经典电磁理论：光的能量只决定于光的强度而与频率无关。因此经典的电磁理论无法解释光电效应。

1905年，爱因斯坦受普朗克黑体辐射量子论的启发，提出光电效应理论，并因此获得1921年的诺贝尔物理学奖。

爱因斯坦认为：

(1)光由光粒子(光子)的形式存在，并以光子的形式参与光的发射、吸收和传播等。

(2)光子的能量为 $h\nu$ 或 $\hbar\omega$,光子的动量为 $p=E/c=h/\lambda=\hbar k$。

这样,当光照射到金属表面时,能量为 $h\nu$ 的光子被金属内的电子所吸收,把能量全部传递给电子。电子把光子能量的一部分用以克服金属表面对它的吸引,另一部分转化为电子离开金属表面时的动能。其能量关系可写为

$$E_k=h\nu-\varphi \tag{1.9}$$

其中 φ 为材料的功函数,如图 1.5 所示。

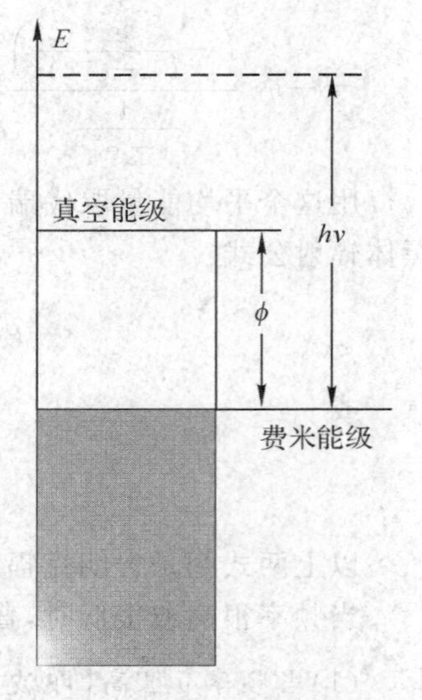

图 1.5 光电效应的爱因斯坦模型

利用光子的概念,爱因斯坦用非常简单的数学公式,成功地解释了光电效应。以下对光电效应的几个典型特点进行了分析。

1. 红限或临界频率 ν_0

当频率小于某个确定值或波长大于某个值时,光子的能量太小以至于吸收了该光子能量的电子没有足够的能量克服金属表面的势垒而脱离金属表面,因而没有光电子产生。

2. 光电子的动能

光电子的动能只决定于光子的频率,把光看成光子后,光与电子的作用就好像两个经典粒子的碰撞,碰撞后光子把能量全部交给电子,因此电子的能量就等于光子原先带有的能量 $h\nu$。考虑到材料功函数的影响,逸出金属后光电子的动能为 $E_k=h\nu-\varphi$,与光强无关。

3. 光的强度

光的强度决定于光子的数目,从而决定逸出光电子的数目。

爱因斯坦的光电效应理论解释了光的粒子性,即光除了波动性外,在某些情况下,还具有粒子的特性。

§1.1.4 康普顿散射

爱因斯坦用光粒子的概念成功地解释了光电效应,初步确立了光量子的概念。另一个进一步证明光的粒子性的实验是光的康普顿散射。康普顿在研究 X 射线被轻元素如白蜡和石墨中的电子散射的实验中发现:

(1)散射光中,除了与入射波长 λ 相同的 X 射线,还增加了波长为 λ' 的 X 射线,且 $\lambda'>\lambda$,即能量损失后的 X 射线;

(2)波长增量 $\Delta\lambda$ 随散射角增大而增大。

以上实验现象称为康普顿效应。

但是,从经典电动力学的观点出发,电磁波被电子散射后,其波长不应该发生改变因此无法解释这个现象。基于爱因斯坦光电效应理论,康普顿用光量子的概念解释了康普顿散射。即假定光子的能量为 $h\nu$ 或 $\hbar\omega$,光子的动量为 $p=E/c=h/\lambda=\hbar k$,则当光子与电子发生碰撞时,将发生能量转移,并导致波长变化。

利用经典力学的刚体碰撞模型中的能量和动量变化公式,可以证明,散射后 X 射线的波长改变为

$$\Delta\lambda=\frac{h}{mc}(1-\cos\theta) \tag{1.10}$$

其中的 θ 如图 1.6 所示。

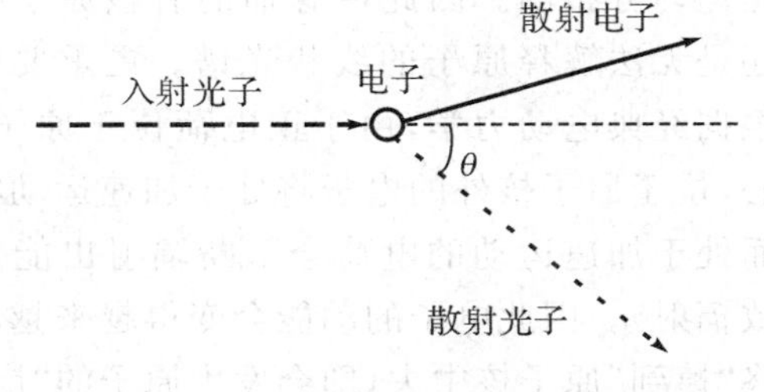

图 1.6　康普顿散射示意图

以上公式与实验结果符合得非常好。康普顿效应的发现及利用光量子对实验现象的解释，使得光的粒子性得到进一步证实。康普顿因为此发现获得了 1927 年的诺贝尔物理学奖。

光电效应和康普顿散射给了当时的研究人员十分重要的启示，即光除波动性（干涉、衍射等）外，还具有普通粒子的特性，即光具有**“波粒二象性”**。

§1.1.5　原子光谱及原子的结构

从原子的光谱实验，我们知道原子光谱为线状光谱，即分立而不是连续的光谱，如图 1.7所示对氢原子光谱来说，谱线出现位置的频率的经验公式是：

$$\nu=R_{\mathrm{H}}c\left(\frac{1}{m^2}-\frac{1}{n^2}\right)\quad n>m \tag{1.11}$$

式中 ν 为频率，R_{H} 为里德堡常数（$R=1.09737\times10^7\,\mathrm{m}^{-1}$），$c$ 为光速，m、n 为大于零的整数。

如果 $m=1$，则 n 可以取值为 2、3、4、…这样的光谱线形成的系列称为赖曼（Lyman）系，此系位于远紫外区。如果 $m=2$，则 n 可以取值为 3、4、5、…这样的光谱线形成的系列称为巴尔末（Balmer）系，位于可见区。如果 $m=3$，则 n 可以取得值为 4、5、…这样的光谱线形成的系列称为帕邢（Paschen）系，位于红外区。依此类推，还可得到其他的线系。

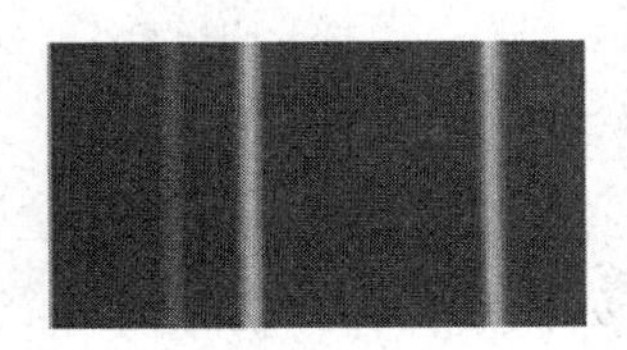
氢原子光谱

氦原子光谱

图 1.7　原子光谱

虽然公式（1.11）与实验结果符合得较好，但存在三个难解的关键的问题：

（1）为什么原子的光谱是线状光谱，它的产生机制是什么？

（2）原子光谱线的频率为什么有这样简单的规律？

（3）原子光谱线公式中的两个参数为何正好是整数？

显然，经典物理学无法解释以上实验现象，因为那时对原子的结构还不清楚，只知道原子内有正电荷和带负电的电子，但正、负电荷具体如何分布并不清楚。直到卢瑟福的 α 粒子散射实验揭示了新的实验结果，人们才开始对原子结构有了进一步的了解。

卢瑟福在 α 粒子散射实验中发现，在大角度方向也有散射后的 α 粒子出现，如图 1.8 所示。这就说明原子中存在一个带正电的核，因为只有这样，才有可能让 α 粒子发生大角散射。卢瑟福虽然认识到原子是一个有核模型，但他还不知道电子的具体分布，他认为负电荷是均匀分布的。因此卢瑟福的有核原子模型，还是无法解释原子的线状光谱。更重要的是，根据经典电动力学，由于正电荷位于原子的中心，位于原子核外的电子将处于加速运动状态，而处于加速运动的电荷会不断辐射出能量（韧致辐射）。因此电子的动能会变得越来越小，最终“掉到”原子核中去，即会发生原子的“崩溃”。

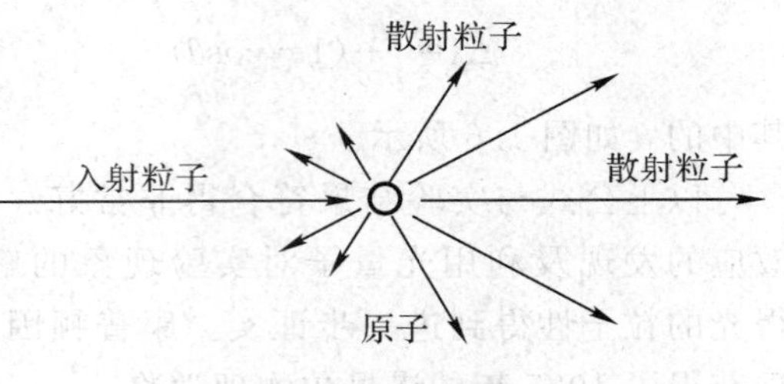

图 1.8　卢瑟福散射

1913 年，波尔吸取了普朗克和爱因斯坦的量子概念，并结合卢瑟福的原子有核模型，如图 1.9 所示。把这种概念运用到原子结构问题上，提出了基于量子论的原子结构模型。

波尔的原子模型要点如下：

(1)原子处于定态，原子结构类似于太阳系模型，带正电的核位于中心，电子围绕原子核做圆周运动。

(2)电子只能在一些特定的轨道上绕核运动，这些轨道彼此分立；电子在这样的轨道上运动时，不吸收也不放出能量；

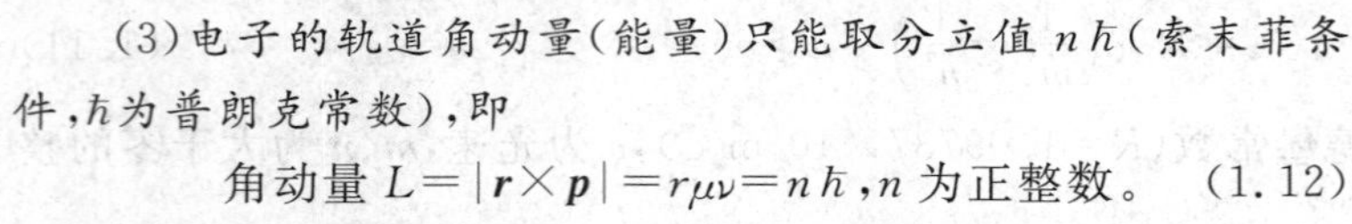

(3)电子的轨道角动量（能量）只能取分立值 $n\hbar$（索末菲条件，$\hbar$ 为普朗克常数），即

角动量 $L=|\boldsymbol{r}\times\boldsymbol{p}|=r\mu\nu=n\hbar$，$n$ 为正整数。　(1.12)

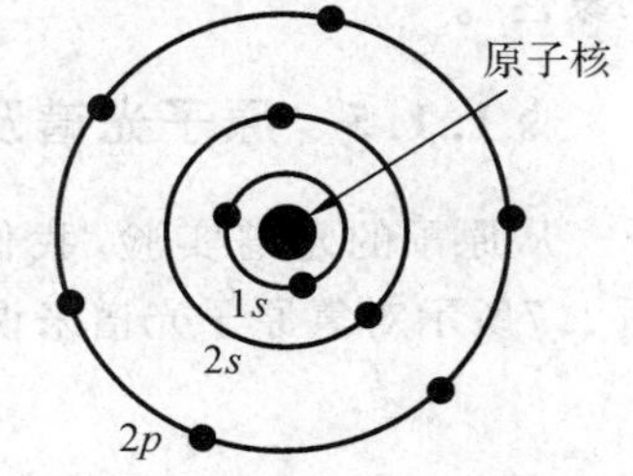

图 1.9　波尔的原子模型

(4)电子在轨道间发生跃迁时放出和吸收能量，电子吸收或放出的能量为两个能级的能量差。

以下以氢原子为例说明原子的线状光谱。假设氢原子中的电子绕核做圆周运动，半径为 r，电子的质量为 M，则向心力

$$F_c=\frac{\mu\nu^2}{r}=\frac{e^2}{r^2} \tag{1.13}$$

$$\nu^2=\frac{e^2}{\mu r} \tag{1.14}$$

由量子化条件(3)，角动量 $L=|\boldsymbol{r}\times\boldsymbol{p}|=r\mu\nu=n\hbar$，得 $(r\mu\nu)^2=n^2\hbar^2$。把上面的 ν^2（式 1.14）代入，得 $r^2\mu^2\dfrac{e^2}{\mu r}=n^2\hbar^2$，所以

$$r=\frac{n^2\hbar^2}{\mu e^2} \tag{1.15}$$

当 $n=1$ 时，

$$r_0=\frac{\hbar^2}{\mu e^2} \tag{1.16}$$

此即第一波尔半径，此时氢原子处于基态。

氢原子中处于 h 能级的电子的能量为

$$E_n=T+V=\frac{1}{2}\mu\nu^2-\frac{e^2}{r} \tag{1.17}$$

由于 $r=\dfrac{n^2\hbar^2}{\mu e^2}$，所以 $E_n=\dfrac{1}{2}\mu\dfrac{e^2}{\mu r}-\dfrac{e^2}{r}=-\dfrac{e^2}{2r}$，即

$$E_n = -\frac{\mu e^4}{2n^2 \hbar^2} \tag{1.18}$$

根据波尔的量子跃迁的概念(4),当电子在不同能级间发生跃迁时,吸收或放出的能量等于 $\Delta E = E_n - E_m$,相应的频率为 $\nu = \frac{E_n - E_m}{h}$。把能量公式代入,得

$$\nu = \frac{1}{2\pi\hbar}\left[-\frac{\mu e^4}{2n^2\hbar^2} + \frac{\mu e^4}{2m^2\hbar^2}\right] = \frac{\mu e^4}{4\pi\hbar^3}\left[\frac{1}{m^2} - \frac{1}{n^2}\right] \tag{1.19}$$

与氢原子线状光谱的经验公式 $\nu_{\exp} = R_{\mathrm{H}} c\left[\frac{1}{m^2} - \frac{1}{n^2}\right]$ 比较,得 $R_{\mathrm{H}} = \frac{\mu e^4}{4\pi\hbar^3 c}$,其数值与实验结果完全一致。

在这里,我们得到一个重要推论,即原子中电子与光子一样,可取的能量也是不连续的,即原子中电子的能量也是量子化的。

§1.1.6 弗朗克-赫兹实验

下面的弗朗克-赫兹实验证实了波尔的原子模型的正确性,它再次直接证明了原子中电子的能量只能取分立的值。

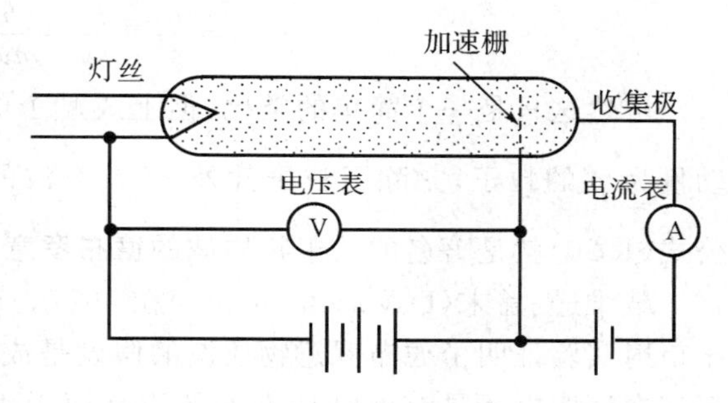

图 1.10 弗朗克-赫兹实验

实验装置及结果如图 1.10 所示:在一个充有汞蒸气的玻璃容器内,置有一热灯丝、一个栅网状加速电极、一个电子收集极,收集极与加速极之间加有 0.5V 的电压,这样能量很小的电子通过加速栅后就不能到达收集极,由此滤去从灯丝运动到加速极过程中与气体分子发生碰撞损失了能量的电子。实验结果如图 1.11 所示。从图中可以看出,只有当加速电压在某些值时,电流有规律地出现极大值,说明电子的能量分布是不连续的,即是量子化的波尔的原子模型及量子论虽然很好地解释了氢原子的光谱结构,但仍然存在明显的局限性。例如它不能说明较复杂的原子的光谱,即使是比氢稍微复杂的氦原子的光谱也不能很好地解释,同时,它无法给出光谱中各谱线的强度。另外,它只能处理像原子那样的定态运动,不能处理处于非束缚状态的电子问题,如电子的散射与衍射问题。最重要的是从理论上讲,能量量子化的概念与经典力学不相容,完全是一种人为的假设,没有从物理本质上说清楚。因此,当时的研究人员认为可能需要一种全新的物理理论来解释以上各种所谓的“异常”实验现象。这就导致了量子力学的诞生。

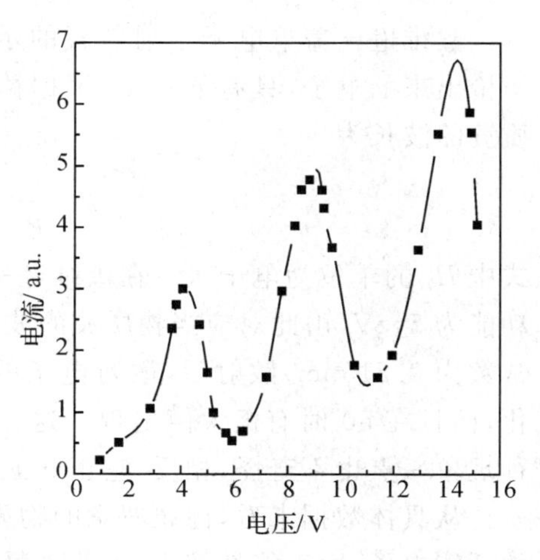

图 1.11 水银蒸气放电的电流-电压曲线

§1.2 物质波

受爱因斯坦光电理论中光量子的启发，1924 年德布罗意提出实物粒子也应具有波粒二象性，并于 1929 年获得诺贝尔物理学奖。

我们知道，对频率为 ν，速度为 c 的光波，相当于能量为 $h\nu$ 或 $\hbar\omega$、动量为 $p=\dfrac{E}{c}=\dfrac{h}{\lambda}=\hbar k$ 的光子。反过来考虑，一个能量为 E_k、动量为 p 的粒子，它对应的波长应该为 $\lambda=\dfrac{h}{p}$，即

$$\lambda=\frac{h}{p}=\frac{h}{\sqrt{2mE_k}} \tag{1.20}$$

对高速运动的高能粒子，考虑到相对论效应，则上式应修正为

$$\lambda=\frac{h}{p}=\frac{h}{m\nu}=\frac{h}{m\nu_0}\sqrt{1-\left(\frac{\nu_0}{c}\right)^2} \tag{1.21}$$

虽然这只是一个简单的类比，但上式赋予的物理意义却是革命性的。一个能量为 E_k、动量为 p 的粒子，它除了粒子性外，还具有波的特性，对应的波长为 $\lambda=\dfrac{h}{p}$，频率为 $\nu=\dfrac{E}{h}$。公式(1.20)就是著名的关于物质波的**德布罗意(de Broglie)波长公式。**

戴维逊-盖末(Davisson-Gemer)在 1927—1928 年间进行的电子衍射实验证明了德布罗意物质波的假设是成立的。这个实验由于其在证明电子具有波动性方面的贡献而于 1937 年获得诺贝尔物理学奖。

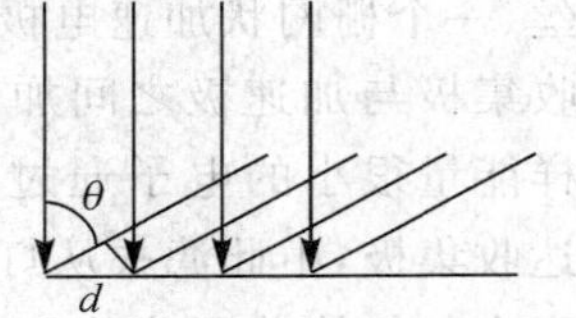

图 1.12 电子衍射示意图

戴维逊一盖末电子衍射装置的示意图如图 1.12 所示。从电子枪出来的电子，具有能量 E，根据德布罗意的假设，它对应的物质波的波长为

$$\lambda=\frac{h}{p}=\frac{h}{\sqrt{2mE_k}}=\frac{1.225}{\sqrt{2m}}(\text{nm}) \tag{1.22}$$

式中 E_k 的单位为电子伏。在戴维逊-盖末的实验中，电子枪的加速电压为 54V，因此电子的动能为 54eV，由此对应当物质波的波长为 0.167nm。实验结果发现，电子束经镍单晶(晶格常数为 0.215nm)散射后，散射电子的分布不是各向同性的，散射强度随极角的变化而变化，而且在 50°时有极大值出现。这在经典力学中是无法解释的，但根据物质波的概念，这种现象一点也不奇怪，相反，它正好证明了电子的波动性质。

从具体数据来看，德布罗意的物质波对电子衍射的描述也是非常精确的。对于正入射的低能电子，由于能量较小，因此透射深度不大，只考虑表面散射就可以了，因此衍射加强处对应的极角为 $d\sin\theta=\lambda$，如图 1.12 所示。代入镍单晶的晶格常数 0.215nm 和 54eV 时的电子波的波长 0.167nm，则衍射极大对应的极角为 50.96°，与实验结果非常接近。到现在为止，我们可以推论任何物质都具有波粒二象性，但由于宏观物质的质量太大，相应的波长太短以至于不会显示其波动性。

§1.3 力学量算符与薛定谔方程

到此为止,我们已经有了物质波的概念,那么怎样来描述物质波呢?物质波中含有哪些信息呢?大家知道,光波的波函数中包含了光波的所有信息,如能量、动量、波长、频率、波速、位相等,那么**"物质波的波函数"**是什么?它是否也能像光的波函数一样可以完整地描述该粒子的所有性质?

对动量 $p=\frac{h}{\lambda}=\hbar k$,能量为 $h\nu$ 或 $\hbar\omega$ 的光波,我们有波函数

$$\psi(x,t)=A\mathrm{e}^{\mathrm{i}(kx-\omega t)}=A\mathrm{e}^{\frac{\mathrm{i}}{\hbar}(px-Et)} \tag{1.23}$$

反过来,如果我们有了光波的波函数,则可以从波函数获得有关能量、动量、频率、波长等方面的信息,即

$$\mathrm{i}\hbar\frac{\partial}{\partial t}\psi=\mathrm{i}\hbar(-\mathrm{i}\omega)\psi=\hbar\omega\psi=E\psi \quad -\mathrm{i}\hbar\frac{\partial}{\partial x}\psi=-\mathrm{i}\hbar(\mathrm{i}k)\psi=\hbar k\psi=p\psi \tag{1.24}$$

这意味着波函数对时间坐标的微分隐含了能量的信息,而波函数对空间坐标的微分隐含了动量的信息。即通过波函数对时间及空间坐标的微分,我们可以从波函数得到能量与动量的值。

对比光的波函数与物理量之间的关系,我们假定一个处于自由状态的粒子也可以用平面波表示。根据上面光波的能量、动量与波函数的关系,我们假定一个自由的实物粒子的波函数也为

$$\psi(x,t)=A\mathrm{e}^{\mathrm{i}(kx-\omega t)}=A\mathrm{e}^{\frac{\mathrm{i}}{\hbar}(px-Et)} \tag{1.25}$$

同样,我们也可以从对波函数的微分得到该粒子的能量和动量,即

$$\mathrm{i}\hbar\frac{\partial}{\partial t}\psi=E\psi \quad -\mathrm{i}\hbar\frac{\partial}{\partial x}\psi=p\psi \tag{1.26}$$

1926 年,薛定谔(Schrödinger)提出,如果把经典力学中的力学量用算符代替,即坐标 $\hat{x}=x$,能量 $\hat{E}=\mathrm{i}\hbar\frac{\partial}{\partial t}$,动量 $\hat{p}=-\mathrm{i}\hbar\frac{\partial}{\partial x}$则经典力学中的总能量即哈密顿量可以表示为

$$\hat{H}=-\frac{\hbar^2}{2m}\frac{\partial^2}{\partial x^2}+V(x) \tag{1.27}$$

此即哈密顿量算符。符号上面的ˆ表示算符。

同样,我们可以得出角动量对应的算符 $\boldsymbol{L}=\boldsymbol{r}\times\boldsymbol{p}\rightarrow\hat{\boldsymbol{L}}=\boldsymbol{r}\times\hat{\boldsymbol{p}}$,其中的三个分量分别为:

$$\begin{aligned}\hat{L}_x&=y\hat{p}_z-z\hat{p}_y=-\mathrm{i}\hbar\left(y\frac{\partial}{\partial z}-z\frac{\partial}{\partial y}\right)\\ \hat{L}_y&=z\hat{p}_x-x\hat{p}_z=-\mathrm{i}\hbar\left(z\frac{\partial}{\partial x}-x\frac{\partial}{\partial z}\right)\\ \hat{L}_z&=x\hat{p}_y-y\hat{p}_x=-\mathrm{i}\hbar\left(x\frac{\partial}{\partial y}-y\frac{\partial}{\partial x}\right)\end{aligned} \tag{1.28}$$

力学量 F 的平均值为

$$\bar{F}=\frac{\int \psi^*(E,x)F(x)\psi(E,x)\mathrm{d}x}{\int \psi^*(E,x)\psi(E,x)\mathrm{d}x} \tag{1.29}$$

将总能量算符作用于波函数，我们得到薛定谔方程

$$-\frac{\hbar^2}{2m}\frac{\partial^2\psi}{\partial x^2}+V(x)\psi=E\psi(x) \tag{1.30}$$

其中 E 为总能量，ψ 为波函数。如果粒子处于随时间和位置变化的力场中运动，它的动量和能量不再是常量，或不同时为常量。此时粒子的状态就不能用不含时间的平面波描述，而必须考虑到时间，一般记为：$\Psi(\boldsymbol{r},t)$，相应的薛定谔方程应变为

$$-\frac{\hbar^2}{2m}\frac{\partial^2\psi(x,t)}{\partial x^2}+V(x,t)\psi(x,t)=\mathrm{i}\hbar\frac{\partial}{\partial t}\psi(x,t) \tag{1.31}$$

可见，$\hat{H}=-\frac{\hbar^2}{2m}\nabla^2+V$ 和 $\hat{H}=\mathrm{i}\hbar\frac{\partial}{\partial t}$是相当的，这两个算符都称为能量算符。这里的倒三角符号为拉普拉斯算符，即梯度算符，表示三维情况下对空间坐标的微分。

通过算符，薛定谔把经典力学转化成了量子力学。从数学上看，求波函数成了一个算符作用于一个函数上得到一个常数乘以该函数的微分方程。这与数学物理方法中的本征值方程相似。

§1.4 定态波函数

波函数要满足边界条件，能量 E 称为哈密顿算符 H 的本征值，Ψ 称为算符 H 的本征函数。当体系处于能量算符本征函数所描写的状态(简称能量本征态)时，粒子能量有确定的数值，这个数值就是与这个本征函数相应的能量算符的本征值。

对于含有时间的薛定谔方程，若 $V(r)$ 与 t 无关，则我们通过分离变量法把定态波函数分为时间和空间两部分，即令 $\Psi(\boldsymbol{r},t)=\psi(\boldsymbol{r})f(t)$，则

$$\mathrm{i}\hbar\psi(\boldsymbol{r})\frac{\mathrm{d}}{\mathrm{d}t}f(t)=f(t)\left[-\frac{\hbar^2}{2\mu}\nabla^2+V\right]\psi(\boldsymbol{r}) \tag{1.32}$$

所以，

$$\mathrm{i}\hbar\frac{1}{f(t)}\frac{\mathrm{d}}{\mathrm{d}t}f(t)=\frac{1}{\psi(\boldsymbol{r})}\left[-\frac{\hbar^2}{2\mu}\nabla^2+V\right]\psi(\boldsymbol{r})=E \tag{1.33}$$

由于 E 为参数，因此上式可以写成两个方程，即

$$\begin{cases}\mathrm{i}\hbar\frac{\mathrm{d}}{\mathrm{d}t}f(t)=Ef(t)\\ \left[-\frac{\hbar^2}{2\mu}\nabla^2+V\right]\psi(\boldsymbol{r})=E\psi(\boldsymbol{r})\end{cases} \tag{1.34}$$

不难得到

$$f(t)=\mathrm{e}^{-\frac{\mathrm{i}}{\hbar}Et} \qquad \Psi(\boldsymbol{r},t)=\psi(\boldsymbol{r})\mathrm{e}^{-\frac{\mathrm{i}}{\hbar}Et} \tag{1.35}$$

这样就把一个含有时间参量的薛定谔方程转化成了一个不含时间参量的薛定谔方程。

因此一般情况下，我们只考虑不含时间的薛定谔方程，即定态薛定谔方程，此时体系能量有确定的值，所以这种状态称为定态，波函数 $\Psi(\boldsymbol{r},t)$ 称为定态波函数。空间波函数 $\psi(\boldsymbol{r})$ 可由下列方程求得：

$$\left[-\frac{\hbar^2}{2\mu}\nabla^2+V\right]\psi(\boldsymbol{r})=E\psi(\boldsymbol{r}) \tag{1.36}$$

§1.5 波函数的性质

在经典概念中，粒子有确定质量和电荷等“颗粒性”的属性，在运动过程中有可预测的运动轨迹，每一时刻都有可以测量的位置、速度和加速度。而经典概念中的波是某个物理量在空间的周期性变化，具有干涉、衍射等现象，即相干叠加性。

在对物质波波函数的理解方面，曾经存在两种错误的看法。一种看法是物质波由粒子组成，如日常生活中的水波、声波，是由于粒子密度疏密变化而形成的一种分布。这种看法是与实验矛盾的，它不能解释长时间单个电子的衍射实验，即让电子一次一个地通过小孔，只要时间足够长，底片上仍能观测到衍射花纹。这说明电子的波动性并不是许多电子在空间聚集在一起时才有的现象，而是单个电子就具有波动性。例如氢原子只含有一个电子，但其电子就具有波动性。物质波由粒子组成的看法夸大了粒子性的一面，而抹杀了粒子波动性的一面，具有片面性。

另外一种片面的看法是粒子由波组成，即把粒子看成是波包的某种实际结构，是三维空间中连续分布的某种物质波包，因此呈现出干涉和衍射等波动现象。波包的大小即电子的大小，波包的群速度即电子的运动速度。但是利用平面波描写自由粒子，其特点是充满整个空间，平面波的振幅与位置无关。如果粒子由波组成，那么自由粒子将充满整个空间而导致发散，这是没有意义的，也是与实验事实相矛盾的，因为实验上观测到的电子，总是处于一个小区域内。例如在一个原子内，其广延不会超过原子大小，即 0.1nm 左右。

那么电子究竟是什么？结论是“电子既不是粒子也不是波”，即既不是经典的粒子也不是经典的波，而是“电子既是粒子也是波，是粒子和波动二重性的统一”。但这个波不再是经典概念的波，而是几率波，表示粒子在某个时刻在某处出现的几率。同样，粒子也不是经典概念中的粒子，而是具有衍射、干涉等相干叠加性。

从统计物理可知，当可能值为离散值时，一个物理量的平均值等于物理量出现的各种可能值乘上相应的几率求和；当可能值为连续取值时：一个物理量出现的各种可能值乘上相应的几率密度求积分。基于波函数的几率含义，我们马上可以得到粒子坐标和动量的平均值。下面我们先考虑一维情况，然后再推广至三维。

假定波函数为 $C\Psi(\boldsymbol{r},t)$，则根据波函数的几率解释，在当时刻 t，在坐标为 $\boldsymbol{r}$ 的体积元 $\mathrm{d}V=\mathrm{d}x\ \mathrm{d}y\ \mathrm{d}z$ 内找到描写的粒子的几率为：

$$\mathrm{d}W(\boldsymbol{r},t)=C^2\left|\psi(\boldsymbol{r},t)\right|^2\mathrm{d}V \tag{1.37}$$

式中 W 为出现几率，C 是归一化系数。

§1.6 归一化波函数

由于粒子总要出现在空间的某一位置(假如没有粒子的产生和湮灭),所以在全空间找到粒子的几率应为 1,即

$$\int \mathrm{d}W(r,t)=C^2\int|\psi(r,t)|^2\mathrm{d}V=1 \tag{1.38}$$

由此可以求得归一化常数 C。为了不使积分值发散,要求描写粒子状态的波函数 Ψ 必须是绝对值平方可积的函数,或者积分区域有限,即粒子出现的空间不是无限大。由于粒子在整个空间出现的几率等于 1,所以粒子在空间各点出现的几率只取决于波函数在空间各点强度的相对比例,而不取决于强度的绝对大小,因而,将波函数乘上一个常数后,所描写的粒子状态不变,即$\Psi(\boldsymbol{r},t)$和 $C\Psi(\boldsymbol{r},t)$描述同一状态。

这与经典波不同。在经典力学中,波的波幅增大 1 倍(原来的 2 倍),则相应的波能量将为原来的 4 倍,因而代表完全不同的波动状态,所以经典波无归一化问题。

设想一个自由粒子局限在一个巨大的长方形箱体中,箱体的边长分别为 L_x,L_y,L_z,体积为 V,则粒子可以近似为自由粒子,薛定谔方程为

$$-\frac{\hbar^2}{2m}\left[\frac{\partial^2\psi(\boldsymbol{r})}{\partial x^2}+\frac{\partial^2\psi(\boldsymbol{r})}{\partial y^2}+\frac{\partial^2\psi(\boldsymbol{r})}{\partial z^2}\right]=E\psi(\boldsymbol{r}) \tag{1.39}$$

求解可得波函数为

$$\psi_{\boldsymbol{p}}(\boldsymbol{r})=A\mathrm{e}^{\frac{\mathrm{i}}{\hbar}[\boldsymbol{p}\cdot\boldsymbol{r}]}=A_x\mathrm{e}^{\frac{\mathrm{i}}{\hbar}p_x x}A_y\mathrm{e}^{\frac{\mathrm{i}}{\hbar}p_y y}A_z\mathrm{e}^{\frac{\mathrm{i}}{\hbar}p_z z} \tag{1.40}$$

式中 A_x、A_y、A_z 为归一化系数。由于整个空间中只有一个粒子,虽然我们不知道某一时刻它出现在何处,但这个粒子肯定只能出现在这个巨大长方体的某处。因此我们有

$$1=\iiint_V\psi^*(\boldsymbol{p},\boldsymbol{r})\psi(\boldsymbol{p},\boldsymbol{r})\mathrm{d}\boldsymbol{r} \tag{1.41}$$

$$\int_{-L_x/2}^{L_x/2}\int_{-L_y/2}^{L_y/2}\int_{-L_z/2}^{L_z/2}(A_x^*\,\mathrm{e}^{-\frac{\mathrm{i}}{\hbar}p_x x}A_y^*\,\mathrm{e}^{-\frac{\mathrm{i}}{\hbar}p_y y}A_z^*\,\mathrm{e}^{-\frac{\mathrm{i}}{\hbar}p_z z})(A_x^*\,\mathrm{e}^{\frac{\mathrm{i}}{\hbar}p_x x}A_y^*\,\mathrm{e}^{\frac{\mathrm{i}}{\hbar}p_y y}A_z^*\,\mathrm{e}^{\frac{\mathrm{i}}{\hbar}p_z z})\mathrm{d}x\mathrm{d}y\mathrm{d}z=A^2V$$

式中

$$A=(A_xA_yA_z)\text{归一化条件要求}\quad A=\frac{1}{\sqrt{V}} \tag{1.42}$$

因此自由粒子的归一化波函数为

$$\Phi_{\boldsymbol{p}}(\boldsymbol{r})=\frac{1}{\sqrt{V}}\mathrm{e}^{\frac{\mathrm{i}}{\hbar}[\boldsymbol{p}\cdot\boldsymbol{r}]} \tag{1.43}$$

§ 1.7　波函数的统计解释——劳厄(Lauer)衍射公式

我们知道,电子在镍晶体表面可以发生散射,强度极大处满足 $d\sin\theta=\lambda$。在前面的讨论中,我们借用了波动光学中的干涉加强得到这个衍射公式。但有了量子力学,我们完全可以从量子力学推导出这个公式。

电子在表面散射后,电子可能向各个方向运动,即电子以各种不同的动量 $\boldsymbol{p}$ 运动见图 1.13。具有确定动量的运动状态可用德布罗意平面波表示,即

$$\Psi_p = A\exp\left[\frac{\mathrm{i}}{\hbar}(\boldsymbol{p}\cdot\boldsymbol{r}-Et)\right] \tag{1.44}$$

由于散射后动量不确定,因此电子在晶体表面散射后,终态 Ψ 可表示成 $\boldsymbol{p}$ 取各种可能值的平面波的线性叠加,即

$$\Psi(\boldsymbol{r},t) = \sum_{p} c(\boldsymbol{p})\Psi_{p'}(\boldsymbol{r},t) \tag{1.45}$$

这样,电子反射前后分别处于 $\boldsymbol{p}$ 和 $\boldsymbol{p}'$ 的几率为

$$\rho = \sum_{p'}\left(\int_V \psi^*(E',\boldsymbol{p}',\boldsymbol{r})\psi(E,\boldsymbol{p},\boldsymbol{r})\mathrm{d}V\right) = \sum_{p'}\left(c(\boldsymbol{p}')\left(\int_{p'} A^*\,\mathrm{e}^{-\frac{\mathrm{i}}{\hbar}(\boldsymbol{p}'\cdot\boldsymbol{r}-E't)}\,\mathrm{e}^{\frac{\mathrm{i}}{\hbar}(\boldsymbol{p}\cdot\boldsymbol{r}-Et)}\mathrm{d}V\right)\right) \tag{1.46}$$

假定散射为弹性散射,即散射前后电子不损失能量,则散射前后电子的能量相同,即 $E'=E$,所以

$$\rho = \sum_{p'} A^*\,c(\boldsymbol{p}')\int_V \mathrm{e}^{-\frac{\mathrm{i}}{\hbar}\boldsymbol{p}'\cdot\boldsymbol{r}}\,\mathrm{e}^{\frac{\mathrm{i}}{\hbar}\boldsymbol{p}'\cdot\boldsymbol{r}}\mathrm{d}V = \sum_{p'} A^*\,c(\boldsymbol{p}')\int_V \mathrm{e}^{\frac{\mathrm{i}}{\hbar}(\boldsymbol{p}-\boldsymbol{p}')\cdot\boldsymbol{r}}\mathrm{d}V \tag{1.47}$$

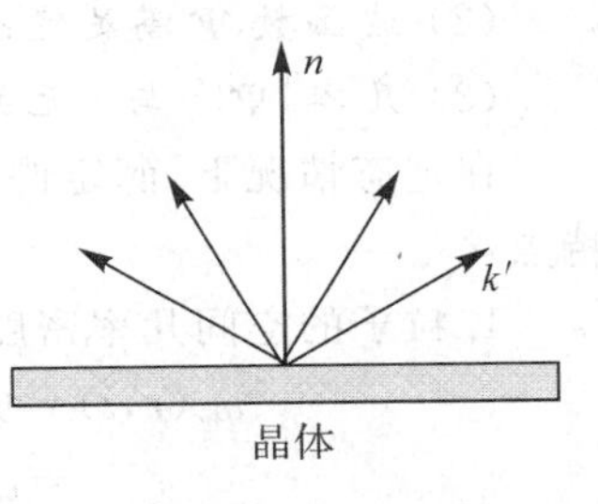

图 1.13　电子衍射的量子力学解释

从数学上可知,$\int_V \mathrm{e}^{-\frac{\mathrm{i}}{\hbar}(\boldsymbol{p}-\boldsymbol{p}')\cdot\boldsymbol{r}}\mathrm{d}V$ 等价于 δ 函数,即 $\frac{1}{2\pi}\int_V \mathrm{e}^{-\frac{\mathrm{i}}{\hbar}(\boldsymbol{p}-\boldsymbol{p}')\cdot\boldsymbol{r}}\mathrm{d}V = \delta(\boldsymbol{p}-\boldsymbol{p}')$,所以只有当 $(\boldsymbol{p}-\boldsymbol{p}')\cdot\boldsymbol{r} = 2n\pi$ 且 n 为整数时上式中的积分才不为 0。对于晶体,由于 r 只能取分立的值,因此 $(\boldsymbol{p}-\boldsymbol{p}')$ 也只能取分立值即倒易空间中的格点,见图 1.14。所以,通过量子力学完全可以预期电子被晶体衍射的情况。

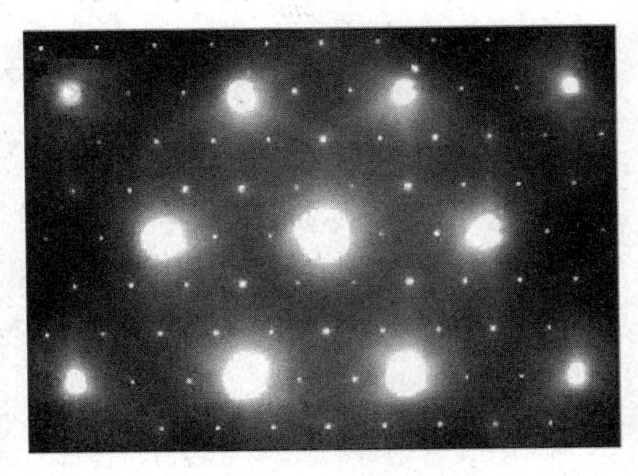

图 1.14　一个实际的电子衍射图

量子力学推导出的衍射公式不但准确预言了衍射极大的发生点,而且预言即使每次通过一个电子,长时间累加后仍可得到衍射图像。这在经典力学中是无法理解的。如果入射电子流强度很大,则显示屏上很快能显示衍射图样。反之如果入射电子流强

度小，开始时衍射屏上只有零散的点，显示出单个电子的微粒性，但经过较长时间后，可以观测到衍射图样，即单个电子也具有波动性质。如图 1.14 所示衍射实验揭示，许多电子在同一个实验中的统计结果，或者是一个电子在许多次相同实验中的统计结果是相同的。玻恩(Born)正是在此实验基础上，提出了波函数的统计解释，它是量子力学的基本原理。

§1.8 求解定态问题的步骤

到此为止，我们已经有了比牛顿方程更完善的描写物质运动的薛定谔方程，那么如何应用薛定谔方程求解物质的运动状态呢？一般来说，求解薛定谔方程的步骤如下：

(1)列出定态薛定谔方程；

(2)根据边界条件求解能量为 E 的本征值问题，求出定态波函数及相应的本征值；

(4)确定归一化系数。

§1.8.1 定态的性质

当 Ψ 满足下列三个等价条件中的任何一个时，Ψ 就是定态波函数：

(1) 波函数 Ψ 描述的状态其能量有确定的值；

(2) 波函数 Ψ 满足定态薛定谔方程；

(3) 几率 $|\Psi|^2$ 与 t 无关。

在定态情况下，薛定谔方程可以简化为不含时间的定态薛定谔方程。此时粒子有以下特点：

1. 粒子的空间几率密度与时间无关

$$\begin{aligned}\omega_n(\boldsymbol{r},t)&=\Psi_n^*\Psi_n=[\psi_n\exp(-\mathrm{i}E_nt/\hbar)]^*[\psi_n\exp(-\mathrm{i}E_nt/\hbar)]\\&=\psi_n^*\exp(\mathrm{i}E_nt/\hbar)\psi_n\exp(-\mathrm{i}E_nt/\hbar)=\psi_n^*(\boldsymbol{r})\psi_n(\boldsymbol{r})\end{aligned}$$

2. 几率流密度与时间无关

$$\begin{aligned}\boldsymbol{J}_n(\boldsymbol{r},t)&=\frac{\mathrm{i}\hbar}{2m}[\Psi_n\nabla\Psi_n^*-\Psi_n^*\nabla\Psi_n]\\&=\frac{\mathrm{i}\hbar}{2m}[\psi_n\exp(-\mathrm{i}E_nt/\hbar)\nabla\psi_n^*\exp(\mathrm{i}E_nt/\hbar)\\&\quad-\psi_n^*\exp(\mathrm{i}E_nt/\hbar)\nabla\psi_n\exp(-\mathrm{i}E_nt/\hbar)]\\&=\frac{\mathrm{i}\hbar}{2m}[\psi_n(\boldsymbol{r})\nabla\psi_n^*(\boldsymbol{r})-\psi_n^*(\boldsymbol{r})\nabla\psi_n(\boldsymbol{r})]=\boldsymbol{J}_n(\boldsymbol{r})\end{aligned}$$

3. 任何不显含 t 的力学量平均值与 t 无关

$$\begin{aligned}\bar{F}&=\int\Psi_n^*(\boldsymbol{r},t)\hat{F}\Psi_n(\boldsymbol{r},t)\mathrm{d}V=\int\psi_n^*(\boldsymbol{r})\exp(\mathrm{i}E_nt/\hbar)\hat{F}\psi_n(\boldsymbol{r})\exp(-\mathrm{i}E_nt/\hbar)\mathrm{d}V\\&=\int\psi_n^*(\boldsymbol{r})\hat{F}\psi_n(\boldsymbol{r})\mathrm{d}V\end{aligned}$$

§1.9　定态问题实例

以下几节我们将讨论几个定态问题实例，这些实例都是与半导体材料与器件有关的。

§1.9.1　一维无限深势阱

一维无限深势阱的势场分布如图1.15所示。在势阱内部，势能为0，而在势阱外面，势场为无穷大，即

$$V(x)=\begin{cases}0, & 0\leqslant x<a\\ \infty, & x<0\ 或\ x\geqslant a\end{cases}\tag{1.48}$$

由于势阱外部势场为无穷大，因此粒子被束缚于势阱内部。

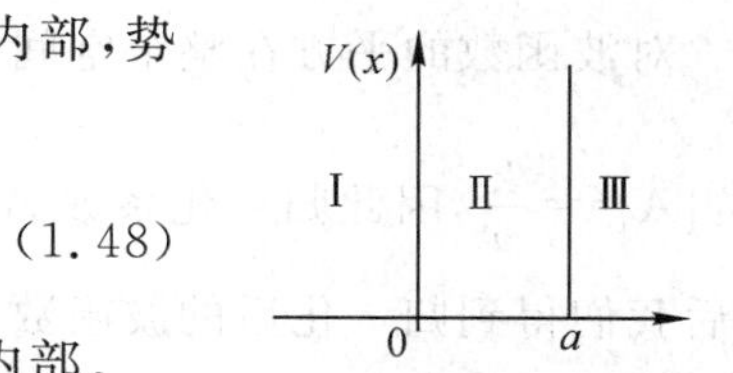

图1.15　一维无限深势阱

首先，我们列出各势域的薛定谔方程。势场$V(x)$分为三个区域，分别用Ⅰ、Ⅱ和Ⅲ表示。其中Ⅰ区为$x<0$的区域，势场为无穷大；Ⅱ区为$0\leqslant x<a$的区域，势场为0；Ⅲ区为$x\geqslant a$的区域，势场为无穷大。因为Ⅰ、Ⅲ两个区域内粒子不可能进入，因此这两个区域内的波函数为0，所以只要讨论粒子在区域Ⅱ的薛定谔方程的解就可以了。区域Ⅱ内的薛定谔方程为

$$\frac{\mathrm{d}^2}{\mathrm{d}x^2}\psi^{\mathrm{II}}(x)+\frac{2m}{\hbar^2}E\psi^{\mathrm{II}}(x)=0\qquad 0\leqslant x<a\tag{1.49}$$

方程可简化为

$$\frac{\mathrm{d}^2}{\mathrm{d}x^2}\psi^{\mathrm{II}}+k^2\psi^{\mathrm{II}}=0\qquad k^2=\frac{2m}{\hbar^2}E\tag{1.50}$$

不难求出，区域Ⅱ的波函数的通解为

$$\psi^{\mathrm{II}}=A\mathrm{e}^{\mathrm{i}kx}+B\mathrm{e}^{-\mathrm{i}kx}\tag{1.51}$$

从物理学考虑，由于Ⅰ、Ⅱ两区势场为无穷大，因此Ⅰ粒子不能透过无穷高的势壁进入这两个区域。根据波函数的统计解释，要求在阱壁和阱外的波函数为零，特别是$\psi(0)=\psi(a)=0$。即要求

$$\begin{gathered}A+B=0\\ A\mathrm{e}^{\mathrm{i}ka}+B\mathrm{e}^{-\mathrm{i}ka}=0\end{gathered}\tag{1.52}$$

所以$A=-B$，因此

$$\psi^{\mathrm{II}}(x)=2A\sin kx\quad,\quad 2A\sin ka=0\tag{1.53}$$

式中A为一个待定的常数，因此我们可以把$2A$仍写为A，即

$$\psi^{\mathrm{II}}(x)=A\sin kx, A\sin ka=0\tag{1.54}$$

要满足边界条件，必须使得$ka=n\pi$，$n=\pm1,\pm2,\pm3,\cdots$注意n不能为0，因为如果$n=0$，则波函数在所有位置都为0，即总的出现几率为0，这与势阱中存在一个粒子的假设矛盾。

最后，因为$k^2=\frac{2m}{\hbar^2}E$，所以

$$E_n=\frac{\hbar^2}{2m}k^2=\frac{\hbar^2n^2\pi^2}{2ma^2}\tag{1.55}$$

代入波函数的表达式得

$$\psi_n(x)=A\sin\frac{n\pi}{a}x \tag{1.56}$$

由此可见,对于一维无限深方势阱,粒子束缚于有限空间范围,这样的状态,称为束缚态。束缚于一维势阱中粒子的能量不能取连续值,其能量本征值是分立能级,组成分立谱。另外,由于 n 不能为 0,因此粒子的能量不能为 0,即从量子力学的观点看,粒子不可能处于静止状态,而是处于波动状态。因为**"静止的波"**是没有意义的。

对波函数的平方在整个空间积分,其值应为 1,即 $\int_0^a |A|^2\sin^2\left(\frac{n\pi}{a}\right)x\,\mathrm{d}x=1$,可

得:$|A|^2=\frac{2}{a}$,因此归一化系数 $A=\sqrt{\frac{2}{a}}$。

最后我们得到归一化后的波函数

$$\psi_n(x)=\sqrt{\frac{2}{a}}\sin\frac{n\pi}{a}x \tag{1.57}$$

另外,我们发现波函数 ψ_n 有节点,在节点处找到粒子的几率为 0。而经典力学中粒子在势阱中运动时每一点上都可能找到粒子,没有节点见图 1.16 和图 1.17。

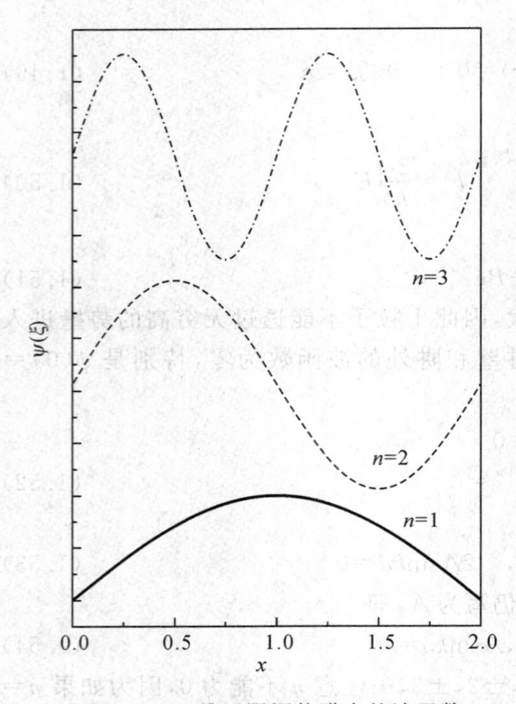

图 1.16　一维无限深势阱中的波函数

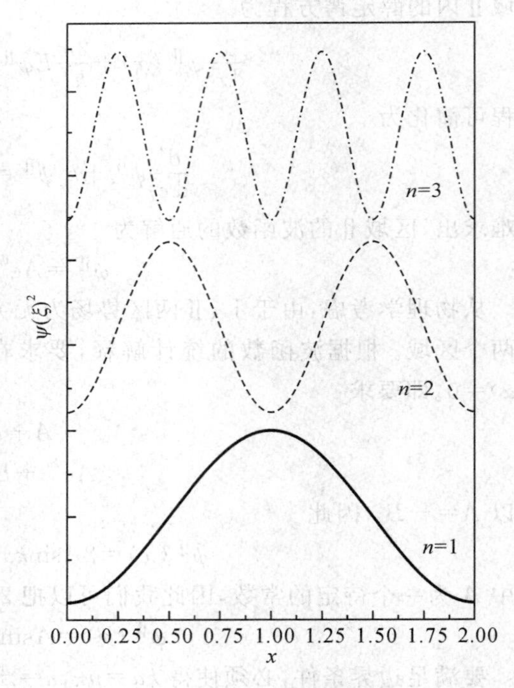

图 1.17　一维无限深势阱中的几率

§1.9.2　一维有限深势阱中的粒子

实际上，无限深的势阱是不存在的，因此在一般情况下，势阱的高度是有限的，如图1.18所示。可用数学式表示为

$$V(x)=\begin{cases}0, & 0\leqslant x\leqslant a\\ V_0, & x<0 \text{ 或 } x>a\end{cases} \tag{1.58}$$

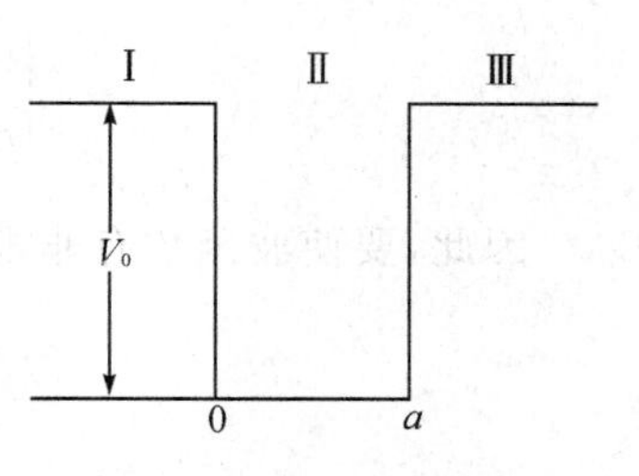

图 1.18　一维无限深势阱

与无限深势阱一样，我们可以分三个区域进行考虑。按照无限深势阱时所用的同样方法，我们得到三个区域的薛定谔方程分别为

区域Ⅰ：

$$\frac{d^2}{dx^2}\psi^{\mathrm{I}}(x)+\frac{2m}{\hbar^2}(E-V_0)\psi^{\mathrm{I}}(x)=0 \qquad x<0 \tag{1.59}$$

即$\frac{d^2\psi^{\mathrm{I}}(x)}{dx^2}=\alpha^2\psi^{\mathrm{I}}(x)$，式中$\alpha=\frac{\sqrt{2m(V_0-E)}}{\hbar}>0$。解得$\psi(x)=A\mathrm{e}^{\alpha x}+B\mathrm{e}^{-\alpha x}$。

考虑到$x=-\infty$，波函数应有限，所以$\psi^{\mathrm{I}}(x)=A\mathrm{e}^{\alpha x}$

区域Ⅱ：

$$\frac{d^2}{dx^2}\psi^{\mathrm{II}}(x)+\frac{2\mu E}{\hbar^2}\psi^{\mathrm{II}}(x)=0 \qquad 0\leqslant x\leqslant a \tag{1.60}$$

即$\frac{d^2\psi^{\mathrm{II}}(x)}{dx^2}=-k^2\psi^{\mathrm{II}}(x)$，解得$\psi^{\mathrm{II}}(x)=C\mathrm{e}^{\mathrm{i}kx}+D\mathrm{e}^{-\mathrm{i}kx}$

区域Ⅲ：

$$\frac{d^2}{dx^2}\psi^{\mathrm{III}}(x)+\frac{2\mu}{\hbar^2}(E-V_0)\psi^{\mathrm{III}}(x)=0 \qquad x>a \tag{1.61}$$

$\frac{d^2\psi^{\mathrm{III}}(x)}{dx^2}=\alpha^2\psi^{\mathrm{III}}(x)$，式中$\alpha=\frac{\sqrt{2m(V_0-E)}}{\hbar}>0$。解得$\psi^{\mathrm{III}}(x)=E\mathrm{e}^{\alpha x}+F\mathrm{e}^{-\alpha x}$

考虑到$x=\infty$时，波函数应有限，所以$\psi(x)=F\mathrm{e}^{-\alpha x}$

因此，有限深势阱中波函数为

$$\psi=\begin{cases}A\mathrm{e}^{\alpha x} & x<0\\ C\mathrm{e}^{\mathrm{i}kx}+D\mathrm{e}^{-\mathrm{i}kx} & 0\leqslant x\leqslant a\\ F\mathrm{e}^{-\alpha x} & x>a\end{cases} \tag{1.62}$$

边界处波函数和波函数的导数应该连续，由此可得

$$\left.\begin{aligned}&A-C-D-0F=0\\ &A\alpha-\mathrm{i}kC+\mathrm{i}kD-0F=0\\ &0A+\mathrm{e}^{\mathrm{i}ka}C+\mathrm{e}^{-\mathrm{i}ka}D-\mathrm{e}^{\alpha a}F=0\\ &0A+\mathrm{i}k\mathrm{e}^{\mathrm{i}ka}C-\mathrm{i}k\mathrm{e}^{-\mathrm{i}ka}D+\alpha\mathrm{e}^{-\alpha a}F=0\end{aligned}\right\} \tag{1.63}$$

上式可改写为矩阵形式

$$\begin{bmatrix} 1 & -1 & -1 & 0 \\ \alpha & -ik & ik & 0 \\ 0 & e^{ika} & e^{-ika} & -e^{-\alpha a} \\ 0 & ike^{ika} & -ike^{-ika} & \alpha e^{-\alpha a} \end{bmatrix} \begin{pmatrix} A \\ C \\ D \\ F \end{pmatrix} = 0 \tag{1.64}$$

因此，要使波函数有非零解，系数矩阵的行列式必须为 0，即

$$\begin{vmatrix} 1 & -1 & -1 & 0 \\ \alpha & -ik & ik & 0 \\ 0 & e^{ika} & e^{-ika} & -e^{-\alpha a} \\ 0 & ike^{ika} & -ike^{-ika} & \alpha e^{-\alpha a} \end{vmatrix} = 0 \tag{1.65}$$

具体的解的形式比较复杂，而且得不到 k 的显式解。对这个纯数学问题，我们不再细解，但根据从无限深势阱得来的经验，可以肯定，上式对 k 起限制作用，使得 k 不能取任意值而只能取一些分立的值。因此，能量也只能取一些分立的值。基本情况与无限深势阱时的相似，但与无限深势阱不同的是，即使粒子的能量 E 小于势阱的高度，粒子仍有一定的几率出现在阱外。粒子透入阱外的深度即透入深度

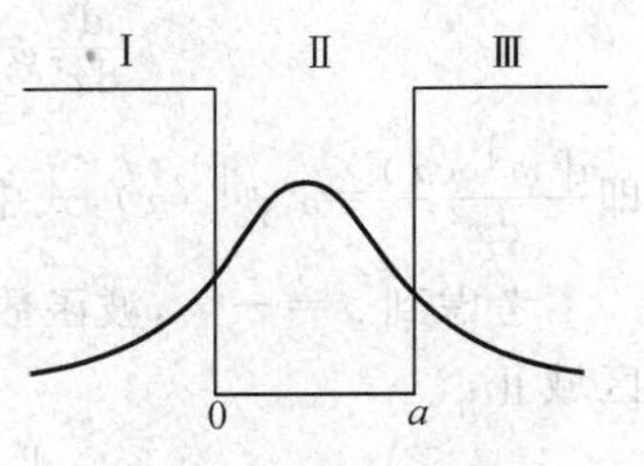

图 1.19　一维无限深势阱中粒子的出现几率

$$\delta = \frac{1}{\alpha} = \frac{\hbar}{\sqrt{2m(V_0 - E)}} \tag{1.66}$$

不难看出势阱越深，透入深度 δ 越小。当势阱深度无限深时，即 $V_0 \to \infty$ 时 $\delta \to 0$，即回到无限深势阱的情形。图 1.19 为第一能级对应的波函数示意图，可以看出波函数在阱外不为零。

§1.9.3　谐振子

在经典力学中，一个质量为 m 的粒子，在弹性力 $F = -kx$ 作用下，由牛顿第二定律可以写出运动方程为

$$m\frac{d^2x}{dt^2} = -kx \to x'' + \omega^2 x = 0 \quad 其中 \quad \omega = \sqrt{\frac{k}{m}} \tag{1.67}$$

其解为 $x = A\sin(\omega t + \delta)$，是一个简谐波，因而这种运动称为简谐振动，做这种运动的粒子叫谐振子。

自然界中存在大量的简谐振动。粒子在平衡位置附近的小振动，例如分子振动、晶格振动、辐射场等都可以近似地分解成若干彼此独立的一维简谐振动。因此对简谐振动的研究，无论在理论上还是在应用上都是很重要的。

如图 1.20 所示。在 $x = x_0$ 处，V 有一极小值 V_0。则在 $x = x_0$ 附近，势场可以展开成泰勒级数：

$$V(x) = V(x_0) + \frac{1}{1!}\frac{\partial V}{\partial x}\bigg|_{x=x_0}(x - x_0) + \frac{1}{2!}\frac{\partial^2 V}{\partial x^2}\bigg|_{x=x_0}(x - x_0)^2 + \cdots$$

$$\approx V_0+\frac{1}{2!}\frac{\partial^2 V}{\partial x^2}\bigg|_{x=x_0}(x-x_0)^2=V_0+\frac{1}{2}k(x-x_0)^2$$

其中：

$$k=\frac{\partial^2 V}{\partial x^2}\bigg|_{x=x_0},\quad V_0=V(x_0),\quad \frac{\partial V}{\partial x}\bigg|_{x=x_0}=0 \quad (1.68)$$

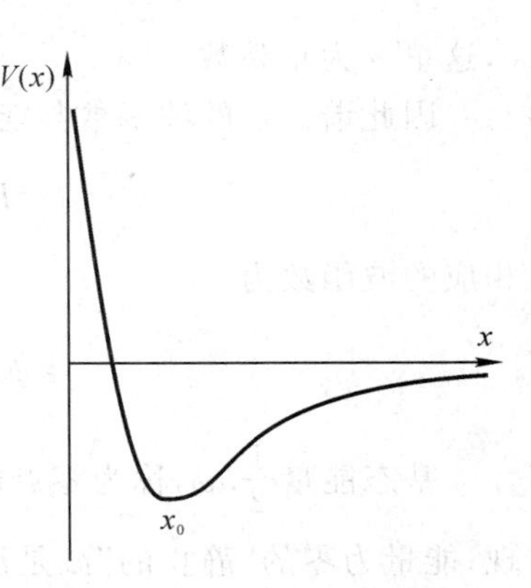

图 1.20 原子之间的势能

若取新坐标原点为(x_0,V_0)，则上述势场可表示为标准谐振子势的形式：$V(x)=\frac{1}{2}kx^2$。可见，一些在复杂的势场下在平衡点附近运动的粒子往往可以用线性谐振动来近似描述。

令 $k=m\omega^2$，则 $V=\frac{1}{2}m\omega^2x^2$，量子力学中所涉及的线性谐振子就是指在该式所描述的势场中运动的粒子。

线性谐振子的哈密顿量：

$$\hat{H}=\frac{\hat{p}^2}{2m}+\frac{1}{2}m\omega^2x^2$$

$$=-\frac{\hbar^2}{2m}\frac{d^2}{dx^2}+\frac{1}{2}m\omega^2x^2$$

则薛定谔方程可写为

$$\left\{\frac{\hbar^2}{2m}\frac{d^2}{dx^2}+\left[E-\frac{1}{2}m\omega^2x^2\right]\right\}\psi(x)=0 \text{ 或 } \left\{\frac{d^2}{dx^2}+\frac{2m}{\hbar^2}\left[E-\frac{1}{2}m\omega^2x^2\right]\right\}\psi(x)=0 \quad (1.69)$$

为简单起见，引入无量纲变量 ξ 代替 x，令：$\xi=\alpha x$，　其中 $\alpha=\sqrt{\frac{m\omega}{\hbar}}$，　则方程可改写为

$$\frac{d^2\psi}{d\xi^2}+[\lambda-\xi^2]\psi(\xi)=0\quad,\quad \text{其中 } \lambda=\frac{2E}{\hbar\omega}$$

此式是一变系数的二阶常微分方程。我们先看一下它的渐近解，即当 $\xi\to\pm\infty$ 时波函数 ψ 的行为。在此情况下，$\lambda\ll\xi^2$，于是方程变为：$\frac{d^2\psi_\infty}{d\xi^2}-\xi^2\psi_\infty=0$，其解为：$\psi_\infty=\exp(\pm\xi^2/2)$，所以 $\psi_\infty=c_1e^{-\xi^2/2}+c_2e^{\xi^2/2}$。

根据波函数在任意处必须有限的有限性条件：当 $\xi\to\pm\infty$ 时为了避免发散，应有 $c_2=0$，所以 $\psi_\infty=e^{-\xi^2/2}$。

为了使方程$\frac{d^2\psi}{d\xi^2}+[\lambda-\xi^2]\psi=0$ 的波函数 ψ 在无穷远处有 $\psi_\infty=e^{-\xi^2/2}$ 渐近形式，我们令：

$$\psi(\xi)=H(\xi)e^{-\xi^2/2}$$

将 $\psi(\xi)$ 表达式代入上述方程得函数 $H(\xi)$ 必须满足的方程：

$$H''-2\xi H'+(\lambda-1)H=0$$

此方程称为厄密方程，可以通过级数形式求解。可以证明：

$$H_n(\xi)=(-1)^n\exp(\xi^2)\frac{d^n}{d^n\xi}\exp(-\xi^2) \quad (1.70)$$

求解边界条件限制下的厄密方程，我们得到满足边界条件的解必须满足 $2n+1-\frac{2E}{\hbar\omega}=$

0，这里 n 为正整数。

因此谐振子的波函数与能量本征值为

$$E=\left(n+\frac{1}{2}\right)\hbar\omega \qquad n=0,1,2,\cdots \tag{1.71}$$

相应的波函数为

$$\psi_n(x)=\sqrt{\frac{\alpha}{2^n n!\ \sqrt{\pi}}}\ \mathrm{e}^{-\alpha^2x^2/2}H_n(\alpha x) \tag{1.72}$$

基态能量$\frac{1}{2}\hbar\omega$，称为零点能，是粒子波粒二相性的表现，能量为零的"静止的"波是没有意义的，**零点能**是量子效应，是测不准原理所要求的，在经典力学中没有对应。

不难看出，谐振子的波函数和能量与一维势阱时的情形是非常相似的。如图 1.21 所示波函数存在节点，能量只能取分立值，而且存在零点能。

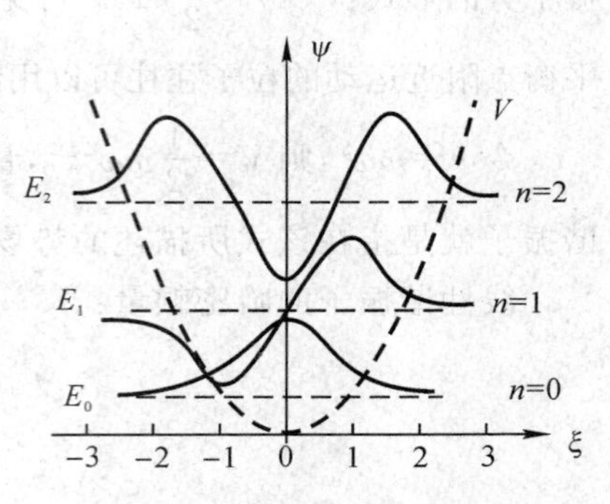

图 1.21 谐振子的波函数

§1.9.4 周期势

周期势是材料中经常遇到的一种势场，例如晶体的晶格场、半导体中的超晶格等。研究粒子在周期势中的情况，可以轻易得到能带的概念。周期势的计算由布罗赫(Bloch)完成，由于他在能带理论及原子能方面的贡献，布罗赫于 1952 年获得了诺贝尔物理学奖。

周期势的势场如图 1.22 所示，无数个有限深的势阱周期性地排列在一起。在势阱内，势场为 0，而在势阱外，势场为 V_0。若用数学公式表示，周期势可以表示为

$$U(x)=U(x+d) \tag{1.73}$$

这里 $d=a+b$，为周期势的周期。

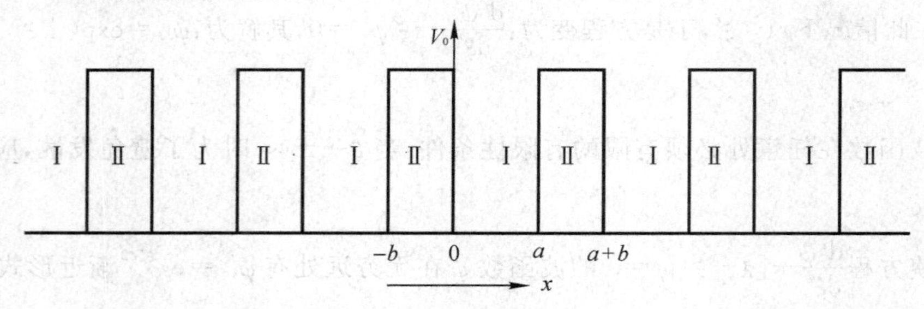

图 1.22 周期势

周期势的薛定谔方程与有限深势阱时的非常相似，即

$$-\frac{\hbar^2}{2m}\frac{\mathrm{d}^2\psi_1}{\mathrm{d}x^2}-\varepsilon\psi_1(x)=0 \qquad 0<x<a$$

$$-\frac{\hbar^2}{2m}\frac{\mathrm{d}^2\psi_2}{\mathrm{d}x^2}+(V_0-\varepsilon)\psi_2(x)=0 \qquad -b<x<0$$

但是由于势场是周期性的，那么我们有理由假定波函数也是周期性的，即 $\psi(x)=\psi(x+d)$。另外，我们假定波函数分为两部分，一方面我们假定波函数还具有平面波的特点，另一

方面我们要考虑它在空间上满足周期为 d 的周期性，即 $\psi(x)=e^{ikx}U(x)\to U(x)=U(x+d)$。假设总共有 N 个周期，势场总长度为 $L=Nd$，则根据周期性，我们有

$$\psi(x+L)=\psi(x)\to e^{ikL}=1$$

$$k=2\pi n/L(n=0,1,2,\cdots) \tag{1.74}$$

代入薛定谔方程，我们得到以下方程。

在势阱内

$$-\frac{\hbar^2}{2m}\frac{d}{dx}\frac{d\psi(x)}{dx}=-\frac{\hbar^2}{2m}\frac{d}{dx}\left[(ik)e^{ikx}U(x)+e^{ikx}\frac{dU(x)}{dx}\right]$$

$$-\frac{\hbar^2}{2m}\left[(ik)^2e^{ikx}U(x)+(ik)e^{ikx}\frac{dU(x)}{dx}+ike^{ikx}\frac{dU(x)}{dx}+e^{ikx}\frac{d^2U(x)}{dx^2}\right]-Ee^{ikx}U(x)=0$$

令

$$\alpha^2=\frac{2mE}{\hbar^2}$$

则

$$\frac{d^2U_1(x)}{dx^2}+2ik\frac{dU_1(x)}{dx}+(\alpha^2-k^2)U_1(x)=0$$

在势阱外，我们令 $\beta^2=\dfrac{2m(V_0-E)}{\hbar^2}$，则得

$$\frac{d^2U_2(x)}{dx^2}+2ik\frac{dU_2(x)}{dx}-(\beta^2+k^2)U_2(x)=0$$

上述两个微分方程的特征方程分别为

势阱内： $\gamma_1^2+2ik\gamma_1+(\alpha^2-k^2)=0\to\gamma_1=-ik\pm i\alpha$

势阱外： $\gamma_2^2+2ik\gamma_2-(\beta^2+k^2)=0\to\gamma_2=-ik\pm\beta$

因此，

势阱内： $U_1(x)=Ae^{-ikx+i\alpha x}+Be^{-ikx-i\alpha x}$

势阱外： $U_2(x)=Ce^{-ikx+\beta x}+De^{-ikx-\beta x}$

由于边界处的波函数和波函数导数必须连续，即

$$U_1(0)=U_2(0)\to A+B=C+D$$

$$U_1(a)=U_2(a)=U_2(-b)\to Ae^{i\alpha a-ika}+Be^{-i\alpha a-ika}=Ce^{-\beta b+ikb}+De^{\beta b+ikb}$$

$$\frac{d}{dx}\{U_1(0)\}=\frac{d}{dx}\{U_2(0)\}\to A(-ik+i\alpha)+B(-ik-i\alpha)=C(-ik+\beta)+D(-ik-\beta)$$

$$\frac{dU_1(a)}{dx}=\frac{dU_2(-b)}{dx}\to A(-ik+i\alpha)e^{-ika+i\alpha a}+B(-ik-i\alpha)e^{-ika-i\alpha a}$$

$$=C(-ik+\beta)e^{ikb-\beta b}+D(-ik-\beta)e^{ikb+\beta b}$$

整理后可得到一个系数行列式。为使被函数有非零解，该系数行列式必须为 0，即

$$\begin{vmatrix} 1 & 1 & -1 & -1 \\ e^{-ika+i\alpha a} & e^{-ika-i\alpha a} & -e^{ikb-\beta b} & -e^{ikb+\beta b} \\ -ik+i\alpha & -ik-i\alpha & ik-\beta & ik+\beta \\ (-ik+i\alpha)e^{-ika+i\alpha a} & (-ik-i\alpha)e^{-ika-i\alpha a} & (ik-\beta)e^{ikb-\beta b} & (ik+\beta)e^{ikb+\beta b} \end{vmatrix}=0$$

最后，我们得

$$\frac{\beta^2-\alpha^2}{2\alpha\beta}\sinh(\beta b)\sin(\alpha a)+\cosh(\beta b)\cos(\alpha a)=\cos[k(b+a)] \tag{1.75a}$$

如果 $V_0\to\infty$,$V_0\gg E$,$b\to 0$,但保持 $V_0 b=Q=\text{const}$,则 $\beta^2\gg\alpha^2$,因此 1.75 式可简化为:

$$\frac{\beta^2 b}{2\alpha}\sin(\alpha a)+\cos(\alpha a)=\cos(ka),(b\to 0) \tag{1.75b}$$

令 $P=\frac{a}{2}\beta^2 b=\frac{mV_0 ab}{\hbar^2}$,所以 $P\frac{\sin(\alpha a)}{\alpha a}+\cos(\alpha a)=\cos(ka)$

以方程左边为纵坐标,横坐标为 αa 作图,得到如图 1.23 所示的图形。由于方程右边的绝对值不可能大于 1,因此图中虚线部分的值对方程来说是不成立的,即 αa 只能取使得纵坐标为实线的值。

在讨论单个有限深势阱时,我们得到的能级是分立的,但在周期势的情况下,αa 既不是连续的,也不是分立的,而是分段连续的。由于 $\alpha^2=\frac{2mE}{\hbar^2}$,因此能量 E 可以取值的范围也是分段连续的,即在周期势中运动的粒子其能量的取值范围是分段连续的,或呈带状分布。此即电子在晶体中运动的一种近似描述。

因此以量子力学可以非常方便地得出固体的能带这个物理概念。

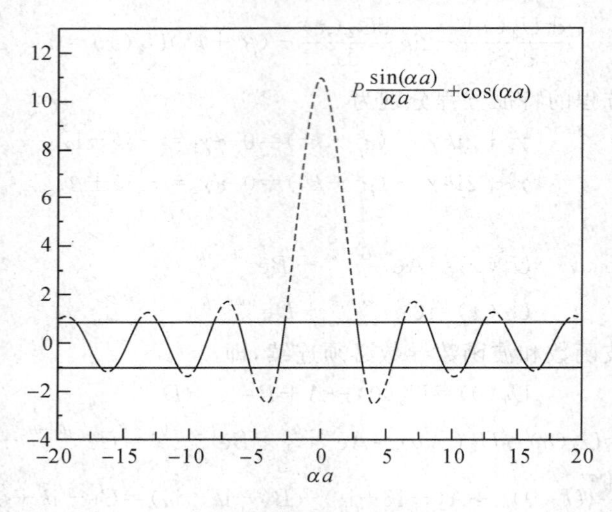

图 1.23　周期势引起的对能量的限制条件

§1.9.5　氢原子

氢原子是惟一可以从量子力学获得解析解波函数的原子。对于氢原子,哈密顿量 $\hat{H}=-\frac{\hbar^2}{2m}\nabla^2-\frac{Ze^2}{r}$,这里 $V=-\frac{Ze^2}{r}$ 为原子核与电子之间的库仑势能,所以 H 的本征方程为 $\left[-\frac{\hbar^2}{2m}\nabla^2-\frac{Ze^2}{r}\right]\psi=E\psi$。

求解氢原子薛定谔方程的步骤原则上与前面的几个例子相同,但因为势能只涉及径向坐标,因此一般用球坐标并分离角坐标和径坐标变量后求解。具体的求解过程非常复杂,我们在这里不想过多地涉及太多的数学过程,只把最后的主要结果罗列如下。

1. 波函数

波函数可以分离成径向及角度两个部分，即

$$\psi_{nlm}(r,\theta,\varphi)=R_{nl}(r)Y_{lm}(\theta,\varphi),l=0,1,2,\cdots,n-1,\quad m=0,\pm1,\pm2,\cdots,\pm l \tag{1.76}$$

基态及第一激发态的径向波函数为

$$R_{10}(r)=\left(\frac{Z}{a_0}\right)^{3/2}2\mathrm{e}^{-\frac{Z}{a_0}r}$$

$$R_{20}(r)=\left(\frac{Z}{2a_0}\right)^{3/2}\left(2-\frac{Z}{a_0}r\right)\mathrm{e}^{-\frac{Z}{2a_0}r}$$

$$R_{21}(r)=\left(\frac{Z}{2a_0}\right)^{3/2}\frac{Z}{a_0\sqrt{3}}r\mathrm{e}^{-\frac{Z}{2a_0}r}$$

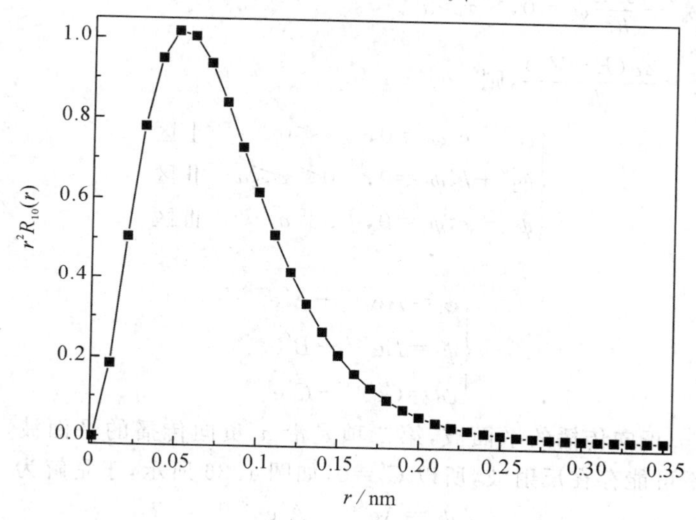

图 1.24　氢原子基态的径向分布函数

图 1.24 为基态的径向几率分布情况，可见在 $r=0.053\text{nm}$ 处几率有极大值。

2. 能量本征值

$$E_n=-\frac{\mu Z^2e^4}{2\hbar^2n^2}\qquad n=1,2,3,\cdots \tag{1.77}$$

能量只与主量子数 n 有关，而本征函数与 n,l,m_l 有关，故能级存在简并。

3. 基态的半径

$$a_0=\frac{\hbar^2}{me^2}$$

几率极大值出现处，称为波尔半径，数值上等于 0.053nm。

§1.9.6　一维势散射与透射问题

上面几个例子都是涉及粒子在势阱内的运动情况，我们发现量子力学中的粒子与经典力学中描写的粒子的运动情况有很大的差异。现在我们来看一看粒子遇到势垒时的运动情况。

设想有一单个的“势垒”，如图 1.25 所示，即

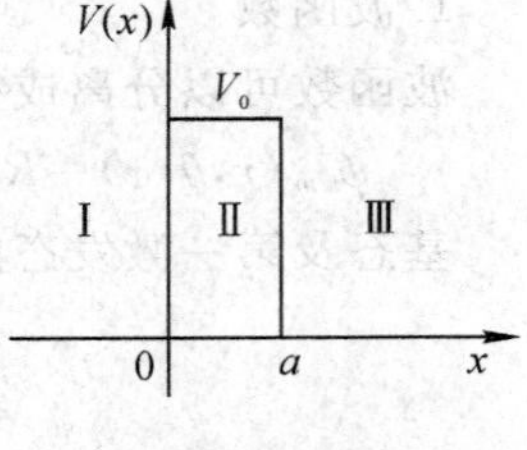

图 1.25　势垒

$$V(x)=\begin{cases}V_0, & 0\leqslant x\leqslant a\\ 0, & x<0\ 或\ x>a\end{cases}\tag{1.78}$$

若粒子以能量 E 沿 x 正向入射，且 $E>V_0$。则上述三个区域的薛定谔方程可写为

$$\begin{cases}\psi_1''+\dfrac{2\mu E}{\hbar^2}\psi_1=0, & x<0\\ \psi_2''+\dfrac{2\mu}{\hbar^2}(E-V_0)\psi_2=0, & 0\leqslant x\leqslant a\\ \psi_3''+\dfrac{2\mu E}{\hbar^2}\psi_3=0, & x>a\end{cases}\tag{1.79}$$

令：$k_1^2=\dfrac{2\mu E}{\hbar^2}$，　$k_2^2=\dfrac{2\mu(E-V_0)}{\hbar^2}$，则

$$\begin{cases}\psi_1''+k_1^2\psi_1=0, & x<0 & \text{Ⅰ区}\\ \psi_2''+k_2^2\psi_2=0, & 0\leqslant x\leqslant a & \text{Ⅱ区}\\ \psi_3''+k_1^2\psi_3=0, & x>a & \text{Ⅲ区}\end{cases}\tag{1.80}$$

解得

$$\begin{cases}\psi_1=A\mathrm{e}^{\mathrm{i}k_1x}+A'\mathrm{e}^{-\mathrm{i}k_1x}\\ \psi_2=B\mathrm{e}^{\mathrm{i}k_2x}+B'\mathrm{e}^{-\mathrm{i}k_2x}\\ \psi_3=C\mathrm{e}^{\mathrm{i}k_1x}+C'\mathrm{e}^{-\mathrm{i}k_1x}\end{cases}\tag{1.81}$$

式中第一项是沿 x 正向传播的平面波，第二项是沿 x 负向传播的平面波，即反射波。由于在 $x>a$ 的Ⅲ区不可能存在反射波，所以 $C'=0$，如图 1.26 所示，于是解为

$$\begin{cases}\psi_1=A\mathrm{e}^{\mathrm{i}k_1x}+A'\mathrm{e}^{-\mathrm{i}k_1x}\\ \psi_2=B\mathrm{e}^{\mathrm{i}k_2x}+B'\mathrm{e}^{-\mathrm{i}k_2x}\\ \psi_3=C\mathrm{e}^{\mathrm{i}k_1x}\end{cases}\tag{1.82}$$

根据波函数及其导数在边界处的连续要求：

$x=0$ 处，$\psi_1(0)=\psi_2(0)\Rightarrow A+A'=B+B'$，

$\psi_1'(0)=\psi_2'(0)\Rightarrow \mathrm{i}k_1A-\mathrm{i}k_1A'=\mathrm{i}k_2B-\mathrm{i}k_2B'$

$x=a$ 处，$\psi_2(a)=\psi_3(a)\Rightarrow B\mathrm{e}^{\mathrm{i}k_2a}+B'\mathrm{e}^{-\mathrm{i}k_2a}=C\mathrm{e}^{\mathrm{i}k_1a}$，

$\psi_2'(a)=\psi_3'(a)\Rightarrow \mathrm{i}k_2B\mathrm{e}^{\mathrm{i}k_2a}-\mathrm{i}k_2B'\mathrm{e}^{-\mathrm{i}k_2a}=\mathrm{i}k_1C\mathrm{e}^{\mathrm{i}k_1a}$

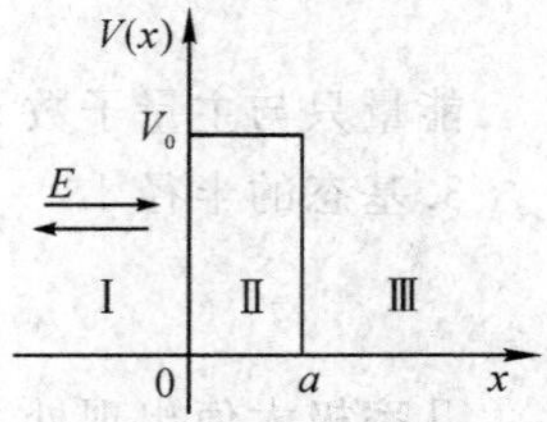

图 1.26　势垒反射与透射

整理后得

$$\begin{cases}A'+A-B-B'=0\\ B\mathrm{e}^{\mathrm{i}k_2a}+B'\mathrm{e}^{-\mathrm{i}k_2a}-C\mathrm{e}^{\mathrm{i}k_1a}=0\\ k_1A'+k_2B-k_2B'=k_1A\\ k_2B\mathrm{e}^{\mathrm{i}k_2a}-k_2B'\mathrm{e}^{-\mathrm{i}k_2a}-k_1C\mathrm{e}^{\mathrm{i}k_1a}=0\end{cases}\tag{1.83}$$

与前面类似，要求波函数有非零解，系数行列式必须为 0，由此可得与反射和透射相关的两个系数为

$$C=\frac{4k_1k_2\mathrm{e}^{-\mathrm{i}k_1a}}{(k_1+k_2)^2\mathrm{e}^{-\mathrm{i}k_2a}-(k_1-k_2)^2\mathrm{e}^{\mathrm{i}k_2a}}A$$
$$A'=\frac{2\mathrm{i}(k_1^2-k_2^2)\sin(k_2a)}{(k_1-k_2)^2\mathrm{e}^{\mathrm{i}k_2a}-(k_1+k_2)^2\mathrm{e}^{-\mathrm{i}k_2a}}A \tag{1.84}$$

(1)透射系数:量子力学中,透射系数为透射波几率流密度与入射波几率流密度之比。

$$J_{\mathrm{D}}=\frac{k_1\hbar}{m}|C|^2 \tag{1.85}$$

于是透射系数为 $D=\frac{J_{\mathrm{D}}}{J_1}=\frac{|C|^2}{|A|^2}=\frac{4k_1^2k_2^2}{(k_1^2-k_2^2)^2\sin^2(k_2a)+4k_1^2k_2^2}$ (1.86)

(2)反射系数:量子力学中,反射系数为反射波几率流密度与入射波几率流密度之比。

$$J_{\mathrm{R}}=-\frac{k_1\hbar}{m}|A'|^2 \tag{1.87}$$

其中负号表示与入射波方向相反。

因此,反射系数为

$$R=\frac{J_{\mathrm{R}}}{J_1}=\frac{|A'|^2}{|A|^2}=\frac{(k_1^2-k_2^2)^2\sin^2(k_2a)}{(k_1^2-k_2^2)^2\sin^2(k_2a)+4k_1^2k_2^2} \tag{1.88}$$

由透射系数和反射系数之和可以看出 $D+R=1$,说明入射粒子一部分贯穿势垒到了 $x>a$ 的Ⅲ区,另一部分则被势垒反射回来。也就是说,即使入射粒子的能量大于势垒高度,粒子仍有可能被反射回来。这与经典力学有着明显的不同,经典力学中,粒子在遇到势垒高度小于其动能的势垒时是不可能被反射回来的。这也是粒子波动性的一个很好的证明。正是因为粒子有波动性,所以即使它的能量大于势垒高度,它还是要被势垒部分反射,如同光波从一种媒质传向另一种媒质。

反之,如果 $E<V_0$ 情况,则 $k_2=\sqrt{\frac{2m(E-V_0)}{\hbar^2}}=\mathrm{i}k_2'$ 为虚数,这样Ⅱ区的波函数不再是平面波,而是 $\psi_2=B\mathrm{e}^{k_2'x}+B'\mathrm{e}^{-k_2'x}$。

按照与前面相似的计算,我们可得透射系数和反射系数分别为

$$D=\frac{4k_1^2k_2^2}{(k_1^2+k_2^2)^2\sinh^2(k_2a)+4k_1^2k_2^2}$$
$$R=\frac{(k_1^2+k_2^2)^2\sinh^2(k_2a)}{(k_1^2+k_2^2)^2\sinh^2(k_2a)+4k_1^2k_2^2} \tag{1.89}$$

可见,即使 $E<V_0$,在一般情况下,透射系数 D 并不等于零。即粒子仍有一定的几率可以穿透势垒进入另一侧。场致发射及隧道效应就是最好的两个例证(如图 1.27 所示)。

粒子能够穿透比它动能更高的势垒的现象,称为**"隧道效应"**。它是粒子具有波动性的生动表现。当然,这种现象只在一定条件下才比较显著。

如果入射粒子的能量较大,则 αa 较大。此时 $\mathrm{e}^{\alpha a}$ 远比 $\mathrm{e}^{-\alpha a}$ 及 $4k_1^2k_2^2$ 大,这样透射系数 D 分母中的双曲正弦函数简化为 $e^{\alpha a}/2$,同时忽略后面的 $4k_1^2k_2^2$,则

$$D=\frac{4k_1^2k_2^2}{(k_1^2+k_2^2)^2\sinh^2(k_2a)+4k_1^2k_2^2}\approx\frac{16k_1^2k_2^2}{(k_1^2+k_2^2)^2}\mathrm{e}^{-2\alpha a} \tag{1.90}$$

可见,对给定的能量 E,透射系数随着势垒厚度的增加指数减小。

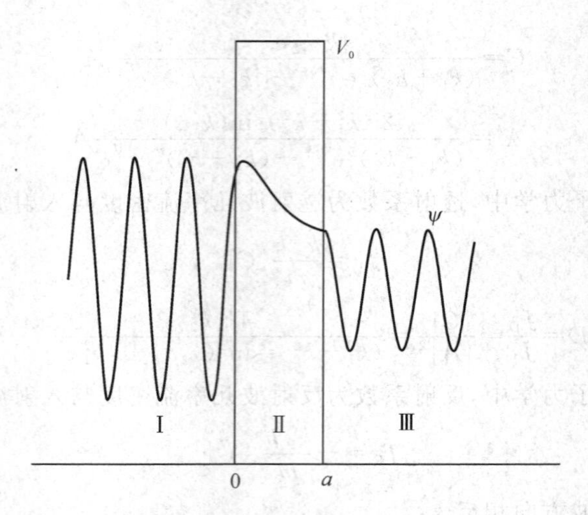

图 1.27　势垒两边的波函数

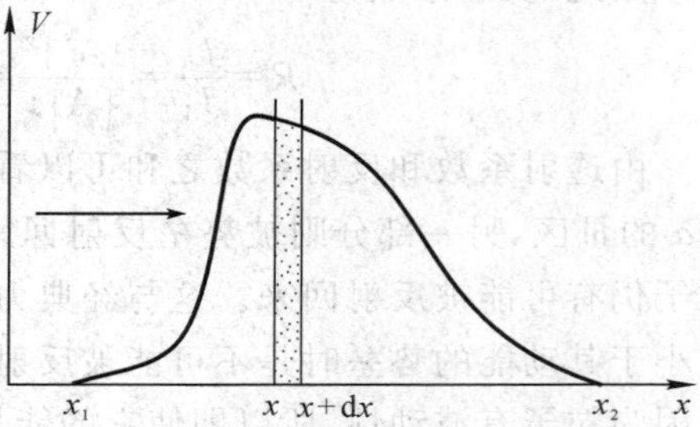

对于任意形状的势垒，我们可把任意形状的势垒分割成许多小势垒，每个势垒的厚度为 dx，如图 1.28 所示。这些小势垒可以近似用上面的单个方势垒处理。对每一小方势垒，透射系数

$$D = D_0 e^{-\frac{2}{\hbar}\sqrt{2m[V(x)-E]}\,dx} \tag{1.91}$$

则当粒子从 x_1 到达 x_2 时的透射几率等于贯穿这之间各小方势垒透射系数之积，即

$$D = D_0 e^{-\frac{2}{\hbar}\int_a^b \sqrt{2\mu[V(x)-E]}\,dx}$$

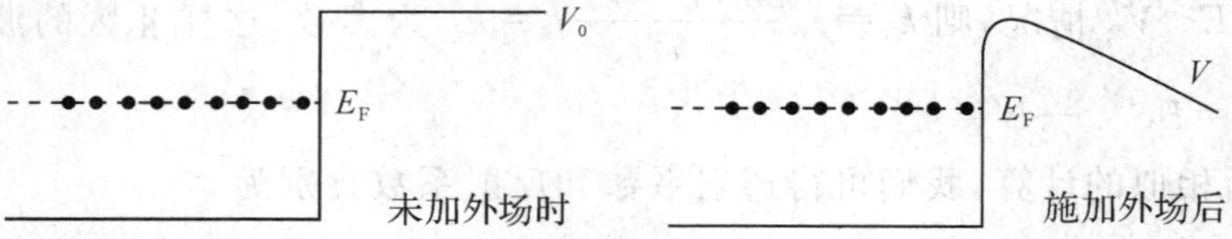

图 1.28　任意形状的势垒

图 1.29　场致发射

在金属表面附近施加一个很强的外电场，则金属中电子所感受到的电势如图 1.29 所示。金属中电子面对一个势垒，能量较大的电子能通过隧道效应穿过势垒逸出，从而导致所谓电子的场致发射。

§1.10　测不准原理

测不准或不确定性(uncertainty)是量子力学与经典力学不同的另一基本原理。为了理解这个问题，我们先来看一看一些具体的例子。实际上这些例子我们早已在以前的物理课程中学到过，但那时我们没有量子力学方面的知识，没有意识到那些现象实际上是量子力学

的基本原理在起作用。

我们都知道在如图 1.30 所示光的小孔衍射实验中，中心亮斑对应的张角与波长及孔的直径有如下的关系：$\Delta\theta=\sin^{-1}\left(\frac{1.22\lambda}{d}\right)\approx\frac{1.22\lambda}{d}$，$d$ 为小孔的直径。因此小孔的孔径越小，光在屏幕上光斑点的半径越大，即弥散越严重。另一方面，在相同的孔径下，如果采用的光源的波长较短，则分辨率较高。从图 1.31 所示的干涉衍射图中可以看出，对于同样的装置，当用红光作为光源时，中心附近的几个衍射斑点分辨不清；而采用黄光时，中心附近大衍射斑点已经基本分开；而当采用蓝光时，中心附近的几个斑点已经完全分开。那么如果采用蓝光作为光源则存储密度可以比红光作为光源时提高很多倍，这就是发展蓝光光存储介质的基本出发点，也就是目前大力研究半导体蓝、紫发光器件的主要原因。

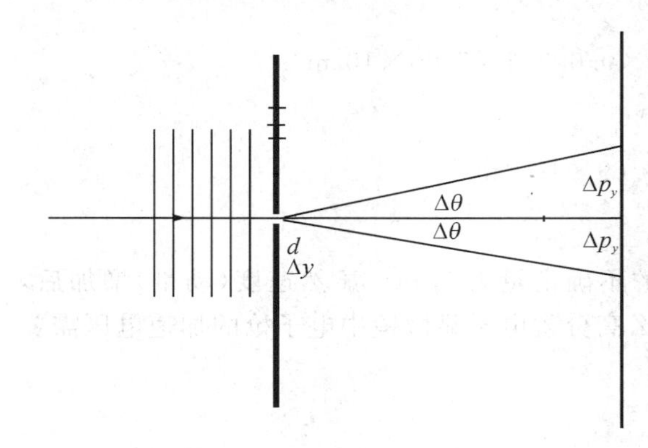

图 1.30　光的小孔衍射

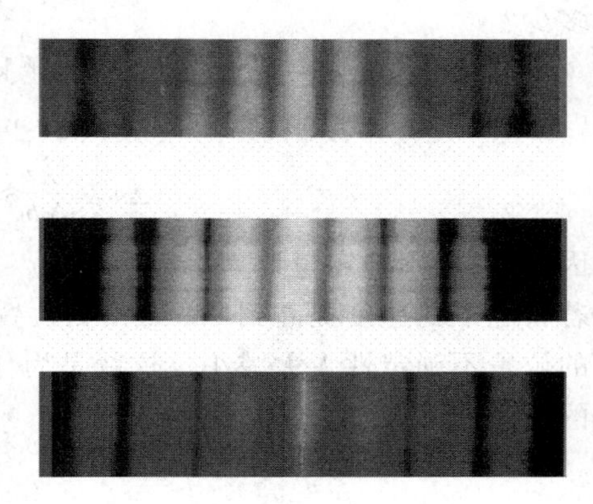

图 1.31　分辨率与波长的关系

上：蓝光，中：黄光，下：红光

现在我们来看一看衍射斑张角与波长及孔径之间究竟包含什么样的物理原理。我们以另外一种形式表示小孔衍射角公式 $\Delta\theta\approx\frac{1.22\lambda}{d}$，则公式可以表示为$\frac{\Delta\theta}{\lambda}=\Delta\theta\,\frac{\hbar}{\hbar}k\approx\frac{p}{\hbar}\Delta\theta=\frac{\Delta p_y}{\hbar}=\frac{1.22}{d}=\frac{1.22}{\Delta y}$，这里 $\Delta y\approx d$ 为小孔的直径，Δp_y 见图 1.30。

最后我们得到了动量和空间坐标表示的衍射关系，即 $\Delta p_y\Delta y=1.22\,\hbar\sim\hbar$。

此式虽然看上去只是数学形式上的变换，但其包含的物理思想却非常明确。上式表明，如果平面波在 y 方向受到空间约束 Δy（小孔），那么它的动量将在对应的方向发散，其发散度与受到的约束成反比。约束越厉害（d 越小或 Δy 越小），则动量发散越大。从另一个意义上说，我们无法做到同时使得空间位置与动量都非常精确。这就是量子力学的**测不准原理**或**不确定性**的来源。

既然空间位置与动量之间存在这种不能同时确定的关系，是否还存在另外的力学量对，它们之间也存在这种测不准关系。或者说是究竟什么样的两个力学量可以同时测定，什么情况下两个力学量不能同时确定？

前人发现，如果两个力学量构成的对易子$[A,\ B]=AB-BA=0$，则 A、B 可以同时测准，反之不可以同时测准。

我们先看$[x,p]$这个对易子。按对易子的定义，$[x,p]=xp-px$，所以

$$[x,p]\psi(x)=(xp-px)\psi=-\mathrm{i}\hbar\left(x\frac{\mathrm{d}}{\mathrm{d}x}-\frac{\mathrm{d}}{\mathrm{d}x}x\right)\psi(x)=-\mathrm{i}\hbar x\psi'+\mathrm{i}\hbar x\psi'-\mathrm{i}\hbar\psi=-i\hbar\psi$$

因此$[x,p]=-\mathrm{i}\hbar\neq0$，据此，可以肯定$x$与动量$p$不能同时确定。

我们再看一看$[t,E]$这个对易子。

$$[t,E]\psi(x,t)=\left[t(\mathrm{i}\hbar\frac{\partial}{\partial t})-\mathrm{i}\hbar\frac{\partial}{\partial t}\right]\psi(x,t)\Rightarrow[t,E]\psi=\mathrm{i}\hbar(t\psi'-\psi'+\psi)=\mathrm{i}\hbar\psi$$

所以
$$[t,E]=\mathrm{i}\hbar$$

即粒子的时间(寿命)与能量也是不能同时确定的。

实例

若电子的速度为$5\times10^3\,\mathrm{m/s}$，而且其速度的测量误差为0.003%，则电子位置的不确定量为多少?

$$\begin{aligned}\Delta p&=m\Delta\nu=9.1\times10^{-31}\,\mathrm{kg}\times0.003\%\times5.00\times10^3\,\mathrm{m/s}\\&=1.36\times10^{-31}\,\mathrm{kg\cdot m/s}\end{aligned}$$

$$\Delta x\geqslant\frac{\hbar}{\Delta p}\approx7.69\times10^{-4}\,\mathrm{m}$$

因此，位置不确定量约为1mm。

若将电子的速度提高到$10^6\,\mathrm{m/s}$，则位置的不确定量为$1\mu\mathrm{m}$。显然速度(动量)增加后，电子的位置不确定性大大减小。这就是为什么高分辨电子显微镜中电子枪的加速电压需要很高的原因。

§1.11 电子的自旋

电子的自旋是一个只在量子力学中存在的物理概念，经典力学中没有对应的力学量。由于基于电子自旋的器件的诞生，有必要向大家介绍一下电子自旋的概念。

首先，我们看一下斯特恩-盖拉赫(Stern-Gerlach)实验。

实验发现，当一束处于S态的氢原子束流经过非均匀的磁场后发生偏转，在感光板上呈现了两条独立的线状分布，如图1.32所示。

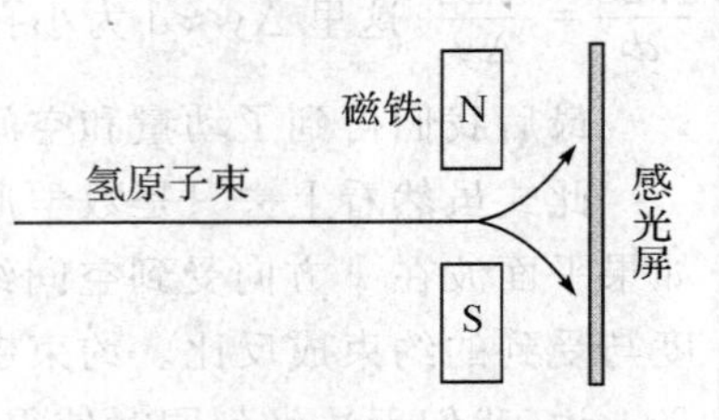

图1.32 斯特恩－盖拉赫实验

这个实验的直接推论是氢原子有磁矩，由于磁矩在非均匀磁场中发生偏转形成线状分布。假设原子的磁矩为$\boldsymbol{M}$，外磁场强度为$\boldsymbol{B}$，则原子在外磁场中的势能为$U=-\boldsymbol{M}\cdot\boldsymbol{B}=-MB_z\cos\theta$，其中$\theta$为磁矩与磁场之间的夹角。因此原子在外磁场方向的受力为$\boldsymbol{F}_z=-\frac{\partial U}{\partial z}=\boldsymbol{M}\frac{\partial B_z}{\partial z}\cos\theta$。若原子磁矩可任意取向，则$\cos\theta$可在(－1,＋1)之间连续变化，感光板上将呈现连续带状分布。但是实验结果是：只出现两条分立线，即对应$\cos\theta=-1$和＋1。因此可以假设氢原子磁矩只有两种取向。

由于处于S态的氢原子的轨道角动量等于0，没有轨道磁矩，所以可以肯定氢原子的磁矩来自于电子的磁矩，即自旋磁矩。乌伦贝克(Uhlenbeck)和歌德施密特(Goudsmit)于

1925 年根据上述现象提出了电子自旋假设:电子自旋只能取两个值,即自旋向上和自旋向下,电子的自旋在数值上等于$\pm\frac{\hbar}{2}$。

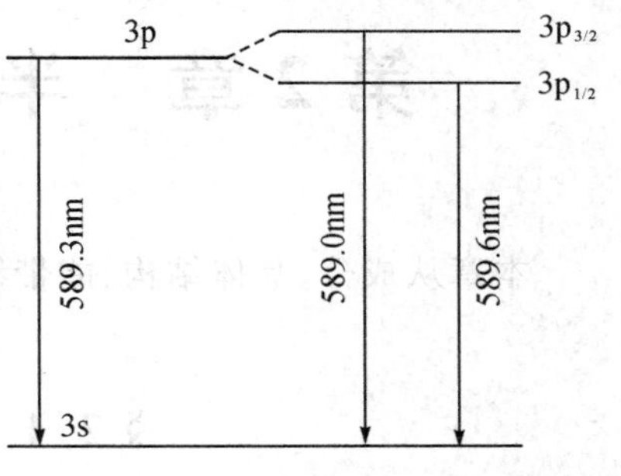

图 1.33 纳光谱的双线

证明电子具有自旋的另一个实验证据来自原子光谱线的精细结构。实验上发现钠原子光谱中的一条波长为$\lambda\approx589.3\text{nm}$的亮黄线,高分辨率光谱仪中看,实际上是由两条靠得很近的谱线组成的,如图 1.33 所示。

在其他原子光谱中也可以发现这种谱线由更细的一些线组成的现象,称之为光谱线的精细结构。利用电子自旋的概念可以很好地解释该现象。在很多情况下由于电子自旋和轨道角动量的相互作用,导致能级分裂,产生光谱的双线结构。

§1.12 简谐微扰量子跃迁几率

有关简谐微扰下的量子跃迁几率的推导过程过于繁琐,我们直接写出结果。若我们在$t>0$时施加一个简谐微扰 H',$\hat{H}'(t)=\begin{cases}0 & t<0,\\ \hat{F}[e^{i\omega t}+e^{-i\omega t}], & t>0\end{cases}$,这里 ω 为谐波微扰的角频率,F 为振幅,则电子从 k 能级跃迁到 m 能级的跃迁几率为

$$\rho_{k\to m}=\frac{2\pi}{\hbar}|F_{mk}|^2\delta(\varepsilon_m-\varepsilon_k\pm\hbar\omega) \tag{1.79}$$

这里 ρ 为跃迁几率,正负号分别对应吸收或放出光子。

式(1.79)表明,当入射光子(光波或电磁波)的能量与电子两个能级的间隔相同时,电子在相应能级间的跃迁几率最大,反过来,电子从高能级跃迁到低能级时,放出的光子的能量等于两个能级能量的差。

§1.13 泡利不相容原理

泡利(Pauli)认为,在 N 个自旋为半整数的费米子体系中,不能有 2 个或 2 个以上的费米子处于同一状态,这一结论称为**“泡利不相容原理”**。泡利不相容原理可以从量子力学得到证明,即波函数的反对称化保证了全同费米子体系的这一重要性质。对于这方面的详细情况我们不再展开讨论。

第2章　半导体材料的成分与结构

本章从成分、晶体结构、能带结构等多方面介绍半导体材料及其分类与应用。

§2.1　半导体材料的导电能力

顾名思义，半导体材料是一种导电能力介于导体与绝缘体之间的材料。一般来说，固体材料按能带情况及导电能力等可以分为以下几个大类，见表2.1～表2.5。

表2.1　材料按导电能力分类

分类名称	导电能力
导体	电阻率一般小于 $10^{-4}\ \Omega cm$
绝缘体	电阻率一般大于 $10^{8}\ \Omega cm$，高的达 $10^{10}\ \Omega cm$ 以上
半导体	电阻率一般介于 $10^{-3} \sim 10^{8}\ \Omega cm$

表2.2　材料按能带类型分类

分类名称	能带特点
导体	最高占据能带为部分充填的能带，无能隙存在
绝缘体	绝对零度时所有能带或者全满，或者全空，存在能隙，而且能隙较大(>5.0eV)，电阻率很大，即使掺杂后导电性能也不会有很大的变化
半导体	绝对零度时所有能带或者全满，或者全空，存在能隙，但能隙较小(<5.0eV)，导电性能介于导体与绝缘体，掺杂后导电性能有很大变化

表2.3　半导体材料按成分分类

分类名称	成　分
元素半导体	由单一元素构成的半导体，如锗、硅、硒等
合金半导体	由两种性能接近的元素构成的半导体，如 Ge_xSi_{1-x} 等
化合物半导体	两种或两种以上元素化合而成的半导体材料，如 InP、GaAs、$Ga_{1-x}Al_xAs$、GaN、SiC 等
氧化物半导体	一种特殊的化合物半导体，成分为金属氧化物。
有机半导体	有机高分子材料，如电荷转移络合物、芳香族化合物等。

表 2.4　半导体材料按结构分类

分类名称	晶体结构
单晶半导体	整块半导体材料为一个完整的晶体，原子有序排列
多晶半导体	半导体材料中分成许多晶粒，每个晶粒均为完整的晶体
非晶态半导体	半导体材料中的原子无序排列，没有周期性
异质结构	指两种不同半导体材料构成的半导体结构
量子阱	两层禁带宽度较大的半导体材料中夹一层禁带宽度较小的半导体材料
超晶格半导体	多个量子阱周期性排列构成的结构，具有周期性，阱与阱之间有相互作用
低维半导体结构	一个或一个以上尺度上为纳米量级的半导体结构，如纳米点、纳米线、纳米管、纳米薄膜等
复合半导体	由两种性能不同的半导体材料复合形成的半导体材料，包括无机/无机、有机/无机、有机/有机复合的半导体材料

表 2.5　半导体材料按功能分类

分类名称	功　能
电子材料	用于制造各种分立电子器件及集成电路等
光电子材料	用于制造光波导、光放大、光运算、光开关、光转换、光存储、光电转换器件等
辐射探测材料	用于探测各种辐射，包括热、光、射线、高能粒子等
发光材料	半导体发光，如发光二极管、激光二极管
气敏半导体	用于检测气体，特别是用于有害气体探测等
磁敏半导体	霍耳效应、磁阻效应，用于传感器、磁记录等
热电半导体	热敏元件，辐射计，热-电转换，热电成像等
压敏材料	用于测量压力、加速度等
湿敏材料	用于测量湿度等

§2.2 半导体的晶体结构

此部分内容在晶体学、固体物理、材料科学基础等课程里面已经有详细的介绍，这里仅作简单介绍分段。我们知道，晶体是由确定按照规则周期性排列的原子或离子的集合体。晶体结构由点阵和基元组成。晶体学中一些术语及它们之间的相互关系如表 2.6 所示。

表 2.6 晶体结构中一些术语的意义

名 称	意 义
基元	构成点阵的具体原子、离子、分子或其集团，即构成晶体的最基本结构单元
空间点阵	组成晶体的基元有规律地做周期性无限分布，这些基元分布的总和称为点阵，或称为格子
基矢	能通过平移画出整个点阵的最小可能的矢量 $\boldsymbol{a},\boldsymbol{b},\boldsymbol{c}$
平移矢量	由三个基矢组成的矢量，即 $\boldsymbol{R}=k\boldsymbol{a}+l\boldsymbol{b}+m\boldsymbol{c}$，点阵按平移矢量平移时不变，这里 k、l、m 为整数
结点	点阵中的点子称为结点或格点
原胞	只包围一个格点的(或基元)的晶胞，原胞可以有多种形状，具体视基矢如何选取
维格纳-赛茨单胞	以一个格点为中心，做该中心与其他格点连线的中垂面，得到围成的单胞
晶体结构	晶体结构＝点阵＋基元，或晶体结构＝基矢＋平移操作＋基元
布喇菲格子	由同种原子构成的点阵
复式格子	结点由两种或两种以上原子构成的点阵，各种原子各自构成相同的布喇菲点阵，但相互有一个位移，形成一个复合点阵

实际晶体的点阵可分为 32 种点群，7 大晶系，14 种布喇菲格子，具体如表 2.7 所示。

表 2.7　7 大晶系，14 种布喇菲格子的特点及形状

晶系	基矢与夹角	名称	形状
立方晶系	$a=b=c$ $\alpha=\beta=\gamma=90^\circ$	简单立方	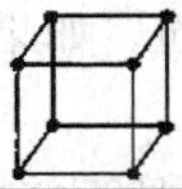
		体心立方	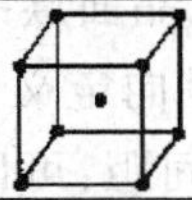
		面心立方	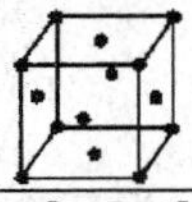
正交晶系	$a\neq b\neq c$ $\alpha=\beta=\gamma=90^\circ$	简单正交	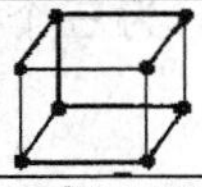
		底心正交	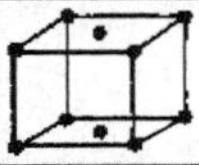
		面心正交	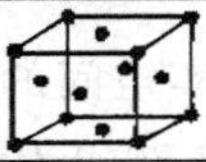
		体心正交	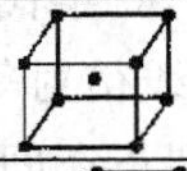
六角晶系	$a=b\neq c$ $\alpha=\beta=\gamma=90^\circ,\gamma=120^\circ$	六角	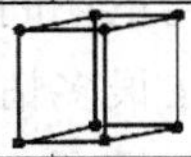
四角晶系	$a=b\neq c$ $\alpha=\beta=\gamma=90^\circ$	简单四角	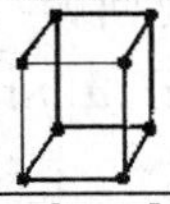
		体心四角	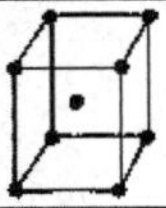
三角晶系	$a=b=c$ $90^\circ\neq\alpha=\beta=\gamma<120^\circ$	三角	
单斜晶系	$a\neq b\neq c$ $\alpha=\gamma=90^\circ\neq\beta$	简单单斜	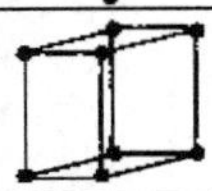
		底心单斜	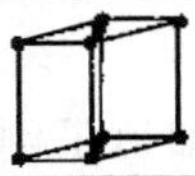
三斜晶系	$a\neq b\neq c$ $\alpha\neq\beta\neq\gamma$	简单三斜	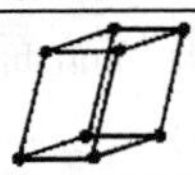

除了表 2.6 提到的平移对称性(不变性)以外,晶体还有许多对称性,如转动、镜面、反演等,晶体的许多性质在很大程度上取决于晶体的对称性。

晶面族:格点可以看成分布在一系列相互平行的面上,即晶面族。晶面族中相邻晶面之间距离相同。如果某一晶面族把三个基矢各自分成 k,l,m 等份,则该晶面族称为 $\{k,l,m\}$ 晶面族。

晶向:晶面族的法线方向定义为晶向。如果沿晶向方向最短可能的格矢量为 $k\boldsymbol{a}+l\boldsymbol{b}+m\boldsymbol{c}$,则该晶向定义为 $[k,l,m]$ 晶向。

晶面间距:可以证明,对于正交体系,晶面族 $\{k,l,m\}$ 对应的面间距为

$$\frac{1}{d_{klm}}=\sqrt{\left(\frac{k}{a}\right)^2+\left(\frac{l}{b}\right)^2+\left(\frac{m}{c}\right)^2} \tag{2.1}$$

其中 a,b,c 为三个基矢。

§2.3 倒格矢

与真实空间的晶格对应,动量空间也有一套相应的点阵,即倒易点阵,及相应的倒格矢。在 20 世纪 80 年代的扫描隧道显微镜问世以前,人们无法直接观测到正格子,只能通过电子衍射、X 射线衍射等手段分析晶体的结构,通过衍射直接得到的是倒格子的信息,转换后才能间接得到正空间的信息。现在人们已经可以通过 STM 等手段直接观测真实空间的结构了。不过在很多情况下,半导体材料的结构分析还是依靠 X 射线衍射、电子显微镜等手段,因此有必要回顾一下倒易点阵及倒格矢。倒格子与正格子可以相互转换。假定我们有正空间的基矢 $\boldsymbol{a}_1,\boldsymbol{a}_2,\boldsymbol{a}_3$,则倒空间的基矢为

$$\left.\begin{aligned}
\boldsymbol{b}_1&=2\pi\frac{\boldsymbol{a}_2\times\boldsymbol{a}_3}{\boldsymbol{a}_1\cdot\boldsymbol{a}_2\times\boldsymbol{a}_3}=2\pi\frac{\boldsymbol{a}_2\times\boldsymbol{a}_3}{V}\\
\boldsymbol{b}_2&=2\pi\frac{\boldsymbol{a}_3\times\boldsymbol{a}_1}{\boldsymbol{a}_1\cdot\boldsymbol{a}_2\times\boldsymbol{a}_3}=2\pi\frac{\boldsymbol{a}_3\times\boldsymbol{a}_1}{V}\\
\boldsymbol{b}_3&=2\pi\frac{\boldsymbol{a}_1\times\boldsymbol{a}_2}{\boldsymbol{a}_1\cdot\boldsymbol{a}_2\times\boldsymbol{a}_3}=2\pi\frac{\boldsymbol{a}_1\times\boldsymbol{a}_2}{V}
\end{aligned}\right\} \tag{2.2}$$

倒格矢与正格矢之间还有以下公式:

$$\begin{aligned}
&\boldsymbol{R}=m_1\boldsymbol{a}_1+m_2\boldsymbol{a}_2+m_3\boldsymbol{a}_3,\\
&\boldsymbol{G}=n_1\boldsymbol{b}_1+n_2\boldsymbol{b}_2+n_3\boldsymbol{b}_3,\\
&\Rightarrow\boldsymbol{R}\cdot\boldsymbol{G}=2\pi(n_1m_1+n_2m_2+n_3m_3)=2\pi N\\
&\text{或 } \mathrm{e}^{\mathrm{i}\boldsymbol{R}\cdot\boldsymbol{G}}=1
\end{aligned} \tag{2.3}$$

因此只要知道了倒格子就可以得到正格子,反之亦然。

倒格矢与晶面间距:从数学上不难证明,倒格矢的长度在数值上为

$$G=\frac{2n\pi}{d} \tag{2.4}$$

这里 d 为平行于 G 的晶面族的面间距。

§ 2.4 晶体结构的测量

X 射线衍射

在第一章中我们通过量子力学波动方程导出了劳厄衍射公式，同样，我们可以通过量子力学导出 X 射线晶体衍射的布拉格衍射公式。

与第 1 章讨论电子被晶体衍射时的情况相同，X 射线被晶格散射后，其动量也不确定，可能向各个方向运动，即向不同方向运动，波函数应该为各种可能波矢的叠加，即

$$\Psi(\boldsymbol{r},t) = \sum_{p} c(\boldsymbol{p}\Psi_{p}(\boldsymbol{r},t)) \tag{2.5}$$

假定散射为弹性散射，则我们完全可以得到与电子衍射时相似的结果，即

$$\rho = \sum_{p} A^{*} c(\boldsymbol{p}') \int_{V} \mathrm{e}^{-\frac{i}{\hbar}\boldsymbol{p}'\cdot\boldsymbol{r}} \mathrm{e}^{\frac{i}{\hbar}\boldsymbol{p}\cdot\boldsymbol{r}} \mathrm{d}V = \sum_{p'} A^{*} c(\boldsymbol{p}') \int_{V} \mathrm{e}^{-\frac{i}{\hbar}(\boldsymbol{p}'-\boldsymbol{p})\cdot\boldsymbol{r}} \mathrm{d}V \tag{2.6}$$

对于衍射极大，要求$\frac{1}{\hbar}(\boldsymbol{p}'-\boldsymbol{p})\cdot\boldsymbol{r}=2n\pi$且 n 为整数，根据倒格矢的定义，上述衍射极大产生的条件为

$$\frac{1}{\hbar}(\boldsymbol{p}'-\boldsymbol{p})=\boldsymbol{G}, \text{或 } \boldsymbol{k}'-\boldsymbol{k}=\boldsymbol{G} \tag{2.7}$$

一般的 X 射线衍射实验中，通常取入射角等于探测角如图 2.1 所示，因此$|\boldsymbol{k}'-\boldsymbol{k}|=2k_0\sin\theta$，这里 k_0 为 X 射线的波矢值。另外，倒格矢的大小等于$\frac{2\pi}{d}$，其中 d 为与 $\boldsymbol{G}$ 平行的晶面族的面间距。最后我们得到衍射极大必须满足的条件为$\frac{2\pi}{d}=2k\sin\theta$。因为 $k=\frac{2\pi}{\lambda}$，所以该式即为

$$2d\sin\theta=\lambda \tag{2.8}$$

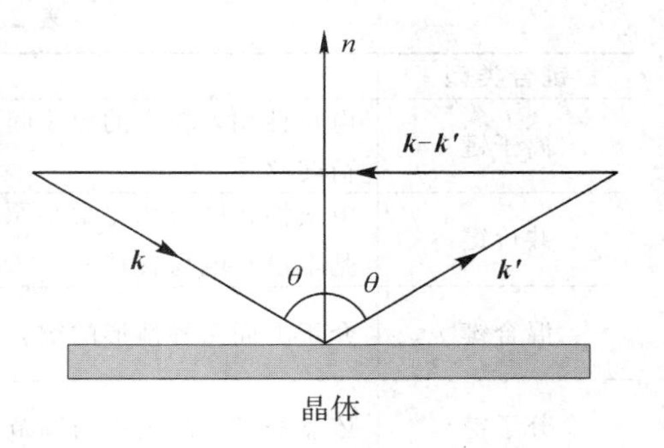

图 2.1 $\theta-2\theta$ 模式的 X 射线衍射

此即为布拉格的 X 射线衍射方程。当然，我们完全可以通过光学中的干涉方程得出布拉格衍射公式，但我们在这里用量子力学的方法得出了同样的公式，再次说明了量子力学对固体物理以及材料研究的重要性。

如果知道晶格常数，则我们可以通过上式预期衍射角。反之，如果测得某种材料的衍射谱，则我们可以通过衍射谱获得与晶格相关的信息。除了确定晶相、晶向及晶格常数等信息外，从 XRD 还可以获得许多其他信息，如可以测量多晶样品的平均晶粒尺寸、织构及晶粒的取向、应力等。例如，假如衍射峰的半高全宽为 β，X 射线的波长为 λ，衍射角为 θ，晶粒的平均尺寸为 d，晶粒内部的应力为 ε，我们有柯西公式

$$\frac{\beta\cos\theta}{0.89\lambda}=\frac{1}{d}+\frac{4\varepsilon\sin\theta}{\lambda} \tag{2.9}$$

因此，只测量某一晶相对应的两个或两个以上的衍射峰的峰位及半高全宽，就可以求出

晶粒的平均尺寸及晶粒内部的应力。假如晶粒内部没有应力，则上式就是施乐公式 $d=\frac{0.89}{\beta\cos\theta}$，因此通过测量衍射峰的宽度及衍射角可以直接确定晶粒的平均尺寸，有兴趣的读者可参考相关的专著。

§2.5 常见半导体的晶体结构

§2.5.1 原子的结合状态

晶体的结构与组成晶体的原子有很大的关系。由于不同原子的电负性不同，因此原子与原子结合时会发生电荷转移。电负性是反映原子获取电子的能力，是判断化学键强弱的一种依据，如表 2.8 所示。不同原子互相结合时电荷转移与电负性差有关，即电荷转移量为 $\Delta q=1-e^{-0.18(\chi_1-\chi_2)^2}$，这里 χ_1、χ_2分别为原子 1 和原子 2 的电负性。

与半导体晶体结构相关的另一个概念是**“轨道杂化”**，是原子中不同轨道的电子在结合成晶体时为降低总能量导致轨道相互混杂的一种现象。从量子力学看，就是波函数叠加的一种现象。

表 2.8 原子的结合

键合类型	产生原因
离子键	电负性相差较大的原子间的结合形式，离子之间存在库仑相互作用，有较大的电荷转移
共价键	电负性相同或相差很小原子间的结合形式，由共有电子对产生得交换作用引起，基本没有电荷转移
混合键	介于上面两种情形的键合形式，有电荷转移，但转移数量不大
分子键	依靠分子间的吸引力即范德华力形成的健
氢键	氢原子与一个原子结合后，由于其原子核体积很小，可以与另一个电负性较大的原子结合形成氢键
金属键	共用传导电子，原子核与共有电子之间通过库仑力相互作用

如前所述，晶体的许多性质与晶体的结构有很大的关系，例如硬度、熔点等，而原子之间的结合方式在很大程度上决定了晶体的结构。例如存在多种由碳原子构成的物质，如石墨、金刚石、富勒烯、纳米碳管等，它们之间不同的物理性质是由于这些物质中碳原子与碳原子之间的结合形式不同。在金刚石中，碳原子通过 s 电子与 p 电子的轨道杂化，形成$(1s)^2(2s)^2(2p)^2\rightarrow(1s)^2(2s)^1(2p)^3$ 转变，导致四个价电子等价，即 sp^3 杂化。而在石墨中，一个 s 电子与两个 p 电子发生 sp^2 杂化，平面内的三个价电子等同，另一个 s 电子可以自由移动，因此面之间连接较弱，仅靠范德华力维持，而且由于晶体内存在自由电子，电导率较高。

下面简单介绍半导体材料中常见的金刚石结构(共价键晶体)、闪锌矿结构和纤锌矿结构。

§2.5.2 金刚石结构

锗与硅的外围电子与碳的相同,一般以金刚石结构存在(即 sp^3 杂化)。金刚石结构实际上是两套面心立方结构套构的复式格子。位于顶角及面心的格点为一套面心立方格子如图 2.2所示,而位于对角线距顶角 1/4 对角线处的四个原子为另一套面心立方格子。两套格子沿对角线相距 1/4 对角线长度。因此,一个格点或基元分别包含 2 个硅原子或锗原子。

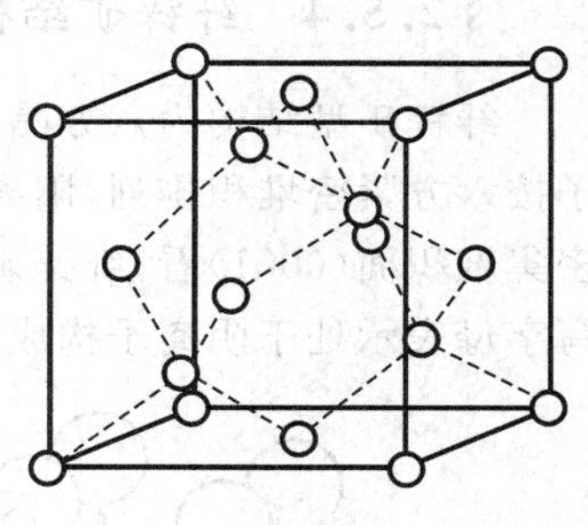

图 2.2 金刚石结构

也可以这样看金刚石,即一套碳原子位于立方面心的格点位置,另外有碳原子位于格点碳原子构成的小正四面体的中心。每个碳原子周围都有 4 个碳,碳原子之间形成共价键。

由于共价键具有的方向性和饱和性的特点,金刚石结构具有共价晶体硬度高、脆性大的特点。

§2.5.3 闪锌矿结构

与金刚石结构相似,闪锌矿结构也是一种由面心立方构成的复式格子,但两套格子中的原子不同。例如 ZnS 中,一套格子为 Zn 原子,另一套为 S 原子。不难看出,闪锌矿型结构为立方晶系的面心立方格子,阴离子位于立方面心格子的格点位置,而阳离子分布于立方体内阴离子构成的正四面体的中心。阳离子的配位数是 4,阴离子的配位数也是 4。

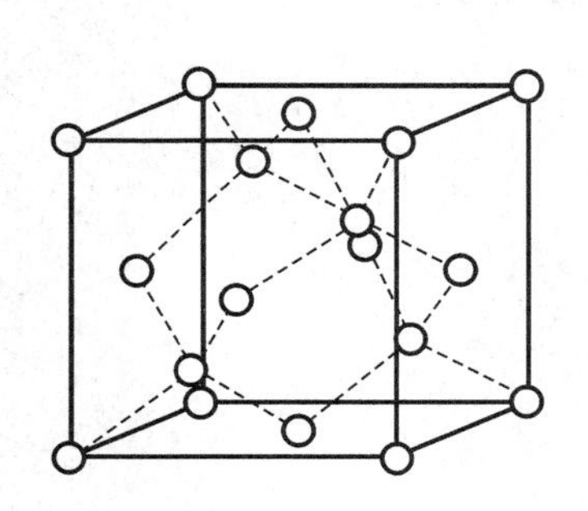

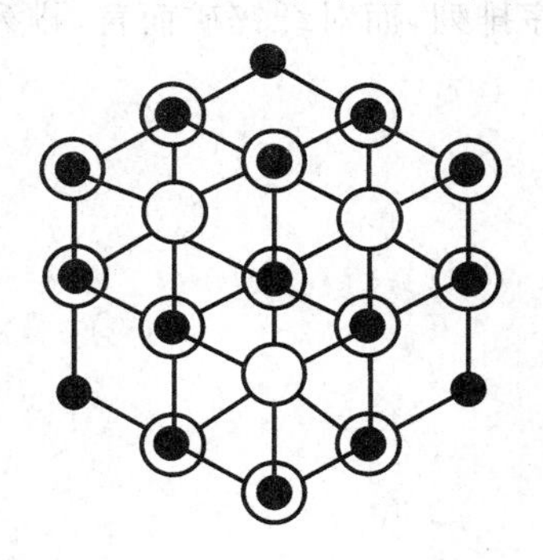

图 2.3 闪锌矿结构

从密集堆积面(111)看,闪锌矿的原子排列方式为:$AaBbCcA$,其中大写字母表示阴离子,小写字母表示处于阴离子构成的正四面体中心的阳离子,见图 2.3。

与金刚石结构类似,闪锌矿结构晶体同样具有硬度高、脆性大的特点。但与金刚石结构不同的是,由于两种原子的电负性不同,因此在这种结构中,既有轨道杂化,又有原子间的电荷转移,原子间的键为离子键与共价键组成的混合键。所以电子云的分布不像金刚石结构那样呈对称分布,而是偏向阴离子。这种结构中离子键成分与共价键成分的比值在很大程度上决定了化合物的半导体性质。一般来说,离子键成分大,则化合物的禁带宽度宽,半导体特性不明显；相反若化合物的离子键成分越小，则相应的禁带宽度窄，半导体特性明显。

含有闪锌矿的化合物除 ZnS(闪锌矿的矿物)外，还有 GaAs，InP，GaSb，InAs，AlAs，AlSb，SiC，CdS，AgI，BN，CuBr，CuF 和 HgTe 等。

§2.5.4 纤锌矿结构

纤锌矿型结构为六方晶系，阳离子和阴离子的配位数都是 4。在纤锌矿型结构中，阴离子按六方紧密堆积排列，阳离子填充于 1/2 的由阴离子构成的四面体空隙中，见图 2.4。从密集堆积面(0001)看，纤锌矿的原子排列方式为：*AaBbAa*。同样，大写字母表示阴离子，小写字母表示处于阴离子构成的正四面体中心的阳离子。

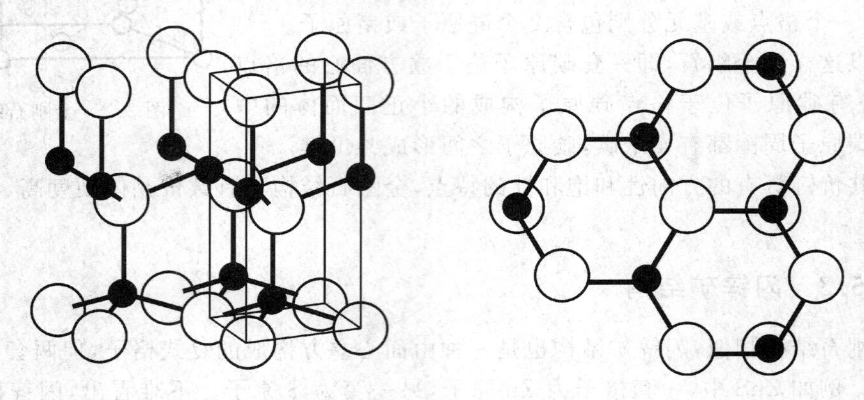

图 2.4 纤锌矿的晶体结构

闪锌矿与纤锌矿均是密集排列结构，只是在排列方式上不同。对闪锌矿而言是按 *AaBbCc* 次序排列，而对纤锌矿而言，排列次序为 *AaBaAa*。

第 3 章　晶体中电子的能带

§3.1　能级分裂与能带的形成

从量子力学可以清楚地看出能带是如何分裂的。假如有两个电子共处于一个无限深的势阱中，而且两个电子之间没有相互作用（近自由电子近似），两个电子的哈密顿量为 H_1 和 H_2。对于上述两个电子，则不考虑相互作用，当它们单独处于势阱中时，我们有以下的薛定谔方程：

$$\begin{cases} H_1\psi_1 = E_1\psi_1 \\ H_2\psi_2 = E_2\psi_2 \end{cases} \tag{3.1}$$

当两个电子共处在一个势阱内时，因此波函数应为两个电子单独存在时的波函数的线性叠加，即两个电子共处一起时的波函数应为 $\psi(x)=A\psi_1(x)+B\psi_2(x)$。由于两个粒子是完全等价的，即全同的，因此波函数必须关于两个电子的波函数对称或反对称，即

$$\left.\begin{aligned} \psi &= \frac{1}{\sqrt{2}}(\psi_1-\psi_2) \\ \psi &= \frac{1}{\sqrt{2}}(\psi_1+\psi_2) \end{aligned}\right\} \tag{3.2}$$

注意，这里已经对波函数进行了归一化处理。代入薛定谔方程，我们得到双电子共处一个势阱内时，电子的能量为

$$E = \int_V \psi^* H_1 \psi \mathrm{d}V = \frac{1}{2}\int_V (\psi_1 \pm \psi_2)^* H_1 (\psi_1 \pm \psi_2)\mathrm{d}V \tag{3.3}$$

如果只考虑基态，则

$$E = \frac{1}{2}\left(\int_V \psi_1^* H_1\psi_1 \mathrm{d}V + \int_V \psi_2^* H_1\psi_2 \mathrm{d}V \pm \int_V \psi_1^* H_1\psi_2 \mathrm{d}V \pm \int_V \psi_2^* H_1\psi_1 \mathrm{d}V\right) = E_0 \pm \Delta \tag{3.4}$$

式中 $E_0 = \int_V \psi_1^* H_1\psi_1 \mathrm{d}V = \int_V \psi_2^* H_2\psi_2 \mathrm{d}V$，为一个电子单独存在势阱内部时的波函数，$\Delta = \int_V \psi_1^* H\psi_2 \mathrm{d}V = \int_V \psi_2^* H\psi_1 \mathrm{d}V$ 为两个电子同时存在时附加的能量。

不难看出，与一个电子单独存在时相比，双电子系统中电子的基态能量与一个电子单独存在时的基态能量相比，要么增加，要么下降，但不再等于一个电子单独存在时的能量，因此导致能级分裂，如图 3.1 所示。而在经典力学中，如果粒子之间没有相互作用，则单个粒子的能量应该与单个粒子单独存在时

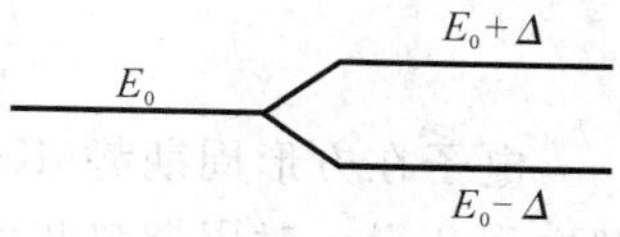

E_0　$E_0+\Delta$　$E_0-\Delta$

图 3.1　能级分裂示意图

的能量相同。这种差别的起因在于波函数的交换作用，本质是粒子具有波动性，也反映了泡利不相容原理。

依照上面讨论我们可以推论，势阱内的电子数目越多，则能级分裂也越多。当原子按一定的规则组成固体时，原子的外层电子成为固体中的价电子。由于一般情况下固体中的价电子数目巨大，因此最外层的价电子能级往往分裂成许多间隔很小的能级，一般情况下可近似为一个连续分布的能带。假定晶体的价带宽度为 2eV，晶体中总共有 1mol 的原子，每个原子有 4 个价电子，则能带中能级间的距离为 $\frac{2}{6.02\times10^{23}\times4}\approx8\times10^{-24}\,\text{eV}$。可见如此小的间距，我们完全可以把它们当成一个能级连续分布的能带看待，见图 3.2。

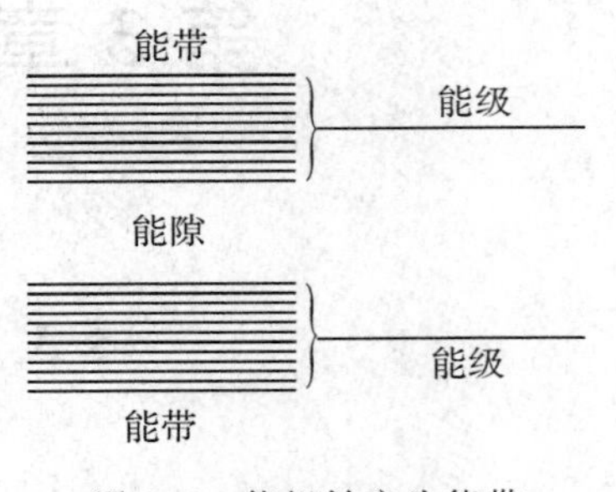

图 3.2 能级转变为能带

§3.2 量子力学处理

实际上，我们可通过量子力学求解薛定谔方程来处理晶体中电子的能带形成问题。为了便于计算，我们要对研究对象进行简化。首先，我们认为原子核固定不动，因此只要考虑电子的运动就可以了，另外，我们不考虑电子与电子之间的相互作用。因此薛定谔方程可以用单电子薛定谔方程表示，即

$$-\frac{\hbar}{2m}\frac{\mathrm{d}^2\psi(x)}{\mathrm{d}x^2}+V(x)\psi(x)=E\psi(x) \tag{3.5}$$

对晶体来说，外层电子在一个周期等于晶格常数的周期性势场中运动。由于原子核受到内层电子（芯态电子）的屏蔽作用，核产生的库仑势对外场电子影响不大。由于固体中原子的外围电子受到的是屏蔽的库仑势，实际计算比较复杂，因此，我们可以把这种势近似为方势阱，方势阱的宽度为 a，阱内势场为 0，境外势垒高度为 V_0，周期为 d，见图 3.3。

这就是晶格势的方势阱周期势近似。严格来说，必须利用屏蔽库仑势求解严格的薛定谔方程才能确定电子在晶体中的波函数和能量本征值，但这不是一件容易的事情，即使在计算机高度发达的今天也是如此。但在很多情况下用周期性的方势阱代替晶体中的原子势场，可以很方便地得出有关禁带、布里渊区等一些重要的物理概念。最后，我们得到以下的薛定谔方程：

$$-\frac{\hbar^2}{2m}\frac{\mathrm{d}^2\psi_1}{\mathrm{d}x^2}-E\psi_1(x)=0 \qquad 0<x<a \tag{3.6}$$

$$-\frac{\hbar}{2m}\frac{\mathrm{d}^2\psi_2}{\mathrm{d}x^2}+(V_0-E)\psi_2(x)=0 \qquad -b<x<0 \tag{3.7}$$

电子在方形周期势（Kronig-Penney 势）中的运动已经在第 1 章通过求解周期势的薛定谔方程获得。对周期势我们有以下结论：由于阱内势场为 0，因此周期势对应的波函数既有平面波的特点，又具有晶格的周期性，即 $\psi(x)=\mathrm{e}^{-\mathrm{i}kx}U(x)$，$U(x)=U(x+d)$，此即固体物理中的布洛赫定理（Bloch）。

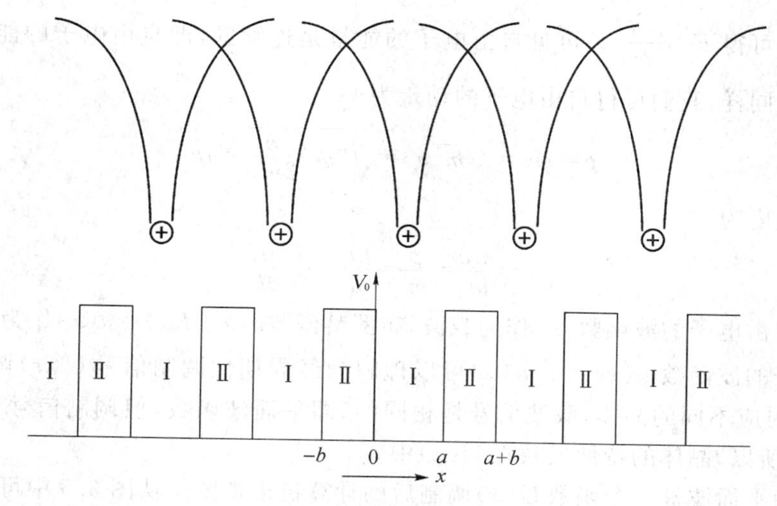

图 3.3 晶格场的方势阱周期势近似

假设晶体的边长对应 N 个周期，则势场的总长度为 $L=Nd$，根据晶格的周期性条件，我们有 $\psi(x+L)=\psi(x)\to e^{ikL}=1, k=2\pi n/L(n=0,1,2,\cdots)$。

因此周期性边界条件要求波矢 k 是分立的，当然，能量也必须是分立的。但由于间隔很小，很多情况下我们仍然可以用连续模型对动量、能量进行处理。

可以看出，$n=N+1$ 与 $n=1$ 的波函数是完全相同的。因此晶体中的电子与自由电子不同，当电子在晶体中运动时，k 的取值范围受到限制，我们只要研究 $-\frac{\pi}{a}\leqslant k\leqslant\frac{\pi}{a}$ 之间的波函数就可以了。这个区间称为第一布里渊区。同样，我们把 $\frac{\pi}{a}<|k|\leqslant\frac{2\pi}{a}$ 的区域称为第二布里渊区，依此类推。另外，波矢 k 不再和电子的动量完全对应。这是因为在晶体中 $\boldsymbol{r}=l_1\boldsymbol{a}+l_2\boldsymbol{b}+l_3\boldsymbol{c}$，$l$ 为整数，这样与 k 相差一个和几个倒格矢 G 的波矢 k' 其波函数与波矢为 k 的波函数完全相同，即 $e^{i(\boldsymbol{k}+\boldsymbol{G})\cdot\boldsymbol{r}}=e^{i\boldsymbol{k}\cdot\boldsymbol{r}}$，$\boldsymbol{G}\cdot\boldsymbol{x}=2n\pi$，$n$ 为整数。

由第 1 章量子力学初步中我们得知，在周期势中，电子的能量只能取分段连续值，或呈带状分布。即能量不但必须是分立的，而且在某些数值范围内不可取值，即存在禁止能量取值的区域，这些区域称为禁带，见图 3.4。图中虚线为自由电子的 E-k 图，点划线为第一布里渊区的边界。可见晶体中的电子的 E-k 图在大多数区域与自由电子的很接近，但在布里渊区边界处有差异。另外，对晶体中的电子来说，最小能量是一个大于 0 的数，而不是 0。

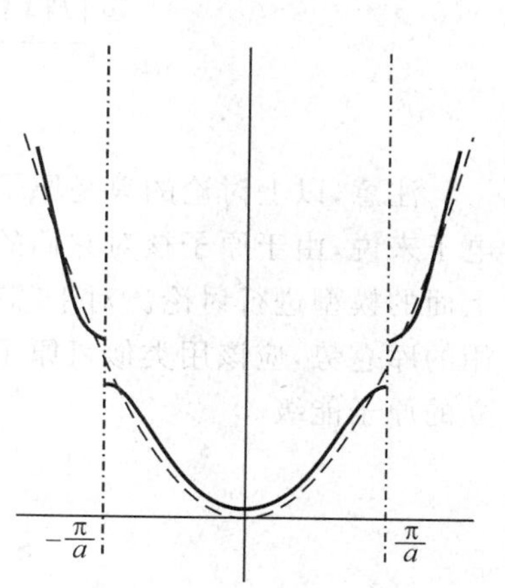

图 3.4 晶体中的 E-k 关系

对应自由电子，假定晶体的长度为 $L=Nd$，则根据箱归一化条件可得

$$1=\int_0^L A e^{ikx}A^* e^{-ikx}\,dx=A^2L\Rightarrow A=\frac{1}{\sqrt{L}}=\frac{1}{\sqrt{Nd}} \tag{3.8}$$

代入方程可得 $E=\frac{\hbar^2 k^2}{2m}$。可见自由电子的能量是连续的，即自由电子的能级可以取任意的能量值。同样，我们可得自由电子的动量为

$$p=mv=\sqrt{m^2 v^2}=\sqrt{2m\frac{\hbar^2 k^2}{2m}}=\hbar k \tag{3.9}$$

电子的速度为

$$v=\frac{mv}{m}=\frac{p}{m}=\frac{\hbar k}{m}=\frac{1}{\hbar}\frac{\mathrm{d}E}{\mathrm{d}k} \tag{3.10}$$

如果把自由电子的波函数 e^{ikx} 作为载波，布罗赫函数 $u(x+R_{\mathrm{m}})=u(x)$ 作为调制信号，那么晶体中电子的波函数 $\psi(x)=\mathrm{e}^{ikx}u(x)$ 可以理解为经周期性调制信号 $U(x)$ 调制后的载波信号(e^{ikx})。对应不同的晶体，载波信号是相同的，即平面波函数，但调制信号 $U(x)$ 因具体的晶体而异，所以，晶体的特性反映在 $U(x)$ 中。

图 3.5 为平面波被一个函数 $U(x)$ 调制后的计算机模拟图。从图 3.5 中可以看出，在某些区域，晶格场引起的调制函数 $U(x)$ 对平面波函数的影响不大，即在这些位置，晶体中电子的波函数与自由电子的波函数很接近，但在某些区域，波函数受到很大的扰动，波函数与自由电子的相差很大。

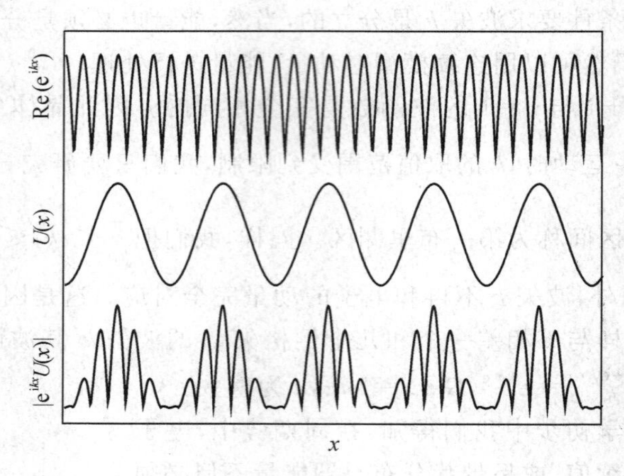

图 3.5　晶体中电子的波函数

注意，以上讨论的只是原子外层参与成键的电子。对于比较靠近原子核心的那些芯态电子来说，由于原子核对它们的影响很大，而不同原子之间的相互作用不明显，因此不能用上面的模型进行讨论。对于芯态电子，作用在它们上面的势场主要是原子核与电子相互作用的库仑势，应该用类似氢原子的有心力场进行求解，因此这些芯态电子的能级一般还是分立的原子能级。

§3.3　能带图的表示方法

从前面的讨论，我们知道在晶体中，$k=2\pi n/L(n=0,1,2,\cdots)$。当 $n=N$ 时，$k=2\pi/a$，n

再增加，则波函数的值与 k 减去 $2\pi/a$ 后的波函数完全相同，因此实际上我们只要考虑 $-\pi/a \leqslant k \leqslant \pi/a$ 之间的波函数就可以了。由此也可以看出，对晶体中的电子来说，能量与波矢不再有一一对应的关系。

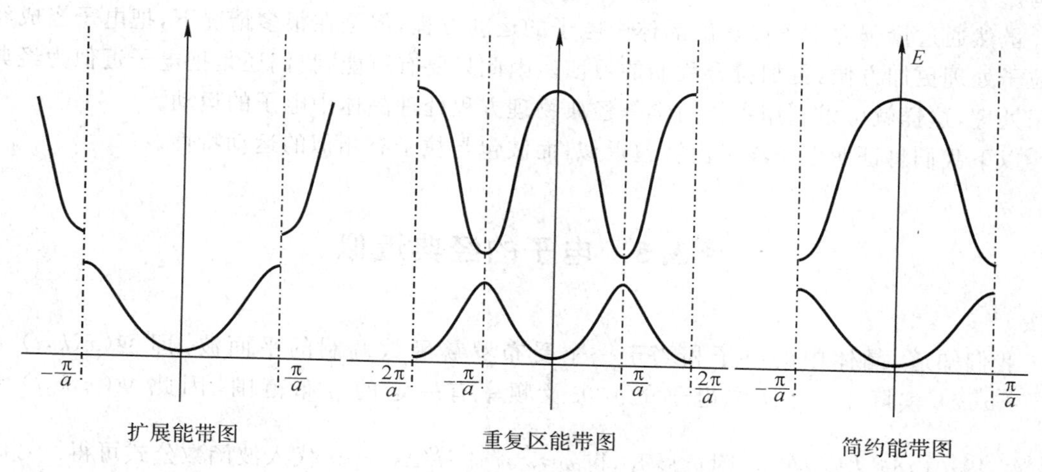

图 3.6　三种常见的能带图表示法

1. 扩展能带图

分别在不同的布里渊区画出不同的能带，即在第一布里渊区画出最低能带，在第二布里渊区只画出第二能带，依此类推。因此，不同的能带依次出现在不同的布里渊区中，所以能量是 k 的单值函数。

2. 重复区形式

根据周期性，在每一个布里渊区中画出所有的能带，这时在每一个布里渊区中都有一套完整的能带，所以 E 是 k 的多值函数，对每个 k 值有许多能量值与之对应。

3. 简约能带图

这是最常见的一种能带表示方法，只在第一布里渊区表示出所有能带。同重复区形式能带图一样，E 仍是 k 的多值函数。这是用得最多的能带图形式。实际能带图中横坐标的正负方向往往代表不同的 k 方向。

4. 简单能带图

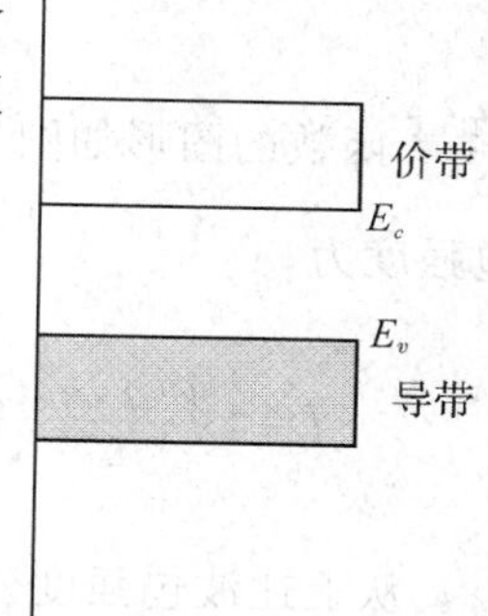

图 3.7　简单能带图

如图 3.7 所示，只在纵坐标上画出能量位置，横坐标无意义。

以后我们把上面全空的能带称为导带，下面全满的能带称为价带。其原因将在后面介绍。

§3.4　晶体中电子的运动

在前面的讨论上，我们通过一维周期势模型发现晶体中电子的能量只能在某些区间取值，因此有禁带存在。对于三维大晶体来说，上述结论也是成立的。能带结构是研究晶体中电学性能及光学性能等物理性质的基础。能带可以通过实验测量，但随着能带理论及计算机技术的不断发展，目前已经有商用软件可以对一些简单的晶体结构通过计算获得能带结构。

虽然通过量子力学可以求解晶体中电子的运动方程，但是在很多情况下，把电子当成经典粒子处理更加方便，更加符合我们的习惯。因此只要有可能，我们还是把电子近似为经典粒子处理，这样就可以利用牛顿力学等经典物理方程处理晶体中电子的运动。

以下我们将证明电子波可由波包近似，而波包与粒子有相似的运动特性。

§3.5 电子的经典近似

我们知道，晶体中的电子相当于一个受布罗赫函数调制的平面波，即 $\Psi(x,k,t)=\mathrm{e}^{\mathrm{i}(kx-\omega t)}u(x)$。实际上，晶体中电子的波矢及频率有一定的分布范围，因此 $\Psi(x,k,t)=\int_{k-\Delta}^{k+\Delta}\mathrm{e}^{\mathrm{i}(kx-\omega t)}u(x)\mathrm{d}k$。把 ω 在 ω_0 附近展开，得 $\omega\approx\omega_0+\frac{\mathrm{d}\omega}{\mathrm{d}k}\Delta k+\cdots$ 代入波函数公式可得

$$\Psi(x,k,t)=\mathrm{e}^{\mathrm{i}(k_0x-\omega_0t)}u(x)\int_{k-\Delta}^{k+\Delta}\mathrm{e}^{\mathrm{i}\left(x-\frac{\mathrm{d}\omega}{\mathrm{d}k}t\right)(k-k_0)}\mathrm{d}(k-k_0)\tag{3.11}$$

积分后上式可以简化为

$$\Psi(x,k,t)=\Psi(x,k_0,t)\int_{\Delta}^{\Delta}\mathrm{e}^{\mathrm{i}\left(x-\frac{\mathrm{d}\omega}{\mathrm{d}k}t\right)y}\mathrm{d}y=\Psi(x,k_0,t)\frac{2\sin\left[\left(x-\frac{\mathrm{d}\omega}{\mathrm{d}k}t\right)\Delta k\right]}{x-\frac{\mathrm{d}\omega}{\mathrm{d}k}t}\tag{3.12}$$

$\frac{\sin^2 x}{x^2}$ 函数的图形如图 3.8 所示，与 δ 函数很相似，所以对应单位波矢的粒子出现的几率即波包强度为

$$I=\left|\frac{\Psi(x,k,t)}{\Delta k}\right|^2=|\Psi(x,k_0,t)|^2\left|\frac{\sin\left[\left(x-\frac{\mathrm{d}\omega}{\mathrm{d}k}t\right)\Delta k\right]}{\left(x-\frac{\mathrm{d}\omega}{\mathrm{d}k}t\right)\Delta k}\right|^2\approx\delta\left[\left(x-\frac{\mathrm{d}\omega}{\mathrm{d}k}t\right)\Delta k\right]\tag{3.13}$$

从上述波包强度公式可以看出，波包的中心位置为

$$x_0=\frac{\mathrm{d}\omega}{\mathrm{d}k}t=\frac{1}{\hbar}\left(\frac{\mathrm{d}E}{\mathrm{d}k}\right)t\tag{3.14}$$

所以波包的速度为

$$v=\frac{\mathrm{d}x}{\mathrm{d}t}=\frac{1}{\hbar}\left(\frac{\mathrm{d}E}{\mathrm{d}k}\right)\tag{3.15}$$

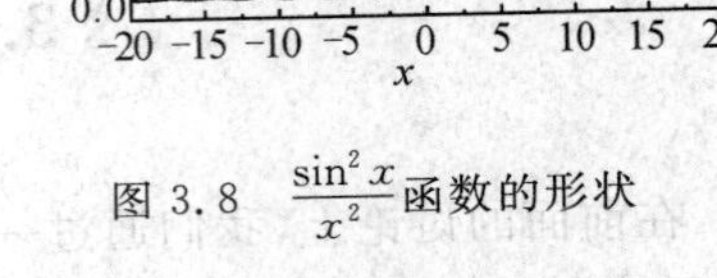

图 3.8 $\frac{\sin^2 x}{x^2}$ 函数的形状

这就是与电子波组成的波包的运动速度，对应于经典力学中电子的运动速度。在三维情况下，$v(\boldsymbol{k})=\frac{1}{\hbar}\nabla_k E(\boldsymbol{k})$。因为能带在布里渊区中心附近相对 $\boldsymbol{k}$ 而言是对称的，而在布里渊区边界能量相对波矢的导数为零，由此可以推论在能带顶和能带底波包的速度为 0。

§3.6 外力与波矢的关系

以上我们讨论了电子速度与能量和波矢的关系。当有外力作用在晶体上时，外力做功使得电子的能量发生变化，由于电子的波矢与有能量有关，所以也使得波矢发生变化。根据功能原理，外力做功等于能量增加，即

$$\frac{\mathrm{d}E(\boldsymbol{k})}{\mathrm{d}t}=\boldsymbol{v}\cdot\boldsymbol{F} \tag{3.16}$$

另外$\frac{\mathrm{d}E(\boldsymbol{k})}{\mathrm{d}t}$也可以写成$=\frac{\mathrm{d}E(\boldsymbol{k})}{\mathrm{d}\boldsymbol{k}}\frac{\mathrm{d}\boldsymbol{k}}{\mathrm{d}t}$，即$\frac{\mathrm{d}E(\boldsymbol{k})}{\mathrm{d}t}=\nabla_k E\ \frac{\mathrm{d}\boldsymbol{k}}{\mathrm{d}t}$。因为，$\boldsymbol{v}=\frac{1}{\hbar}\nabla_k E$，所以

$$\boldsymbol{F}=\hbar\frac{\mathrm{d}\boldsymbol{k}}{\mathrm{d}t}=\frac{\mathrm{d}\boldsymbol{p}}{\mathrm{d}t} \tag{3.17}$$

因此在外力作用下电子的运动方程仍然与经典力学时的相同，但动量的定义有变化，$\boldsymbol{p}$不再等于$m\boldsymbol{v}$，而是等于$\hbar\boldsymbol{k}$。

§3.7 电子的加速度及有效质量

按经典力学中的定义，加速度等于速度对时间的导数，即$\boldsymbol{a}=\frac{\mathrm{d}\boldsymbol{v}}{\mathrm{d}t}$。为了方便，我们要想法把对时间的微分改写成对波矢的微分，以便利用$E-k$能带图。因此

$$\boldsymbol{a}=\frac{\mathrm{d}\boldsymbol{v}}{\mathrm{d}\boldsymbol{k}}\cdot\frac{\mathrm{d}\boldsymbol{k}}{\mathrm{d}t}=\frac{\mathrm{d}\boldsymbol{k}}{\mathrm{d}t}\cdot\frac{\mathrm{d}}{\mathrm{d}\boldsymbol{k}}\nabla_k E=\frac{\mathrm{d}\boldsymbol{k}}{\mathrm{d}t}\cdot\nabla_k\nabla_k E \tag{3.18}$$

因此在晶体中，电子的加速度$\boldsymbol{a}$为一张量。因为$\boldsymbol{F}=\hbar\frac{\mathrm{d}\boldsymbol{k}}{\mathrm{d}t}$，所以

$$\boldsymbol{a}=\frac{1}{\hbar}(\nabla_k\nabla_k E)\cdot\boldsymbol{F}\text{，即 }\boldsymbol{a}_i=\sum_j\frac{1}{\hbar^2}\frac{\partial^2 E}{\partial k_i\partial k_j}\boldsymbol{F}_j \tag{3.19}$$

在经典力学中，$\boldsymbol{a}=\frac{\boldsymbol{F}}{m}$，比较可以看出$\frac{1}{\hbar}\frac{\partial^2 E}{\partial k_i\partial k_j}$相当于经典力学中质量的倒数。但与经典力学不同的是，现在的质量是一个张量而不是一个标量，即

$$\frac{1}{\boldsymbol{m}_{ij}}=\frac{1}{\hbar^2}\frac{\partial^2 E}{\partial k_i\partial k_j}\text{，或 }\boldsymbol{m}_{ij}=-\frac{\hbar^2}{\dfrac{\partial^2 E}{\partial k_i\partial k_j}} \tag{3.20}$$

对各向同性的晶体，$m_{ij}=0$，$m_{11}=m_{22}=m_{33}=\hbar^2\left(\frac{\partial^2 E}{\partial k^2}\right)^{-1}$。

此即电子的有效质量。可以看出，晶体中电子波包的速度、加速度、有效质量都只与E、k有关，因此可以从$E-k$能带图得出速度、加速度及有效质量的值。不难看出，在能带底附近电子的有效质量为正值，在能带顶附近，电子的有效质量为负数，而在某些点电子的有效质量为无穷大，因而速度为0，即外力很难使这些电子的状态发生变化。必须注意晶体中电子的有效质量并不是电子的静止质量或惯性质量，它只是为了讨论方便引入的一个量，有了

它，晶体中的电子在外力作用下的运动可以按经典力学的方式来处理，而不必考虑晶格的影响。因此有效质量中体现了晶体场的影响。这就像我们对着墙壁用力打乒乓球，球因为受到墙壁的作用而反弹。对我们来说，我们对球施加了一个正方向的力，但得到的球的最终运动方向却是与力的方向相反的。我们可以假定墙壁不存在，而是乒乓球运动到墙壁处时质量变为负值，那么我们也可以解释球为什么乒乓球向冲力的反方向运动了。

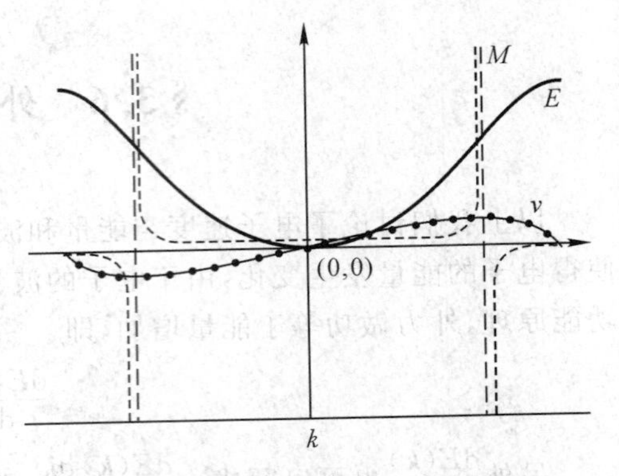

图 3.9 从能带确定电子的速度和加速度

一般情况下，导带上的电子主要位于能量极小处（导带底）附近，从图 3.9 可以看出，导带底附近 $E-k$ 曲线的形状与自由电子的相差不大，因此在导带底附近，电子的有效质量是正的，但数值上一般不等于自由电子的质量。例如电子在导带底附近的有效质量的两个分量分别为 1.59m、0.082m，在硅导带底附近的有效质量为 0.92m，0.19m，锑化铟中电子的有效质量为 0.015，砷化镓中的为 0.07m 等，以上 m 为自由电子的质量。

按理说，电子在晶体中要经受各种各样的散射，因此在外场下电子的运动速度应该比自由电子的慢，即有效质量应该比自由电子的质量大。实际上，晶体中势场是周期性的，而且晶体中的电子是全同的。因此电子在其中的运动类似交接棒比赛。对于晶体中的电子，不同位置的电子在外场的作用下依次移动到下一原子的位置，即移动一个晶格的距离，就等价于一个位于晶体的一个电子从晶体的一边跑到另一边。由于自由电子只有一个，它必须单独跑完相当于晶体边长的路径，而晶体中有大量全同的电子，因此晶体中电子的速度有可能反而比自由电子的快，即有效质量反而小。

通过引进有效质量，我们将使得半导体材料中载流子的散射、载流子在外场下的偏转等物理问题简化为经典粒子问题，相反如果直接利用量子力学的波动方程来讨论这样的问题则是非常困难的。

§3.8 能带填充情况与电流

我们从前面的讨论已经知道，晶体中电子的能量 $E(k)$ 是波矢的偶函数，即 $E(k)=E(-k)$，但速度正比于能量对波矢的导数，所以 $V(k)=-V(-k)$ 是波矢的奇函数。因此对一个完全充满的能带，只要有一个能量为 $E(k)$、波矢为 k 的电子，总可以找到一个与其对称的能量也为 $E(k)$，但波矢为 $-k$ 的电子。由于它们的能量相同，质量相同，但速度相反，因此在没有外场作用时，这一电子对运动产生的电流为 0，即 $I(k,-k)=-[eV(k)+eV(-k)]=-e[V(k)-V(k)]=0$，见图 3.10 左。

对部分填充的能带，由于分布函数（费米和玻色分布）只与能量有关，因此可以推论 $f(k)=f(-k)$，即电子的分布相对波矢是对称的。因此在没有外场时，部分填充的能带与满带时的运动情况相同，即对一个波矢为 k、能量为 $E(k)$ 的电子，总可以找到一个与其能量相同、波矢为$-k$的电子，所以部分填充的能带在无外场作用时也没有电流。注意，这里的电流指的是宏观电流，不包括微观小区域内的电流，见图3.10右。

对于全空的能带，由于能带中没有电荷，因此也没有电流产生。

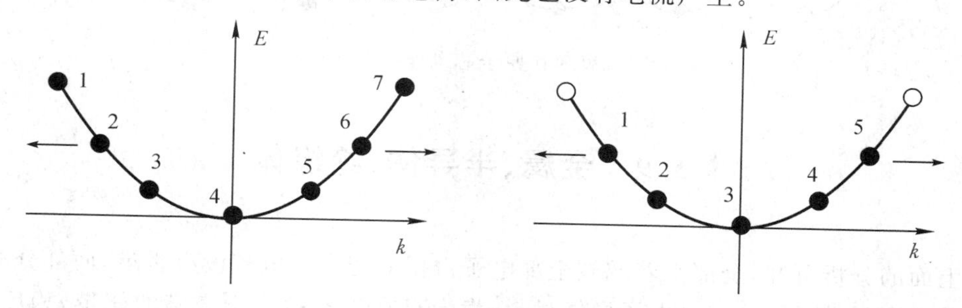

图3.10　无外场时能带中的电子

当有外场作用在晶体上时，假设场强为E，则根据动量变化等于受力，我们有$\frac{\mathrm{d}k}{\mathrm{d}t}=\frac{-eE}{\hbar}$，即电子的波矢在电场的作用下发生等速变化。对一维晶体，假定电子向波矢的左方移动，则最左边的电子将依次移到布里渊区外面，但布里渊区的左边界与右边界相差一个倒格矢，所以它们代表相同的电子状态，即右边界流出的电子又从左边界返回到该布里渊区内，所以总的电子分布情况并未因为波矢的变化而变化，因此对于满带，它上面的电子即使在外场的作用下也对宏观电流没有贡献，见图3.11。

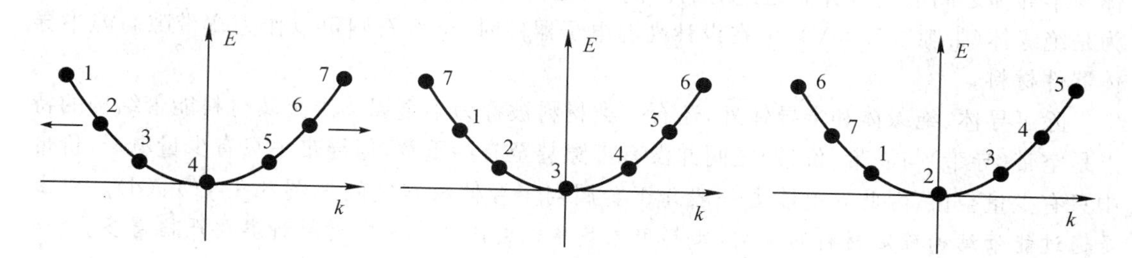

图3.11　外场下满带中的电子

然而对于部分充满能带，由于波矢链中的各点并非首尾相接，因此流动过程中电子的状态会发生变化，这样导致宏观电流的产生，见图3.12。实际上电子在运动过程中还要受到杂质、晶格振动等引起的散射，速度不会无限增加，最后会达到一个稳定值。因此，部分充满的能带有导电能力。

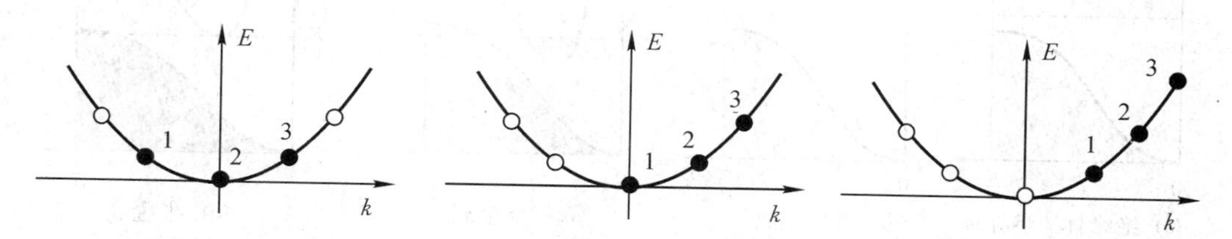

图3.12　外场下部分充满能带中的电子

必须注意，束缚在原子上的内层电子只能围绕原子核运动，如图3.13所示，不能在宏尺度上移动，因此对导电能力没有贡献。

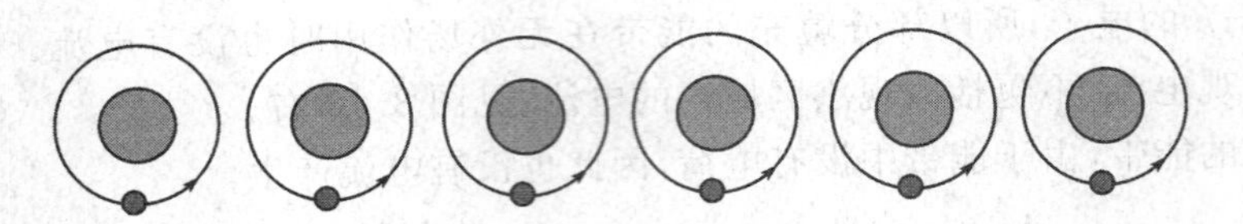

图 3.13　束缚在原子芯态能级上的电子

§3.9　金属、半导体、绝缘体

从上面的分析可知，全部空着或被全部电子占据的能带对电流没有贡献，而部分充满的能带对导电有贡献。因此凡是电子导体材料，肯定存在没有被完全充满的能带，相反，绝缘体材料的能带肯定都是充满的，或是全空的，见图 3.14(*a*)、(*b*)。对于半导体材料，在绝对零度时其能带或是全满，或是全空，但在一定的温度下，全满能带中有部分电子通过热运动获得能量进入导带，使得出现部分空着的能带和部分填充电能带，因而具有一定的导电能力。以后我们称绝对零度时全空的能带为**导带**，全满的为**价带**。因此，半导体与绝缘体在能带结构上是相同的，差别在于满带与空带之间距离(即带隙)的大小。若带隙大，电子不能从满带跃迁到空带，空带不全空，则为绝缘体；反之如带隙较小，有部分电子能够从满带跃迁到空带使得满带不全满，空带不全空，则为半导体。由于电子跃迁能力与温度有关，因此绝缘体与半导体之间的划分并非是绝对的。例如，在讨论常温半导体电子器件时，金刚石可以认为是绝缘体(带隙＞5.0eV)，但在设计高温电子器件时，金刚石则可以作为宽带隙高温半导体器件材料。

除了导体、绝缘体和半导体外，还有一类材料被称为半金属。半金属材料能带结构的特点是空带(导带)与满带(价带)之间并没有带隙甚至有些重叠，但导带中只有少量电子，价带中只有少量空位，因此导电能力一般介于金属与半导体材料之间见图 3.14(c)、(d)。以上是通过能带结构确定材料的类别，比起用电导率或电阻率来确定材料种类要严格得多。

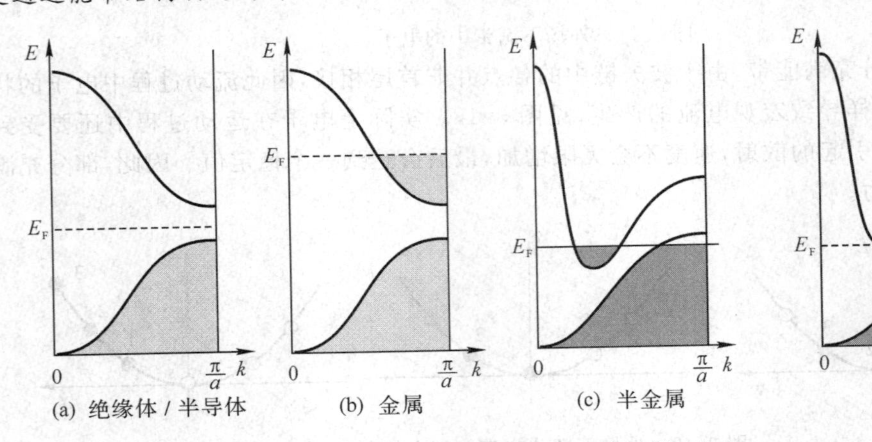

图 3.14　几种不同导电性能材料的能带

§3.10 空　穴

我们知道，一般情况下半导体的价带基本上是满的，没有和只有少量的电子因热运动跃迁到导带上。因此研究价带中的电子状态有两种途径，一种是直接研究价带中的电子数目及运动状态，另一种是研究价带中空着的状态度数目及运动状态。如果将导带上的电子比作雨滴，价带上出现的空状态可以比作水池中的气泡，如图 3.15 所示。在研究水池中水的运动及数量的变化时，研究产生的少量空状态(气泡)的数目及运动状态显然较为方便。

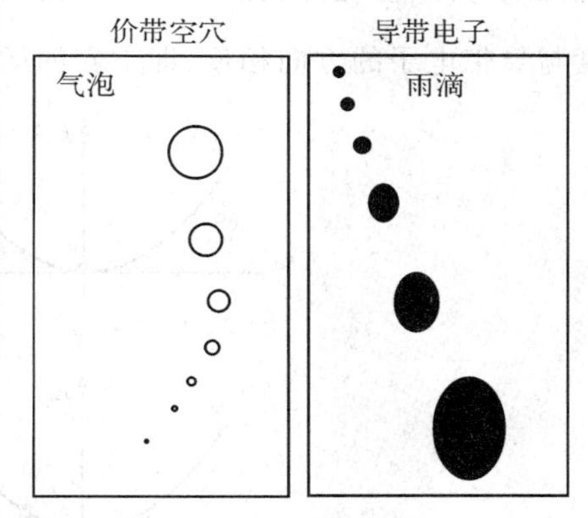

图 3.15　用气泡比拟的价带中的空穴

因此，**空穴**的物理意义是代表价带顶部附近的电子激发到导带后留下的价带空状态。**它是一种为讨论方便而假设的粒子。**利用空穴的概念，在讨论价带中的电子时，我们只要研究最上面那些空着的能级就可以了。例如某种半导体材料价带中共有 $10^{23}\,\mathrm{cm}^{-3}$ 量级的电子，但在某个温度下只有 1 个电子被激发，如果用电子的观点考虑，则须考虑是否是$(10^{23}-1)\,\mathrm{cm}^{-3}$个电子，但从空穴考虑，我们只要研究一个空穴就行了。不过一定要注意，电子是一种实际存在的物质粒子，而空穴是假设的一种粒子，它的引入只是为了讨论问题的方便。

§3.10.1　空穴与电子性质的比较

1) 电荷

价带中原先充满电子，缺少一个电子后，相当于缺少了$-e$个电荷，即增加了$+e$的电荷，因此空穴带的电荷的量应该为$+e$，即电荷量与电子的相同，但符号相反。

2) 运动速度

我们还是假定价带中只有一个电子被电离或激发时的情况。波矢等于 k 处的一个电子的波矢 $k=0$，$E=0$，速度为 $v(k)$，所以失去该电子后价带在 $k=0$ 处形成一个空状态。假定在外场的作用下，电子沿着 k 增大方向移动，带动空状态一起移动。本来空状态位于价带顶，移动后移到了波矢较大、能量较低的位置，因此整个能带中电子总的波矢减小了，但能量增加了。所以，如果用空穴看

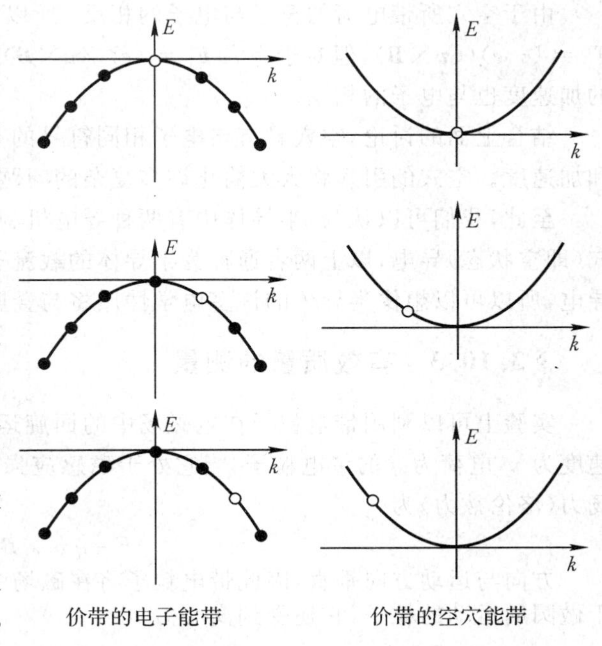

图 3.16　价带中电子与空穴的关系

这个问题，则要求空穴的波矢减小、能量增加，所以对空穴来说，价带的变化情况应如图 3.16 所示，即在外场的作用下，能带的波矢减小、能量增加。因为空穴的能带与电子导带一样也向上弯曲，但在外场的作用下空穴向 $-k$ 方向移动，从 $v(k)=\frac{1}{\hbar}\nabla_k E(k)$ 可知，空穴的速度与导带电子的方向相反，即空穴的运动方向与导带电子的运动方向相反。

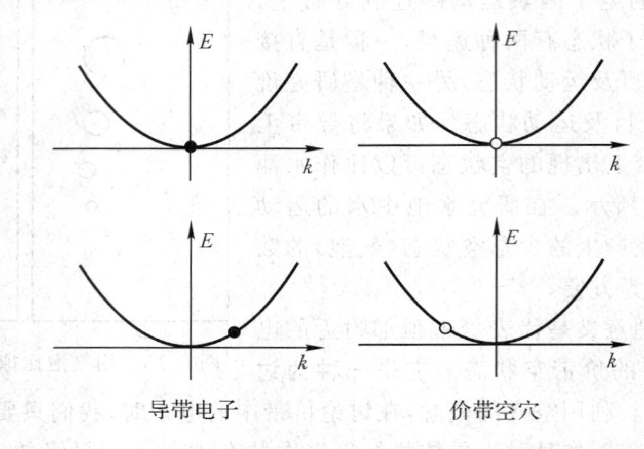

图 3.17　导带电子与价带空穴的速度

§3.10.2　空穴的有效质量与加速度

从空穴的能带图可以看出，空穴代表的价带与电子占据的导带在形状上都是向上弯曲的，因此在空穴的价带底附近，空穴的有效质量也是正的，这是因为空穴能带中 E 对 k 的二阶导数为正的缘故。

由于空穴所带电荷的符号与电子的相反，所以它的受力方向也相反，例如在电磁场中 $\boldsymbol{F}_j=(-e)(\mathscr{E}\boldsymbol{v}\times\boldsymbol{B})$，但对于空穴 $\boldsymbol{F}_j=(e)(\mathscr{E}\boldsymbol{v}\times\boldsymbol{B})$。由于空穴的有效质量大于 0，因此，空穴的加速度也与电子的相反。

结合上面的讨论，空穴具有与电子相同符号的有效质量，与电子相反符号的电荷、速度和加速度。空穴的引入将大大简化许多复杂的问题。

至此，我们可以认为，半导体中有两种导电机制，一种是导带电子导电，另一种是价带空穴(即空状态)导电，以上两者通称为半导体的**载流子**。而在金属中，只有一种粒子——电子导电，所以可以想像半导体的许多电学性质将与金属材料有很大的不同。

§3.10.3　有效质量的测量

实验上可以利用带电粒子在电磁场中的回旋运动进行测量。测量原理如下：对于一个速度为 v，电荷为 q 的带电粒子，当它处于磁感应强度为 B 的磁场中时，带电粒子受到的磁场力(洛伦兹力)为

$$F=q\boldsymbol{v}\times\boldsymbol{B} \tag{3.21}$$

方向与运动方向垂直，因此带电粒子将在磁场中做回旋运动，磁场力方向指向圆心。对于做圆周运动的粒子，它还受到离心力

$$F=m\omega^2 R \tag{3.22}$$

因此稳定时磁场力应等于离心力，即

$$qvB=m\omega^2 R \tag{3.23}$$

这里 R 为回旋半径。把 $v=\omega R$ 代入式(3.23)，则电子的回旋频率为

$$\omega=\frac{qB}{m} \tag{3.24}$$

如果是晶体，则只要把自由电子的质量换成晶体中电子的有效质量就可以了，即 $\omega=\frac{qB}{m^*}$。因此，利用磁场中晶体对电磁波能量的共振吸收可以测量出电子的有效质量，即当电磁波的频率等于电子的回旋频率时将产生共振吸收，此时吸收有极大值见图 3.18。实验上一般采用固定频率的电磁波，通过改变磁场强度调节共振频率，同时测量晶体对电磁波的吸收情况。当发生共振吸收时即可从对应的磁感应强度求出有效质量。当然也可以固定磁感应强度，调节电磁波的频率，根据发生共振吸收时的频率求出有效质量。根据磁感应强度或共振频率可由式(3.24)求出 m^*，即 $m^*=qB/\omega$。

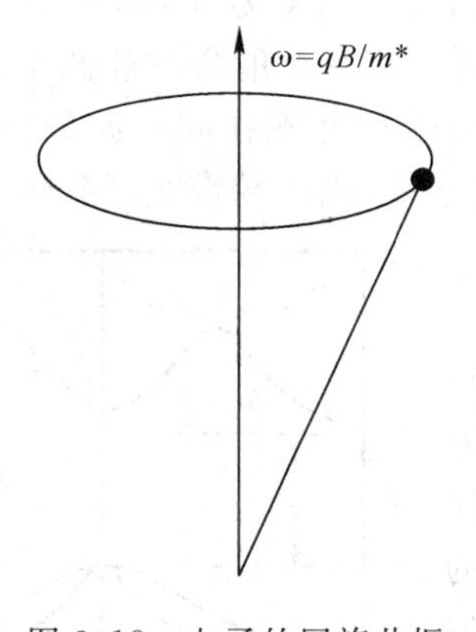

图 3.18　电子的回旋共振

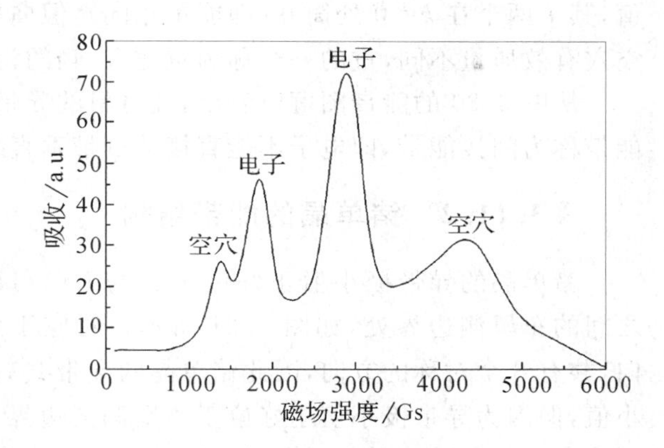

图 3.19　硅的电子回旋共振信号

§3.11　硅、锗和砷化镓的能带特点

电子在导带底附近的能带的 $E-k$ 关系为

$$E(k)=E_c+\frac{\hbar^2}{2}\left[\frac{(k-k_{0x})^2}{m_x^*}+\frac{(k-k_{0y})^2}{m_y^*}+\frac{(k-k_{0z})^2}{m_z^*}\right] \tag{3.25}$$。

电子在价带顶附近的能带的 $E-k$ 关系为

$$E(k)=E_v-\frac{\hbar^2}{2}\left[\frac{(k-k_{0x})^2}{m_x^*}+\frac{(k-k_{0y})^2}{m_y^*}+\frac{(k-k_{0z})^2}{m_z^*}\right] \tag{3.26}$$

因此，k 空间中的电子的等能面是以(k_{0x},k_{0y},k_{0z})为中心的椭球。

§3.11.1 导带与价带的结构

1. 硅单晶

硅材料的能带图如图 3.20 所示。在 Γ 与 X 间(即倒空间的 001 方向)导带有一极小值,偏离中心点 4/5 的距离。在三维空间的上、下、左、右、前、后共有 6 个对称的极小点或能谷,所以硅的导带有 6 个对称的极小值。

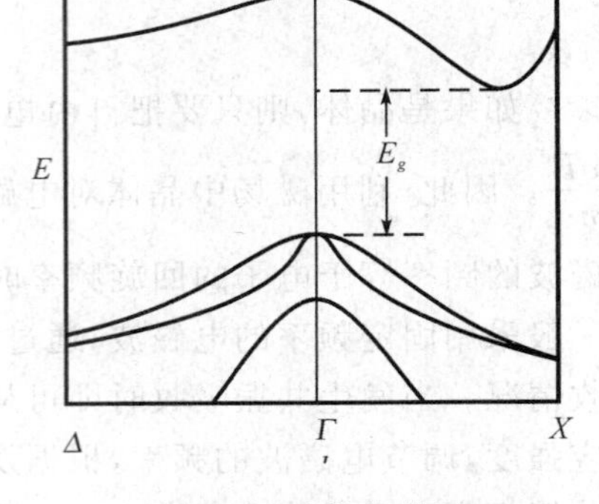

图 3.20 硅的能带图

因为〈100〉为 4 度对称轴,所以 y、z 方向等价,因此

$$E(k)=E_c+\frac{h^2}{2}\left[\frac{(k_1-k_{01})^2}{m_l}+\frac{k_1^2+k_3^2}{m_t}\right] \quad (3.27)$$

式中 m_l 表示纵向质量,即椭球长轴方向的质量,m_t 表示横向质量,即椭球短轴方向的质量。等能面为一个旋转椭球面,中心轴为〈100〉轴。

硅的价带有 3 个子能带,3 个都在 $k=0$ 处有极大值,其中两个在 $k=0$ 处简并(即能量相同),但曲率不同,即二阶导数不同,因此它们对应的空穴有效质量不同,重的一个称为重空穴,轻的为轻空穴。第三个能带与前两个有一差距。

从图 3.20 的能带图可以看出,硅材料的导带底与价带顶并不在同一波矢位置,这样的能带称为间接能带,即电子不能直接从价带垂直跃迁到导带,或从导带跃迁到价带。

§3.11.2 锗单晶的能带结构

锗单晶的导带极小值正好位于 Γ 与 L(〈111〉方向)之间的布里渊边界处,如图 3.21 所示。对应于〈111〉方向,共有 8 个对称的方向,因此锗单晶的导带共有 8 个极小值,但因为导带极小值刚好位于布里渊区边界,相对的两个极小值之间正好相差一个倒格矢,因此两个极小值的一半正好拼成一个完整的极小值椭球,所以实际上锗单晶只有 4 个导带极小值,即只有 4 个能谷。与硅单晶相同,锗的等能面也是旋转椭球面,但中心轴为〈111〉轴。

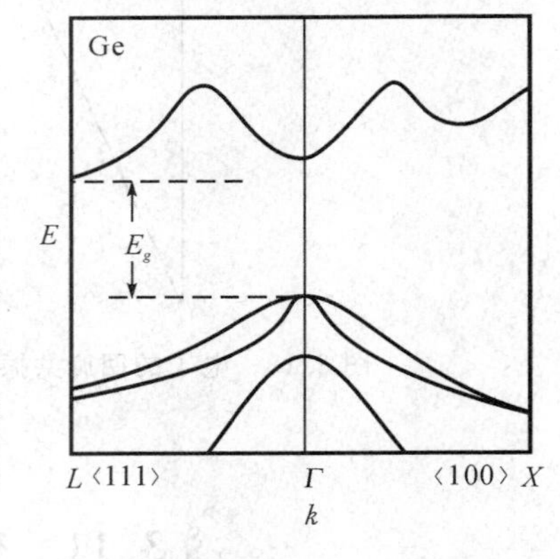

图 3.21 锗的能带图

锗的价带结构与硅的相同,即共有 3 个子能带,都在 $k=0$ 处有极大值,其中两个在 $k=0$ 处简并,但曲率不同,即二阶导数不同,因此它们对应的空穴的有效质量不同,重的一个称为重空穴,轻的为轻空穴。第三个与前两个有一差距。与硅单晶相同,锗也是一种间接能带半导体材料,即电子不能直接从价带垂直跃迁到导带,或从导带跃迁到价带。

§3.11.3 砷化镓的能带结构

砷化镓是典型的Ⅲ-Ⅴ族化合物半导体。与硅、锗的能带相同的是它的导带与价带之间也存在禁带,也有导带极小值和价带极大值,在低温时导带也是基本上空着的。不同的是它的导带底与价带顶都在 $k=0$ 处,这种能带结构称为直接能带如图 3.22 所示。对这种能带结构，当电子发生跃迁时可直接从价带垂直跃迁到导带。而对于硅及锗这类间接能带半导体，由于跃迁前后两个状态的波矢(即动量)有较大的不同(相对于光子的动量)，为了满足动量守恒必须借助声子才能进行跃迁，直接能带及间接能带的含义来源于此。另外，砷化镓在〈100〉方向上接近布里渊边界区导带还有另外一个极小值，与第一极小值在能量上相差不大，这个次极小值的存在导致砷化镓具有负阻特性，这将在后面讨论。

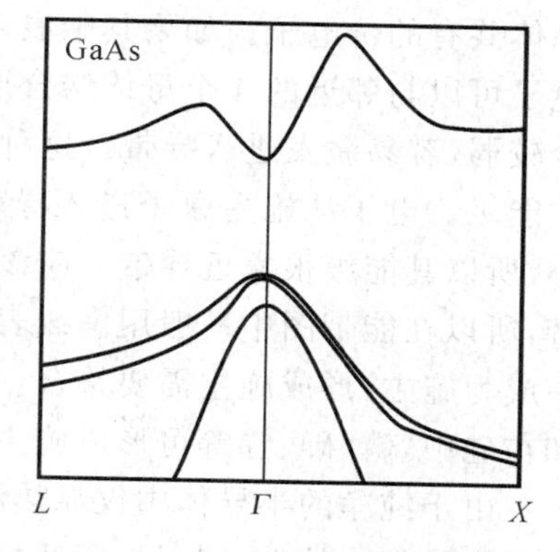

图 3.22　砷化镓的能带图

砷化镓的价带情况与硅、锗的类似，也有三个子能带及轻重空穴之分。由于极小值位于 $k=0$ 处，砷化镓的等能面为球形，即

$$E(k)=E_c+\frac{\hbar^2}{2}\left[\frac{k_1^2+k_1^2+k_3^2}{m_p^*}\right] \tag{3.28}$$

$$E(k)=E_v-\frac{\hbar^2}{2}\left[\frac{k_1^2+k_1^2+k_3^2}{m_p^*}\right] \tag{3.29}$$

§3.12　半导体材料中的杂质和缺陷能级

以上我们一直讨论的是理想晶体中的电子状态。我们发现电子在周期势中运动时，其可取能量值形成一系列能带，能带与能带之间有禁带存在。电子的波函数为自由电子波函数与调制函数布罗赫函数的乘积，布罗赫波的周期与势场的周期即晶格的周期相同。因此电子在各个格点的出现几率是相同的，即

$$|\Psi(x+na,k)|^2=|e^{ik(x+na)}u(x+na)e^{-ik(x+na)}u^*(x+na)|=|u(x)|^2=|\Psi(x)|^2$$

所以晶体能带中的电子不再围绕一个原子核运动，而是在整个晶体中运动。这样的电子态称为扩展态或非局域化态(extended states or delocalized)。

但是在实际的晶体中，不管制造工艺多么先进，总是或多或少地存在一些杂质或缺陷。它们可能是本身存在的(工艺问题)，或是为了达到某种目的有意添加进去的(如半导体的掺杂，材料的变色等)。这些杂质与缺陷的存在在某些区域内改变了晶格的完整性，使得周期性受到破坏。晶体内的周期势在这些地方发生畸变，产生附加势场。根据附加势场的性质，可以吸引电子或空穴在其周围，从而形成局域能级，称为局域态(localized states)。

杂质与缺陷对半导体材料的性能有很大的影响，它们在很大程度上决定了半导体材料的电学性质。不经掺杂的半导体材料用途范围很小，仅仅用在探测器等有限的领域，而绝大部分用于电子器件的半导体材料都是掺杂半导体。

§3.12.1　元素半导体中的杂质能级

1. 施主杂质(dopant)

我们知道，元素半导体如硅、锗及金刚石等形成晶体时，每个原子贡献出 4 个电子形成

晶体共有的价电子。如果其中混入了一个外层有5个电子的Ⅴ族原子，则该原子只有4个电子可以与邻近的4个母体结合形成价电子，还多出一个电子。这个电子与Ⅴ族原子的结合较弱，容易激发进入导带。这种能向导带提供电子的杂质原子称为施主，相应的能级为施主能级。电子从施主原子进入导带的最小能量称为施主的电离能。一般施主的电离能很小，所以其能级很靠近导带。应该注意，施主能级是局域在杂质原子上的能级，它不形成能带，所以在能带图中一般用虚线表示施主能级。当然，并非所有Ⅴ族元素均可在某种半导体中成为施主，形成施主需要符合一定的条件，关键看它引进的杂质能级离导带是否很近。例如在硅中，磷、砷、锑等可形成施主能级，但氮原子不能直接成为施主。

由于纯净的半导体中仅靠热激发进入导带的电子数目很少，所以少量杂质的加入可大大改变导带中的电子数目，因此控制杂质的加入量即可控制半导体材料的导电性能。对掺有施主杂质的半导体材料，导电主要靠导带电子进行，这种半导体称为**n型半导体**。

2.受主杂质(acceptor)

与施主情形相似，如果在元素半导体中混入了一个外层只有3个电子的杂质原子，则该原子只有3个电子可以与邻近的4个母体原子结合形成价电子，还缺少一个电子。这个空缺的电子能级与价带的距离很小，可以从价带获取一个价电子以满足成键需要，这样价带就缺少一个价电子，形成一个空能级。其实我们不难看出价带失去一个价电子实际上就是增加了一个空穴。这种能从价带得到电子的杂质原子称为**受主**，相应的能级为受主能级。电子从导带进入受主能级所需的最小能量称为受主的电离能。一般受主的电离能很小，所以其能级很靠近价带。同样应该注意，受主能级是局域在杂质原子上的能级，它不形成能带，所以一般也用虚线表示受主能级。在硅中，硼、铝、镓、铟等Ⅲ族原子可在硅中形成受主能级。与施主杂质一样，少量受主杂质的加入也可大大改变导带中的电子数目。对掺有受主杂质的半导体材料，导电主要靠空穴进行，这种半导体称为**p型半导体**。如果我们把3价原子缺少的一个电子看成具有一个空穴，则受主从价带获取电子的过程等价于受主原子向价带提供空穴，完全等同于施主原子向导带提供电子，这也是将价带用空穴描述的好处之一。

同样，并非所有Ⅲ族元素均可在某种半导体中成为受主，形成受主也需要符合一定的条件，关键看它引进的杂质能级距离价带是否很近。

一种半导体材料能否掺杂特别是能否既可掺杂成n型材料，又可以掺杂成为p型材料，是决定一种半导体材料能否用作电子、光电子材料的一个决定性因素。在大多数应用中，半导体材料都必须进行掺杂才能发挥其功能，而不掺杂的纯净的理想半导体材料的应用范围反而很少，主要用在光探测器等场合。

除了杂质以外，其他晶体的不完整性如缺陷、杂质-缺陷复合体等也可成为施主或受主，如直拉硅中的与氧有关的新施主、热施主及与氮有关的施主就属于这种类型。

3.杂质补偿

如果一块半导体中同时含有施主与受主杂质，则从能级图可以看出，施主上的多余电子首先要去填充受主上的空能级，这时半导体的导电性能，由施主与受主共同决定，这种情形称为杂质补偿。在具体生产工艺中，杂质补偿应尽量避免，它会严重影响器件的性能。如果施主浓度等于受主浓度，那么半导体显示很高的电阻率，造成半导体很纯的假象，这种材料几乎没有什么用处。

§3.13 化合物半导体中的杂质能级

在上面对元素半导体施主、受主的讨论中，我们发现比母体原子价电子数多的原子可能成为施主，比母体原子价电子数少的原子可能成为受主，这在对化合物半导体也适用。如在Ⅲ-Ⅴ族化合物半导体材料n中，比Ⅲ族原子价电子数少的Ⅱ族原子镁、锌和镉可能为受主，比Ⅴ族原子价电子数多的Ⅵ族原子如硫、硒和碲族原子可能为施主。Ⅳ族原子在Ⅲ-Ⅴ族半导体中的行为比较复杂，它既可取代其中的Ⅲ族原子成为施主，也可取代Ⅴ族原子成为受主，具体与Ⅳ族原子的相对浓度及生长、处理历史等外部条件有关。例如当浓度小于10^{18} cm^{-3}时，硅在砷化镓中主要取代镓成为施主，而当浓度大于10^{18} cm^{-3}时，硅取代砷成为受主。因此硅在砷化镓中为两性杂质。

§3.13.1 化合物半导体中的原生施主与受主杂质

化合物半导体的性质和元素半导体一样与它所含的杂质及缺陷密切相关。与元素半导体不同的是除了掺杂以外，很多化合物半导体材料在没有掺杂的情况下也可能存在大量的施主或受主。这是因为其中存在大量点缺陷的缘故，因此点缺陷是化合物半导体材料必须研究的一个重要课题。

§3.13.2 化合物半导体中的点缺陷

1. 化合物半导体中的非化学计量

道尔顿定律说明任何化合物的组成原子数之比是简单整数比。这个定律的理论是根据各种元素化合价恒定的原则得出的。但是贝托莱指出，化合物晶体中道尔顿定律并不总是成立的。1914年库尔纳科夫提出了称做贝托莱体化合物的概念，此后，化合物被分为两类。一类符合道尔顿定律，原子数之比为简单整数，称为道尔顿体、整数比化合物，或化学计量化合物。另一类为贝托莱体，通常又称做非整数比化合物、非化学计量化合物。在贝托莱体化合物中，原子数之比不是简单的整数比。

2. 固有原子缺陷

晶体中不是由外来原子造成而是固有的缺陷称为**本征缺陷**。对AB型的二元化合物半导体，可能存在以下几种本征缺陷：

1)A格子空位V_A，这里V表示空位(vacancy)；

2)B格子空位V_B；

3)A元素间隙原子A_I，这里I表示间隙原子(Interstitial)；

4)B元素间隙原子B_I；

5)A、B原子因排错位置而形成的错位原子A_B和B_A，即反结构缺陷。

在锗、硅等元素半导体中，由于工艺已经相当完美，固有原子缺陷对材料的导电类型和电阻率没有显著的影响，材料的性质可通过控制杂质的类型和浓度决定。但在化合物半导体中，固有原子缺陷对于材料的导电类型和电阻率有非常重要的影响。这是因为在化合物半导体中 B 离子空位、A 原子间隙都能向导带提供电子，而 B 原子间隙、A 离子空位都能向价带提供空穴，因而即使不掺杂，材料已经是 p 型或 n 型了。这种固有原子缺陷浓度可能很高，可以和杂质浓度相比甚至比掺进去的杂质浓度更高，导致化合物半导体掺杂困难。所以对化合物半导体本征点缺陷的研究是化合物半导体材料研究的一个重要方面。

3. 施主型，受主型晶格缺陷

对离子性较强的混合键晶体，正离子空位相当于缺少了正电荷，所以是负电中心。如 V_A^-，V_A^{--}，这里一号表示负电荷。为了维持电中性，这些负电中心可由带正电荷的可移动的空穴补偿。所以在通常的情况下，这些负电中心束缚空穴而保持电中性。但这些空穴和负电中心 V_A^-，V_A^{--} 之间的作用不是很强，所以很容易被激发到价带，即 V_A^-，V_A^{--} 在晶体中则相当于一个受主杂质。同样，对离子性较强的混合键晶体，负离子空位相当于缺少了负电荷，所以是正电中心，如 V_B^+，V_B^{++} 等。这里，＋号表示正电荷。为了维持电中性，这些正电中心要由带负电荷的导带电子补偿。所以在通常的情况下，这些正电中心束缚电子而保持电中性。但这些电子和正电中心 V_B^+、V_B^{++} 之间的作用也不是很强，所以电子很容易被激发到导带，即 V_B^+、V_B^{++} 在晶体中相当于一个施主杂质。

确定是施主还是受主要看此能级在低温下被电子占据还是被空穴占据。另外，如果上述补偿是由不可移动的离子提供，则对载流子浓度没有影响。

由于缺陷的存在，化合物半导体中有补偿现象。如 ZnTe 只能制成 p 型材料，很难制成 n 型材料，而氧化锌却正好相反，很容易制成 n 型材料，但却不容易制成 p 型材料。对本身存在大量点缺陷的化合物半导体晶体，容易产生补偿效应，因而很难制备同质 p-n 结.

4. 错位原子

当错位原子的价电子数大于被它取代的原子的价电子数时，情况和掺入施主杂质时类似，反之，当错位原子的价电子数小于被它取代的原子的价电子数时，情况和掺入受主杂质时类似。若 B 比 A 有更多的价电子，则 B_A 起施主作用，而 A_B 则起受主作用。原则上，一个错位原子所能提供的受主或施主能级数等于错位原子的价电子数与被它取代的原子的价电子数之差。

5. 间隙原子和间隙杂质

金属间隙原子一般起施主作用，如氧化锌中的间隙锌原子。但当间隙原子的价电子数较多时，间隙原子可起受主作用。

6. 取代式杂质

在离子性较强的化合物半导体中，取代式杂质的作用比起共价键半导体材料的要复杂得多。当取代杂质进入晶体后，为了维持电中性，将引起电子、空穴补偿或离子补偿，但杂质与电子、空穴间的束缚较弱。因此当杂质由电子补偿时，杂质起施主作用，在空穴补偿时，杂质起受主作用；在离子补偿时，杂质不起施主或受主作用；此时补偿对载流子浓度无影响。

§ 3.14　施主、受主的类氢模型

前面我们曾经提到施主能级离导带很近，受主能级离价带很近，那么具体近到何种程

度？要回答这个问题，严格来说可以通过量子力学进行严格的理论计算或通过实验确定。不难发现，施主及围绕它运动的电子类似于氢原子，即一个带负电的电子绕一个正电荷运动，其情况与氢原子很相似。不同的是在氢原子中，电子是在没有介质的环境中运动，相对介电常数为1，而在晶体中，介电常数不为1。另外，在晶体中，由于晶格场的作用，电子的质量要由有效质量代替。在第1章中我们介绍了氢原子中电子的能级和波函数，我们在这里借用类氢原子模型来半定量地讨论这个问题。

首先讨论施主的情况。从量子力学计算发现，氢原子中电子的基态能量和运动半径分别为

$$E_n = -\frac{1}{n^2}\left(\frac{me^4}{8\varepsilon_0^2 h^2}\right) \quad n=1,2,3,\cdots$$
$$r_n = n^2 \frac{\varepsilon_0 h^2}{\pi m e^2} \tag{3.30}$$

对施主上的电子，我们进行以下修正。用有效质量 m^* 代替 m，引入相对介电常数。考虑以上两个因数后，可得施主的基态以量为

$$E_d = -\frac{m_n^* e^4}{8\varepsilon_0^2 \varepsilon_r^2 h^2} = \frac{m_n^*}{m} \times \frac{1}{\varepsilon_r^2} 13.6\text{eV}, a = \varepsilon_r \frac{m}{m_n^*} a_0 \tag{3.31}$$

我们可以看一看硅和锗的情况。硅和锗的介电常数分别为14和16，它们的有效质量分别为 $0.4m$ 和 $0.2m$。代入上式，可以得到硅与锗中的施主能级离开导带的距离分别为0.04eV和0.01eV，与实验测得的结果十分符合。但实验发现施主能级的位置与杂质的种类有关系，如表3.1，3.2所示，这是因为类氢原子模型只是一个简化模型的缘故，无法精确预期电子的能级位置。但即使这样一个简单的模型，已经在很大程度上预测了施主的能级位置。

表3.1　硅中杂质的电离能(eV)

杂质	P	As	Sb	B	Al	Ga	In
电离能	0.045	0.049	0.039	0.045	0.057	0.065	0.160

表3.2　锗中杂质的电离能(eV)

杂质	P	As	Sb	B	Al	Ga	In
电离能	0.012	0.013	0.01	0.01	0.01	0.011	0.011

同样不难算出硅与锗中施主上的电子的基态轨道半径分别为氢原子中基态半径的30倍和80倍，即1.5～4.0nm。相比原子中电子的运动范围(0.1nm)，这个范围是非常大了，因此我们称这种电子能级为扩展的束缚态。当然，它与可自由移动的导带电子不同，尽管比其原子中的电子来说它的活动范围大多了，但它还是束缚在施主原子上，不能参与导电。只有当它激发到导带上时，才会对导电有贡献。

对受主可以进行同样处理，只要将电子的有效质量用空穴的有效质量代替即可得到受主的基态能量及轨道半径，其形式与施主上电子的能级及运动半径完全相同。不同的是对于空穴，其能级离开价带顶很近。

以上讨论尽管很粗糙，但却很说明问题，不失为一个很好的近似。

§3.14.1 深能级

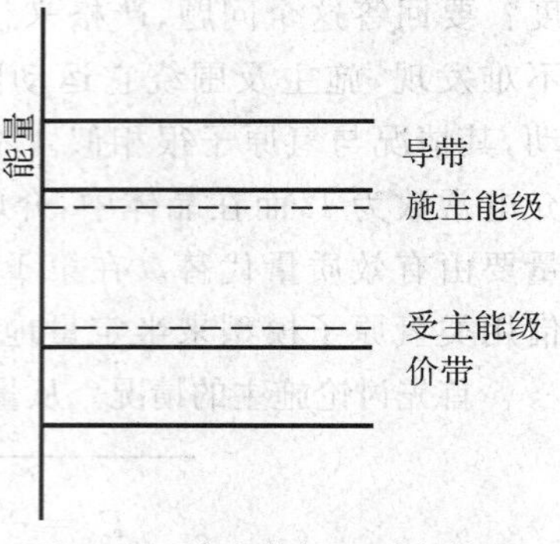

图 3.23 施主能级和受主能级

上面我们讨论了施主与受主,发现两者电子或空穴的能级与导带底或价带顶距离很近,很容易激发进入导带或价带形成载流子见图 3.23。但是有些半导体材料中某些杂质的电子能级在禁带中的位置离开价带顶或导带底距离都较远,这样的杂质或缺陷能级称为深能级。深能级对半导体中非平衡载流子的复合起着重要的作用,相关内容将在介绍非平衡载流子时详细论述。

§3.14.2 激子

我们知道,导带电子带负电,而价带空穴带正电,两者之间存在库仑力。电子和空穴通过库仑力结合在一起,形成电子-空穴对,这样的结合称为**激子**。激子的能级也可用类氢原子模型估算,但由于空穴的质量与电子相比差别不大,而比原子核的质量要小得多,因此要用折合质量代替原子核的质量。由类氢原子模型估算的激子的基态能级为

$$E_0=-\frac{\mu e^4}{8\varepsilon_0^2\varepsilon_r^2 h^2}=\frac{\mu}{m}\frac{1}{\varepsilon_r^2}13.6\text{eV},\text{其中 }\mu=\frac{m_n^* m_p^*}{m_n^*+m_p^*} \quad (3.32)$$

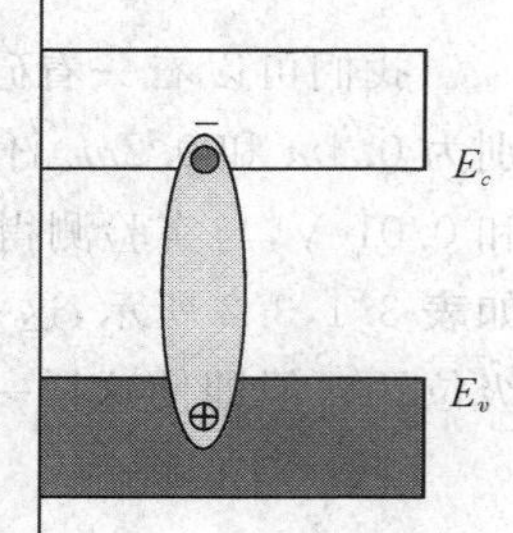

图 3.24 激子示意图

不难看出,因为 $\mu=\dfrac{m_n^* m_p^*}{m_p^*+m_n^*}\approx\dfrac{1}{2}m_n^*<m_n^*$,所以 $E_0=-\dfrac{\mu}{m}\dfrac{1}{\varepsilon_r^2}13.6\text{eV}<E_d$,即激子的结合能,一般小于施主能级 E_d,因此激子的能级更加靠近导带底。游子中电子-空穴之间的距离 $a=\varepsilon_r\dfrac{m^*}{\mu}a_0$,比施主、受主与电子、空穴之间的距离要大 2 倍左右,因此激子中电子-空穴之间的束缚很弱。所以,对大多数材料,与激子相关的现象一般只能在温度较低时才可以观测到,图 3.25 为低温下观察到的 ZnO 的激子峰。

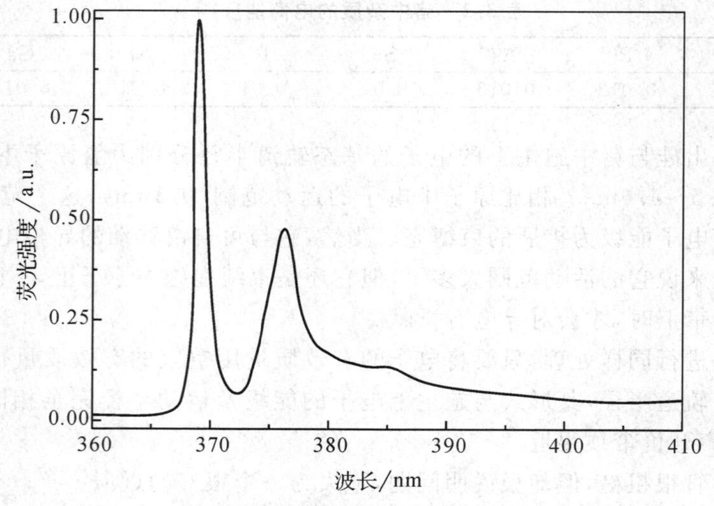

图 3.25 低温下氧化锌薄膜荧光光谱中的几个激子峰

§3.14.3 等电子杂质

价电子数与化合物半导体母体原子价电子相等的杂质叫等电子杂质，如 $GaAs_{1-x}P_x$ 中的 N(取代 P)，GaP 中的 Bi(取代 P)，GaP 中的 Zn-O 对(Zn 取代 Ga，同时 O 取代与该 Ga 邻近的一个 P)，ZnTe 中的 O，以及 CdS 中的 Te 等。如果这种杂质的电负性和母体原子的电负性相差很大，则它们在晶体中也有较强的俘获电子或空穴的倾向，因而在禁带中引入局域能级。它们既不是典型的施主能级，又不是典型的受主能级，但能够吸引电子或空穴在其周围，所以又称为等电子陷阱。等电子杂质如 N，Zn-O 对等对提高 $GaAs_{1-x}P_x$、GaP 材料的发光效率起重要作用，有关这方面的知识将在半导体发光这一节讨论。

§3.14.4 表面与界面能级

相关内容将在半导体表面这一节介绍。

§3.15 各种因素对禁带宽度的影响

§3.15.1 禁带宽度与温度的关系

实验发现，半导体材料的禁带宽度随温度的升高而减小。

这一现象可以通过量子力学中的周期势进行解释。我们知道，温度升高将使使晶格常数增大，利用第一章中的公式(1.75a 或 1.75b)，我们不难分析温度升高后(晶格常数增大)禁带宽度的变化情况。在图 3.26 中，我们分别画出了晶格常数为 0.1nm 和 0.105nm(晶格常数增大了 5%)后满足公式 1.75b 的量子力学对能量的限制条件。其中晶格常数为 0.1nm的晶本的禁带宽度由 AB 两点之间的距离决定，晶格常数增大了 5%的晶体的禁带宽度由A′B′两点之间的距离决定。可见，由于晶格常数增大，禁带宽度缩小了。

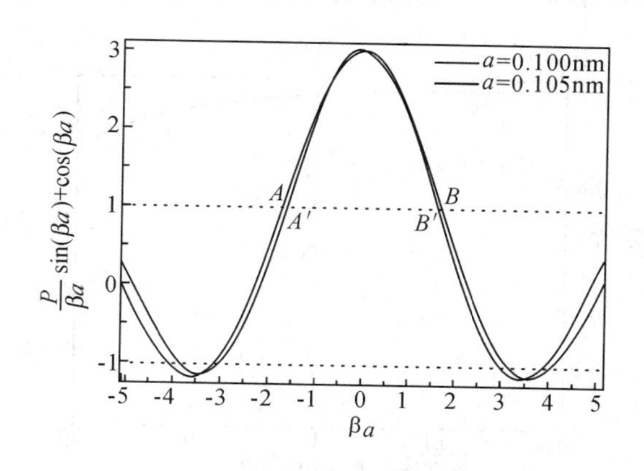

图 3.26 晶格常数变化对禁带宽度的影响

禁带宽度与温度的关系可以用以下的经验公式描述：

$$E_g(T)=E_g(0)-\frac{\alpha T^2}{T+\beta} \tag{3.33}$$

式中 α 和 β 是待拟合的参数。对锗、硅、砷化镓，拟合参数如表 3.3 所示。图 3.27 为硅的禁带宽度随温度的变化情况。

表 3.3 锗、硅、砷化镓的拟合参数

材料	$E_g(0)$(eV)	α(meV/K)	β(meV/K)
锗	0.7437	0.477	235
硅	1.166	0.473	636
砷化镓	1.519	0.541	204

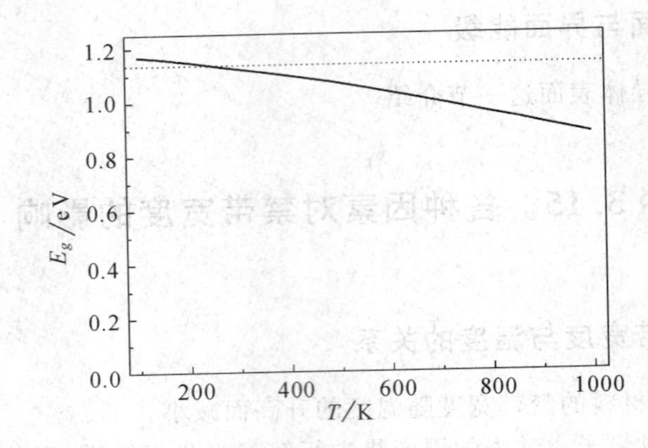

图 3.27 硅材料的禁带宽度随温度的变化

§ 3.15.2 掺杂对禁带宽度的影响

当掺杂浓度很高时，杂质原子之间的距离很近，因此杂质原子上的电子波函数与邻近杂质原子上的电子波函数发生交叠，导致杂质能级转变为杂质能带。如果杂质能级距离导带底或价带顶很近，那么杂质能带与半导体的能带发生交叠，使得半导体材料的禁带宽度减小。

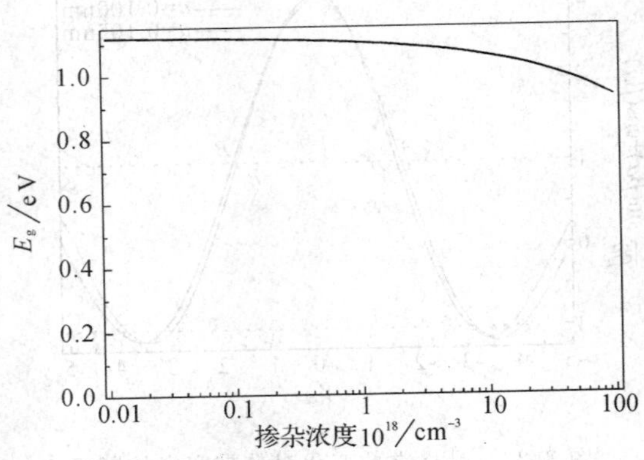

图 3.28 禁带宽度随掺杂浓度的变化

禁带宽度与掺杂浓度之间的关系可表示为

$$\Delta E_g(N) = -\frac{3e^2}{16\pi\varepsilon_0}\sqrt{\frac{e^2 N}{\varepsilon_r kT}} \tag{3.34}$$

对硅而言，$e=11.7$，如果掺杂浓度的单位为 cm^{-3}，则当 $T=300K$ 时，$\Delta E_g(N)=-22.5\sqrt{N/10^{18}}$(meV)。图 3.28 为室温下硅材料的禁带宽度随掺杂浓度的变化情况。

§3.15.3 合金半导体材料的能隙

随着半导体技术的不断发展，各种新型的半导体材料不断涌现出来。其中之一就是合金半导体材料，如 SiGe，GaAlAs，GaAlPAs 等等。理论计算和实验结构都发现，合金半导体材料的禁带宽度随材料组分的变化而变化。利用这一点，我们可以改变某一半导体材料的禁带宽度，使得由它制作的光电器件与工作波长更加匹配，也可利用禁带宽度的变化制成量子阱、异质结和超晶格，从而进一步改进材料的性能。以下我们只介绍二元合金半导体材料的禁带宽度。

一般来说，合金的禁带宽度有两种类型，其中之一为线性关系，即合金半导体 A_xB_{1-x} 的禁带宽度为元素半导体材料 A、B 的禁带宽度的线性叠加，即

$$E_{g,AB} = E_{g,B} + x(E_{g,A} - E_{g,B}) \tag{3.35}$$

其中 $E_{g,AB}$、$E_{g,A}$、$E_{g,B}$ 分别为合金半导体材料、元素半导体材料 A、元素半导体材料 B 的禁带宽度。例如，ZnS 和 ZnSe 之间的合金半导体的禁带宽度就符合简单的线性关系。图 3.29为 $ZnSe_xS_{1-x}$ 的禁带宽度随 x 的变化情况，利用线性拟合可得。另一种形式比较复杂，可以用下面的公式表示：

$$E_{g,AB} = E_{g,B} + x(E_{g,A} - E_{g,B}) - bx(1-x) \tag{3.36}$$

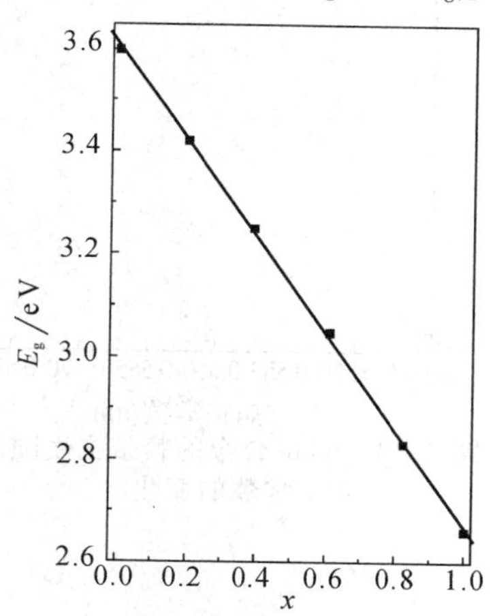

图 3.29 $ZnSe_xS_{1-x}$ 的禁带宽度随 x 的变化

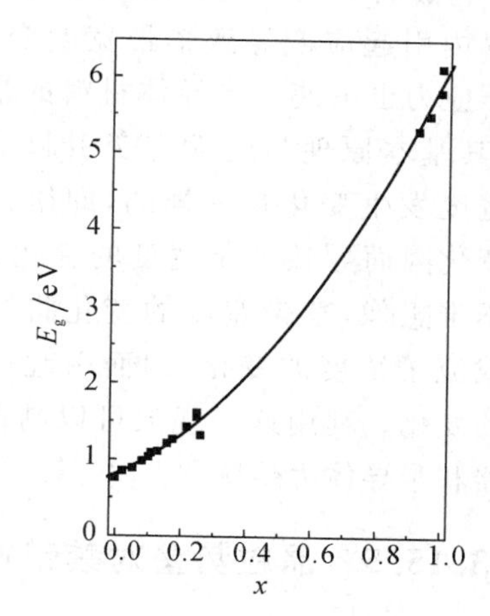

图 3.30 $Al_xIn_{1-x}N$ 的禁带宽度随 x 的变化

不难看出，等式右边前面两项之和就是按线性关系推算出来的合金半导体的禁带宽度，b 为一个待定的拟合参数。一般来说，b 是正的，因此这种合金半导体材料的禁带宽度小于线性关系得出的合金材料的禁带宽度。如果把禁带宽度作为 x 的函数，则是一个向上弯曲的二次曲线。例如，对 $Al_xIn_{1-x}N$ 来说，其禁带宽度可以拟合为 $E_g=0.81+1.9x+3.24x^2$，其 E_g-x 曲线图 3.30 所示。

§3.15.4 应变对禁带宽度的影响

$Si_{1-x}Ge_x$ 合金半导体的禁带宽度的变化也不是线性的，见图 3.31。对于 $Si_{1-x}Ge_x/Si$ 结构，实验上发现 $Si_{1-x}Ge_x$ 的禁带宽度不但受组分的影响，还会受应变的影响。即除了组分变化会导致禁带宽度发生变化以外，应力的存在也会引起半导体材料禁带宽度的变化，这种影响有时会严重影响半导体薄膜的性能。

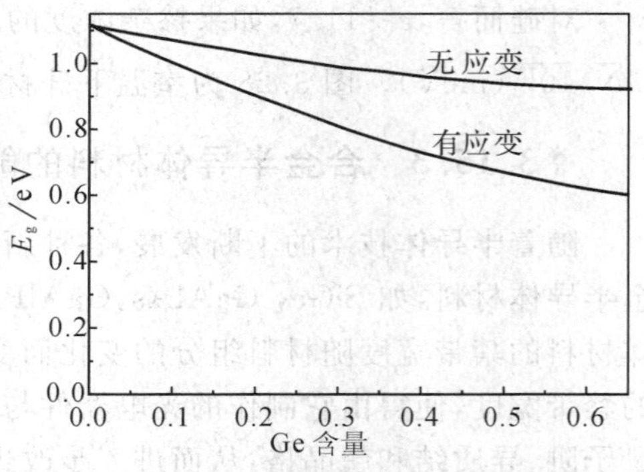

图 3.31 $Si_{1-x}Ge_x$ 合金的禁带宽度随 x 的变化

应变对禁带宽度的影响与温度对禁带宽度的影响相似：如果材料受到压应力，那么原子之间的距离减小，因此根据量子力学周期势理论，其禁带宽度是增大的；如果材料受到张应力，那么原子间的距离增大，因此禁带宽度变小。但是不论如何，总的趋势总是可以预计的，即某一组分含量越高，禁带宽度越接近该材料的禁带宽度。实验中可以利用经验公式对禁带宽度-组分之间的关系进行拟合。图 3.31 为 $Si_{1-x}Ge_x$ 体系的禁带宽度随晶格常数的变化情况。

除了薄膜材料制备过程或热处理过程会在半导体材料内引起应变导致禁带宽度变化外，外部施加的压应力也可使得半导体材料的禁带宽度发生变化，其基本原理与内部应变引起半导体材料的禁带宽度发生变化是一样的，即压力导致晶格常数的变化因而导致禁带宽度的变化，如图 3.32 所示。不难想像，禁带宽度的变化将导致半导体材料中载流子浓度的变化，因而引起半导体材料电阻率的变化。利用这一现象可以制作半导体压力传感器和半导体力传感器。

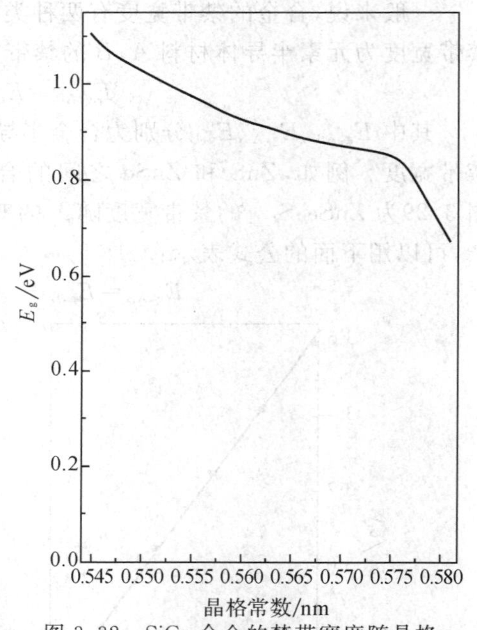

图 3.32 SiGe 合金的禁带宽度随晶格常数的变化

§3.15.5 晶粒势垒对禁带宽度的影响

我们知道，半导体材料的表面与界面由于悬挂键、缺陷、杂质等的存在，往往导致表面、界面处的能带弯曲。如果是体材料，因为表面原子与整个晶体中的原子相比所占的比例很小，对整体性质的影响应不大。但是如果晶粒尺寸很小，那么就会导致禁带宽度发生变化。一方面，由于量子约束效应，半导体粒子的能带转化为分立的能级，导致禁带宽度增大。但是另一方面，晶粒尺寸减小也会使得半导体材料的有效光学禁带宽度减小。因此半导体晶粒尺寸减小后，其禁带宽度究竟是增大还是减小要看具体情况。如果晶粒表面的能带是平直的，那么以量子尺寸效应为主，即禁带宽度增大；反之，如果表面能带弯曲严重，而且晶粒尺寸很小，则禁带宽度减小。图 3.33 示意地说明了晶粒尺寸减小时跃迁能量减小（即有效禁带宽度缩小）的过程，这里我们仅仅考虑表面势垒的影响，没有考虑量子尺寸效应引起的能隙增大。

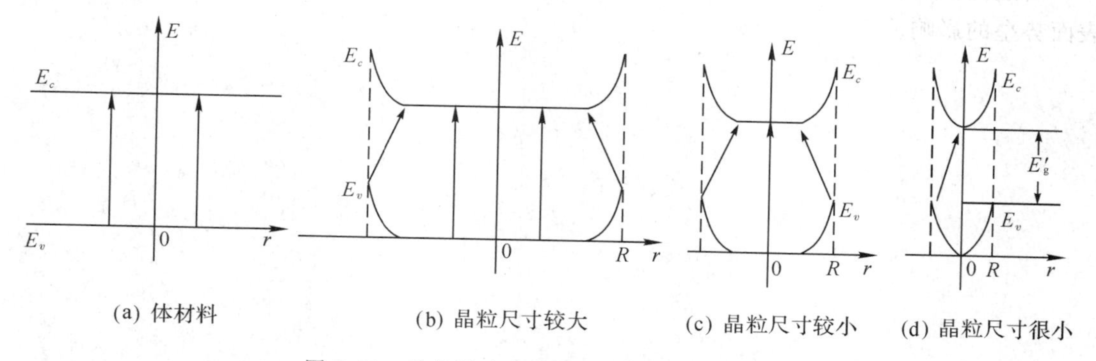

图 3.33 晶粒尺寸变化时电子跃迁途径的变化

由图 3.33 可以看出，当晶粒尺寸较大时，晶粒边界处电子的波函数与晶粒中心电子的波函数几乎没有交叠，因此电子从晶粒边界处的价带向晶粒中心导带的跃迁几率很小，所以测得的禁带宽度与体材料的基本相同，见图 3.33(b)。当晶粒尺寸较小时，电子从晶粒边界处的价带向晶粒中心导带的跃迁几率已经不能忽略，因此即使在入射光子的能量小于禁带宽度时，也有光吸收。当晶粒很小时，晶粒边界处的波函数与中心的波函数交叠严重，使得边界处价带上的电子可以以很高的几率跃迁到晶粒中心处的导带，使得光吸收谱向能量减小（或波长增加）的方向移动。

由晶界势垒引起的禁带宽度减小和后面我们将讨论的由量子约束效应引起的禁带宽度增加，可以看出纳米半导体晶粒的禁带宽度变化比较复杂。一种材料的能隙到底是随晶粒尺寸的减小而增加还是减少要看两者各自的影响大小。图 3.34 为某种半导体纳米薄膜的禁带宽度随厚度的变化情况，可以看出禁带宽度先随晶粒尺寸的减小而增加，即此时以量子

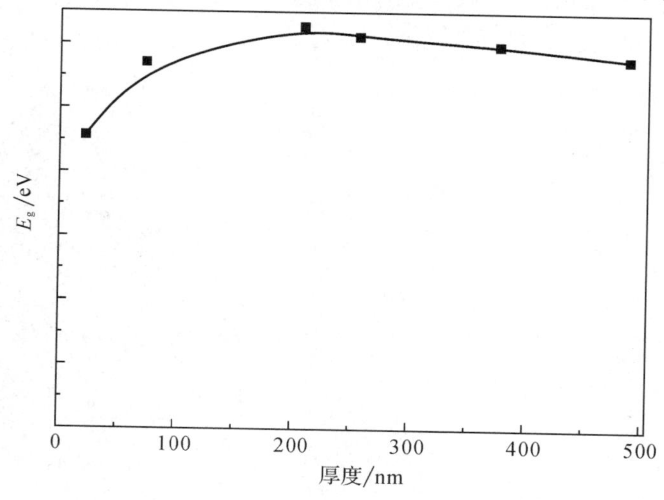

图 3.34 某种半导体纳米薄膜的禁带宽度随厚度的变化

约束效应为主，但当厚度小于 200nm 时，禁带宽度却反而减小，这可能是表面势垒或其他表面态影响所致。

由上面的分析可知，在用光学方法研究半导体纳米量子禁带宽度的变化时，必须考虑到表面势垒的影响。

第4章　半导体中的电子统计分布

我们已经知道,在半导体中起导电作用的粒子,一般指导带电子及价带空穴。实验中发现半导体的导电性能与温度有很大的关系,这说明温度变化时半导体中起导电作用的载流子的浓度发生了很大的变化。因此弄清楚载流子浓度的变化规律对研究半导体器件的工作性能及适用温度范围是至关重要的。

在这一章中,我们首先研究在热平衡条件下载流子的分布情况及其浓度,特别要弄清楚什么是费米能级、费米分布、电中性条件、有效导带密度、有效价带密度等概念。在以后几章中,我们要研究非平衡情况下载流子的变化情况。

§4.1　状态密度

我们在上一章中证明了晶体中电子能级呈带状分布。实际上即使在一个能带中,电子可取的能量也是不连续的,以前我们曾提到过这一点。假定晶体的边长为 L,晶格常数为 a,则电子的波函数为 $\psi(x)=U(x)\mathrm{e}^{\mathrm{i}kx}$,根据玻恩-卡曼边界条件,$x+L$ 处的波函数等于 x 处的波函数,即

$$\psi(x+L)=U(x+L)\mathrm{e}^{\mathrm{i}k(x+L)}\xrightarrow{\text{periodic } U(x)}$$

$$U(x)\mathrm{e}^{\mathrm{i}kx}\mathrm{e}^{\mathrm{i}kL}=\psi(x)\Rightarrow \mathrm{e}^{\mathrm{i}kL}=1$$

$$\therefore\quad kL=\pm 2n\pi,\quad k=\pm\frac{2n\pi}{L},\quad n=0,\pm1,\pm2,\cdots \tag{4.1}$$

即波矢是不连续的,因此能量也是不连续的,即能带中的能级实际上还是分立值。这一结论对三维情况也是成立的。总共有 $2L/a$ 种状态。

由于 L 很大,所以能量之间的间隔很小。对于三维情况,

$$k_x=\pm\frac{2n\pi}{L_x},k_y=\pm\frac{2n\pi}{L_y},k_z=\pm\frac{2n\pi}{L_z},\quad n=0,\pm1,\pm2,\cdots \tag{4.2}$$

我们可以把 k 空间分成许多小格子,每一格子占据的体积为 $\frac{2\pi}{L_x}\frac{2\pi}{L_y}\frac{2\pi}{L_z}$,因此单位体积的 k 空间内共有

$$2\times\frac{L_xL_yL_z}{(2\pi)^3}=\frac{2V}{(2\pi)^3} \tag{4.3}$$

种状态,其中 V 是体积,系数 2 表示电子可以有两种自旋取向。

由于导带电子数目一般较少,所以大多集中在导带底附近,因此 E-k 曲线可以用抛物线(自由电子)近似,即

$$E(k)=E_c+\frac{\hbar^2}{2}\left[\frac{(k_x-k_{x0})^2}{m_x}+\frac{(k_y-k_{y0})^2}{m_y}+\frac{(k_z-k_{z0})^2}{m_z}\right] \tag{4.4}$$

§4.1.1 导带状态密度

式(4.4)表明,对于确定的能量E,在k空间中构成一个椭球面,即等能面,其包围的区域为一个椭球。对于导带,等能面椭球的三个轴的长度分别为$\sqrt{\dfrac{2m(E-E_c)}{m_x}}$,$\sqrt{\dfrac{2m(E-E_c)}{m_y}}$,$\sqrt{\dfrac{2m(E-E_c)}{m_z}}$,其对应的体积为

$$\frac{4\pi}{3}\sqrt{\frac{2m(E-E_c)}{m_x}}\sqrt{\frac{2m(E-E_c)}{m_y}}\sqrt{\frac{2m(E-E_c)}{m_z}} \tag{4.5}$$

因此在k空间内总共有的状态数目为

$$M\frac{2V}{(2\pi)^3}\frac{4\pi}{3}k_xk_yk_z=\frac{2MV}{(2\pi)^3}\sqrt{\frac{2m_x(E-E_c)}{\hbar^2}}\sqrt{\frac{2m_y(E-E_c)}{\hbar}}\sqrt{\frac{2m_z(E-E_c)}{\hbar}}$$

$$=\frac{8MV}{3(2\pi)^3\ \hbar^3}\sqrt{8m_xm_ym_z}(E-E_c)^{3/2} \tag{4.6}$$

式中M表示椭球(即能谷)的数目。对半导体来说,一般有不止一个的能谷,例如硅$M=6$(导带极小在<100>方向),锗$M=4$(导带极小在<111>方向)。上式就是能量在$E-E_c$之间所有的状态数目。因此能量的状态密度为上式的导数,即

$$N(E)=\frac{\mathrm{d}}{\mathrm{d}E}\left[\frac{8M}{3(2\pi)^3\ \hbar^3}\sqrt{8m_x^*m_y^*m_z^*}(E-E_c)^{3/2}\right]$$

$$=\frac{4M}{(2\pi)^3\ \hbar^3}\sqrt{8m_x^*m_y^*m_z^*}(E-E_c)^{1/2}=\frac{4M}{h^3}\sqrt{8m_x^*m_y^*m_z^*}(E-E_c)^{1/2} \tag{4.7}$$

令$m_{dn}=M^{2/3}(m_x^*m_y^*m_z^*)^{1/3}$,其中$m^*$为价带空穴的有效质量分量,则

$$N(E)=\frac{4\pi(2m_{dn})^{3/2}}{h^3}(E-E_c)^{1/2} \tag{4.8}$$

对自由电子,我们有

$$总状态数=2\times\frac{V}{(2\pi)^3}\frac{4\pi}{3}k^3=\frac{8V(\pi)}{3(2\pi)^3}\left(\frac{2mE}{\hbar}\right)^{\frac{3}{2}} \tag{4.9}$$

$$N(E)=\frac{8\pi}{3h^3}\frac{3}{2}\sqrt{2mE}\,2m=\frac{4\pi}{h^3}(2m)^{3/2}\sqrt{E}$$

比较可知,m_{dn}等价于自由电子的质量,我们称m_{dn}为导带电子的状态密度有效质量,它来源于晶体的多能谷结构及非球形等能面。对$M=1$而且等能面为球型的情况,则$m_{dn}=m^*$。因此如果用m_{dn}代表晶体中的电子质量,则公式与自由电子的相似。不难看出,如果$M=1$,而且有效质量各向同性,那么状态密度有效质量等于电子的有效质量。

§4.1.2 价带状态密度

对于价带,基本情况与导带时的相同,即可以用一个空穴的状态密度有效质量代替自由电子的质量,则自由电子的公式仍然可用。不过,价带顶处于布里渊区中心,且有两个能量简并价带,即重空穴的能带和轻空穴能带。

经过与导带类似的推导,我们得到对于轻、重空穴能带,我们分别有

$$N_l(E)=\frac{4\pi(2m_{dp}^l)^{3/2}}{h^3}(E-E_c)^{1/2} \text{和} N_h(E)=\frac{4\pi(2m_{dp}^h)^{3/2}}{h^3}(E-E_c)^{1/2} \quad (4.10)$$

这里，$m_{dp}=M^{2/3}(m_x^* m_y^* m_z^*)^{1/3}$，$m^*$ 为价带空穴的有效质量分量。所以，价带总的状态密度为

$$N(E)=\frac{4\pi(2m_{dp}^l)^{3/2}}{h^3}(E-E_c)^{1/2}+\frac{4\pi(2m_{dp}^h)^{3/2}}{h^3}(E-E_c)^{1/2}=\frac{4\pi(2m_{dp})^{3/2}}{h^3}(E-E_c)^{1/2} \quad (4.11)$$

这里 $(m_{dp})^{3/2}=(m_{dp}^l)^{3/2}+(m_{sp}^h)^{3/2}$，$m_{dp}$ 称为价带空穴的状态密度有效质量。对于硅材料，$m_{dn}=1.08m$，$m_{dp}=0.59m$，对于锗，$m_{dn}=0.56m$，$m_{dp}=0.37m$。

§4.2 费米-狄拉克分布

在晶体中，每立方厘米中有 10^{22} 到 10^{23} 数量级的原子，每个原子可贡献一个以上的价电子，因此晶体中存在的电子的数量是十分巨大的。对于数量如此之大的系统，可以用统计学的方法研究其电子的能量分布情况。

对于晶体中的电子，有两点必须清楚：

(1)电子与电子之间没有强相互作用，而且晶体中所有的价电子和传导电子原则上是不可区分的，它们属于整个晶体。

(2)每个可能的状态上不可能存在多于一个的电子(泡利不相容原理)。

对一个总电子数为 n、总能量为 E 的电子系统，我们有 $n=\sum_i n_i$，$E=\sum_i n_i E_i$。这里 n_i 是能级 i 上的电子数，E_i 是该能级的能量。一般来说，能级 i 是简并的，即对应某个能级，存在 g_i 个状态，它们有相同的能量 E_i，共有 n_i 个电子($n_i \leqslant g_i$)。这里我们要注意，能级与状态不是一个概念。能级是一个能量位置，多个状态可以有相同的能量，但一个状态上最多只能有一个电子。

由于电子的不可区分性，电子在这些能级上就有许多种排列方式。那么这样的一个能级中电子总共有多少种排列组合方式呢？我们这样来考虑问题：

对于第一个电子，它有 g_i 种选择，对于第二个电子，它还有 (g_i-1) 种选择，依此类推，可得第 n 个电子可以选择的状态有 $g_i-(n_i-1)$。所以，这个能级系统共有 $g_i(g_i-1)\cdots(g_i-n_i+1)$ 种排列方式。

前面提到，导带、价带上的电子是不可区分的，因此两个电子的排列次序不同并不改变系统的状态，因此总的状态数目必须除以 $n_i!$，所以对于能级 E_i，n_i 个电子只可以有以下种独立的状态数：

$$t_i=\frac{g(g_i-1)\cdots(g_i-n_i+1)}{n_i!} \quad (4.12)$$

$$t_i=\frac{g_i!}{n_i!\,(g_i-n_i)!} \quad (4.13)$$

因此，对于所有的能级，我们共有独立的状态数

$$t=\prod_i t_i=\prod_i \frac{g_i!}{n_i!(g_i-n_i)!} \quad (4.14)$$

从统计上看，最可能的状态对应着状态数最多的能级，即使 t 最大化的能级。下面我们从数学上解决这个问题。

为了便于计算，我们对两边取对数，得

$$\ln t = \sum \ln g_i! - \sum \ln n_i! - \sum \ln(g_i - n_i)! \tag{4.15}$$

由于 n_i、g_i 均很大，可以利用数学中的斯特林近似公式 $n! \approx n\ln n - n$，因此

$$\ln t_{FD} = \sum_i \left(-g_i \ln \frac{g_i - n_i}{g_i} + n \ln \frac{g_i - n_i}{n_i}\right) \tag{4.16}$$

因此，要使 t 最大，只要 $\ln t$ 最大即可，即要求 $\mathrm{d}\ln t = 0$。因此对于 t，极大值对应的 n_i 必须满足

$$\sum_i \ln \frac{n_i}{g_i - n_i} \mathrm{d}n_i = 0 \tag{4.17}$$

与此同时，我们必须考虑系统的边界条件，即总粒子数守恒及总能量守恒的要求，即

$$\sum \mathrm{d}n_i = 0, \sum E_i \mathrm{d}n_i = 0 \tag{4.18}$$

利用拉格朗日乘法因子法，我们得到

$$\sum \left(\ln \frac{n_i}{g_i - n_i} + a + bE_i\right)\mathrm{d}n_i = 0 \tag{4.19}$$

这里 a 和 b 是要确定的拉各朗日因子。

由于 $\mathrm{d}n_i$ 是随意的，因此必须要求式(4.19)括号内的值为0，即

$$n_i = \frac{1}{\exp(a + bE_i) + 1} \tag{4.20}$$

这就是能量为 E_i 能级上存在的电子数目。考虑到导带或价带中电子的能级之间的间隔实际上非常小，电子能级可以作为连续分布看待，则能量处于 $E \rightarrow \Delta E$ 之间的电子数为

$$\mathrm{d}n = \frac{N(E)\mathrm{d}E}{\exp(a + bE) + 1} = f(E)N(E)\mathrm{d}E \tag{4.21}$$

这里 $N(E)$ 为单位能量间隔内的状态数，即状态密度；$f(E)$ 为分布函数，即

$$f(E) = \frac{1}{\exp(a + bE) + 1} \tag{4.22}$$

不难看出，$f(E)$ 是一个几率分布函数。

对于我们现在讨论的电子，相互之间没有相互作用，这种电子类似稀薄的气体。若能量 E 很大，上式分母中的1可以忽略。因此从气体分子的统计分布公式 $f(E) = A(T)\exp(-E/kT)$ 出发，我们可以得到 $b = 1/kT$，所以，上式可以写成

$$f(E) = \frac{1}{\exp\left(\frac{a' + E}{kT}\right) + 1}$$

这里 $a' = a/kT$。可以证明，a' 等于费米能量 E_F 的负值。最后，我们得到

$$f(E) = \frac{1}{\exp[(E - E_F)/kT] + 1} \tag{4.23}$$

式(4.23)称为电子的费米-狄拉克分布函数。

如果某一能级总共有 $N(E)$ 个状态，那么在温度 T，该能级上有电子数

$$n=N(E)=\frac{1}{e^{\frac{E_c-E_F}{kT}}+1} \tag{4.24}$$

当温度处于绝对零度时，$T=0$，因此如果 $E>E_F$，则 $f(E)=0$，反之 $f(E)=1$。因此费米能级 E_F 是 $T=0$ 时电子可以占据的最高能级。如果 $T>0$，则不管 E 为何值，$f(E)$ 均小于 1，另外在 $E=E_F$ 处，不管温度 T 是多少，都有 $f(E)=1/2$。如果能级所处的位置远高于费米能级，则分母中的 1 可以忽略，因此 $f(E)\approx\exp\left(-\frac{E-E_F}{kT}\right)$，此即气体分子运动论中的波尔兹曼分布函数。

在量子力学中，可以证明，费米分布不但对电子适用，而且对自旋为半整数的其他粒子也适用。在量子力学中，还存在另一种分布密度函数，即玻色分布函数，它对光子、声子等自旋为 0 或整数的粒子适用。而两者可以用同一公式表达，即

$$f(E)=\frac{1}{e^{\frac{E-E_F}{kT}}\pm 1} \tag{4.25}$$

其中正号对应费米分布，负号对应玻色分布。

§4.2.1 费米能量

我们知道，考虑自旋后，k 空间单位空间内共有 $\frac{2V}{(2\pi)^3}$ 种状态。假定总电子数为 N，材料的体积为 V，费米能量对应的波矢为 k_F，如图 4.1 所示则 k 空间以 k_F 为半径的球中共有状态数目为

$$N=\frac{2V}{(2\pi)^3}\frac{4\pi}{3}k_F^3=\frac{V}{3\pi^2}k_F^3 \tag{4.26}$$

所以，

$$E_F=\frac{\hbar^2k_F^2}{2m}=\frac{\hbar^2}{2m}\left(\frac{3\pi^2N}{V}\right)^{2/3}=\frac{\hbar^2}{2m}(3\pi^2n)^{2/3} \tag{4.27}$$

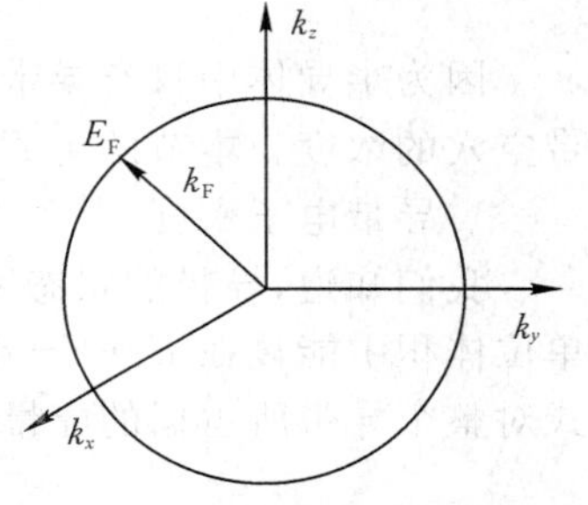

图 4.1 费米球示意图

这里 n 为单位实空间体积的电子数目，即电子浓度。

从上面的讨论可以知道，费米能级可由电子浓度确定。可以证明费米能级等于化学势。由于处于热平衡状态的系统有相同的化学势，所以对一个处于热平衡的系统，各处的费米能级相同。

§4.2.2 费米函数的性质

对于费米子体系，一个量子态要么被电子占据，要么空着，能量为 E 的能级被占据的几率为 $f(E)$，因此空着的几率为

$$1-f(E)=\frac{1}{e^{(E_F-E)/kT}+1} \tag{4.28}$$

不难看出，$f(E)$ 与 $1-f(E)$ 相对 $E=E_F$ 是对称的，在该点占据及空着的几率正好都等于 1/2。能量比费米能级高的能级空着的几率大，反之，能量比费米能级低的能级充满的几率较大。当能量较大即 $E\gg E_F$ 时，费米分布与玻色分布趋向经典的波尔兹曼分布函数 $e^{-\frac{E-E_F}{kT}}$。这是因为当能量较高时，能级被电子占据的几率很小，不太可能有两个电子去占据一个能级，所

以泡利不相容原理不再起很大的作用。同样对空着的能级，如果 $E_F \gg E$，则$1-f(E)\approx e^{-\frac{E_F-E}{kT}}$，即能量很小的能级其空着的几率很小。如果把空着的状态看成空穴，则从空穴的角度来看，就是能量较高的空穴态被占据的几率较小，所以 $1-f(E)$实际上反映了空穴的分布情况。

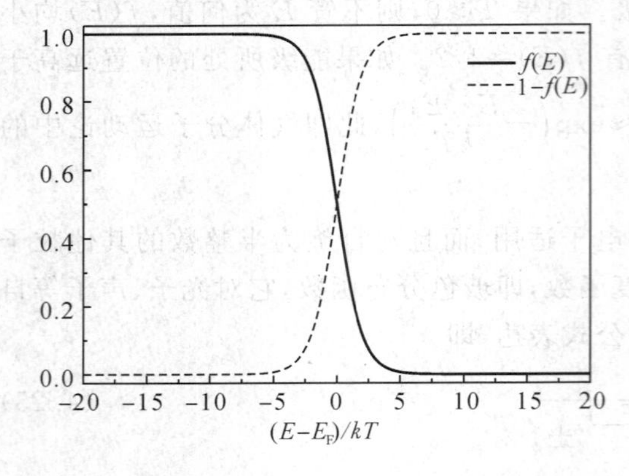

图 4.2　$f(E)$与$1-f(E)$对称

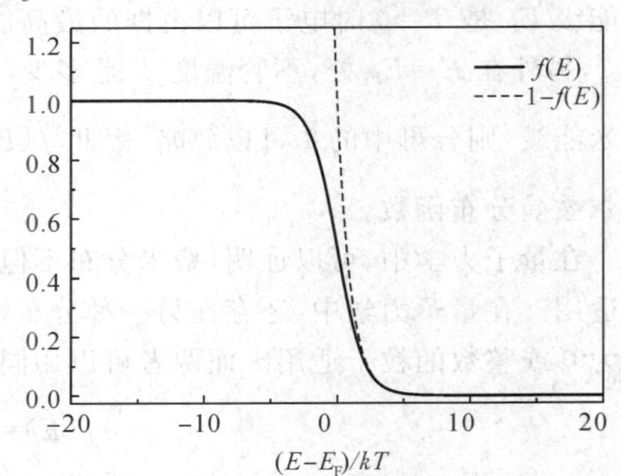

图 4.3　费米分布和波尔兹曼分布

§4.2.3　能带中的电子和空穴浓度

因为半导体中只有导带电子及价带空穴对电流有贡献，所以我们要知道导带电子及价带空穴的浓度。本节的主要内容就是推导出单位体积中导带及价带中电子及空穴的密度。

1. 导带电子密度

我们知道，导带的状态密度为 $N_c(E)$，电子随能量的分布函数为 $f(E)$，因此可以得出单位体积中能量在 $E\rightarrow E+\mathrm{d}E$ 之间的导带电子数目为 $\mathrm{d}n(E)=f(E)N_c\mathrm{d}E$。因此只要将上式对整个导带所占据的能量范围积分，即可得到单位体积中导带的电子数目，即

$$n=\int_{E_{cm}}^{E_{cM}} f(E)N_c(E)\mathrm{d}E \tag{4.29}$$

原则上，我们可以通过上式确定导带中的电子数目，但由于 $N_c(E)$的形式一般比较复杂，所以得不到解析结果。但在今后的讨论中我们将发现，在半导体器件正常工作的情况下，费米能级一般与导带的距离比热动能 kT 大得多，所以费米分布函数可以用玻尔兹曼分布函数代替。另外，由于 $f(E)$对 E 指数下降，而 $N_c(E)$的数值只在导带所占的能量范围内有值，因此可将积分上限扩展至无穷大处，见图 4.4。

这样做在数学上并不会引入太大的误差，但可以得出导带电子密度的解析结果，即导带电子密度现在可以写成

$$\begin{aligned}
n&=\int_{E_c}^{\infty} f(E)\frac{4\pi(2m_{dn})^{3/2}}{h^3}(E-E_c)^{\frac{1}{2}}\mathrm{d}E\approx\int_{E_c}^{\infty}e^{-(E-E_F)/kT}\frac{4\pi(2m_{dn})^{3/2}}{h^3}(E-E_c)^{\frac{1}{2}}\mathrm{d}E\\
&=\frac{4\pi(2m_{dn})^{3/2}}{h^3}e^{-\frac{E_c-E_F}{kT}}\int_0^{\infty}t^{1/2}e^{-t}\mathrm{d}t=\frac{4\pi(2m_{dn})^{3/2}}{h^3}e^{-\frac{E_c-E_F}{kT}}\frac{\sqrt{\pi}}{2}\\
&=\frac{2(2\pi m_{dn}kT)^{3/2}}{h^3}e^{-\frac{E_c-E_F}{kT}}=N_c e^{-\frac{E_c-E_F}{kT}}
\end{aligned}\tag{4.30}$$

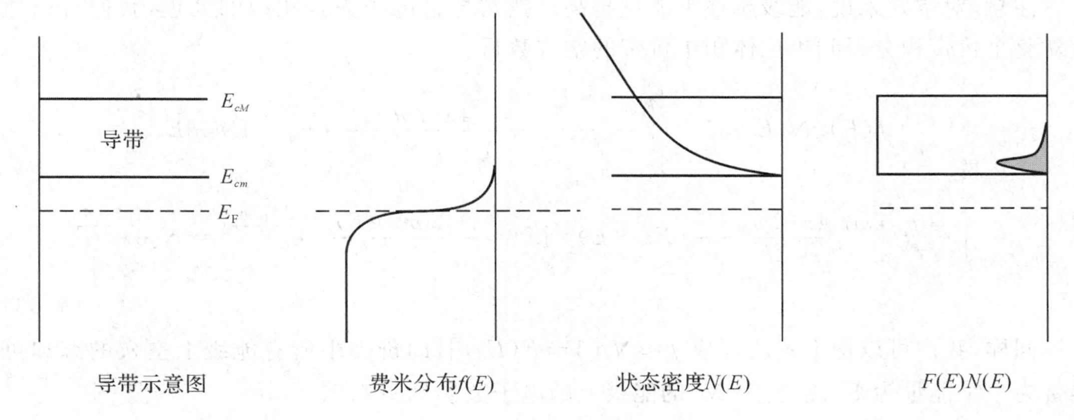

图 4.4　导带的简化

我们还可以把式 4.30 再改写成

$$n \approx N_c \frac{1}{e^{\frac{E_c - E_F}{kT}} + 1} = N_c f(E_c) \tag{4.31}$$

式(4.31)与某一能级上电子数的表达式相同。此式表明，导带中所有能级上电子数的总和等价于一个能量为 E_c、态密度为 N_c 的能级上的电子数，如图 4.5。这样我们就把一个涉及许多能级的复杂的能带中存在的电子数问题简化成了一个单一能级上存在的电子数问题。即，一般情况下我们可以将导带理解为一个电子都集中于导带底 E_c、密度为 N_c 的能级，因此 N_c 称为导带的有效状态密度。

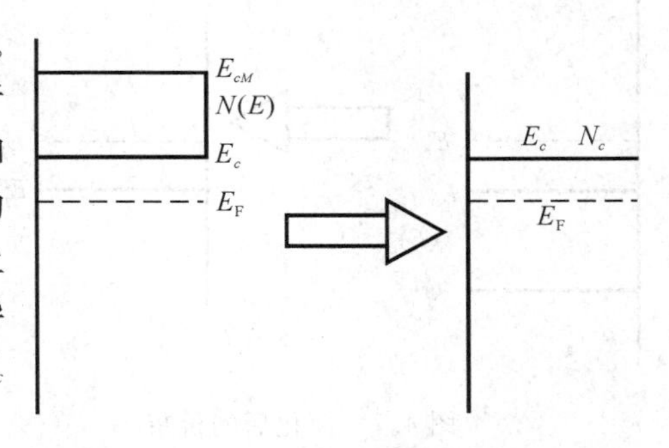

图 4.5　简化后的导带电子分布

2. 价带空穴密度

从上面的讨论，我们知道导带可以等效为一个有效状态密度为 N_c，能量为 E_c 的能级上的电子数。按完全类似的方法，我们可以价带的等效式子。不过此时空穴能量的分布函数为 $1-f(E)$。单位体积中能量在 $E \to E+\mathrm{d}E$ 中的价带空穴数为(见图 4.6)

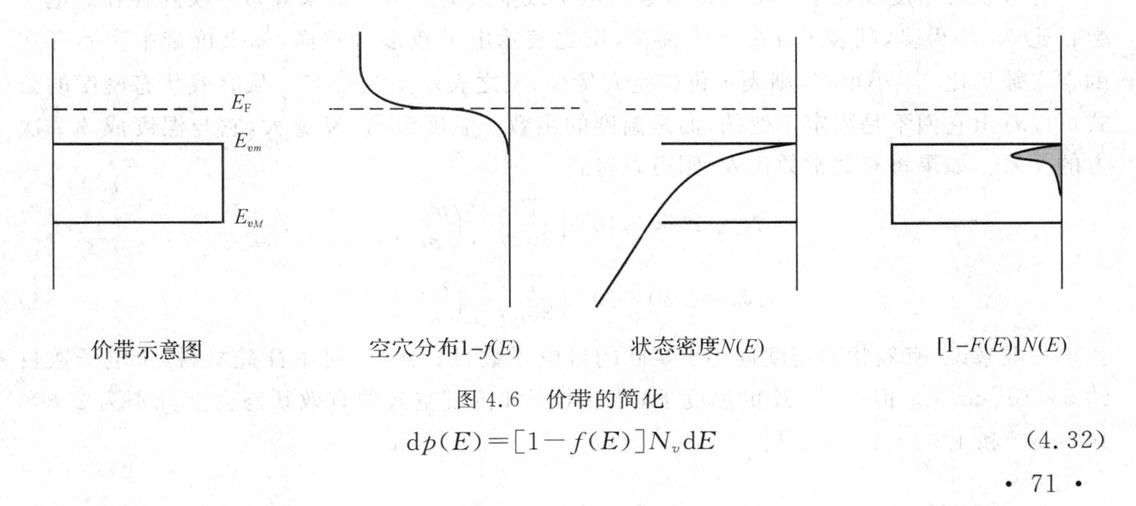

图 4.6　价带的简化

$$\mathrm{d}p(E) = [1 - f(E)] N_v \mathrm{d}E \tag{4.32}$$

注意,对空穴来说,能级越往下能量越高。按与导带电子完全相似的处理,我们可以通过对整个价带积分得到单位体积中价带的空穴数目。

$$p=\int_{E_v^m}^{E_v^M}[1-f(E)]N(E)\mathrm{d}E=\int_{E_v^m}^{E_v^M}\frac{1}{\mathrm{e}^{(E_\mathrm{F}-E)/kT}+1}\frac{4\pi(2m_{pn})^{3/2}}{h^3}(E_v-E)^{\frac{1}{2}}\mathrm{d}E$$

$$\approx\int_{-\infty}^{E_v}\mathrm{e}^{-(E_\mathrm{F}-E)/kT}\frac{4\pi(2m_{pn})^{3/2}}{h^3}(E_v-E)^{\frac{1}{2}}\mathrm{d}E=\frac{2(2\pi m_{pn}kT)^{3/2}}{h^3}\mathrm{e}^{-\frac{E_\mathrm{F}-E_v}{kT}}=N_v\mathrm{e}^{-\frac{E_\mathrm{F}-E_v}{kT}}$$

(4.33)

同样,我们可以把上式改写成 $p\approx N_v[1-F(E_v)]$,即价带中所有能级上空穴的总和可等价为一个能量为 E_v、密度为 N_v 的能级上的电子数参见图 4.7。

有了导带有效密度以及价带有效密度,我们可以用两个能级代替导带和价带。这样可以大大简化各种分析。

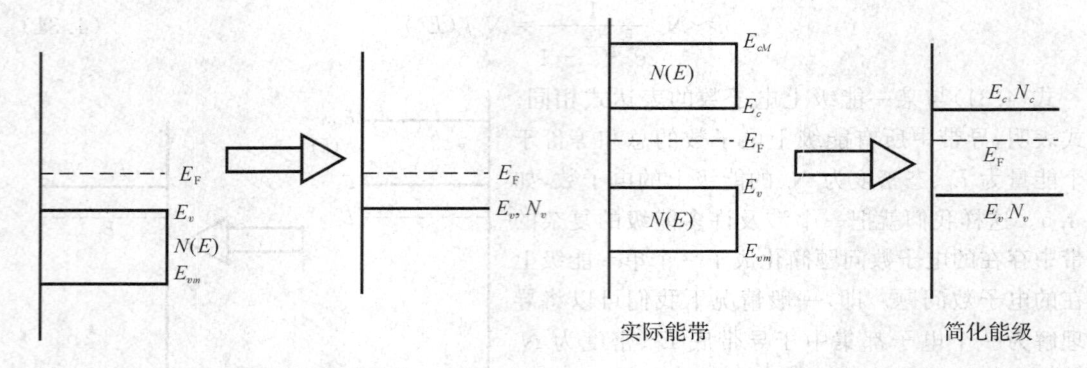

图 4.7　简化后的价带　　　图 4.8　简化后的半导体能带

把上面的两个结果结合起来,我们发现:在描写能级上的粒子时,导带和价带均只需一个能级就可以描述了。这样我们就把十分复杂的涉及两个能带中的粒子数问题转化成了两个能级上的粒子数问题,参见图 4.8。

有效状态密度反映了导带或价带容纳电子或空穴的能力。如果导带中实际存在的电子数目比 N_c 小得多,则表示导带电子稀少,反之表示电子较多。同样,如果价带中实际存在的空穴数目比 N_v 小得多,则表示价带空穴稀少,反之表示空穴较多。从有效状态密度的公式可以看出它们不是固定不变的,而是温度的函数。温度愈高,N 愈大,它与温度成 3/2 次方的关系。如果将有关常数代入,则可以得到

$$N_c=2.50\times10^{19}\left(\frac{T}{300}\right)^{3/2}\left(\frac{m_{dn}}{m}\right)^{3/2}$$

$$N_v=2.50\times10^{19}\left(\frac{T}{300}\right)^{3/2}\left(\frac{m_{dp}}{m}\right)^{3/2}\qquad(4.34)$$

一般来说,有效状态密度远小于实际的价电子数目。例如,对本征硅材料,价电子数目约 $5\times10^{22}\,\mathrm{cm}^{-3}$。但在 300K 的温度下,导带电子和价带空穴的有效状态密度分别为 $2.8\times10^{19}\,\mathrm{cm}^{-3}$ 和 $1.04\times10^{18}\,\mathrm{cm}^{-3}$。

表 4.1 几种常见半导体材料的 N_c、N_v

	硅	锗	GaAs
N_c	2.8×10^{19}	1.05×10^{19}	4.5×10^{17}
N_v	1.1×10^{19}	5.7×10^{18}	8.1×10^{18}

如果将 n 与 p 相乘，则可以发现乘积与 E_F 无关，即

$$np=N_c e^{\frac{E_c-E_F}{kT}} N_v e^{\frac{E_F-E_v}{kT}}=N_cN_v e^{\frac{E_c-E_v}{kT}}=N_cN_v e^{\frac{E_g}{kT}} \tag{4.35}$$

我们知道，E_F 与掺杂种类及浓度有关，式(4.35)表明，对特定的半导体材料，乘积 np 与 E_F 无关，因此可以推论此乘积与掺杂种类及浓度无关。因此对一种半导体材料，如果由于某种原因使得导带电子密度增加，则其中的空穴密度数目必然减少。不过，当掺杂浓度很大时，费米能级可能进入导带或价带，使得用玻尔兹曼公式近似 $f(E)$ 不再成立，因此电子空穴数目乘积不再与 E_F 无关。不过在大多数情况下，此公式是适用的。

§4.3 本征半导体与非本征半导体

一般来说，没有施主性和受主性杂质以及缺陷的半导体材料称为本征半导体材料。掺有施主或施主数远比受主数多的半导体材料称为 n 型半导体材料，掺有受主或受主数远比施主数多的半导体材料称为 p 型半导体材料。如果同时掺有施主和受主，但施主数与受主数相差不大时，则称为杂质补偿半导体材料如图 4.9 所示。

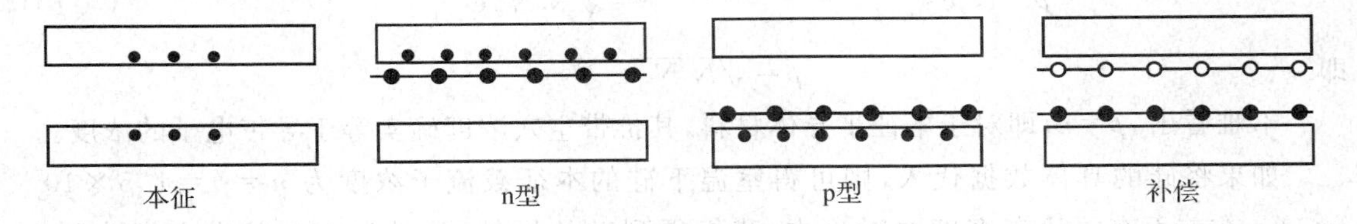

图 4.9 半导体中的载流子及其掺杂情况

§4.3.1 电中性条件及总电荷数守恒

在正常的情况下，材料整体是不带电的，即所谓的电中性。对于半导体材料，正电荷来源于价带中的空穴以及杂质能级上的空状态，负电荷来源于导带上的电子以及杂质能级上的电子。如果不考虑深能级以及表面、界面态的存在，则电中性条件要求

$$n+N_a-p_a=(N_d-n_d)+p \tag{4.36}$$

式中左边等于负电荷总数，右边为正电荷总数。式中 n 为导带上的电子密度，N_a 为受主浓度，p_a 为受主上的空状态，N_d 为施主浓度，n_d 为施主上的电子数，p 为价带空穴密度。

式 4.36 可以改写为

$$n+N_a+n_d=p+N_d+p_a \tag{4.37}$$

§4.3.2 本征费米能级

由于没有杂质和缺陷，半导体材料中的电荷仅仅由导带电子及价带空穴决定。电中性

必然要求电子数与空穴数相等，即 $n=p$，此时总电荷 $Q=n(-e)+p(e)=0$。实际上要求电中性条件成立就是要求总电荷数守恒，假如价带少了部分电子（即多了空穴），则导带中的电子数也必须相应增加。

由 $p=n$，我们得到 $N_e e^{\frac{E_k-E_F}{kT}}=N_v e^{\frac{E_F-E_v}{kT}}$，所以

$$E_F=\frac{1}{2}(E_c+E_v)+\frac{1}{2}kT\ln\frac{N_v}{N_c} \tag{4.38}$$

对大多数半导体材料，$N_v<N_c$，但 N_v 与 N_c 在数量级上相差不大，即 $\ln\frac{N_v}{N_c}$ 的绝对值是 1 的数量级。所以对本征半导体来说，费米能级位于禁带中间略微偏下的部位。不过，如果某种半导体的 N_c 与 N_v（或 m_{dn} 与 m_{dp}）相差太大，则本征半导体的 E_F 偏离禁带中心位置的距离可能较远。例如锑化铟的费米能级偏离禁带中心达 0.2eV。

§4.3.3 本征载流子浓度

将上面的 E_F 分别代入 n 的表达式，我们可以得到

$$n=N_c e^{-[E_c-\frac{1}{2}(E_c+E_v)+\frac{1}{2}\ln\frac{N_v}{N_c}]/kT}=\sqrt{N_cN_v}\,e^{-\frac{1}{2}(E_c-E_v)/kT} \tag{4.39}$$

即

$$n=\sqrt{N_cN_v}\,e^{-\frac{E_g}{2kT}}$$

同样，对于本征半导体材料，其空穴浓度为

$$p=N_v e^{-[\frac{1}{2}(E_c+E_v)+\frac{1}{2}\ln\frac{N_v}{N_c}-E_v]/kT}=\sqrt{N_cN_v}\,e^{-\frac{1}{2}(E_c-E_v)/kT} \tag{4.40}$$

即

$$p=\sqrt{N_cN_v}\,e^{-\frac{E_g}{2kT}}$$

不难看出，$p=n$，即对于本征半导体材料，其价带空穴浓度确实等于导带电子的浓度。

如果将硅的具体数据代入，则可得室温下硅的本征载流子浓度为 $n=p=1.5\times10^{10}$ cm^{-3}。在前面有关状态密度的讨论中，我们得到硅的导带、价带的有效状态密度分别为 $2.81\times10^{19}cm^{-3}$ 和 $1.04\times10^{18}cm$。因此可以看出在末掺杂的情况下，本征硅材料的导带及价带大约只有 $10^{-8}-10^{-9}$ 的能级被电子或空穴填充。所以，室温下本征硅的导电能力是很差的，可以作为绝缘体看待。

表 4.2 常见半导体材料的室温下的本征载流子浓度（cm^{-3}）

	Ge	Sr	GaAs
n_i	2.0×10^{13}	7.8×10^{9}	2.3×10^{6}

从本征半导体的电子浓度和空穴浓度的表达式可以看出，载流子浓度决定于有效状态密度、禁带宽度及温度。有效状态密度、禁带宽度只与材料本身的性质及温度有关，所以对于某一特定的本征半导体材料，其载流子浓度由温度决定，表 4.2 为室温下一些常见半导材料的本征的载流子浓度。

有了本征费米能级及本征载流子浓度，我们可以用这两个参数来表示普通半导体材料的电子和空穴的浓度，即

$$n=N_c\mathrm{e}^{-\frac{E_c-E_F}{kT}}=\sqrt{\frac{N_c}{N_v}}\sqrt{N_cN_v}\,\mathrm{e}^{\frac{E_F-\left[\frac{1}{2}(E_c+E_v)+\frac{1}{2}kT\ln\frac{N_v}{N_c}+\frac{1}{2}(E_c-E_v)-\frac{1}{2}kT\ln\frac{N_v}{N_c}\right]}{kT}}$$

$$=\sqrt{\frac{N_c}{N_v}}\sqrt{N_cN_v}\,\mathrm{e}^{\frac{E_F-E_i}{kT}}\,\mathrm{e}^{-\frac{E_c-E_v}{2kT}+\frac{1}{2}\ln\frac{N_v}{N_c}}=n_i\mathrm{e}^{-\frac{E_F-E_i}{kT}} \tag{4.41}$$

同理可得，对于价带空穴，我们有

$$p=n_i\mathrm{e}^{-\frac{E_i-E_F}{kT}} \tag{4.42}$$

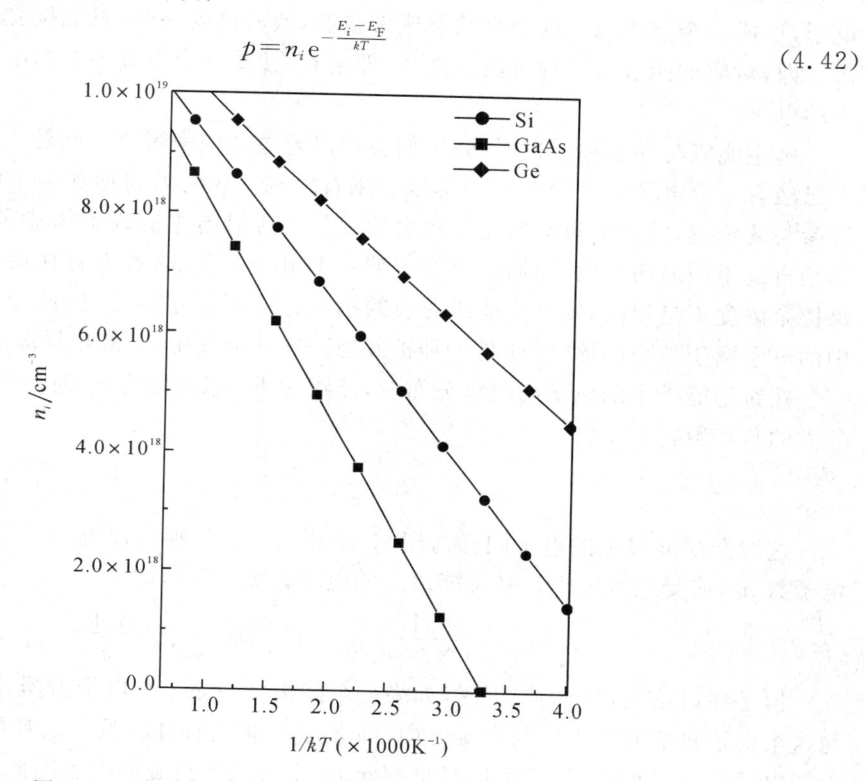

图 4.10　载流子浓度随温度的变化情况(实验数据)

对于特定的温度，n_i 是常数，因此费米能级距离本征费米能级的程度反映了载流子浓度偏离本征载流子浓度的程度，即反映了半导体材料中掺杂浓度。

对于本征半导体材料，由本征载流子浓度 $n_i=\sqrt{N_cN_v}\,\mathrm{e}^{-\frac{E_g}{2kT}}$ 可以求出半导体材料的禁带宽度。实验上可以通过测量半导体材料的载流子浓度随温度的变化，以 $\ln n_i$ 为纵坐标，以 $1/kT$ 为横坐标，画出曲线 $\ln n_i$-$\frac{1}{kT}$曲线，即

$$\ln=\frac{1}{2}(\ln N_vN_c)-\frac{E_g}{2}\frac{1}{kT} \tag{4.43}$$

此曲线应该基本上为一直线，其斜率在数值上应该等于$\frac{E_g}{2}$。

§4.3.4　杂质能级的占据几率

杂质能级上电子统计分布函数

施主与受主能级上的电子分布情况相对导带与价带的分布情况有所不同。对于硅中的施主杂质，其中最外层四个电子与最邻近的四个硅结合形成共价键后，同时形成一个类似 $1s$ 的未配对的电子，上面最多只能有一个电子。这个未配对电子对应的能级有三种可能的状态，即自旋向上、自旋向下及不占据。同样，对于受主杂质，最外层的三个电子与最邻近的三个硅结合，但另外一个最邻近的硅原子却因为受主杂质只有三个电子可以配对而缺一个电子，形成一个空状态。这个空状态或者空着，或者接受一个（只能接受一个）电子形成满状态。即，对应的能级有三种可能的选择，即空着、接受一个自旋向上的电子、接受一个自旋向下的电子。

施主能级与导带和价带不同，下面我们以施主为例来看这个问题。首先，如果施主能级上已经有一个电子，sp^3 杂化使得形成金刚石结构。此时若再增加一个电子，则这个电子无法参与共价键，因此能量必然发生较大的变化。所以施主能级不像能带中的能级那样可以容纳自旋不同的两个电子，而是只能容纳一个电子。其次，我们将在后面的分析中证明，如果掺杂浓度不是很高，则施主能级对应的态只存在于施主附近，因此是一种局域态，而能带中的电子属于整个晶体，因此是一种扩展态。在能带图中，一般把局域态用虚线表示。

在讨论能带中的电子的统计分布时，能级为 E_i、态密度为 g_i 的 n_i 个电子可以有以下种独立的状态数：

$$t_i=\frac{g_i!}{n_i!\ (g_i-n_i)!} \tag{4.44}$$

这对杂质能级上的电子同样适用，只要把 g_i、n_i 分别换成施主浓度 N_d、施主能级上的电子数 n_d，或受主浓度 N_a、受主能级上的电子数 n_a 即可，即

$$t_d=\frac{N_d!}{n_d!\ (N_d-n_d)!} \quad 或 \quad t_a=\frac{N_a!}{n_a!\ (N_a-n_a)!} \tag{4.45}$$

但是在讨论能带中的电子时，如果一个能级已经被一个电子占据，则另一个电子只能取与这个电子自旋方向不同的自旋方向，即第二个电子的自旋没有选择的余地。而杂质能级上的电子却有两种选择，既可以是自旋向上，也可以是自旋向下。因此，对于杂质能级，我们共有独立的状态数为

$$t_d=\frac{N_d!}{n_d!\ (N_d-n_d)!}\times 2^{n_d} \quad 或 \quad t_a=\frac{N_a!}{n_a!\ (N_a-n_a)!}\times 2^{n_a} \tag{4.46}$$

按照前面推导导带电子分布函数相同的方法，我们可以得到施主能级被电子占据的几率为

$$P=\frac{1}{\frac{1}{2}e^{\frac{E_d-E_F}{kT}}+1} \tag{4.47}$$

与能带的统计分布函数相比，这里多了一个因子 1/2。

同样，按照完全相似的讨论，我们可以得到一个受主能级被空穴占据的几率（即空着的几率）为

$$1-P=\frac{1}{2e^{\frac{E_F-E_a}{kT}}+1} \tag{4.48}$$

这里施主和受主能级上的统计分布函数上分别出现了因子 1/2 和 2，为了讨论方便和

公式的简洁起见，我们在今后的讨论中忽略这两个因子，仍然采用能带的费米分布函数代替施主和受主上的电子的统计分布函数，即我们认为 $f(E)=\frac{1}{1+e^{\frac{E-E_F}{kT}}}$ 对施主和受主能级仍然适用。这样做虽然会在具体数值上引入误差，但对于具体物理参数的一些基本性质基本没有影响。不过，我们要知道，杂质能级上电子的统计分布函数与能带上的分布函数实际上是有差别的。

施主或受主浓度乘以它们的占据几率即为施主能级上的电子数或受主能级上的空状态数。因此在温度 T，施主上的电子数为

$$n_d=\frac{N_d}{1+e^{\frac{E_d-E_F}{kT}}} \tag{4.49}$$

而空着的施主能级为

$$N_d-n_d=N_d(1-P)=N_d\frac{e^{\frac{E_d-E_F}{kT}}}{1+e^{\frac{E_d-E_F}{kT}}}=\frac{N_d}{1+e^{\frac{E_F-E_d}{kT}}} \tag{4.50}$$

同样，空着的受主数为

$$p_a=(1-P)N_a=\frac{N_a}{e^{\frac{E_F-E_a}{kT}}+1} \tag{4.51}$$

而被电子占据的受主数为

$$n_a=\frac{N_a}{1+e^{\frac{E_a-E_F}{kT}}} \tag{4.52}$$

§4.4 只含一种杂质的半导体

有了杂质能级上电子的分布函数，我们可以讨论掺有杂质的半导体材料中电子的分布情况。在实际所用的半导体材料中，特别是电子材料中，往往掺有一种或几种(共掺杂)杂质以获得特定的光、电性能。由于常温下本征半导体中载流子浓度较小，例如硅的本征载流子浓度只有 $10\times10^{10}\,\mathrm{cm}^{-3}$ 的量级，因此，极其微量的施主或受主杂质的掺入即可大大改变它的导电性能。例如只要在本征硅中掺入 $10\times10^{14}\,\mathrm{cm}^{-3}$(约 10 ppb)的施主杂质，并假定这些杂质上的电子全部电离进入导带，则其导电能力差不多可增加 1 万倍。因此，掺杂在半导体器件生产中是很重要的一个步骤。

§4.4.1 n 型半导体

掺有施主杂质的半导体材料称为 n 型半导体。

施主能级上的未成对电子进入导带或价带电子进入受主能级，将使施主带正电，受主带负电，即导致施主或受主的电离。一般来说，对禁带宽度较宽的半导体材料，杂质的电离能比半导体的禁带宽度小得多，因此在一般温度下主要是杂质能级上的电子的电离。此时导

带中的电子主要来自施主杂质的电离，即 $n=N_d-n_d=\frac{N_d}{e^{\frac{E_F-E_d}{kT}}+1}$。另一方面，导带电子密度又等于 $n=N_c e^{-\frac{E-E_F}{kT}}$，将此代入前面的式子，得

$$N_c e^{\frac{E_F-E_c}{kT}}=\frac{N_d}{e^{\frac{E_F-E_d}{kT}}+1} \tag{4.53}$$

即
$$e^{\frac{E_F-E_c}{kT}}+e^{\frac{2E_F-E_c-E_d}{kT}}=\frac{N_d}{N_c}。$$

上式可转化为

$$e^{\frac{E_F-E_d}{kT}}e^{\frac{E_d-E_c}{kT}}+e^{\frac{2(E_F-E_d)}{kT}}e^{\frac{E_d-E_c}{kT}}=\frac{N_d}{N_c} \tag{4.54}$$

这是一个有关 $e^{\frac{E_F-E_d}{kT}}$ 的 2 次方程，令 $x=e^{\frac{E_F-E_d}{kT}}$，$b=e^{\frac{E_d-E_c}{kT}}$，并把方程的右边移到左边，则前面的方程可以写成 $x^2+x-\frac{N_d}{bN_c}=0$。

由此可以解得 $x=\frac{-1\pm\sqrt{1+\frac{4N_d}{bN_c}}}{2}$。从 x 的定义可以看出，其值必大于 0，因此根号前必须取正号，即

$$x=\frac{\sqrt{1+\frac{4N_d}{bN_c}}-1}{2}$$

由此我们可以得到 E_F，即

$$E_F=E_d+kT\ln\frac{\sqrt{1+4\frac{N_d}{N_c}e^{\frac{E_c-E_d}{kT}}}-1}{2} \tag{4.55}$$

这个解比较复杂，以下我们分几种情况进行讨论。

1. 弱电离

当温度很低时，N_c 很小，$e^{\frac{E_c-E_d}{kT}}$ 很大，因此，$4\frac{N_d}{N_c}e^{\frac{E_c-E_d}{kT}}\gg 1$ 时式(4.55)根号中的 1 及分子中的 1 均可以忽略，所以 E_F 的表达式可以简化为

$$\begin{aligned}E_F&=E_d+kT\ln\left(\sqrt{\frac{N_d}{N_c}}e^{\frac{E_c-E_d}{2kT}}\right)\\&=\frac{E_d+E_c}{2}+\frac{kT}{2}\ln\frac{N_d}{N_c}\end{aligned} \tag{4.56}$$

图 4.11 为$\frac{kT}{2}\ln\frac{N_d}{N_c}$随温度 T 的变化情况。在讨论有效状态密度时我们知道，N_c 随温度的 3/2 次方变化，即 $N_c\propto\left(\frac{T}{300}\right)^{\frac{3}{2}}\left(\frac{m_{dn}}{m}\right)^{\frac{3}{2}}$，而 N_d 是一个常数，所以在 $N_c=N_d$ 处，E_F 的表达式的第二项要改变符号。由于第二项的对数符号前面还有一个温度因子，所以总的来说，第二项并不单调变化，而是先略有增加，随后减少。在某一温度处，费米能级有极大值。

将费米能级代入导带电子的浓度表达式，可得到导带电子浓度为

$$n=N_c\mathrm{e}^{\frac{E_c+E_d+kT\ln N_d/N_c}{2kT}-\frac{E_c}{kT}}=N_c\sqrt{\frac{N_d}{N_c}}\mathrm{e}^{-\frac{E_c-E_d}{2kT}}$$

$$=\sqrt{N_cN_d}\,\mathrm{e}^{-\frac{E_i}{2kT}} \tag{4.57}$$

式中 E_i 为施主能级到导带底的距离。不难看出，此式与本征半导体中载流子浓度的表达式非常相似，只要把价带的有关参数用施主能级的参数替换就可以了，即用 N_d 代替 N_v，用 E_d 代替 E_v。得到这样的结果一点也不奇怪，因为在很低温度下，几乎没有电子从价带跃迁到导带，导带上的电子全部来自于施主能级上电子的电离。

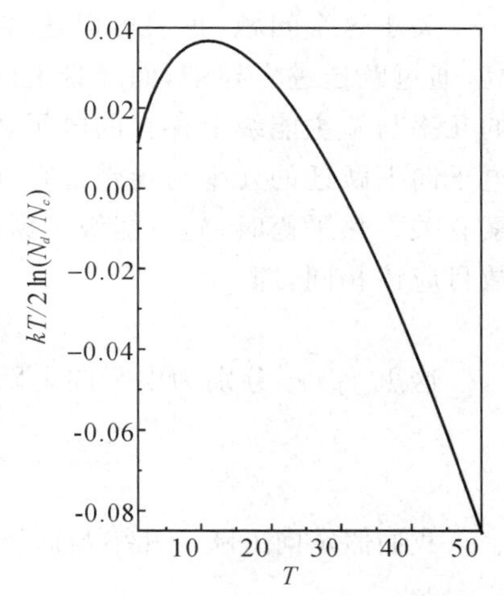

图 4.11　式中第 2 项随温度的变化

在弱电离情况下，价带没有电离，所有空穴浓度可以认为是 0。这与 $np=n_i^2$ 并不矛盾，因为这个式子是在费米分布可以用波尔兹曼分布近似的前提下得到的。对于温度很低的情况，费米分布不能用波尔兹曼分布代替，因此 $np=n_i^2$ 不成立。

2. 饱和电离

当温度较高时，$4\frac{N_d}{N_c}\mathrm{e}^{\frac{E_c-E_d}{kT}}\ll1$，此时 $\sqrt{1+4\frac{N_d}{N_c}\mathrm{e}^{\frac{E_c-E_d}{kT}}}$ 可以近似为 $1+2\frac{N_d}{N_c}\mathrm{e}^{\frac{E_c-E_d}{kT}}$，所以费米能级的表达式可以简化为

$$E_{\mathrm{F}}=E_d+kT\ln\frac{1+2\frac{N_d}{N_c}\mathrm{e}^{\frac{E_c-E_d}{kT}}-1}{2}$$

$$=E_d+kT\ln\frac{N_d}{N_c}+E_c-E_d=E_c-kT\ln\frac{N_c}{N_d} \tag{4.58}$$

代入到载流子浓度的表达式得

$$n=N_c\mathrm{e}^{\frac{E_c+kT\ln N_d/N_c-E_c}{kT}}=N_c\frac{N_d}{N_c}=N_d \tag{4.59}$$

可以看出，此时的导带电子密度就是施主的浓度，因为这时施主已经全部电离，但是从价带到导带的本征激发还不明显。

从 $pn=n_i^2$ 可得此时的空穴密度为

$$p=\frac{n_i^2}{n}=\frac{n_i^2}{N_d}\ll n,\quad \frac{p}{n}=\frac{n_i^2}{N_d^2}\ll1$$

因此对处于饱和电离的 n 型半导体来说，导带电子的浓度大大超过价带空穴的浓度，因此在 n 型半导体中，电子被称为多数载流子或多子，而空穴被称为少数载流子或少子。可以推想，在以受主为主的 p 型半导体中情况刚好相反。

这里有一个很有意思的问题。我们知道，一般来说电子要占据能量尽可能低的轨道，但在上面的讨论中我们发现，室温下，电子并不占据能量较低的施主能级，而是跑到能量较高的导带上去了。这是为什么呢？

关于这个问题，我们可以这样考虑。由于热运动，杂质能级上总有一些电子的能量较高，通过跃迁进入导带，而导带上的电子又趋向于回到能量较低的施主能级。电子向上跃迁的几率与施主能级上存在的电子数、导带上的空状态数、向上跃迁的几率等因素有关；同样，电子向下跃迁的几率与导带上存在的电子数、施主能级上的空状态数、向下跃迁的几率等因素有关。热平衡时，施主能级上跃迁到导带的电子与导带能级上的电子跃迁到施主能级的数目应该相同，即

$$\gamma_1 n_d (N_c - n) = \gamma_2 (N_d - n_d) n \tag{4.60}$$

这里 γ_1、γ_2 分别为电子向上跃迁及向下跃迁的几率。上式可以化为

$$\left(\frac{N_c}{n} - 1\right) = \frac{\gamma_2}{\gamma_1}\left(\frac{N_d}{n_d} - 1\right) \tag{4.61}$$

我们假定向上跃迁几率与向下跃迁几率相差不大，则在非简并情况下，$\frac{N_d}{n_d} \approx \frac{N_c}{n} = \mathrm{e}^{\frac{E_c - E_F}{kT}} \gg 1$，即施主上的电子数 n_d 远远小于施主的数目 N_d，也就是说，大部分电子都跑到导带去了。因此考虑一个能级的占据情况，不能光看它的位置高低，还必须看它能够容纳电子的状态数目。

3. 杂质饱和电离→本征激发

当温度继续升高时，杂质已经完全电离，此时施主无法再向导带提供电子，所以导带增加的电子主要来自价带激发。因此总电子数目守恒条件为 $n = N_d + p$。利用 $p = n_i^2/n$，得 $n = N_d + \frac{n_i^2}{n}$。这是一个关于 n 的二次方程，解得

$$\begin{cases} n = \frac{1}{2} N_d \left(\sqrt{1 + 4\frac{n_i^2}{N_d^2}} + 1\right) \\ p = \frac{1}{2} N_d \left(\sqrt{1 + 4\frac{n_i^2}{N_d^2}} - 1\right) \end{cases} \tag{4.62}$$

当 n_i 较小时，$n = N_d + \frac{n_i^2}{N_d}$，$p = \frac{n_i^2}{N_d}$；反之，当 n_i 较大时 $n = n_i + \frac{1}{2} N_d$。$p = n_i - \frac{1}{2} N_d$ 随着温度继续升高，杂质对导电的影响越来越小，n、p 接近本征载流子浓度，E_F 也接近本征费米能级。由 $p = n_i \mathrm{e}^{\frac{E_i - E_F}{kT}}$ 和 $p = n_i - \frac{1}{2} N_d$，可得

$$E_F = E_i - kT\ln\left(-\frac{N_d}{2n_i}\right) \tag{4.63}$$

由于此时 n_i 很大，所以

$$E_F \approx E_i + \frac{1}{2} kT \frac{N_d}{n_i} \approx E_i \tag{4.64}$$

由于计算机技术的不断发展，我们现在可以通过商用的计算机数据处理程序画出费米能级和载流子浓度随温度的变化情况而不需要做各种近似。图 4.12 为计算机模拟的以 E_d 为参考点的 E_F-T 曲线，其中 $E_F = E_d + kT\ln\frac{\sqrt{1 + 4\frac{N_d}{N_c}\mathrm{e}^{\frac{E_c - E_d}{kT}}} - 1}{2}$，其随温度变化的趋势与我们前面的分温区讨论完全相同。图 4.13 为载流子浓度随温度变化情况的示意图。

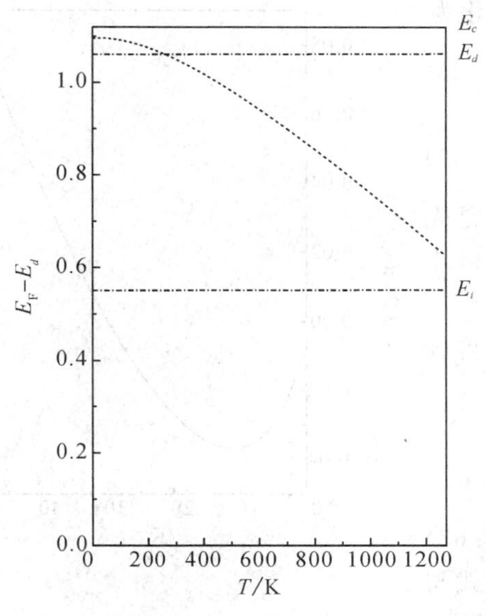

图 4.12　费米能级随温度的变化

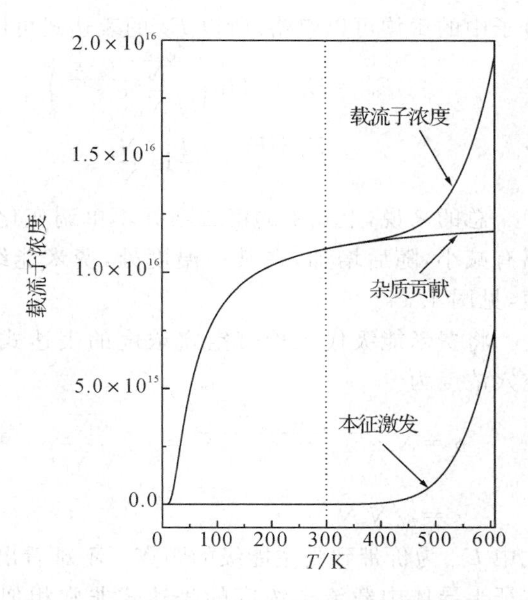

4.13　载流子浓度随温度的变化

从以上讨论可知,非本征半导体中载流子浓度随温度的变化从低到高分为三个区域:杂质弱电离区、杂质饱和电离区、本征激发区。

§4.4.2　p 型半导体

掺有受主杂质的半导体材料称为 p 型半导体。p 型半导体中费米能级及载流子浓度随温度的变化情况与 n 型半导体中的情况完全类似,只要把施主换成受主,施主能级换成受主能级,导带换成价带,导带电子换成价带空穴即可。

一般来说,对禁带宽度较宽的半导体材料,受主的电离能比半导体的禁带宽度小得多,因此在一般温度下主要是受主能级上的电离,即电子通过热激发进入受主的空状态。此时价带的空穴主要来自受主杂质的电离,即受主上获得的电子数 $p=n_a=\dfrac{N_a}{e^{\frac{E_a-E_F}{kT}}+1}$。另一方面,价带空穴密度又等于 $p=N_v e^{-\frac{E_F-E_v}{kT}}$。

联合上面两个方程即可以解出费米能级的表达式,推导方法与前面讨论导带电子时的完全相同。

可以证明,对于 p 型半导体材料,弱电离时

$$E_F=E_a-kT\ln\frac{\sqrt{1+4\dfrac{N_a}{N_v}e^{\frac{E_a-E_v}{kT}}}-1}{2} \tag{4.65}$$

这个解比较复杂,以下我们分几种情况进行讨论。

1. 杂质弱电离

当温度很低时,N_v 很小,$e^{\frac{E_a-E_v}{kT}}$ 很大,因此 $4\dfrac{N_a}{N_v}e^{\frac{E_a-E_v}{kT}}\gg1$,此时式(4.65)中根号中的 1 及

分子中的 1 均可以忽略，所以 E_F 的表达式可以简化为

$$E_F = E_a - kT\ln\left(\sqrt{\frac{N_a}{N_v}}\,e^{\frac{E_a-E_v}{2kT}}\right) = \frac{E_a+E_v}{2} - \frac{kT}{2}\ln\frac{N_d}{N_c} \tag{4.66}$$

总的来说，上式中的第二项并不单调变化，而是先略有减小，随后增加，在某一温度处，费米能级有极小值，见图 4.14。

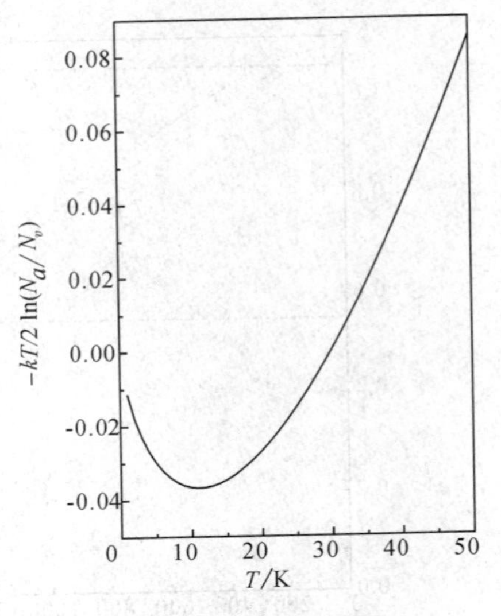

图 4.14　式(4.66)中第 2 项随温度的变化

将费米能级代入价带空穴浓度的表达式，可得到空穴浓度为

$$p = N_v e^{\frac{E_v+E_a-kT\ln N_d/N_v}{2kT}-\frac{E_v}{kT}} = N_v\sqrt{\frac{N_a}{N_v}}\,e^{-\frac{E_a-E_a}{2kT}} = \sqrt{N_vN_a}\,e^{-\frac{E_{a,i}}{2kT}} \tag{4.67}$$

式中 $E_{a,i}$ 为价带到受主能级的距离。不难看出，此式与本征半导体中载流子浓度的表达式非常相似，只要把导带的有关参数用受主相关参数替换就可以了，即用 N_a 代替 N_c，用 E_a 代替 E_c。得到这样的结果一点也不奇怪，因为在很低温度下，几乎没有电子可以从价带跃迁到导带，价带上的电子只能跃迁到距离较近的受主能级上。

在弱电离情况下，导带上没有电子，所以电子浓度可以认为是 0。这与 $np=n_i^2$ 并不矛盾，因为这个式子是在费米分布可以用波尔兹曼分布近似的前提下得到的。对于温度很低的情况，费米分布不能用波尔兹曼分布代替，因此 $np=n_i^2$ 不成立。

2. 饱和电离

当温度较高时，$4\frac{N_a}{N_v}e^{\frac{E_a-E_v}{kT}} \ll 1$，此时 $\sqrt{1+4\frac{N_a}{N_v}e^{\frac{E_a-E_v}{kT}}}$ 可以近似为 $1+2\frac{N_a}{N_v}e^{\frac{E_a-E_v}{kT}}$，所以费米能级的表达式可以简化为

$$E_F = E_a - kT\ln\frac{1+2\frac{N_a}{N_v}e^{\frac{E_a-E_v}{kT}}-1}{2} = E_d - kT\ln\frac{N_a}{N_v} + E_v - E_a = E_v + kT\ln\frac{N_v}{N_a} \tag{4.68}$$

代入到载流子浓度的表达式得

$$p = N_v e^{\frac{E_v-(E_v+kT\ln N_v/N_a)}{kT}} = N_v\frac{N_a}{N_v} = N_a \tag{4.69}$$

可以看出，此时的价带空穴浓度就是受主的浓度，因为这时受主已经全部电离，但是从价带到导带的本征激发还不明显。

从 $pn=n_i^2$ 可得此时的导带的电子密度为

$$n = \frac{n_i^2}{p} = \frac{n_i^2}{N_a} \tag{4.70}$$

因此对处于饱和电离的 p 型半导体来说，导带电子的浓度远远小于价带空穴的浓度，因此在 p 型半导体中，电子被称为少数载流子或少子，而空穴被称为多数载流子或多子。前面由施

主为主的 n 型半导体中的情况刚好相反，在 n 型半导体中，导带电子为多数载流子，价带空穴为少数载流子。

3. 杂质饱和电离→本征激发

当温度继续升高时，杂质已经完全电离，没有多余的空能级可以接纳来自价带的电子。此时增加的空穴主要来自价带向导带的激发。此时总空穴数目应等于受主及导带电子的总和，即 $p=N_a+n$，因此

$$p=N_a+\frac{n_i^2}{p}，即\ p^2-N_a p-n_i^2=0 \tag{4.71}$$

根据上面的方程，并考虑 p 型半导体材料中价带空穴的浓度必须大于导带电子的浓度，可得

$$p=\frac{1}{2}N_a\left(\sqrt{1+4\frac{n_i^2}{N_c^2}}+1\right)和\ n=\frac{1}{2}N_a\left(\sqrt{1+4\frac{n_i^2}{N_c^2}}-1\right) \tag{4.72}$$

当本征激发产生的空穴浓度 n_i 还较小时，$p=n_a+\frac{n_i^2}{N_a^2}$，$n=\frac{n_i^2}{N_a^2}$，反之，当本征激发产生的空穴浓度远大于受主密度时，$p=n_i+\frac{1}{2}N_a$，$n=n_i-\frac{1}{2}N_a$。随着温度继续升高，杂质对导电的影响越来越小，n、p 接近本征浓度，E_F 也接近本征费米能级。由 $p=n_i e^{\frac{E_i-E_F}{kT}=n_i+\frac{1}{2}N_a}$ 可得

$$E_F=E_i-kT\ln\left(1+\frac{N_a}{n_i}\right)\approx E_i-kT\frac{N_a}{n_i}\approx E_i \tag{4.73}$$

结论：与 n 型半导体相似，p 型半导体中载流子浓度随温度的变化从低到高也可分为 3 个区域，杂质弱电离区，杂质饱和电离区，本征激发区。

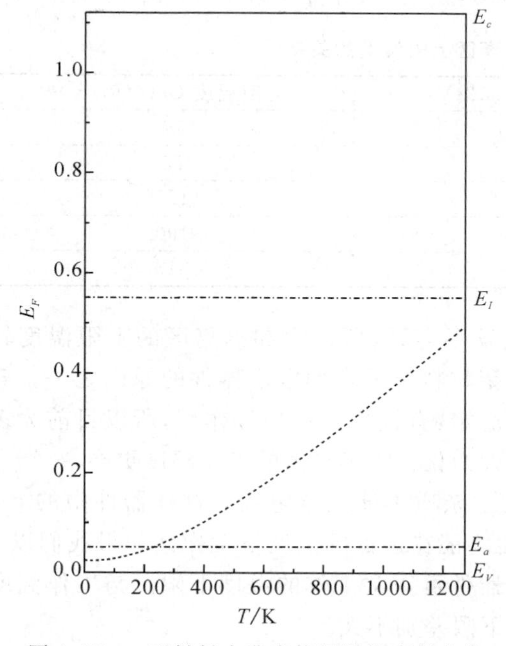

图 4.15　p 型材料中费米能级随温度的变化

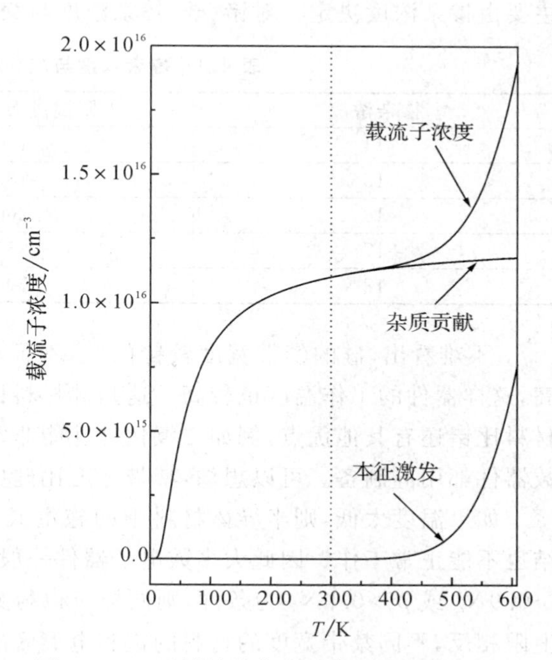

图 4.16　p 型材料中载流子浓度随温度的变化

§4.5 饱和电离区的范围

电子器件的正常工作大多在饱和电离区，温度太低或太高都可能使器件不能正常工作。温度太低，载流子浓度随温度变化很大且浓度太低，电阻率较高而且随温度变化很大，因此器件工作不稳定，而且无法形成明确的 p-n 结。温度太高，本征激发掩盖了杂质电离，载流子浓度随温度变化也很大，电阻率很低而且随温度的变化也很大。由于绝大部分的电子器件是以二极管或三极管为基本工作单元的，所以温度太高或太低都会使得 p-n 结消失，性能不稳定，使得器件无法实现原来设计的功能。因此要使器件稳定可靠地工作，一般要使器件工作在载流子随温度浓度变化不大且浓度较高的饱和电离区。

以下我们以 n 型半导体为例来大致看一下饱和电离区的范围。

在饱和电离区及本征激发区的交界处，杂质已经全部电离，假定本征激发可以忽略的条件为 $n_i \leqslant \frac{1}{10} N_d$，则

$$\sqrt{N_v N_c}\, e^{-\frac{E_g}{2kT}} \leqslant \frac{1}{10} N_d$$

$$2.5\times10^{20}\left(\frac{m_{dn}m_{dp}}{m^{*2}}\right)^{3/2}\left(\frac{T}{300}\right)^{3/2} e^{-\frac{E_g}{2kT}} \leqslant N_d \tag{4.74}$$

可见交界处的温度与禁带宽度、有效质量及掺杂浓度等有关。一般禁带宽度及有效质量由材料本身性质决定，所以对某一特定的材料，其饱和电离区与本征激发区交界处的温度主要由掺杂浓度决定。对锗、硅，掺杂浓度与交界处温度的关系见下表。

表 4.3　掺杂浓度与饱和电离区上限温度的关系

掺杂浓度	上限温度 Si(1.12eV)	上限温度 Ge(0.67eV)
14	140	10
15	180	55
16	260	120
17	350	190
18	500	310

不难看出，硅的禁带宽度较锗的大，本征激发不容易，所以饱和电离区的上限温度较高，这样器件的工作温度也较高。这是硅材料比锗材料更适合作电子器件的原因之一。硅材料比锗还有其他优点，例如二氧化硅性能非常稳定，有钝化及保护等作用，所以目前大多数器件都用硅制备。可以想像，禁带宽度比硅更大的化合物半导体的工作温度更高。

如果温度太低，则半导体材料中的施主或受主杂质不能完全电离。这样器件中的 p-n 结也不能正常工作。因此大多数电子器件一般也不能在很低的温度下工作。如果我们以 $n > 0.9N_d$ 或 $p > 0.9N_a$ 为条件，则同样可以得到器件可正常工作的温度下限。与工作温度上限相反，不同禁带宽度的材料的饱和电离区的下限差别不大。

下面我们以 N 半导体材料为例进行简单的分析。我们假定 $n \geqslant 0.9N_d$ 时为饱和电离，

对于接近杂质饱和电离的区域，本征激发可以忽略，因此导带上的电子全部来自于杂质能级的电离，所以 $n \geqslant 0.9N_d$ 即要求

$$f(E_d)=\frac{1}{1+e^{(E_d-E_F)}}\leqslant 0.1$$

由此可得 $E_F=E_d-kT\ln 9$。把 E_F 代入 $n=N_c e^{-(E_c-E_F)/kT}$，得饱和电离区的下限应满足

$$n=N_c e^{-(E_c-E_F)kT}=\frac{N_c}{9}e^{-\frac{E_c-E_d}{kT}}\geqslant 0.9N_d \tag{4.75}$$

或 $\ln\frac{N_c}{0.81N_d}\geqslant\frac{E_c-E_d}{kT}$。可见，对于饱和电离区的下限，与材料的禁带宽度没有直接的关系，主要与杂质的电离能有关。表 4.4 是硅在各种掺杂浓度下饱和电离区的下限，计算时假定电子的有效质量等于空穴的有效质量。

表 4.4　掺杂浓度与饱和电离区温度下限的关系

掺杂浓度	14	15	16	17	18	19
饱和电离区下限(K)	47	57	71	92	129	203

从上表可知，对于硅材料，下限一般不是一个制约器件正常工作的因素。

两个因素限制了半导体材料中的掺杂浓度。一是掺杂剂在半导体材料中有确定的固溶度，限制了某种杂质在半导体中的浓度。第二个因素是电离率，如果掺杂浓度太高，则不能保证 100%的杂质都能电离。

§4.6　费米能级与掺杂浓度的关系

前面已经说过，费米能级代表电子的填充情况。掺进的施主杂质越多，电子浓度越高，相应的费米能级就越高。反之，掺进的受主杂质越多，空穴浓度越高，相应的费米能级就越低。当处于饱和电离时，对于 n 型半导体，$E_F=E_c-kT\ln\frac{N_c}{N_d}$，对于 p 型半导体，$E_F=E_v+kT\ln\frac{N_v}{N_a}$。因此，对某一确定的温度，假定杂质已经饱和电离，费米能级大致随杂质浓度的对数值升高而降低。下表为 300K 时的锗、硅的费米能级与本征费米能级之差随浓度的变化。

表 4.5　300K 时的锗、硅的费米能级与本征费米能级之差随浓度的变化

掺杂浓度(cm^{-3})	E_F-E_i[Si](eV)	E_F-E_i[Ge](eV)
0	0	0
1×10^{14}	0.24	0.04
1×10^{15}	0.30	0.10
1×10^{16}	0.36	0.16
1×10^{17}	0.42	0.22
1×10^{18}	0.48	0.28

§4.7 简并半导体

如果杂质浓度很大，例如重掺半导体中，则费米能级有可能进入导带（施主）或价带（受主），此时称为简并。对简并半导体，以上的讨论不再适用。即对导带能级上的电子分布不能用玻尔兹曼分布取代费米分布，必须用严格的费米分布进行讨论。在前面的讨论中，我们用玻氏分布取代费米分布得到了导带电子密度及价带空穴密度，即

$$n=\int_{E_c}^{\infty}\mathrm{e}^{-(E-E_\mathrm{F})/kT}\ \frac{4\pi(2m_{dn})^{3/2}}{h^3}(E-E_c)^{\frac{1}{2}}\,\mathrm{d}E=\frac{2(2\pi m_{dn}kT)^{3/2}}{h^3}\mathrm{e}^{-\frac{E_c-E_\mathrm{F}}{kT}}=N_c\mathrm{e}^{-\frac{E_c-E_\mathrm{F}}{kT}}$$

现在，由于 E_c、E_F 之间距离不大，上式不再成立。现在我们必须用费米分布函数，因为分母中的指数项比 1 大不了多少，甚至比 1 还小。所以

$$n=\int_{E_c}^{\infty}\frac{1}{\mathrm{e}^{(E-E_\mathrm{F})/kT}+1}\ \frac{4\pi(2m_{dn})^{3/2}}{h^3}(E-E_c)^{\frac{1}{2}}\,\mathrm{d}E=\frac{2}{\sqrt{\pi}}N_cF_{1/2}(\eta_n)\tag{4.76}$$

式中，$\eta_n=\dfrac{E_\mathrm{F}-E_c}{kT}$ 称为简约费米能级，对应的有 $\eta_p=\dfrac{E_v-E_\mathrm{F}}{kT}$。

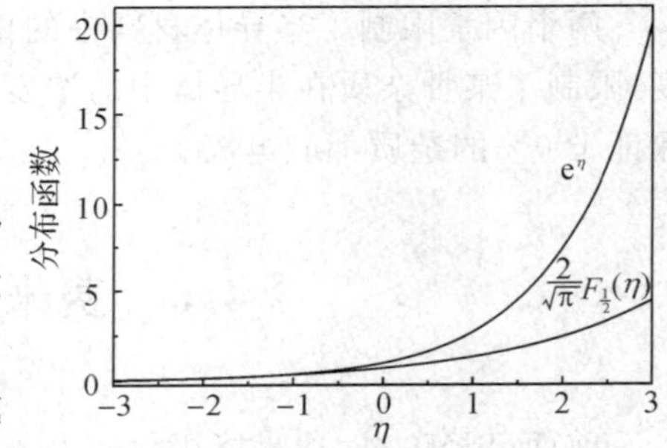

图 4.17 用简并与非简并公式计算的差别

发生简并的条件大约为 $\eta=0$ 或 $\eta=-2$，即当费米能级离开导带底或价带顶的距离小于 $2kT$ 时，玻尔兹曼分布不再适用。

发生简并后实际载流子浓度小于由非简并公式计算得到的理论值。因此，对不同的 η，要进行相应的修正。

显然，当 E_F 接近导带或价带时，利用波尔兹曼分布做近似计算的误差较大，但当 E_c-E_F 或 E_a-E_v 大于 $2kT$ 时，误差已经很小，可以用波尔兹曼分布函数近似的非简并公式，见图 4.17。

§4.8 杂质补偿

以上我们讨论了只有一种杂质时的载流子分布情况。在某些情况下，半导体中可能同时含有两种类型的杂质。对于这种半导体材料，施主上的电子首先要去填充受主能级中的空能级。这时电中性条件变成

$$n+N_a-p_a=(N_d-n_d)+p\text{，即 }n+N_a+n_d=p+N_d+p_a\tag{4.77}$$

由于施主能级上的电子首先要去填充受主能级，因此施主向导带提供电子的能力（或受主向价带提供空穴的能力）受到一定程度的影响。两种杂质的作用在一定程度上相互抵消，即发生补偿效应。如果两种杂质的浓度相等，则载流子浓度很小，给人造成杂质浓度很低、

晶体很纯的错觉。

一般情况下，两种杂质的浓度是有差别的。在这种情况下，假定施主浓度大于受主浓度，则受主能级全部被来自施主的电子填满，即 $p_a=0$，此时电中性条件变成

$$n=p+(N_d-N_a)-n_d \tag{4.78}$$

即相当于施主的浓度被降低了。同样，对于受主浓度大于施主浓度的材料，我们有

$$p=n+(N_a-N_d)-p_a \tag{4.79}$$

以下我们对 $N_d>N_a$ 的半导体材料进行讨论。

1. 弱电离

此时本征激发可以忽略，即由价带跃迁到导带产生的导带电子及价带空穴均可以忽略，因此 $N_d-n_d=N_a$。由此可以解得

$$E_F=E_d+kT\ln\frac{N_d-N_a}{N_a} \tag{4.80}$$

代入导带电子浓度公式，可得此时导带电子的浓度为

$$n=N_c e^{-\frac{E_c-E_F}{kT}}=N_c e^{-\frac{E_c-E_d-kT\ln\frac{N_d-N_a}{N_a}}{kT}}=\frac{N_c(N_d-N_a)}{N_a}e^{-\frac{E_c-E_d}{kT}} \tag{4.81}$$

我们知道，没有受主存在时导带电子的浓度 $n_0=\sqrt{N_cN_d}\,e^{\frac{E_c-E_d}{2kT}}$，假定两种杂质的浓度可以比拟，则弱电离时两者的比值为

$$\frac{n}{n_0}=\frac{N_c(N_d-N_a)}{N_a}e^{-\frac{E_c-E_d}{kT}}\Big/\sqrt{N_cN_d}\,e^{-\frac{E_c-E_d}{2kT}}=\sqrt{N_cN_d}\,e^{-\frac{E_c-E_d}{2kT}}\frac{(N_d-N_a)}{N_dN_a}=\frac{n_0}{N_a}\frac{(N_d-N_a)}{N_d}\ll 1,$$

因此有了补偿后，导带电子的浓度大大下降。

2. 饱和电离

此时施主上的电子除了填充受主能级外全部激发到导带，因此

$$n=N_d-N_a \tag{4.82}$$

由此可得 $N_c e^{-\frac{E_c-E_F}{kT}}=N_d-N_a$，所以

$$E_F=E_c-kT\ln\frac{N_c}{N_d-N_a} \tag{4.83}$$

与无补偿时完全类似，但 N_d 变成了 N_d-N_a。因此 N_d-N_a 为有效施主浓度。对于 $N_a>N_d$ 的情形完全类似，不再重复。

§4.9 图解法确定费米能级

以上讨论了几种极端情况下的载流子浓度及费米能级。一般情况下的结果比较复杂，但由于计算机技术的发展，我们现在可以通过电中性条件用计算机拟合法求得费米能级。有了费米能级，我们就可以根据费米分布函数求出电子及空穴的密度。

要使样品总体保持电中性，则总电子数应等于总的空穴数，即 $n+n_a=p+(N_d-n_d)$，即

负电荷　　　　　　　　　正电荷

导带电子　电离的受主　价带空穴　电离的施主

$$\frac{N_c}{1+e^{\frac{E_c-E_F}{kT}}}+\frac{N_a}{1+e^{\frac{E_a-E_F}{kT}}}=\frac{N_v}{1+e^{\frac{E_F-E_v}{kT}}}+\frac{N_d}{1+e^{\frac{E_F-E_d}{kT}}}$$

对某一确定的温度，N_a、N_d、T、N_v、N_c、E_a、E_d、E_c、E_v、kT 为常数，如果以 E_F 为横坐标，在同一图上画出 $n+n_a$ 与 $p+N_d-n_d$，则由负电荷密度 $n+n_a$ 及正电荷密度 $p+N_d-n_d$ 曲线的交点即可定出费米能级 E_F。图 4.18 为硅中同时掺入两种杂质时模拟的费米能级计算结果，注意正负电荷密度曲线的交点对应的横坐标为费米能级。

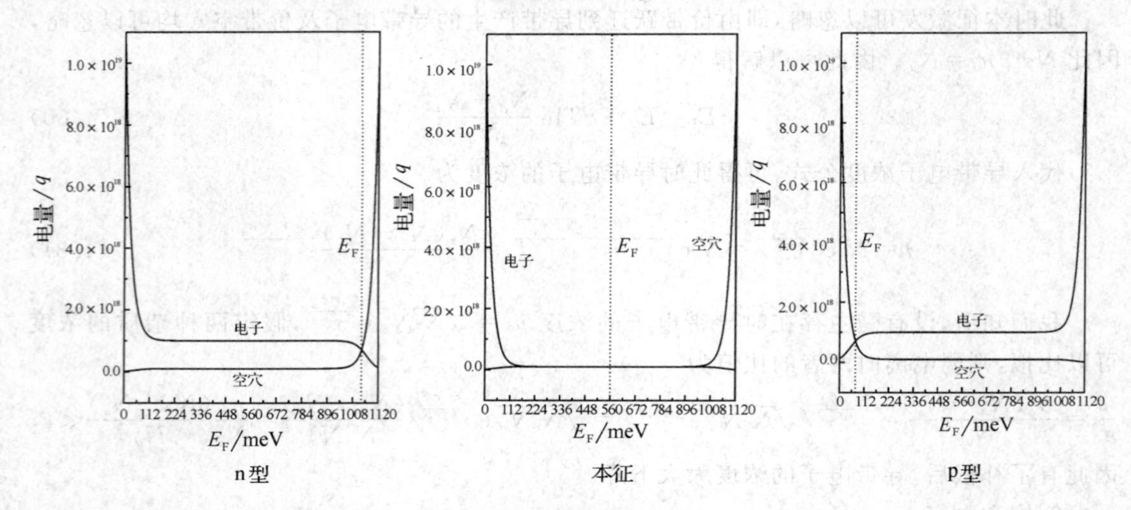

图 4.18　图解法求费米能级

第5章　半导体中的电荷输运现象

本章主要描述在电场及磁场的作用下半导体中电子和空穴的运动及与之相关的各种电荷输运现象，包括电导、霍耳效应、热效应和磁电阻等。通过对这些现象的研究，可以了解半导体中许多重要的参数，如载流子浓度，迁移率、杂质的电离能、能带结构及载流子散射机理等。

§5.1　电导现象

电导就是材料导电的能力，与电阻率成倒数关系。

当物体两端通上电后，就有电流流过，这种现象称为电导现象。对半导体来说电导是由载流子即电子和空穴的运动引起的。载流子在运动中所受到的散射越少，其运动速度越快，电导率越大（电阻越小）；反之载流子在运动中受到的散射频繁，其定向运动速度不断被散射破坏，总体运动速度较小，相应的电导率也较小，即电阻较大。

§5.1.1　迁移率与电导率

1. 漂移速度

载流子在外场作用下沿外场方向的平均运动速度。

以下我们以电子为例进行讨论。假设外场为E，电子在半导体中的有效质量为m^*，则其受到的加速度为$a=-\frac{Ee}{m^*}$。假如每碰撞一次，电子即失去定向运动速度（即各向同性散射），那么在时刻t电子的定向漂移速度为

$$v=at=\frac{eEt}{m^*} \tag{5.1}$$

由于电子的数目很多，不同的电子经历的碰撞此时也不同，因此必须用统计的方法求解电子的平均速度。根据统计物理学，我们假定单位时间内电子被散射的几率为P，则在时刻t还未被散射的电子数为$N_0\mathrm{e}^{-PT}$，式中N_0为总电子数，P为散射几率。因此电子的平均漂移速度为

$$\bar{v}=\frac{\int_0^{\infty}\frac{eE}{m^*}t(N_0\mathrm{e}^{-Pt})\mathrm{d}t}{\int_0^{\infty}N_0\mathrm{e}^{-Pt}\mathrm{d}t}=\frac{eE}{m^*}\frac{1}{P} \tag{5.2}$$

另一方面，电子的弛豫时间 $\tau=\dfrac{\int_0^{\infty} tN_0 e^{-Pt}dt}{\int_0^{\infty} N_0 e^{-Pt}dt}=\dfrac{1}{P}$，因此载流子的平均漂移速度为 $\bar{v}=\dfrac{eE\tau}{m^*}$。这里我们没有考虑电子的热运动速度，这是因为热运动速度各向同性，对平均速度没有影响。

2. 迁移率

单位外场作用下载流子的运动速度，用符号是 u 表示，它反应了载流子在半导体中定向运动的难易程度。

按定义可得 $u=\dfrac{e\tau}{m^*}$。以上几个公式对电子及空穴完全相同，一般在对应电子的速度、质量、迁移率符号下加 n，在空穴对应的各符号下加 p。

对硅而言，由于电子的有效质量小于空穴的有效质量，因而电子的迁移率比空穴的大，对于同样尺寸的器件，相对来说，n 型材料制作的器件工作效率较高。

表 5.1　常见半导体材料的迁移率 $cm^2/(V\cdot s)$

材料	电子迁移率	空穴迁移率
硅	1350	480
锗	3900	500
砷化镓	8000	100～3000
氮化镓	850	
氧化锌	<60	

§5.1.2　电流密度与电导率

电流密度就是单位时间内通过单位面积的电荷数。假定载流子的密度为 n(或 p)，则在以单位面积为底、$v\mathrm{d}t$ 为高的柱体内的载流子均可通过这个面积，见图 5.1。因此单位时间内通过该面积的电荷数(即电流密度)为

$$j=\frac{\mathrm{d}Q}{\mathrm{d}t}=\begin{cases}-nev_n=-neu_nE\\ pev_p=peu_pE\end{cases}\tag{5.3}$$

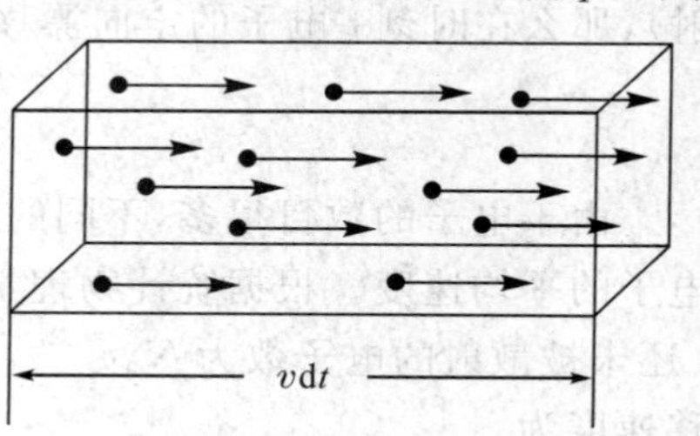

图 5.1　单位时间单位面积内通过的电荷数

而在电磁学中我们有 $j=\sigma E$，因此我们得到电导率为

$$\sigma=neu=\begin{cases}ne\dfrac{e\tau_n}{m_n^*}\\ pe\dfrac{e\tau_p}{m_p^*}\end{cases}\tag{5.4}$$

由于半导体中电子与空穴同时对电流作贡献，因此总的电导率为

$$\sigma=neu_n+peu_p\tag{5.5}$$

§5.1.3 魏德曼-弗兰兹定律

对于以载流子为导热主体的材料，如金属或载流子浓度较高的半导体材料，其热导率与电导率之比为常数，即洛伦兹数。此关系称为魏德曼-弗兰兹定律，即

$$k_e = \frac{2k^2 Tnu}{e} = \frac{2k^2 \sigma T}{e^2}$$

这个现象的物理起因可以这样来理解。对金属来说，热量与电荷的转移主要都是靠电子实现的，因此导电与导热之间必然存在直接的联系。

§5.2 晶格振动与声子

要了解半导体中的电荷输运机制及过程，我们必须知道载流子在运动过程中的受力情况及散射情况。半导体材料中许多因素都会对载流子的运动产生干扰及散射，例如晶格缺陷、晶格振动、电离杂质、中性杂质、应力等都会对电子的运动产生影响。

晶体中的原子并不是固定不动的，而是不断地相对于自己的平衡位置进行随机热振动。可以想像，热振动的振幅与温度有关，温度越高振动幅度越大。对于理想晶体，晶格原子对电子的影响已经包含在有效质量中。但原子的热振动导致晶格中的原子偏离正常位置，对电子的运动产生额外的影响，因而阻碍晶体中载流子（电子和空穴）的运动，使得载流子的漂移速度减小，电阻率增大。因此我们首先考虑晶格的热振动对载流子运动的影响。

然而，直接研究晶格振动与载流子的相互作用是困难的。因为晶格振动表现为一种波，对一个粒子与波的相互作用的研究比较困难。因此我们首先研究晶格振动，并通过量子力学中的谐振子模型将晶格振动用一种粒子——声子来描述。

§5.2.1 一维均匀线的振动

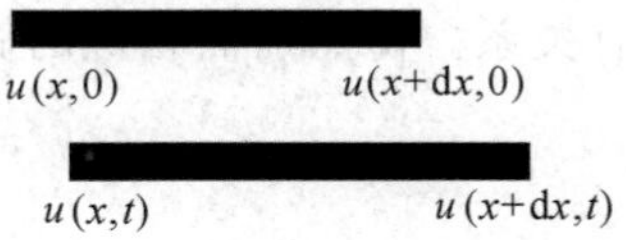

为简单起见，我们先来看一看一维情况下一条弹性线的振动情况见图5.2。首先我们假定线是连续介质，密度为 ρ，并假设线段两端是自由的。对于位于 x 处长度为 $\mathrm{d}x$ 的线段，从左边看，某一时刻的位移为 $u(x)$，从右边看，位移为 $u(x+\mathrm{d}x)$，因此 $\mathrm{d}x$ 线段长度的变化为 $\mathrm{d}l = u(x+\Delta x) - u(x) = \frac{\partial u}{\partial x}\Delta x$，或者 $\frac{\mathrm{d}l}{\mathrm{d}x} = e(x) = \frac{\partial u}{\partial x}$。所以，$x$ 与 $x+\mathrm{d}x$ 处的受力分别为

$u(x,0)$ $u(x+\mathrm{d}x,0)$

$u(x,t)$ $u(x+\mathrm{d}x,t)$

图5.2 一维均匀线的振动

$$F(x) = -k\left.\frac{\partial u}{\partial x}\right|_x, F(x+\Delta x) = -k\left.\frac{\partial u}{\partial x}\right|_{x+\Delta t}$$

上式中负号表示受力与伸长方向相反，即线段若伸长，则受到压缩力；反之，则受到拉伸力。因此线段总的受力为

$$F=F(x+\Delta x)-F(x)=-k\left.\frac{\partial u}{\partial x}\right|_{x+\Delta x}+k\left.\frac{\partial u}{\partial x}\right|_{x}=-k\frac{\partial^2 u}{\partial x^2}\Delta x \tag{5.7}$$

另一方面，我们也可以从牛顿定律来看这个问题。dx 段的质量为 ρdx，加速度为 $\frac{\partial^2 u}{\partial t^2}$，所以

$$F(x)=\rho\frac{\partial^2 u}{\partial t^2}\Delta x \tag{5.8}$$

这样我们就可以得到一维均匀线的自由振动方程：

$$\rho\frac{\partial^2 u}{\partial t^2}=-k\frac{\partial^2 u}{\partial x^2} \tag{5.9}$$

即

$$\frac{\partial^2 u}{\partial t^2}=\frac{k}{\rho}\frac{\partial^2 u}{\partial x^2}$$

通过分离变量法可以求出方程的解。它的解为与时间及空间都有关的简谐波

$$u(x)=Ae^{i(qx-\omega t)} \tag{5.10}$$

其中 q 为波矢数值，ω 为角频率。$\omega=vq$，波速 $v=\sqrt{\frac{k}{\rho}}$。

$u(x)=Ae^{i(qx-\omega t)}$ 描述的是一种行波，位于较后面部位的振动可以看成由较前面部位的振动传递而来。关系式 $\omega=vq$ 称为色散关系。这里 q 与 ω 可以取任意的值，且两者为线性关系，物理上称此为无色散现象。

§5.2.2 一维单原子晶格的振动

上面我们讨论了均匀连续介质的振动方程，然而实际的晶体是由不连续的原子或分子周期性地连接而成的（见图 5.3）。也就是说，它与连续介质的振动是有区别的。与连续介质一样，晶体中的原子之间也有相互作用，因此某一原子的振动并非是独立的，它和周围的原子都有关系。仿照前面相似的做法，我们可以得到第 n 个原子的受力情况：

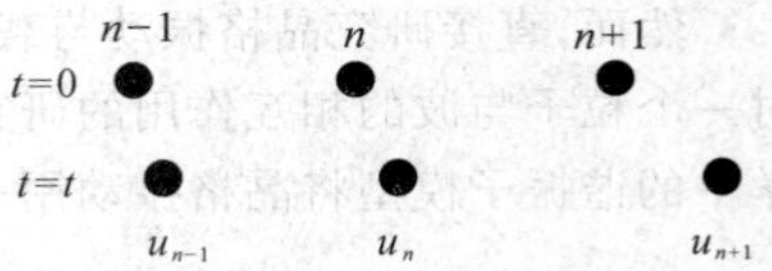

$n-1$　n　$n+1$
$t=0$
$t=t$
u_{n-1}　u_n　u_{n+1}

图 5.3　一维双原子链的振动

$$F_n=\beta(u_{n+1}-u_n)-\beta(u_n-u_{n-1}) \tag{5.11}$$
$$=\beta(u_{n+1}+u_{n-1}-2u_n)$$

这里 β 为准弹性力常数，与原子间的结合情况及晶体结构有关。所以，第 n 个原子的振动方程为

$$m\frac{d^2 u_n}{dt^2}=\beta(u_{n+1}-u_n)-\beta(u_n-u_{n-1}) \tag{5.12}$$
$$=\beta(u_{n+1}+u_{n-1}-2u_n)$$

由前面连续介质，我们可以作一推论，假定这种振动也是一种波动，并把连续的 x 换成 na，即

$$u_n=Ae^{i(qna-\omega t)}$$

代入运动方程可得

$$-m\omega^2=\beta(e^{iqa}+e^{-iqa}-2)=-2\beta(\cos qa-1)$$

$$= -4\beta \sin^2 \frac{qa}{2} \tag{5.13}$$

由此我们得到

$$\omega = \pm 2\sqrt{\frac{\beta}{m}} \sin \frac{qa}{2} = \pm \omega_m \sin \frac{qa}{2} \tag{5.14}$$

我们再来看一看波的传播速度，即

$$v = f\lambda = \frac{\omega}{2\pi}\lambda = \frac{\lambda}{2\pi}\omega_m \sin \frac{qa}{2} = \frac{\lambda}{\pi}\sqrt{\frac{\beta}{m}} \sin \frac{\pi a}{\lambda} \tag{5.15}$$

不难看出，不同波长的谐波的传播速度不再相同，速度与波矢(或波长)之间的关系不再是线性的了，这种现象称为色散现象。见图 5.4。除了色散现象外，还有周期性关系，即对 $q = q + \frac{2\pi}{a} l$，其中 l 为任意整数，我们有

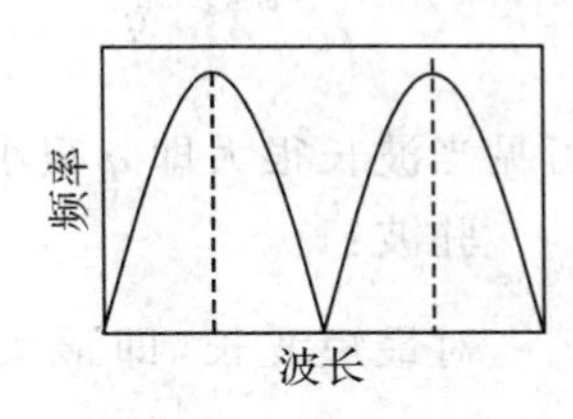

图 5.4　色散关系

$$u_{n,q} = A e^{i(qna - \omega t)} = A e^{i(qna - \omega t)} \cdot e^{2\pi qi} = u_{n,q}$$

对于一维情况，$\frac{2\pi}{a} l$ 对应倒格矢，因此上式表示，若两个原子的波矢相差一个倒格矢，则它们的振动情况是完全相同的。因此我们实际上只要研究 $-\frac{2\pi}{a} \leqslant q \leqslant \frac{2\pi}{a}$ 范围内的波矢就可以了，此范围称为声子波矢的第一布里渊区，与晶体能带理论中电子的布里渊区的定义完全相同。

1. 玻恩-卡曼边界条件

实际晶体中原子的数目约 $10^{23}\,\mathrm{cm}^{-3}$。当原子数目很多时，边界原子的作用可以忽略不计。设想原子首尾相接连成一个环，且环的半径很大(即原子数很多)，则可以用此环来近似一维晶体中原子链的振动。此条件用数学形式表示，即为 $u_{n\pm N} = u_n$。代入波动方程可得

$$u_{n\pm N} = A e^{i[q(n\pm N)a - \omega t]} = A e^{i(qna - \omega t)} e^{\pm iqNa}$$
$$= u_n e^{\pm iqNa} = u_n$$

要使上式成立，指数满足以下条件

$$qNa = 2\pi l，即\ q = \frac{2\pi}{aN} l \quad 以及 -\frac{N}{2} \leqslant 1 \leqslant \frac{N}{2}$$

这里 l 总共可以取 $N+1$ 个值，与链中总的原子数目相同，所以第一布里渊区中波矢 q 可以取 $N+1$ 个不连续的值，最大 q 值为 $\frac{\pi}{a}$，相应的最小波长为 $2a$。

2. 长波近似

当波长较长即 q 较小时，色散关系变为线性

$$\omega = \omega_m \sin \frac{qa}{2} \approx \omega_m \frac{qa}{2} = \sqrt{\frac{\beta}{m}} qa \tag{5.16}$$

又原子链的线密度为 m/a，弹性模量为 $k = \frac{F}{\frac{\Delta u}{a}} = \beta \alpha$，所以

$$\omega=\sqrt{\frac{\beta a}{\frac{m}{a}a^{2}}}\,qa=\sqrt{\frac{k}{\rho}}=vq \tag{5.17}$$

此即连续介质模型时的公式，因此为长波近似实际上就是连续介质近似。

3. 相速度与群速度

相速度表示波位相的改变速度，而群速度表示波能量的传递速度，两者分别为

$$v_{相速}=\frac{w}{q}\left|\frac{\omega_m\sin\frac{qa}{2}}{q}\right|=v\left|\frac{\sin\frac{qa}{2}}{\frac{qa}{2}}\right|,\quad v_{群速}=\left|a\omega_m/2\cos\frac{qa}{2}\right|=v\left|\cos\frac{qa}{2}\right| \tag{5.18}$$

可见当波长很大即 q 很小时，两者是相等的。但一般情况下两者是不一样的。

驻波：

对最短波长，即最大 q 值为 $\frac{\pi}{a}$ 时，我们有 $v_{相速}=\frac{2a}{\pi}\sqrt{\frac{\beta}{m}}$，$v_{群速}=0$，即此时波实际上并不向前传输能量，即波并不向前运动。此时，$u_n=Ae^{i\frac{\pi}{a}na-i\omega t}=(-1)^nAe^{i\omega t}$，即原子的位移取决于它所在的位置，但波的峰及谷的位置不随时间变化，见图 5.5。

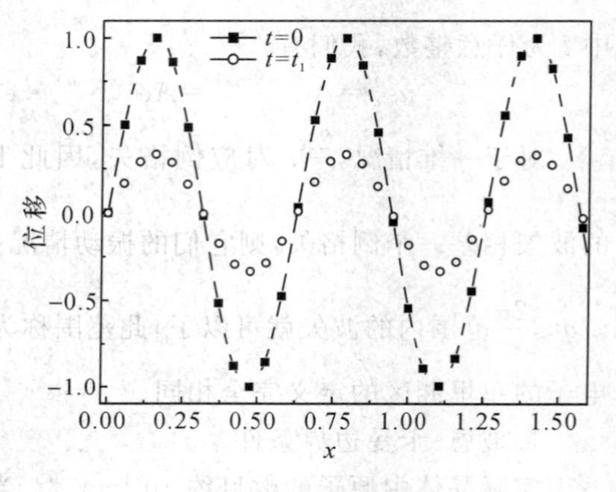

图 5.5　驻波情况

以上我们讨论了一维原子链的振动，实际上原子之间往往存在很强的作用，原子之间的振动相互影响。所以一般情况下，晶格中原子的振动可以表示为简谐波的线性组合，即第 n 个原子的振动可以用下式表示：

$$u_n=\sum_q A_q e^{i(qna-\omega_q t)} \tag{5.19}$$

§5.3　一维双原子晶格的振动

假如晶体的基元有两种原子组成，并假设两种原子的质量分别为 M 和 m，晶格常数为 a，原子之间的距离为 $a/2$，两者的位移分别为 u 和 v，见图 5.6。对第 n 个原胞的 M 原子来说，它在左右两个方向受到来自 m 原子的力。先看右边原子对它的弹性力，由于两种原子的位移不同而引起的距离差为 v_n-u_n，因此它们之间的弹性力为 $\beta(v_n-u_n)$，上式也可用相对伸长表示，即：$F=\beta\frac{a}{2}\left(\frac{v_n-u_n}{a/2}\right)$，其中 $k=\frac{\beta a}{2}$。同样可以得到左边原子对它的作用力为 $\beta(u_n-v_{n-1})$。所以第 n 个 M 原子受到的合力为 $F=\beta(v_n-u_n)-\beta(u_n-v_{n-1})=\beta(v_n+v_{n-1}-2u_n)$。

$n-1$　n　$n+1$

$t=0$

$t=t$

u_{n-1}　u_n　u_{n+1}

图 5.6　一维双原子链的振动

因此其运动方程为

$$m\frac{\mathrm{d}^2u_n}{\mathrm{d}t^2}=\beta(v_n+v_{n-1}-2u_n) \tag{5.20}$$

同理可得另一种原子的运动方程为

$$m\frac{\mathrm{d}^2v_n}{\mathrm{d}t^2}=\beta(u_n+u_{n-1}-2v_n) \tag{5.21}$$

两者的形式完全相同，只是 u、v 进行了对调而已，因此可以预见两者的解在形式上是相似的，而且与单原子链时的方程也很相似。因此我们可以假设一维双原子链的振动也是简谐运动，即

$$u_n=A\mathrm{e}^{\mathrm{i}(qna-\omega t)},\ V_n=B\mathrm{e}^{\mathrm{i}(qna-\omega t)}$$

代入运动方程后可以求得

$$-\omega^2mA=\beta[(1+\mathrm{e}^{\mathrm{i}qa})B-2A]$$
$$-\omega^2mB=\beta[(1+\mathrm{e}^{\mathrm{i}qa})A-2B]$$

要使 A 和 B 有非零解，A 和 B 的系数行列式必须为 0，由此我们可得

$$\omega=\sqrt{\beta\left(\frac{1}{m}+\frac{1}{M}\right)\pm\beta\left[\left(\frac{1}{m}+\frac{1}{M}\right)^2-\frac{4\sin^2\frac{qa}{2}}{mM}\right]^{1/2}} \tag{5.22}$$

可见对应一个波矢 q，角频率 ω 有两个值。代回到原先的运动方程可以解出系数 A 和 B 的比值

$$\frac{A}{B}=\frac{\beta(1+\mathrm{e}^{\mathrm{i}qa})}{2\beta-\omega^2m}=\frac{2\beta-\omega^2M}{\beta(1+\mathrm{e}^{-\mathrm{i}qa})} \tag{5.23}$$

由于 ω 可取两个值，所以 A/B 也有两个值。

§5.3.1　光学波与声学波

与较大 ω 值对应的一支波称为光学波，与较小 ω 对应的一支波称为声学波。对光学波，当 $q=\pm\frac{\pi}{a}$ 时，得 $\omega_{\min}=\sqrt{\frac{2\beta}{m}}$；当 $q=0$ 时，有

$$\omega_{\max}=\sqrt{2\beta\left(\frac{1}{m}+\frac{1}{M}\right)}=\sqrt{\frac{2\beta}{\mu}},\text{和}\frac{A}{B}=-\frac{M}{m},\text{或 }AM+BM=0 \tag{5.24}$$

即，对波长较长的光学波，基元中两种原子的振动方向相反，见图 5.7。一般情况下，两种原子的电负性或多或少会有差异，导致原子间有电荷转移而形成正负离子对。晶格振动导致正负离子对之间的距离发生变化，使得对应的电极矩发生变化。这种电极矩可与电磁波发生作用，因此在光波(电磁场)的作用下，尽管基元的质心位置保持不变，但由于存在电极矩，因此光学波与频率非常接近它的红外光可以发生相互作用，即可以用红外光激发，因此被称为光学波。这就是红外光谱测量分子结构的基本原理。

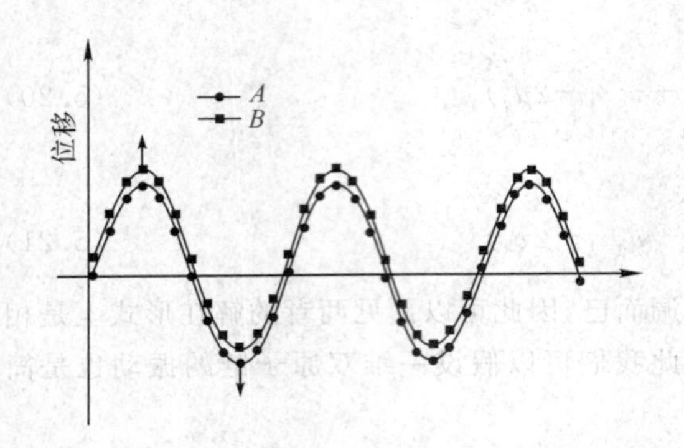

图 5.7　声学波模式中基元中原子的振动

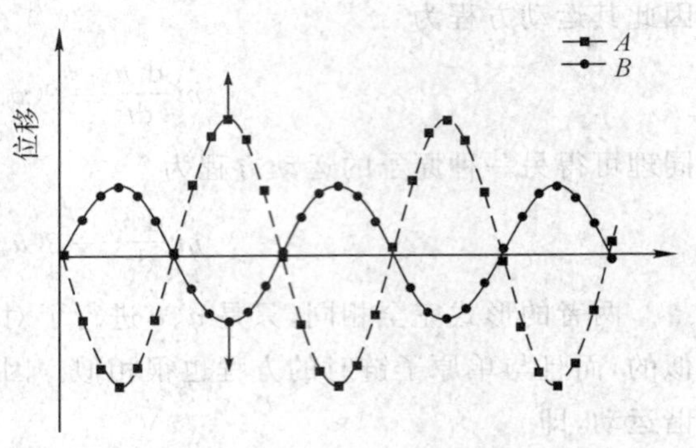

图 5.8　光学波模式中基元中原子的振动

对频率较低的一支格波，当 $q=\pm\frac{\pi}{a}, \omega=\sqrt{\frac{2\beta}{M}}$；当 $q=0$ 时，

$$\omega=0, A/B=1 \tag{5.25}$$

即，两种原子位移方向相同，与它们所带的电荷无关。此波描述基元的整体运动，没有电极矩产生，不会与电磁波发生相互作用，称为声学波。

与一维单原子链的振动相似，一般情况下，晶格中原子的振动可以表示为简谐波的线性组合，即第 n 个 M 及 m 原子的振动可以分别表示为：

$$u_n=\sum_q A_q \mathrm{e}^{\mathrm{i}(qna-\omega_q t)}, v_n=\sum_q B_q \mathrm{e}^{\mathrm{i}(qna-\omega_q t)}$$

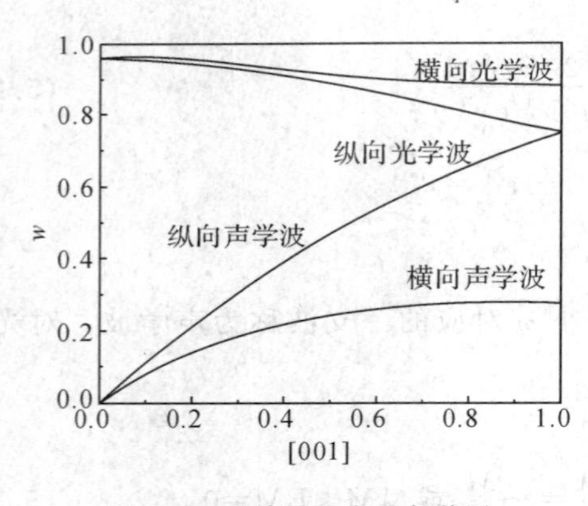

图 5.9　硅单晶的声子色散图

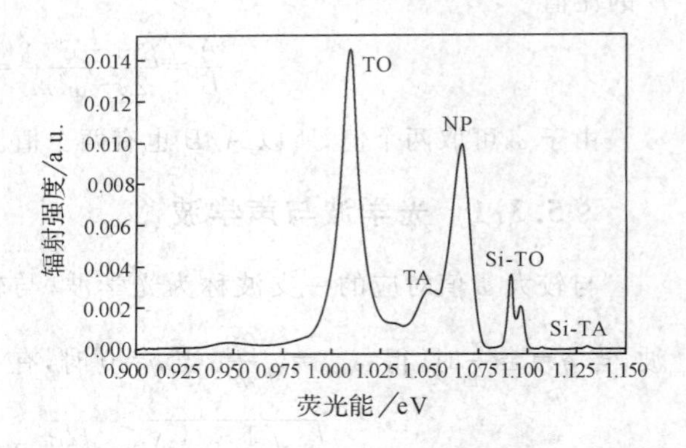

图 5.10　锗硅短周期超晶格荧光光谱中的声子峰

图 5.9 为硅单晶的声子色散图，图 5.10 为锗硅短周期超晶格的低温荧光光谱图，其中 TO 表示横向光学声子，TA 为横向声学声子，NP 为无声子跃迁。

§5.4　三维晶体中的晶格振动

在讨论一维晶格的振动时，我们发现：当晶格由单原子组成时，只有一种格波；当由两种原子组成时，有两种格波。可以证明，晶体中总的格波数目与晶格中的总自由度有关，即对于共有 N 个原胞，每个原胞有 n 个原子，每个原子有 m 个自由度的晶格，其总自由度为

mnN,则其总格波也有 mnN 种。对一维单原子晶格,总原子数为 N,每个原子的自由度为1,所以共有 N 支格波;对一维双原子晶格,总原子数为 $2N$,自由度为1,所以共有 $2N$ 支格波(声学波及光学波);对三维晶格,自由度为3,所以共有 $3nN$ 支格波。

对三维晶格振动情况的讨论与一维晶格的振动完全类似,但与一维晶格振动不同的是,现在格波可以在各种方向传播。不过原则上,总可以把波分成平行于传播方向及垂直传播方向两种波,分别称为横波与纵波。原子的振动方向与波的传播方向平行的波称为纵波,振动方向与波的传播方向垂直的波称为横波。横波又可以分为互相垂直的两个振动方向,因此纵、横两种波数目的比为1∶2。因此对三维晶格来说,共有 $2nN$ 支横波,nN 支纵波。又在 $3nN$ 支波中,声学波占 $3N$ 支,光学波占 $3(n-1)N$ 支。当波矢趋于0时声学波的振动频率趋于0,而光学波的频率却趋于极大。

§5.5 一维晶格原子振动的能量

根据量子力学,简谐振动的能量取分立值,对波矢 q 的波,其对应的能量为

$$E_q=\hbar\omega_q\left(n+\frac{1}{2}\right),n=0,1,2,\cdots$$

$$\therefore\ E=\sum_q E_q=\sum_q\hbar\omega_q\left(n+\frac{1}{2}\right)$$

类似于光子的定义,我们定义声子:每个声子具有波矢 q,能量可取值为 $\left(n+\frac{1}{2}\right)\hbar\omega_q$。

结论:晶体的振动可以用 $3nN$ 个简谐振动的线性组合表示,频率为 ω 的振动的声子的能量为 $\left(n+\frac{1}{2}\right)\hbar\omega_q$,晶格振动的总能量为 $E=\sum\limits_q\left(n+\frac{1}{2}\right)\hbar\omega_q$。晶格振动可以用声子表示。电子或其他粒子与晶格的碰撞可以用粒子与声子的碰撞表示。声子可以产生或湮没,其情形与光子十分类似。但光子没有零点能,声子有零点能。

§5.6 声子的统计分布

这里所谓统计就是要知道某一温度下能量为 $\left(n+\frac{1}{2}\right)\hbar\omega_q$ 的振动的热力学平均声子数,即要求 $\langle n_q\rangle=\frac{\langle E\rangle}{\hbar\omega_q}$,注意这里忽略了零点能。

假定在某一温度 T,能量为 E 的粒子的占有几率为 $W(E)=c\mathrm{e}^{-\frac{E_s}{kT}}$,其中 c 为归一化系数。由归一化条件可得

$$\sum_E W(E)=1,\therefore c=\left(\sum_E\mathrm{e}^{-\frac{E}{kT}}\right)^{-1}$$

粒子的平均能量 $\langle E\rangle=\sum\limits_{n=0}^{\infty}E_sW_s$,所以

$$\langle E\rangle=\frac{\sum_{n=0}^{\infty}E_s\mathrm{e}^{-\frac{E_s}{kT}}}{\sum_{n=0}^{\infty}\mathrm{e}^{-\frac{E_s}{kT}}}=-\frac{d}{d\left(\frac{1}{kT}\right)}\ln\sum_{n=0}^{\infty}\mathrm{e}^{-\frac{E_s}{kT}}$$

不难证明$\langle E\rangle=\frac{\hbar\omega}{2}+\frac{\hbar\omega}{\mathrm{e}^{\frac{\hbar\omega}{kT}}-1}$，$\langle n\rangle=\frac{1}{2}+\frac{1}{\mathrm{e}^{\frac{\hbar\omega}{kT}}-1}$。由此可见，对应一个声子能级，可以有不止一个声子，因此声子服从玻色统计。当$n=\frac{\hbar\omega}{kT}\ll 1$时，

$$\langle n\rangle=\frac{1}{2}+\frac{1}{\mathrm{e}^{\frac{\hbar\omega}{kT}}-1}\approx\mathrm{e}^{-\frac{\hbar\omega}{kT}}$$

至此，我们把晶体中原子的振动等价为声子，其波矢等于q，能量等于$\frac{\hbar\omega}{2}+\frac{\hbar\omega}{\mathrm{e}^{\frac{\hbar\omega}{kT}}-1}$。今后在处理载流子与晶格振动的相互作用时，我们可以想像成是载流子与声子相互作用。

§5.7　载流子的散射

在经典力学中，我们学过许多与散射有关的知识。例如两个刚性的球碰撞后会改变各自的运动方向，一个带电粒子在电场的作用下会发生偏转等。实际上这些都可以归结为粒子的散射问题。散射实际上是运动物体受到力场（或势场）以后运动状态发生变化的一种现象。对一个在固体中运动的电子来说，它可能受到影响的形式很多，但都可以归结为受到某种力的作用。在晶体的周期势场中，有效质量已经把周期性的晶格场的作用包含在内了，因此如果没有受到外力的作用，载流子的运动状态不会改变。不过晶体中总是存在某种使得晶格偏离理想状态的因素，例如晶格的热振动、电离的施主及受主、晶体中的缺陷等都会对载流子的运动产生干扰，使得它们的运动轨迹发生变化并使运动无序化。

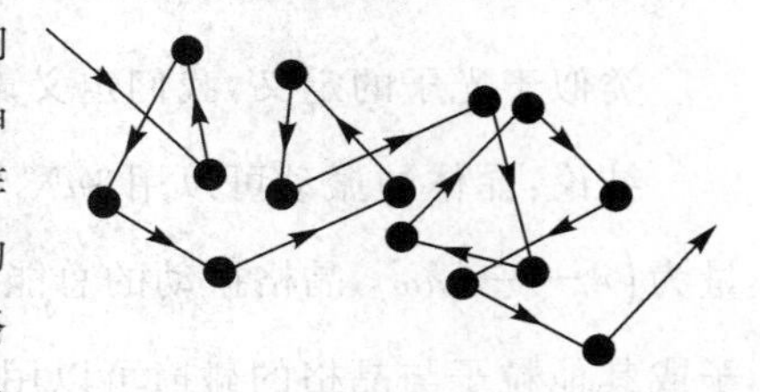

图 5.11　外场下载流子的运动

载流子在外场中的运动可以描述为无规运动加上外场作用下的定向运动，其情况很像气体分子在风的作用下的运动，见图 5.11。这一章中我们要研究的就是在这种既有无序运动又有定向运动的载流子的输运现象。有了有效质量，我们可以忽略晶体周期性势场的影响，所以我们只要考虑电子在外场及散射中心作用下的运动就可以了。

§5.7.1　散射有关的物理量

1. 无规运动

载流子在晶体中运动时不断受到各种散射，使得载流子的运动方向发生变化，并失去原有的定向运动速度和方向。

2. 漂移运动

在外场作用下，载流子虽然不断被散射中心散射失去速度和方向，但总的来说它要沿着外力的方向做加速运动，统计上看（或长时间看）载流子以一定的平均速度沿外力方向运动，

这种运动称为漂移运动，或定向运动。

3.散射几率

单位时间内粒子被散射到任意方向立体角元(θ,φ)内的几率为$P(\theta,\varphi)$，一般P相对方位角对称，所以一般情况下散射几率可表示为$P(\theta)$，见图5.12。因此单位时间内被散射到各个方向的总几率为

$$P=\int P(\theta)\mathrm{d}\Omega$$

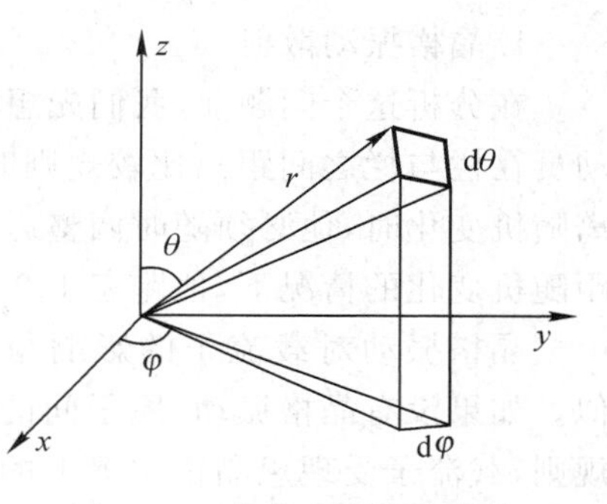

图5.12　载流子散射示意图

4.平均弛豫时间

载流子经历两次散射之间的统计平均时间称为平均自由时间。

假定单位时间内一个载流子总共被散射p次，则平均两次散射之间的时间

$$\tau_a=\frac{1}{p}\tag{5.26}$$

即载流子的平均自由时间等于总散射几率的倒数。

这个问题也可以这样来分析：假定在$t=t_0$时有N个粒子，则单位时间内被散射的粒子数为pN，即

$$\frac{\mathrm{d}N}{\mathrm{d}t}=-pN\Rightarrow N=N_0\mathrm{e}^{-pt}\tag{5.27}$$

所以在t与$t+\mathrm{d}t$时间内被散射的粒子数为$\mathrm{d}N=pN\mathrm{d}t=pN_0\mathrm{e}^{-pt}\mathrm{d}t$，这些被散射掉的载流子的自由时间为$t(0\rightarrow\infty)$，则粒子在两次碰撞之间经历的自由时间为

$$\bar{t}=\frac{1}{N_0}\int_0^{\infty}tpN_0\mathrm{e}^{-pt}\mathrm{d}t=\frac{1}{p}=\tau_a\tag{5.28}$$

显然，与第一种方法得到的结果是相同的。

5.定向运动弛豫时间

定向运动弛豫时间指消除粒子的定向运动速度所需的时间。

假定散射是各向同性的，则经过一次散射后载流子的速度完全是无规则的，即一次散射就可以消除掉粒子原有的定向运动速度。因此此时的弛豫时间等于平均自由时间。但是在某些情况下，粒子的散射并不是各向同性的，例如被电离杂质的散射就不是各向同性的，在入射方向散射的几率比其他方向的要大一些，并有一些振荡。此时的弛豫时间就不再是平均自由时间了，如图5.13所示。假如散射后粒子沿入射方向的速度分量为$v\cos\theta$，即速度损失率为$(1-\cos\theta)$，则从速度损失的角度看，它的速度损失散射几率为

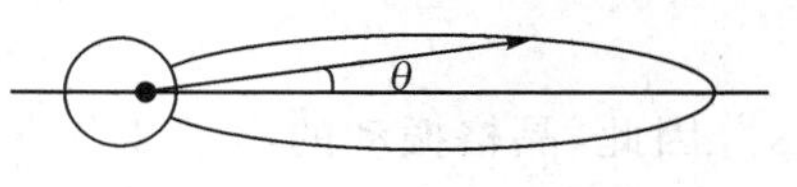

图5.13　各向异性散射

$$P(\theta)(1-\cos\theta)\tag{5.29}$$

因此相应的总几率与弛豫时间为

$$P_r=\int P(\theta)(1-\cos)\mathrm{d}\Omega,\quad \tau_r=\frac{1}{P_r}\tag{5.30}$$

§5.7.2 散射机制

1. 晶格振动散射

在分析这个问题前，我们先想像一下体育竞赛中的跨栏（如图 5.14 所示）。假定某个运动员在栏与栏之间距离比较规则时，跑完 100 米栏的时间为 15s。那么，当栏与栏之间的距离随机变化时，他必须随时调整运动速度或跨步长度以适应栏距的不规则变化。这样，在栏距随机变化的情况下，他跑完 100 米栏的时间肯定要比原先的长，譬如说为 16s。

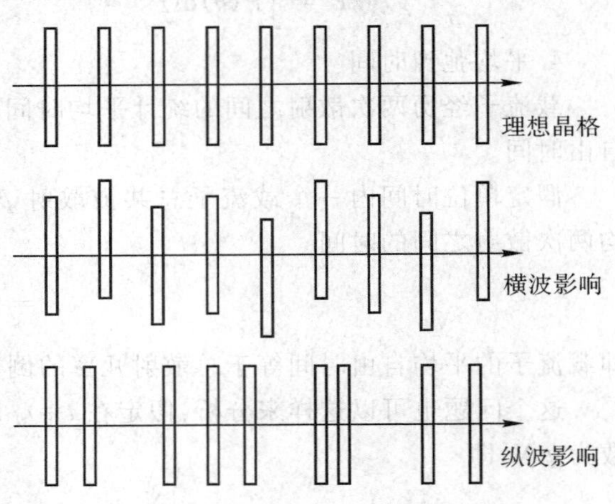

图 5.14 晶格振动对载流子运动的影响

晶格振动对载流子的影响与此十分相似。如果没有晶格振动，原子间的距离非常规则，载流子受理想晶格位置上的原子的散射效果已经包含在有效质量中。热振动引起晶格原子位置向各个方向偏移。如果原子位置的偏移发生在横向，即栏距没有变化，但栏与栏没有完全对齐，在这种情况下，运动员的跨栏速度不会受到太大的影响。但如果原子位置的偏移发生在运动方向上，即纵向，那么栏与栏之间的距离发生变化，运动员在跨栏时必须不断调整步伐以适应栏距的变化，使得他（载流子）的速度将受严重影响。不难看出，只有纵长波对载流子的散射起较大的作用。这是因为纵长波能使原子之间的间距发生变化，而横波并不引起原子纵向间距的变化，所以它对载流子的散射影响不大。

一般情况下，晶格振动是在原子在平衡点附近的一种简谐振动。因此根据量子力学，这种简谐振动可以用声量子描述，其能量为 $E(\omega)=\left(n+\frac{1}{2}\right)\hbar\omega$，其中 ω 为角频率。下面我们只是简单介绍有关载流子被晶格振动散射的结论，详细分析请读者参考相关专著。

（1）声学波散射截面

电子被晶格振动的声学波分支的散射几率为

$$P=\frac{1}{\tau_{ac}}\propto m^{*2}T^{\frac{3}{2}} \tag{5.31}$$

因此，晶格振动的声学波分支对载流子的散射作用是随温度升高而升高的。如果掺杂量很大，半导体为简并半导体，则

$$P=\frac{1}{\tau_{ac}}\propto T$$

（2）光学波散射截面

载流子被晶格振动光学波分支的散射几率为

$$P=\frac{1}{\tau}\propto\sqrt{m^{*}}\,\mathrm{e}^{-\frac{\hbar\omega}{kT}} \tag{5.32}$$

与晶格振动一样，光学波对载流子的散射也是随温度升高而升高的，但由于随温度变化

是指数关系，所以对温度很敏感，散射截面随温度升高迅速增大。

光学波对载流子的影响之所以比声学波大，其原因是光学波的实质是对应基元中正、负离子的相对运动，正负电荷分开会产生电偶极矩，因而对载流子的影响较大。当温度升高时，离子的振幅增加，正负离子间的距离也增加，使得对带电的载流子的影响也加大。而声学波对应的是基元的整体运动，正负离子的距离与平衡状态时的相同，因此没有附加的电场产生，所以对载流子的运动影响较小。

2.电离杂质的散射

半导体中电离的施主杂质或受主杂质是带电的引力或斥力中心，它们对电子或空穴起吸引或排斥作用。运动粒子的动能越大或势能越小，则粒子的运动受到的影响也越小，反之粒子的运动轨迹就会受到很大的影响，见图 5.15。带电粒子被电离杂质散射后的分布是各向异性的，因此载流子的散射几率应该用定向运动速度消失的速度几率，即

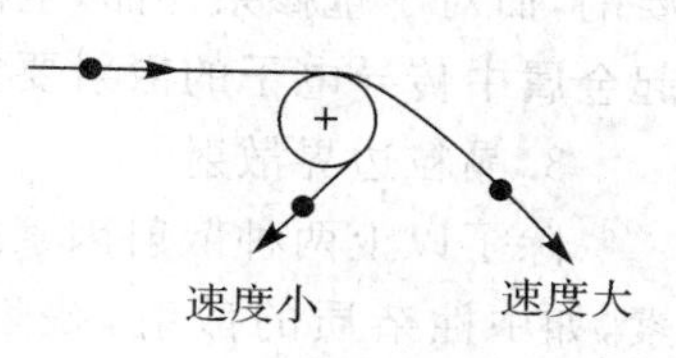

图 5.15　电离杂质散射

$$P=\frac{1}{\tau_i}=\int P(\theta)(1-\cos\theta)\mathrm{d}\Omega\propto\frac{N_I}{m^{*2}v^3} \tag{5.33}$$

这里 N_I 为电离杂质的密度，v 为电子或空穴的热运动速度。由于电子在晶体中当作近自由电子处理，因此电子的运动类似于稀薄的气体。由分子运动论可知，电子的速度与温度的平方根成正比，即平均速度、均方根速度、最可几速度分别为

$$\bar{v}=\sqrt{\frac{8RT}{\pi m}},\sqrt{\bar{v}^2}=\sqrt{\frac{3RT}{m}},v_P=\sqrt{\frac{2RT}{m}} \tag{5.34}$$

因此电离杂质对载流子的散射几率与温度的 3/2 次方成反比，即

$$\frac{1}{\tau_I}\propto N_I T^{-\frac{3}{2}} \tag{5.35}$$

可以这样来理解，温度升高，粒子的运动速度增加，其运动轨道被电离杂质形成的势场偏转的几率变小，即散射几率变小。可以看出，电离杂质对载流子的影响与温度之间的关系与晶格散射时的完全不同，它随温度升高反而是减小的。因此，电离杂质的散射只是在低温下较重要。室温下载流子的热运动速度已经很快，电离杂质散射在很多情况下并不明显，当然如果掺杂量很高，则电离杂质的影响还是很大的。从图 5.16 所示硅材料的迁移率与载流子浓度的关系图，可以看出这种现象。在载流子浓度（掺杂浓度）小于 $10^{16}\ \mathrm{cm}^{-3}$ 时，迁移率随载流子浓度的增加几乎不变，此时带电杂质对载流子的散射是可以忽略的。但当载流子浓度超过这一数值后，迁移率随载流子浓度开始下降。另外，可以看出电子的迁移率比空穴要高出许多，这是因为空穴的有效质量较大的缘故。对于绝大多数半导体材料，由于空穴的有效质量大于电子的有效质量，因此空穴的迁移率一般较电子的小。

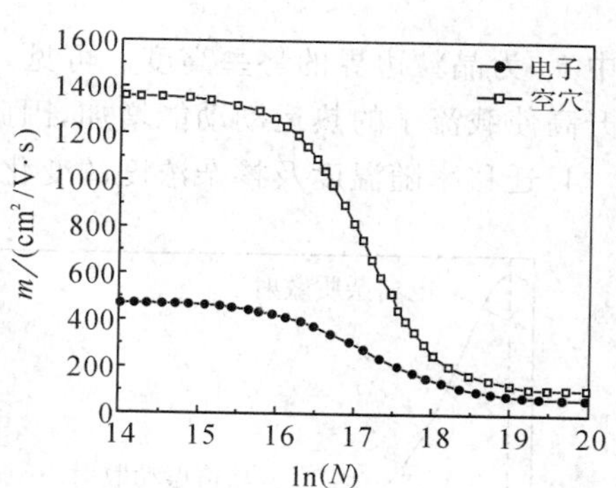

图 5.16　硅中载流子的迁移率与载流子浓度的关系

另外，如果掺杂浓度很高，则半导体材料是简并的。对于简并情况，电离杂质对载流子散射与温度的关系不大，即迁移率基本上是一个常数。

对于某种半导体材料，哪一种散射是主要因素不但与它的种类有关，还与掺杂种类、温度等因素有关。例如锗、硅等元素半导体，完全是共价键结合，这样的晶体内部没有极性，所以光学波引起的散射很小，但对于以极性键或是离子键组成的半导体材料，光学波的散射往往是主要的。另外，对于本征的或掺杂量很少的半导体材料，晶格振动引起的散射可能是主要的，而对于重掺杂样品，电离杂质散射却是主要的。因此，半导体中载流子的散射问题比起金属中传导电子的散射要复杂得多，必须具体情况具体分析。

3. 晶粒边界散射

除了以上两种散射因素外，单晶体中还有其他各种散射因素，如中性杂质的散射，缺陷引起的散射等。但是，对于多晶体，还存在另外的一种散射，那就是晶粒边界散射。一方面，晶粒边界处往往存在势垒，载流子在通过晶粒边界时会受到散射，如图 5.17 所示。另一方面，在晶粒的边界，成分与结构可能与体相不同，相对于体内完整的晶格，成分与结构的不同肯定也会引起散射。因此，多晶材料特别是微晶或纳米级晶体材料中，晶界散射是必须考虑的一个问题。

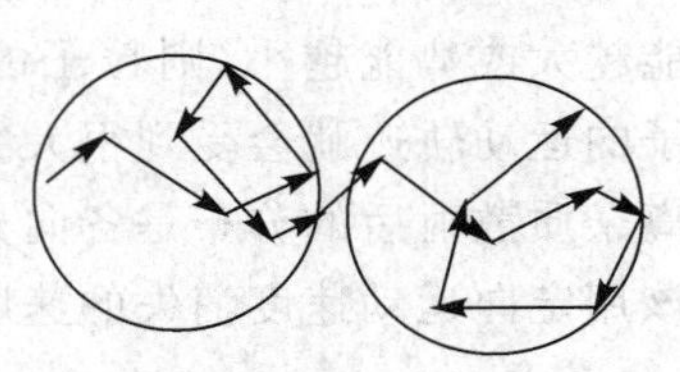
图 5.17　晶粒边界散射

对于晶粒边界散射，载流子的迁移率为

$$\mu \propto \frac{1}{\sqrt{T}} e^{-\frac{eV_0}{kT}} \tag{5.36}$$

对于简并半导体情况，

$$\mu \propto \frac{1}{T} e^{-\frac{eV_0}{kT}} \tag{5.37}$$

式中 h_0 为晶粒边界的势垒高度。可见，随着温度升高，晶粒边界散射是减小的，这是因为温度升高使载流子的热运动动能增加，因此克服晶粒边界势垒的能量增加。

4. 迁移率随温度及掺杂浓度的变化

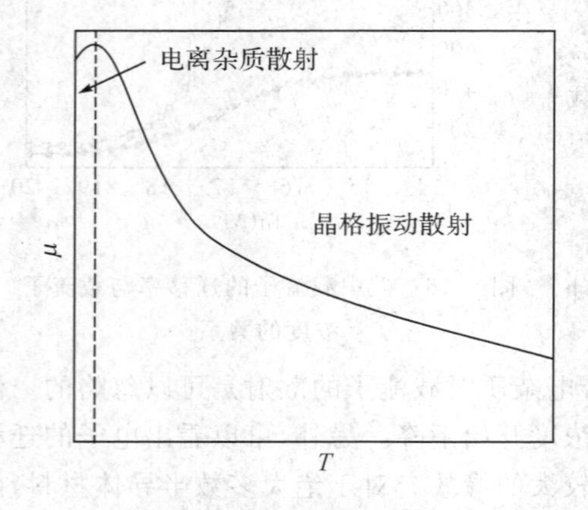

图 5.18　迁移率随温度的变化

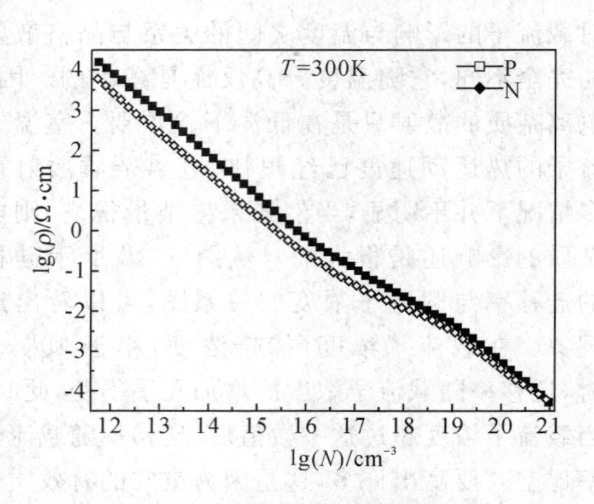

图 5.19　电阻率随掺杂浓度的变化

对于本征半导体材料，载流子的迁移率随着温度的变化情况主要由晶格振动决定，因此随着温度的升高，晶格振动加剧，载流子受到的散射加强，导致迁移率下降。即，对于本征半导体材料，迁移率随着温度升高而下降。对于掺杂的非本征半导体材料，情况稍为复杂。在很低温度下，晶格振动的影响不明显，载流子散射主要由电离杂质引起，因此在低温下，载流子的迁移率不但不降，反而有可能增加。图 5.18 示意地给出了掺杂半导体迁移率随温度的变化。当达到到某个温度后，由于晶格振动造成的散射的影响超过了电离杂质散射的影响，载流子的散射随着温度增加而增加，因此迁移率随着温度升高而下降。

5. 强场效应

实验发现，当电场强度很大时(超过 10^3 V/cm)，电流密度与外场的关系不再满足欧姆定律，即由于电场强度只有在大于 10^5 V/cm 时才会对载流子浓度产生显著的影响。电场强度在 10^3 V/cm 以后开始偏离欧姆定律的主要原因是迁移率发生了变化，即电子的平均定向速度发生了变化。

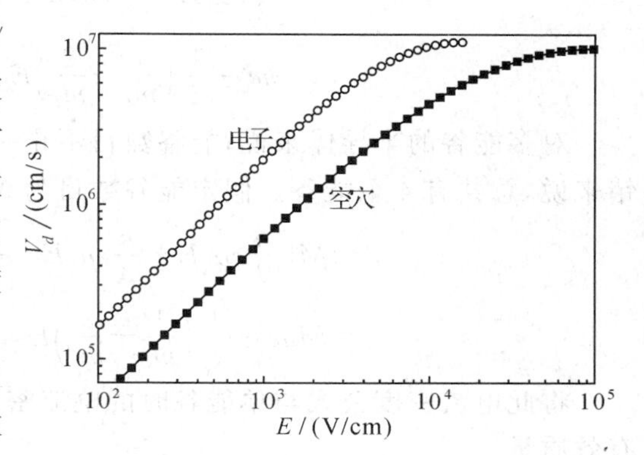

图 5.20　硅平均漂移速度与电场强度的关系

强电场下载流子平均速度下降的原因可以这样来考虑。在没有外场时，载流子通过吸收和放出声子与晶格交换能量，载流子与晶格处于热平衡状态。在外场不太大时，载流子从外场吸收能量，其中部分吸收的能量通过发射声子转移给晶格，其余部分用于提高载流子的速度(能量)。

当外场较大时，载流子速度很快，碰撞加剧，因而平均自由时间减小，即迁移率减小，所以载流子的平均速度 $v=\mu E$ 不再随着外场的增加而同步增加，图 5.20 给出了硅中载流子平均漂移速度与电场强度的关系。从能量角度看，载流子虽然不断从外场获得能量，但获得的能量全部以发射声子的方式转移给了晶格，使得载流子的平均速度无法进一步增加。

一个与此类似的经典情况就是物体从高空下落的过程。当物体下落时，物体的速度在地球引力场的作用下不断增加，但由于空气的阻力随速度的增加而增加，最后阻力与重力平衡，物体的速度不再增加。实验结果表明，在下落过程中，物体受到的空气阻力为 $F=0.65Av^2$，这里 A 为物体的表面积，v 为速度。当阻力与重力 mg(m 为物体的质量，g 为重力加速度)平衡时，即 $F=0.65Av^2=mg$ 时，物体的速度不再增加，此时重力所作的功全部用于克服空气阻力所作的功。例如，对于一个 75kg 重的人，假如他的表面积为 0.5m^2，那么在他打开降落伞前从高空自由下落的过程中，能够达到的最高速度大约是 50m/s。

§5.8　多能谷下的电导率

在半导体的能带理论中，我们发现半导体材料的导带的极小值不止一个，而且等能面不是球面而是椭球面。因此，严格来说电导率是一个张量，同时必须计算所有能谷的电导率以求得总电导率。

对单一能谷，等能面一般是一个椭球面。由于沿主轴方向和垂直主轴方向的曲率半径不同，因此有效质量可以分为两个，一个与主轴平行的有效质量 m_l^* 及两个与主轴垂直的有效质量 m_t^*。与此对应的有三个迁移率也可以分为主轴分量和垂直主轴的分量，即

$$\mu_1=\mu_l=\frac{e\tau}{m_l},\mu_2=\mu_3=\mu_t=\frac{e\tau}{m_t} \tag{5.38}$$

相应的电流密度为

$$\begin{aligned} j&=\frac{n}{3}e\mu_1 E+\frac{n}{3}e\mu_2 E+\frac{n}{3}e\mu_3 E=ne\frac{1}{3}(\mu_l+2\mu_t)E \\ &=ne^2\tau\frac{1}{3}\left(\frac{1}{m_l}+\frac{2}{m_t}\right)E \end{aligned} \tag{5.39}$$

对多能谷的半导体来说，能谷数目不止一个，例如对硅的导带来说，一共有 6 个能谷，对锗来说，总共有 4 个能谷。假定能谷数目为 M，则总的电流密度为

$$\begin{aligned} j&=M\left[\frac{n}{3}e\mu_1 E+\frac{n}{3}e\mu_2 E+\frac{n}{3}e\mu_3 E\right]=Mne\frac{1}{3}(\mu_l+2\mu_t)E \\ &=Mne^2\tau\frac{1}{3}\left(\frac{1}{m_l}+\frac{2}{m_t}\right)E \end{aligned} \tag{5.40}$$

将此电流密度公式与单能谷时的电流密度公式比较，不难发现我们只要引入一个新的有效质量

$$\frac{1}{m_c}=\frac{M}{3}\left(\frac{1}{m_l}+\frac{2}{m_t}\right) \tag{5.41}$$

则电流及电导率的公式在形式上仍与单能谷时相同。此有效质量称为电导率有效质量，与引入有效质量的目的一样，引入电导率有效质量的目的也是为了简化分析及讨论。以后我们不再考虑多能谷及沿主轴、垂直主轴方向的有效质量等细节。

§5.8.1 电导率与载流子浓度及温度的关系

从 $\sigma=ne\mu_n+pe\mu_p$ 看，电导率应与载流子浓度成正比。但由于迁移率本身与载流子浓度也有关系，所以载流子浓度与电导率的关系并不是一条严格的直线，见图5.21。实际测

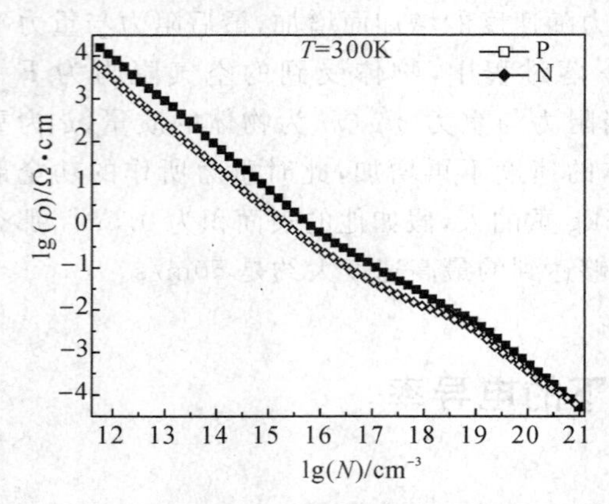

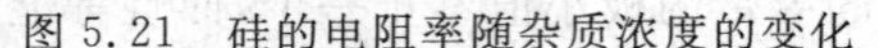
图 5.21 硅的电阻率随杂质浓度的变化

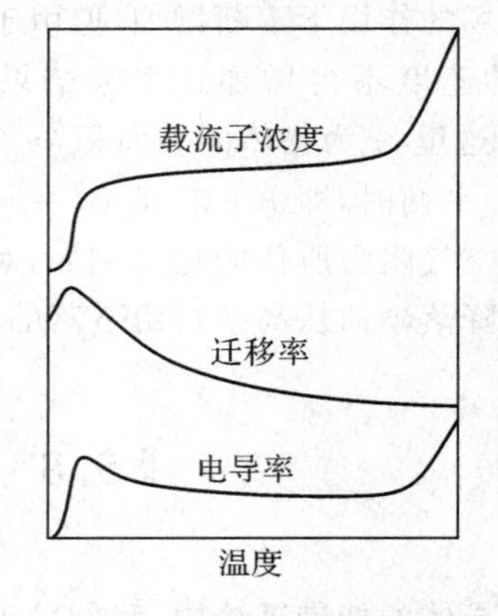

图 5.22 一般情况下电导率随温度的变化

量发现电导率与载流子浓度关系曲线上有一些过渡区域，这是因为在这些区域，主要的散射机制导致迁移率发生变化或载流子的电离率发生变化，导致电导率—载流子浓度关系的改变，见图 5.21。从图 5.21 还可以看出由于空穴的平均自由时间及有效质量与电子的不一样，所以对相同的载流子浓度，不同类型半导体的电导率是不一样的。一般电子的有效质量小于空穴的有效质量，所以电子的迁移率大于空穴的迁移率，因而电导率大。

电导率随温度的变化情况可以从载流子浓度及迁移率随温度的变化趋势综合考虑。

我们先考虑本征半导体的情况，此时杂质散射可以忽略，我们只要考虑晶格振动的影响就可以了。当温度较低时，载流子浓度指数增加，同时，晶格振动也随着温度的升高而加剧，但载流子浓度增加的速度比晶格振动引起的迁移率下降快，因此电导率总的来说是增加的，这就是半导体材料的电阻率为负温度系数的原因。

对于掺杂半导体材料，情况比较复杂。在温度较低时，半导体处于杂质电离区，载流子浓度随温度增加而指数增加，同时，迁移率因载流子速度增加也增加，因此在温度很低时，掺杂半导体的电导率随温度的增加而增加。当温度继续升高时，载流子浓度继续指数增加，但晶格振动加剧，迁移率不再随温度增加，因而电导率上升速度减缓。当进入饱和电离区时，载流子浓度基本不变，但迁移率继续下降，因此电导率有可能不升反降。当温度再升高使得材料进入本征激发区时，载流子浓度大量增加，电导率又继续增加。粘体中载流子浓度、迁移率以及材料的电导率随温度的变化情况如图 5.22 所示。

第 6 章　半导体材料的物理现象

§6.1　霍耳效应

1879 年霍耳在实验中发现，如果把通电的条状半导体样品放在磁场中，而且磁场的方向与电流方向垂直，则在垂直于电流和磁场的方向上有一横向电动势，这种现象称为霍耳效应，对应的电动势为霍耳电动势。

当半导体中通以电流 I 时，电子与空穴除热运动外还在电场力的作用下作定向漂移运动，其中电子运动方向与电流的方向相反，而空穴的运动方向与电流方向相同。根据电动力学或电磁学的知识，我们知道带电粒子在磁场中运动时要受到磁场引起的洛伦兹力，其方向与大小由 $\boldsymbol{F}=q\boldsymbol{v}\times\boldsymbol{B}$ 决定。假定电流方向为正 X 方向，则电子与空穴的运动方向相反。对图 6.1 所示的情况，由于电子所带的电荷与空穴所带的电荷符号相反，因此在图 6.1 所示方向的磁场的作用下，电子和空穴的受力方向均垂直于电流方向及磁场方向构成的平面，而且都指向上方。因此电子及空穴在此横向力的作用下还要作横向运动，使得电荷在材料的侧面积累。由于电子和空穴横向运动方向相同，即在同一侧面积累，因此对 p 型和 n 型半导体，积累的电荷符号相反。积累于材料两侧的电荷形成一个附加的电场，此电场称为霍耳电场 E_{H}，两侧的电势差称为霍耳电势差。电子或空穴因此还受此横向电场的作用力，此力与磁场引起的洛仑兹力的方向相反。平衡时，磁场引起的偏转力与横向电场引起的力相互抵消。

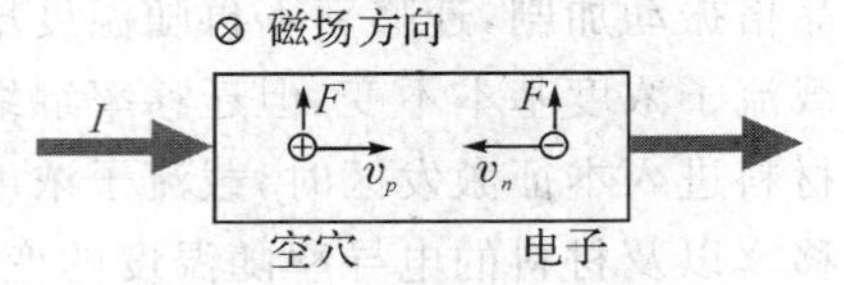

图 6.1　霍耳效应示意图

§6.1.1　一种载流子存在下的霍耳效应

不难看出，如果半导体中只存在一种载流子，则对 p 型半导体来说，侧面积累的是空穴，因此带正电。对 n 型半导体来说，侧面积累的是电子，因此带负电。所以，如果是 p 型材料，霍耳电场的方向为从上向下，如果是 n 型材料，霍耳电场的指向为由下向上，即 p 型材料与 n 型材料的霍耳电势差的符号是相反的。因此根据霍耳电势差的符号可确定半导体的导电类型。

当霍耳电场引起的力与磁场引起的力最后达到平衡时，我们有 $eE_{\mathrm{H}}=evB$，由此我们得到一个十分重要的公式

$$E_{\mathrm{H}}=vB=\frac{1}{ne}(nev)B=-\frac{1}{ne}jB=RjB \tag{6.1}$$

即霍耳电势与流过的电流大小及磁场强度成正比，比例系数称为霍耳系数。对于电子，$R=$

$-1/ne$，对空穴为 $R=1/pe$。

如果材料的长、宽、厚度分别为 a、b、c，则 $I=bcj$，$V_H=E_Hb$，其中 V_H 为霍耳电场产生的电势差。代入式(6.1)得 $\frac{V_H}{b}=RBIbc$。由此可得

$$R=\frac{V_H}{bjB}=\frac{V_Hbc}{bIB}=\frac{V_Hc}{IB} \tag{6.2}$$

因此只要知道电流、磁场强度及样品的厚度，即可求出霍耳系数及载流子浓度。商品化的霍耳效应测量设备可以同时测量出霍耳系数、导电类型、载流子浓度和迁移率等半导体材料的重要参数。

1. 霍耳角

在无磁场时，载流子漂移运动的方向与电流的方向相同或相反，但是两者之间没有夹角。然而我们已经看到，由于磁场产生的洛仑兹力引起了一个附加电场，使得载流子的运动方向与外场的方向之间有一个夹角，此夹角称为霍耳角。从图 6.2 可以看出，霍耳角的正切应等于霍耳电场与外电场的比值，即

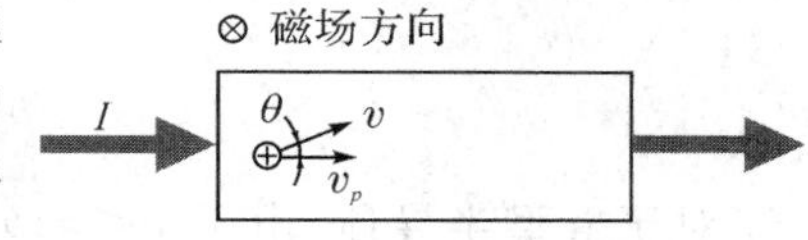

图 6.2 霍耳角

$$\tan\theta=\frac{E_h}{E_0}=\frac{RjB}{E_0}=R\sigma B \tag{6.3}$$

一般情况下，磁场引起的霍耳电场较小，所以 $\tan\theta\approx\theta$，因此 $\theta\approx R\sigma B$。将霍耳系数 R 代入，得电子和空穴的霍耳角分别为

$$\theta_n=-\frac{1}{ne}ne\mu_nB=-\mu_nB,\quad \theta_p=\frac{1}{pe}pe\mu_pB=\mu_pB \tag{6.4}$$

不难看出，迁移率大的材料的霍耳角大。

2. 霍耳迁移率

由于磁场的存在，电子的漂移运动方向发生变化，因此以上所指的迁移率严格说应该是磁场作用下的迁移率 μ_H，即霍耳迁移率。引入霍耳迁移率后，对霍耳系数要进行修改，即

$$R_n=-\left(\frac{\mu_H}{\mu}\right)_n\frac{1}{ne},R_p=\left(\frac{\mu_H}{\mu}\right)_p\frac{1}{pe} \tag{6.5}$$

相应的霍耳角、霍耳电势等也要进行修改。

可以证明，对于声学波散射，霍耳迁移率与迁移率的比值为

$$\left(\frac{\mu_H}{\mu}\right)=\begin{cases}\frac{3\pi}{8} & \text{长声学波}\\ 1.93 & \text{对电离杂质散射}\\ 1 & \text{对简并半导体}\end{cases} \tag{6.6}$$

§6.1.2 两种载流子同时存在时的霍耳效应

如果同时存在两种载流子，情况比单一载流子存在时的复杂。我们已经发现在磁场作用下电子与空穴的横向运动方向是相同的，它们引起的横向电流的大小分别为

$$j_t\approx j_n\tan\theta_n+j_p\tan\theta_p=(-\mu_nj_n+\mu_pj_p)B=(-ne\mu_n^2+pe\mu_p^2)BE_0 \tag{6.7}$$

式中 E_0 为外电场的强度。然而由于洛仑兹力偏转导致的积累在两侧的电荷产生的霍耳电

场引起的横向电流为

$$j_{\mathrm{H}}=pev_p+nev_n=(pe\mu_p+ne\mu_n)E_{\mathrm{H}} \tag{6.8}$$

当达到平衡时两者数值相同，即$(pe\mu_p+ne\mu_n)E_{\mathrm{H}}=(pe\mu_p^2-ne\mu_n^2)E_0B$，同时我们知道两种载流子同时存在时的电导率为 $\sigma=ne\mu_n+pe\mu_p$，所以

$$E_0=\frac{j}{ne\mu_n+pe\mu_p} \tag{6.9}$$

结合上式我们可以得到霍耳电场与磁场及电流的关系，或

$$E_{\mathrm{H}}=\left(\frac{\mu_{\mathrm{H}}}{\mu}\right)\frac{p\mu_p^2-n\mu_n^2}{(pu_p+n\mu_n)^2e}jB \tag{6.10}$$

所以两种载流子同时存在时的霍耳系数为

$$R=\frac{p\mu_p^2-n\mu_n^2}{(p\mu_p+n\mu_n)^2e} \tag{6.11}$$

$$b=\frac{\mu_n}{\mu_p}，则\ R=\frac{p-nb^2}{(p+nb)^2e} \tag{6.12}$$

对于 n 型半导体，由于 $p<n,b>1$，所以式(6.12)中的分子始终是负的，因此霍耳系数始终是负的，不会改变符号。但对于以空穴为主的半导体，若掺杂浓度足够高，则当温度较低时 $p\gg n,R\approx\frac{1}{pe}>0$。若掺杂浓度不高，则会发生 $p<nb^2$ 的情况，导致 $R<0$。因此测量 p 型半导体材料时必须注意，若载流子浓度不高，则容易发生误判。另外，若测量时温度太高，以致 p 型材料进入本征电离区，则 $p\approx n$，也可能得到负的霍耳系数而发生误判。因此用霍耳效应判断半导体材料的导电类型时必须小心。

§6.2　磁电阻效应

1883 年，研究人员从实验中发现，当半导体材料置于外场中时，其电阻值往往比无磁场时的电阻值大，这种现象称为半导体的磁电阻现象，即磁场引起的附加电阻现象。其起源为载流子在磁场的作用下偏转使得沿外电场方向运动的载流子密度变小，载流子的运动轨迹变长引起的，这些因素导致半导体材料电阻增加。

由于磁场的存在，载流子受到一个与其运动方向垂直的洛仑兹力，此力为向心力，它使得载流子做圆周运动。同时，由于外电场的作用，载流子又要作定向漂移运动，因此，载流子在磁场中的运动轨迹如图 6.3 所示。为比较起见，图 6.4 给出了无磁场的载流子的漂移情况。

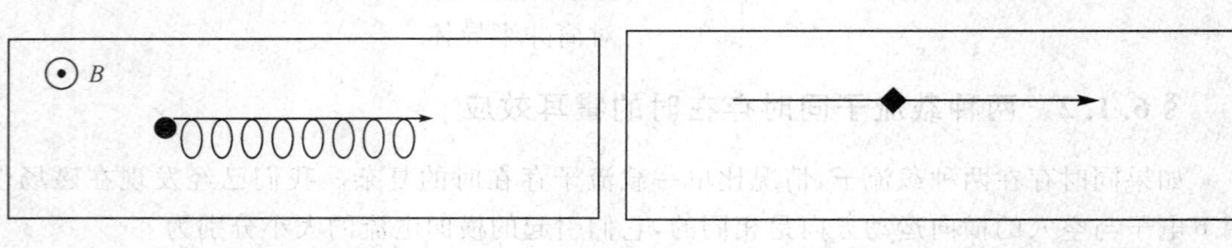

图 6.3　有磁场时载流子的漂移运动　　　　图 6.4　无磁场时载流子的漂移运动

但是，上面我们只考虑了速度为平均速度的载流子的运动情况，实际上，载流子的速度

是有一定的分布的，即有的载流子速度大，有的载流子速度小。由于洛仑兹力与载流子的速度成正比，因此对于速度大于平均速度的载流子，它受到的洛仑兹力大于霍耳电场力，因此，载流子偏向下运动；而对于速度小于平均速度的载流子，它受到的洛仑兹力小于霍耳电场力，因此偏向上方运动。运动方向的偏转也是导致电阻增大的一个因素。另外，材料在磁场下几何形状发生变化也可能是电阻发生变化的一个因素。对等能面为椭球的半导体材料，由于纵横两个方向的有效质量不一样，因此磁阻也分为纵横两种。电阻增加的数值与霍耳迁移率及磁场强度的平方成正比，系数称为磁阻系数。可以证明，磁场下作用电阻率的相对变化为

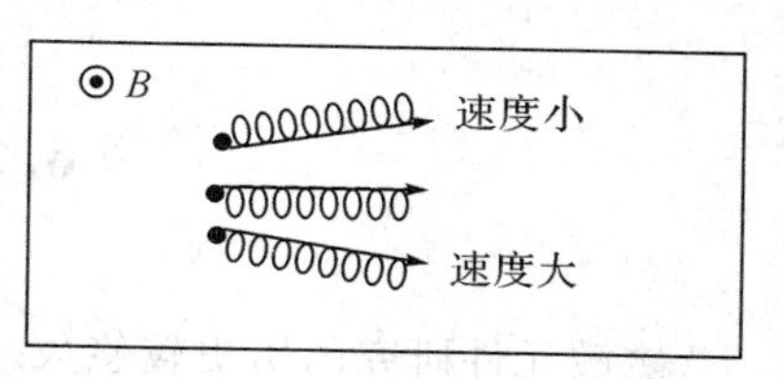

图 6.5　不同速度的载流子的偏转情况

$$\frac{\Delta\rho}{\rho_0}=\xi\mu_{\mathrm{H}}^2B_z^2 \tag{6.13}$$

式中 ξ 为磁阻系数。从上式可以看出，半导体材料的载流子迁移率 μ 越大，越适合做磁敏元件。目前适合做磁敏元件的半导体材料主要有 InSb、InAs、GaAs、Ge 和 Si 等。

不同的散射机制其对应的磁阻系数是不同的，对于晶格振动散射，磁阻系数为

$$\xi=\frac{4}{\pi}-1=0.273 \tag{6.14}$$

而对电离杂质散射，磁阻系数为

$$\xi=\frac{32768}{6615\pi}-1=0.577 \tag{6.15}$$

图 6.6 为一种锑化铟材料的磁电阻曲线，图 6.7 为一种磁场控制可变电阻的示意图。不难得出此可变电阻的电阻值为

$$R=R_0+\frac{\theta}{\pi}(R_M-R_0) \tag{6.16}$$

式中 R、R_0、R_m 分别为磁铁部分加上时的电阻、无磁场时的电阻及磁铁完全加上时的电阻，θ 为磁铁覆盖面积对应的角度。当磁铁完全退出时，$\theta=0$，$R=R_0$，当磁铁完全进入时，$\theta=\pi$，$R=R_m$。

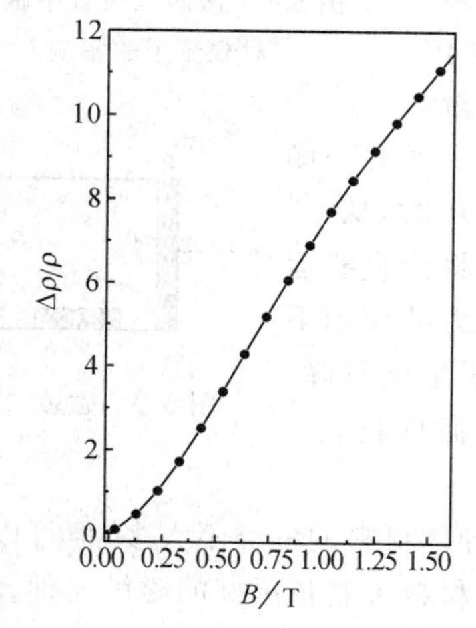

图 6.6　InSb 电阻与磁场的关系

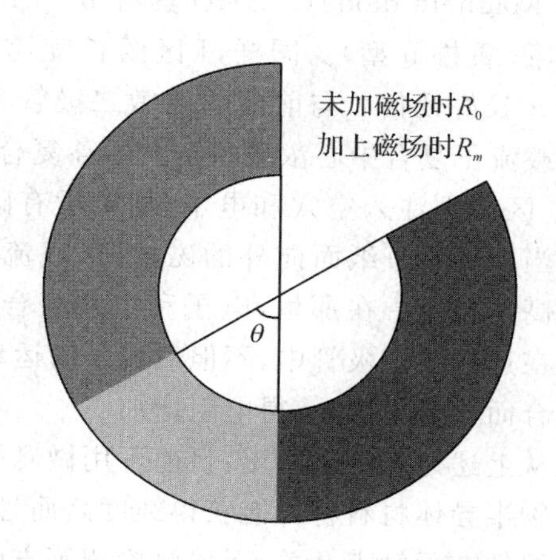

图 6.7　一种磁控电位器示意图

当磁铁处于其他位置时，电阻值处于两者之间。因此，通过调节磁铁的位置即可调节电阻的大小。这种可变电阻没有任何机械部件，因此噪音很低，更不会产生电火花，具有安全、寿命长等优点。

§6.3 半导体磁敏二极管

磁敏元件研究的历史较悠久。虽然霍耳效应和磁阻效应分别早在 1879 年和 1883 年被发现，并在理论上得到解释，但真正做成实用器件还是得益于半导体材料的发展，特别是 InSb等高迁移率材料的出现。因此直到 1960 年代初，才由西门子公司制出第一个实用的半导体磁敏器件，随后在 1968 年和 1971 年日本的索尼公司相继研制出锗、硅磁敏二极管。

磁敏二极管有很好的特性，它的灵敏度比霍耳元件高几十倍，甚至几千倍。顾名思义，二极管是一种有两个电极的半导体器件。之所以称其为“管”，是因为早期的无线电器件主要为真空电子管，当具有相应功能的半导体器件出现后，人们把这种器件也称为“管”。

最先提出的磁二极管是图 6.8 所示的 p-I-n 结构的二极管（即 p 型半导体-本征半导体-n 型半导体）。实际器件中，本征区 I 的长度 d 比载流子的扩散长度 L 长。在外电场下空穴和电子分别从 p 区和 n 区注入到本征区。在这种磁二极管中，本征区内的电子和空穴的漂移方向相反，因此在磁场的影响下，将向同一方向偏转。

这样一来，两种载流子都在同一侧面积累，导致霍耳电场的相互抵消。由于没有横向霍耳电场的存在，因此载流子在洛仑兹力的作用下可获得较大的偏转，所以，载流子在 I 区的行程变得很长。同时由于磁场的影响在电流方向的扩散长度变小，因此电阻增加，流过磁二极管的电流将减少。

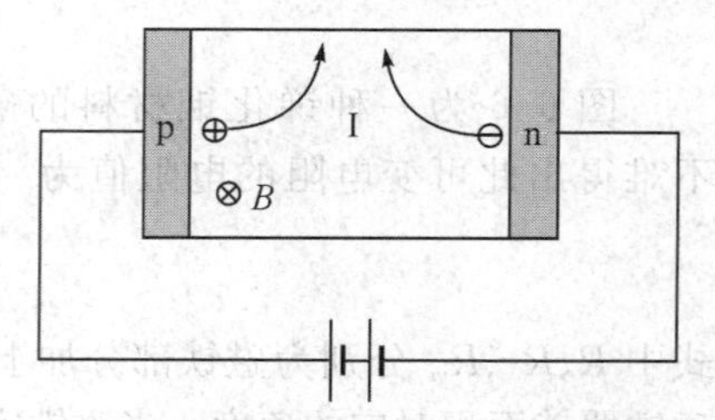

图 6.8　磁敏二极管中磁场对载流子的影响

另一种磁二极管是图 6.9 所示为 SMD 磁二极管（即 Sony Magneto diode）。SMD 具有 p^+-I-n^+ 结构（重掺 p 型-本征-重掺 n 型）。同样，I 区的长度比载流子的扩散长度 L 长好几倍。与前面的磁敏二极管不同的是，在 I 区的一侧形成载流子复合中心浓度特别大的高复合区。当加偏压时，从 p^+ 和 n^+ 区分别注入空穴和电子，如果没有磁场，载流子将沿直线运动。当加上垂直纸面向外的磁场时，载流子在洛仑兹力的作用下偏向高复合区。在那里，电子和空穴复合，导致载流子浓度下降。因此在这样的二极管中，不但载流子的运动路径变长，而且载流子因复合而数量下降，使得电阻增加。

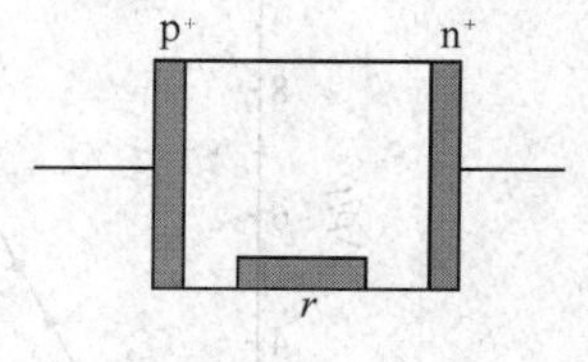

图 6.9　磁敏二极管

从上述讨论可以看出：目前可用做磁敏元件的半导体材料的种类不大多，但可以预计用化合物半导体材料将可能获得纯度高而且迁移率大的材料来制备更好的磁敏元件。半导体磁敏器件在无触点开关、无接触检测等方面已经得到广泛的应用。

§6.4 巨磁阻(GMR)与超巨磁阻(CMR)

上面我们介绍了半导体的磁电阻性能,即在外磁场的作用下,半导体内的载流子轨道发生偏转,运动路径增加,因此散射次数增加,导致电阻率增加。除了这种磁电阻效应外,实验上还发现了基于电子自旋散射的磁电阻材料与结构,即巨磁电阻(GMR)、超巨磁电阻(CMR)和隧穿磁电阻(TMR)三种。虽然这些材料在外场下也有电阻发生变化的现象,但电阻变化的起因是电子的自旋而非洛仑兹力引起的载流子运动方向的偏转。对于宏观尺度上的器件来说,电子在运动过程中因为经历各种散射,使得自旋随机取向,因此整体上没有体现出自旋的影响。但是如果器件的尺寸进入纳米范围,由于碰撞减少,电子的自旋效应就显现出来了。例如图 6.10 所示的两个磁性夹层间夹一层只有几个原子层厚的绝缘层,这样的结构就是一种典型的 TMR 器件。当上下两个铁磁层的磁矩方向相反时,电子在两个层间通过隧道效应跃迁时必须改变自旋的方向,导致散射较强。当上、下两个铁磁层的磁矩方向相同时,电子在两个层间通过隧道效应跃迁不需要改变自旋的方向,导致散射效应较弱。在没有加磁场时,上下两个铁磁层的自旋取向随机分布,电阻值相对较大。当加上外磁场后,上下两个铁磁层的自旋取向一致,电阻减小。

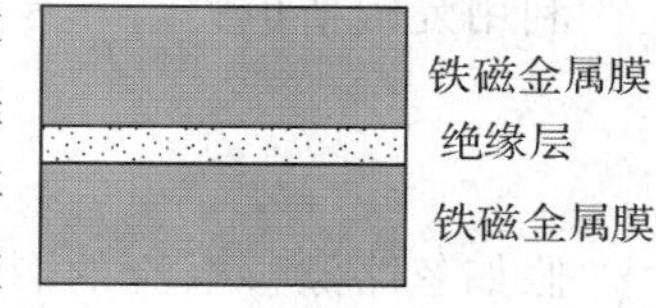

图 6.10 TMR 示意图

TMR 与普通半导体材料在磁场中的电阻变化明显不同。一方面,TMR 的磁电阻变化很大,其值可以达 50%以上,而普通半导体材料的 MR 很小,一般要小 1～2 数量级以上。二是对半导体材料的电阻,由于载流子在磁场作用下偏转,电阻总是增加的,但在 TMR 中,加外磁场后电阻反而是减小的。

有关 GMR、TMR 和 CMR 的内容,已经超出半导体物理的范围,故不再在这里介绍。但以上几种磁电阻效应应用前景巨大,特别是在非挥发性磁阻存储器及磁传感器等方面具有巨大的应用前景,有可能彻底改变计算机的随机存储器的工作原理与结构。

§6.5 表面光电压

实验上发现,如果样品不是太薄,则当能量大于禁带宽度的光照射到半导体表面时,半导体材料的表面与背面之间有电压产生,这个电压称为表面光电压。

产生表面光电压的原因是半导体材料中电子和空穴的扩散系数(或迁移率)的不同。假如电子的扩散系数大于空穴的扩散系数,那么当光照在半导体材料的表面产生电子-空穴对后,产生的非平衡载流子将以不同的速度向半导体材料的背面扩散,见图 6.11。由于电子和空穴的扩散速度不同,因此电子比空穴跑得快,导致由电子扩散产生的电流大于由空穴扩散产生的电流,最终在半导体表面有正电荷积累,背面有负电荷积累。由于电荷积累又引起电场,载流子在电场的作用下要产生漂移。因此电流由扩散电流和漂移电流两部分组成,总电流为两者之和：

$$J=(ne\mu_n+pe\mu_p)E_{ph}+e(D_n-D_p)\frac{\mathrm{d}\Delta p}{\mathrm{d}x} \quad (6.17)$$

式中 E_{ph} 为光照产生的光电压引起的电场，我们在此称它为表面光电场。当状态稳定后，开路状态下半导体材料中没有宏观电流，因此表面光电场的值为：

$$E_{ph}=-\frac{(D_n-D_p)}{n\mu_n+p\mu_p}\frac{\mathrm{d}\Delta p}{\mathrm{d}x} \quad (6.18)$$

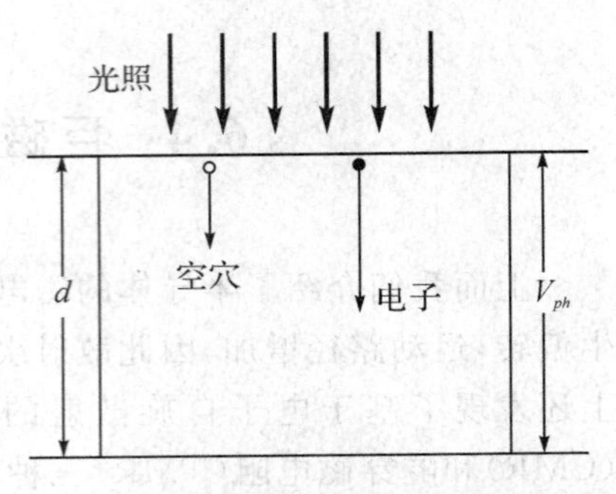

图 6.11　表面光电压产生示意图

利用爱因斯坦关系 $\frac{D}{\mu}=\frac{kT}{e}$，上式可以改写为

$$E_{ph}=-\frac{kT}{e}\frac{(\mu_n-\mu_p)}{n\mu_n+p\mu_p}\frac{\mathrm{d}\Delta p}{\mathrm{d}x} \quad (6.19)$$

假如忽略漂移电流的影响，并假定非平衡载流子浓度在样品的背面为 0，那么 $\Delta p=\Delta p_0\mathrm{e}^{-x/L_p}$，所以

$$E_{ph}=-\frac{kT}{e}\frac{(\mu_n-\mu_p)}{n\mu_n+p\mu_p}\frac{\Delta p_0}{L_p}\mathrm{e}^{-x/L_p} \quad (6.20)$$

最后我们得到光照引起的表面光电压为

$$\begin{aligned}V&=\int_0^d E_{ph}\,\mathrm{d}x=-\frac{kT}{e}\frac{(\mu_n-\mu_p)}{n\mu_n+p\mu_p}\frac{\Delta p_0}{L_p}\mathrm{e}^{-x/L_p}\mathrm{d}x\\&=\frac{kT}{e}\frac{(\mu_n-\mu_p)}{n\mu_n+p\mu_p}\frac{\Delta p_0}{L_p}L_p\mathrm{e}^{-x/L_p}\Big|_0^d=\frac{kT}{e}\frac{(\mu_n-\mu_p)}{n\mu_n+p\mu_p}(\Delta p_0-\Delta p_d)\end{aligned} \quad (6.21)$$

式中 d 为半导体材料的厚度，Δp_d 为半导体背面处非平衡空穴的浓度。一般情况下，只要对背面作适当的处理，例如通过喷砂处理，则 Δp_d 可以认为是 0。因此

$$V=\frac{kT}{e}\frac{(\mu_n-\mu_p)}{n\mu_n+p\mu_p}\Delta p_0 \quad (6.22)$$

光照引起的电势差称为表面光电压，也称丹倍效应(Dember effect)。可以看出，两种载流子的迁移率相差越大，表面光电压也越大。不过表面光电压一般很小，需要非常灵敏的测试方法，如锁相放大器等放大后才能观测得到。

§6.6　光磁电效应

如果在上面的实验中再在横向施加一直流磁场，那么可以在垂直非平衡载流子扩散方向及磁场方向的两个侧面上产生电压降。其基本原理与霍耳效应完全一样，即是由于洛伦兹力使得载流子的运动发生偏转引起的。不过，在霍耳效应中，对电流作贡献的电子和空穴在外场的作用下漂移运动的方向相反，而偏转方向相同，因此两者产生的霍耳电压是互相抵消的。在现在的情况下，电流是由于光生载流子引起的，电子和空穴都是从半导体材料的受光面向背面运动，即运动方向相同，因此在洛伦兹力的作用下两者向不同的方向偏转，由于电子和空穴所带的电荷符号相反，所以导致两者产生的横向电场是相加的。图 6.12 示意地

画出了光磁电效应产生的机制。

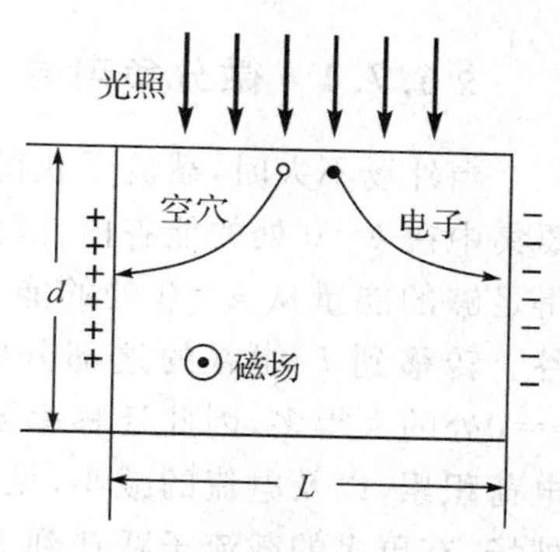

图 6.12 光磁电效应示意图

利用与霍耳效应相似的推导，并假定半导体材料为 n 型的，即 $n \gg p_0$，$n \gg \Delta p_0$，而且非平衡载流子在背面处的浓度为 0，则可以得出光电磁效应中横向电压差为：

$$V_{\text{PEM}} = \frac{\mu_n + \mu_p}{n\mu_n d} D_p \Delta p_0 BL = \frac{\mu_n + \mu_p}{nd} \frac{\mu_p}{\mu_n} \frac{kT}{e} \frac{L}{d} B \Delta p_0 \tag{6.23}$$

式中 B 为磁场强度，L 为载流子偏转方向半导体材料的宽度，d 为材料的厚度。假定电子的迁移率比空穴的高得多，则上式可以进一步简化为

$$V_{\text{PEM}} = \frac{\mu_p}{nd} \frac{kT}{e} \frac{L}{d} B \tag{6.24}$$

至此，我们不难看出，载流子迁移率高的材料的光电磁效应比较明显。

从上面的讨论可以看出，表面光电压和光电磁电压都与表面的非平衡载流子浓度成正比，而表面的非平衡载流子是与载流子的产生率和复合率有关的。如果光照强度确定，那么表面非平衡载流子的浓度就由非平衡载流子的复合速度确定。从另一方面看，非平衡载流子的寿命与复合速度的倒数成正比，因此利用以上两个现象可以测量半导体材料的少子寿命。利用这种方法可以测量寿命很短的非平衡载流子的寿命，而且可以利用 Kelvin 探头，使得测量是非破坏性的。

§ 6.7 耿氏效应

1963 年，耿氏(Gunn)发现当如图 6.13 所示的长度为 L 的 GaAs 两端的电极上所加的电压超过 3×10^3 V/cm 时，半导体内部的电流会发生高频振荡，振荡频率高达 GHz 量级。这种现象被称为 Gunn′s 振荡。利用耿氏振荡可用来产生高频振荡(毫米波段)。

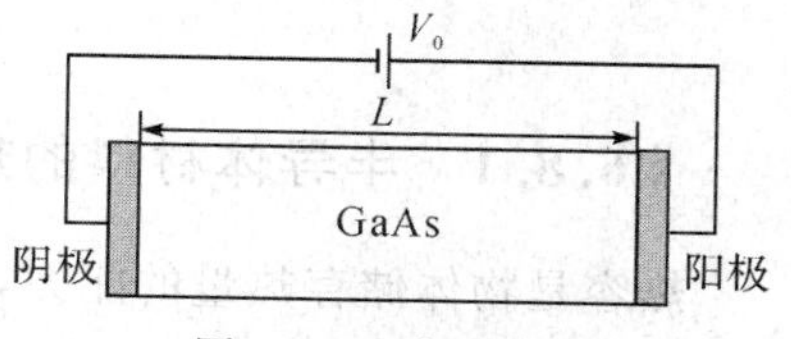

图 6.13 耿氏效应

耿氏效应的本质是多能谷散射引起的负微分电导，其本质是载流子在多能谷间的跃迁。以下分析其产生机理。

从图 6.14 所示的 GaAs 的能带结构看，有以下特点：1)价带顶与导带底均在 $k=0$ 处，是直接能带半导体材料；2)在[111]方向的布里渊区边界处 L 还有一个次极小，其极小值比 $k=0$ 处的最低能谷仅高 0.36eV。两个能谷的曲率半径不同，因此对应的有效质量不同，L 处的能谷对应的有效质量比 $k=0$ 处的大得多，比值为 0.55/0.067。

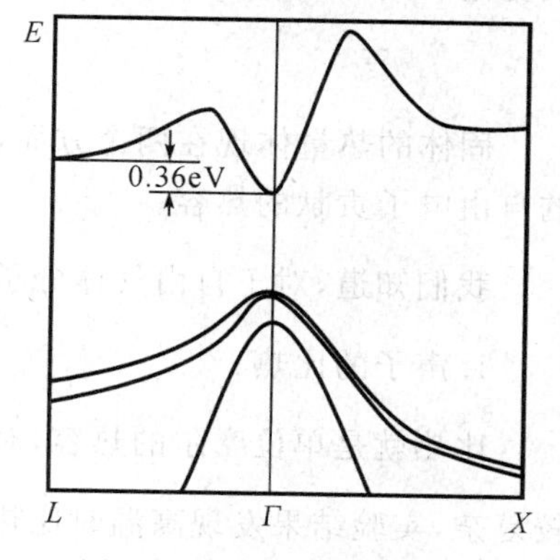

图 6.14 砷化镓的能带图

§6.7.1 微分负电导

当外场不大时，载流子获得的能量较小，导带电子主要集中在 $k=0$ 处的能谷内，因此迁移率较大，平均速度也较大。当外场较大时，电子可以获得足够的能量从 $k=0$ 处的能谷转移到 L 处的能谷。转移到 L 能谷的这部分电子的有效质量比 $k=0$处的大得多，因此迁移率要小得多，导致局部电荷积累，以及电流的减小，见图 6.15。继续增加外场，有更多的载流子跃迁到 L 能谷，迁移率将进一步下降。从 j-E 或 I-V 曲线上看，可发现随着外场的增加，电流不升反而降。当这种转移比较明显时，电导率将明显减小。

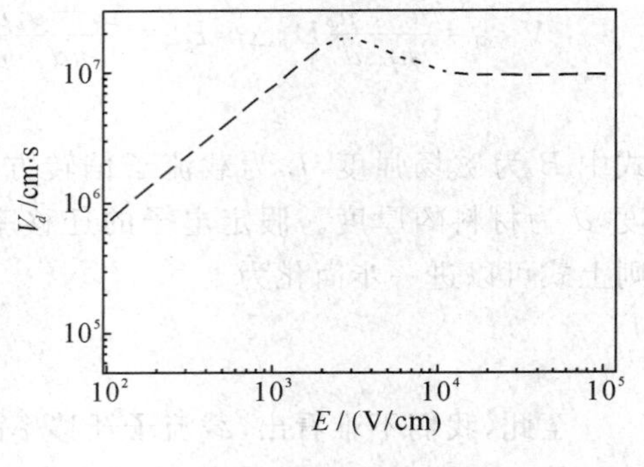

图 6.15 微分电导率

根据微分电导率的定义，

$$\sigma=\frac{\mathrm{d}J}{\mathrm{d}E}=\frac{\mathrm{d}(nqv_d)}{\mathrm{d}E}=nq\frac{v_d}{\mathrm{d}E} \qquad (6.25)$$

此时的微分电导率为负值。如果保持外电场不变，则局部积累的电荷在外场的作用下向对面的电极移动。当积累的电荷到达电极时被电极吸收，此时材料中只有位于较低能谷 $k=0$处的载流子，因此迁移率较大，电流将短时增加。但很快又有载流子从较低的能谷跃迁到 $k=L$ 处的能谷上，迁移率又下降，电荷重新积累，电流又减小。上述电流减小—增加过程不断进行，导致电流的振荡。

§6.8 半导体的热效应

§6.8.1 半导体材料的热容

热容是物体储存热量的能力，即温度变化 1℃ 时吸收或放出的热量。对于固体，因为体积变化不大，一般情况下可以取定容热容，即

$$c_V=\left(\frac{\partial E}{\partial T}\right)_V \qquad (6.26)$$

固体的热量体现在两个方面，一部分为晶格振动(声子)贡献的热容，另一部分为固体内的自由电子贡献的热容。

我们知道，对于自由气体分子，$c_V=\frac{3}{2}Nk$，其中 N 为气体的摩尔数，k 为波尔兹曼参数。

1. 声子的比热

比热就是单位摩尔的热容，对于自由气体分子，$c_V=\frac{3}{2}N_0k=\frac{3}{2}R$。但对于固体，情况比较复杂，实验结果发现高温时比热与上式符合，但低温时比热减小，温度越低，比热越小。图 6.16为锗单晶晶格振动对应的热容随温度的变化。

爱因斯坦和德拜晶格通过量子力学的谐振子模型很好地解释了晶格振动对应的热容。我们知道，晶格振动在量子力学中可以等效为谐振子，即声子。对频率为 ω_i 的声子，其能量为 $E_i=\left[n_j+\frac{1}{2}\right]\hbar\omega_i, n=0,1,2\cdots$

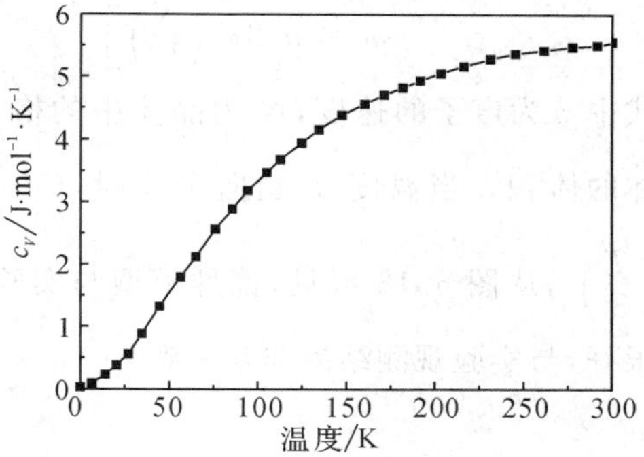

因此，对所有可能的声子数统计求和，我们得到对于晶格振动频率为 ω_i 的声子的能量为

$$\bar{E}_i=\frac{1}{2}\hbar\omega_i+\frac{\sum_n[n\hbar\omega_i]\mathrm{e}^{-\frac{1}{kT}n\hbar\omega_i}}{\sum_n\mathrm{e}^{-\frac{1}{kT}n_j\hbar\omega_i}} \tag{6.27}$$

图 6.16　锗单晶晶格振动热容随温度的变化

令 $\beta=\frac{1}{kT}$，此式可以改写成

$$\bar{E}=\frac{1}{2}\hbar\omega_i+\frac{\sum_n n\hbar\omega_i\mathrm{e}^{-\beta n\hbar\omega_i}}{\sum_n\mathrm{e}^{-\beta E_i}}=\frac{1}{2}\hbar\omega_i+\frac{\partial}{\partial\beta}\ln\sum_n\mathrm{e}^{-n\beta\hbar\omega_i} \tag{6.28}$$

因为 $\sum_n\mathrm{e}^{-n\beta\hbar\omega_i}=\frac{1}{1-\mathrm{e}^{-\beta\hbar\omega_i}}$，所以

$$\bar{E}_i=\frac{1}{2}\hbar\omega_i+\frac{\hbar\omega_i}{1-\mathrm{e}^{-\beta\hbar\omega}} \tag{6.29}$$

因此，频率为 ω_i 的声子对应的热容为：

$$C_{Vi}=\frac{\partial\bar{E}_i}{\partial T}=k\left(\frac{\hbar\omega_i}{kT}\right)^2\mathrm{e}^{\frac{\hbar\omega_i}{kT}}\left(\mathrm{e}^{\frac{\hbar\omega_i}{kT}}-1\right)^{-2} \tag{6.30}$$

爱因斯坦模型假定所有的声子的振动频率相同，即为 ω_0，由此得出晶格振动对应的 $3N$ 个声子的比热为

$$C_V=3Nk\left(\frac{\hbar\omega_0}{kT}\right)^2\mathrm{e}^{\frac{\hbar\omega_0}{kT}}\left(\mathrm{e}^{\frac{\hbar\omega_0}{kT}-1}\right)^{-2} \tag{6.31}$$

这种把所有声子的频率都假设为 ω_0 的做法虽然过于简单，但却与实验结果符合得很好，只是在极低的温度下才与实验曲线有些差距，见图 6.17，图中横坐标中的 $\theta_A=\frac{\hbar\omega_0}{k}$。

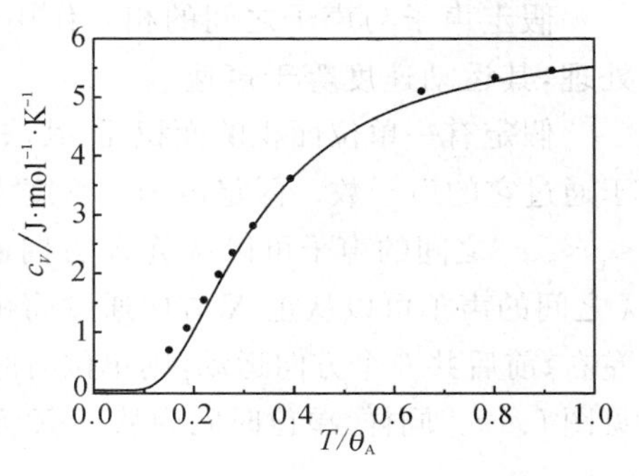

图 6.17　热容的爱因斯坦模型

德拜(Debye)在爱因斯坦模型的基础上进一步提出振动频率有上限的概念，即声子的频率分布在 $0<\omega\leqslant\omega_m$ 这个范围内，由此得出晶格振动对应的比热为

$$C_V=9R\left(\frac{T}{\Theta}\right)\int_0^{\Theta}\frac{\xi^4\mathrm{e}^{\xi}}{(\mathrm{e}^{\xi}-1)^2}\mathrm{d}\xi \tag{6.32}$$

这里 $\Theta=\frac{\hbar\omega_m}{k}$ 为德拜温度，对应的德拜频率为

$$\omega_m=\bar{v}\left[6\pi^2\left(\frac{N}{V}\right)\right]^{1/3} \tag{6.33}$$

式中 v 为声子的速度，N 为晶体中的格点数，V 为晶体的体积。当温度 T 趋向于 0 时，$C_V \xrightarrow{T\to 0} = \frac{12\pi^4 R}{15}\left(\frac{T}{\Theta}\right)^3$，从图 6.18 可见，德拜模型与实验结果符合得很好，与实验观测结果非常一致。

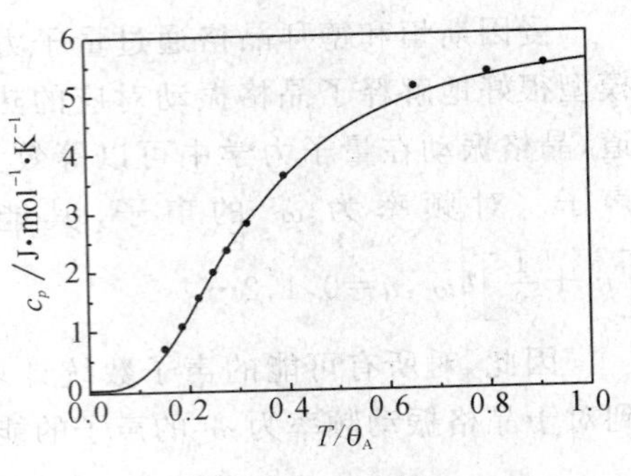

图 6.18 热容的德拜模型

§6.9 热导率

实验上发现如果样品两端各自保持恒定的温度，则在单位时间内流过单位截面的热流密度与样品两端的温度梯度成正比，即 $W=-k\nabla T$，式中 k 称为热导率，W 为热能流密度。因此，热导率就是单位温差下流过截面的能流密度。对金属来说，对热导率 k 的贡献主要来自于自由电子的热传导，而对绝缘体来说，由于没有自由电子，热传导主要靠晶格振动(即声子)传热。对半导体材料来说，由于载流子浓度可以在很大范围内变化，因此在载流子浓度较低时，晶格振动贡献的热传导可能是主要的；而在载流子浓度较高时，载流子贡献的热传导可能是主要的。所以对半导体材料的热传导，具体要看当时的温度、掺杂情况等，在很多情况下，载流子热传导与晶格振动热传导同等重要。

§6.9.1 晶格振动热传导

假定声子与声子之间的相互作用可以忽略，那么在经典近似下，声子可以当作自由粒子处理，其运动速度等于声速。

假定有一单位面积的面积元，其法线方向为 X 轴方向，则单位时间内通过它的能量正比于通过它的声子数。假定声子的密度为 N，速度为 v，声子的平均自由程为 λ，那么位于 $x_0-\lambda<x\leqslant x_0$ 之间的声子可以从负 X 方向通过面积元进入 $x>x_0$ 的区域；同样，位于 $x_0<x\leqslant x_0-\lambda$ 之间的声子可以从正 X 方向通过面积元进入 $x<x_0$ 的区域。如果把声子的运动分为上下、左右、前后共 6 个方向运动，则单位时间内从负 X 方向向正 X 方向运动的声子数目为 $1/6nv$，见图 6.19。同样，单位时间内从正 X 方向向负 X 方向运动的声子数目也为 $1/6nv$。

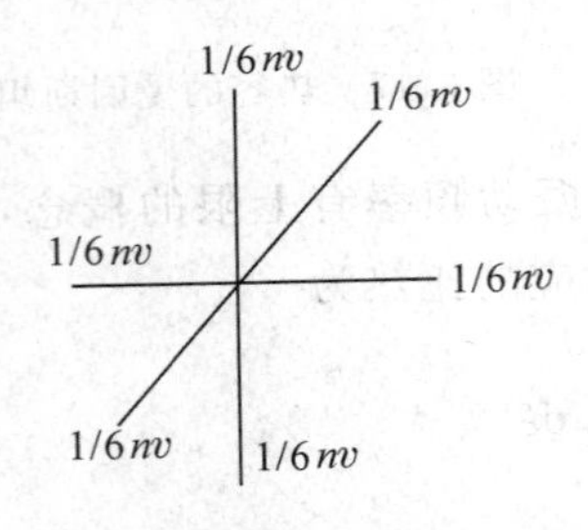

图 6.19 声子向六个方向运动

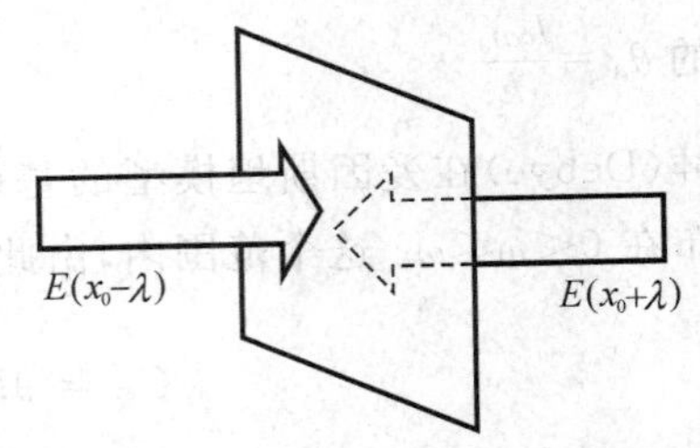

图 6.20 不同方向通过某一截面的能量不同

由于两端温度不同，所以不同方向运动的声子所携带的能量不同。处于 $x_0-\lambda$ 处的每个声子携带的能量为 $E(x_0-\lambda)$，处于 $x_0+\lambda$ 的声子的能量为 $E(x_0+\lambda)$，见图 6.20。这样单位时间内通过该面积元的净能量为

$$W=\frac{1}{6}vN[E(x_0-\lambda)-E(x_0+\lambda)]=-\frac{1}{3}Nv\frac{\partial E}{\partial x}\lambda \tag{6.34}$$

因为 $\frac{\partial E}{\partial x}=\frac{\partial E}{\partial T}\frac{\partial T}{\partial x}=c_V\frac{\partial T}{\partial x}$，其中 c_V 为前面一节所述的声子的比热，所以晶格振动的热流密度为

$$-\frac{1}{3}Nv\lambda c_V\frac{\partial T}{\partial x} \tag{6.35}$$

比较热流密度的定义，$W=-k\nabla T$，可得

$$k_l=\frac{1}{3}c_VNv\lambda=\frac{1}{3}c_V\lambda \tag{6.36}$$

其中 c_V 为材料的比热。

§6.9.2 载流子的热传导系数

对于载流子引起的热传导，我们可以通过金属中自由电子的热传导进行分析。首先，上面根据粒子能量交换模型推出的热传导系数对金属中的自由电子也是适用的，即 $k_{el}=\frac{1}{3}c_VNv\lambda$。其次我们要考虑到金属中电子的特殊性，即大部分电子并不参与热传导，能够参与热传导的电子只是位于费米能级附近几个 kT 内的电子。这就像容器中水的蒸发速度与容器中水的总量关系不大，而只与容器的截面积和温度有关的道理相似，因为大部分电子在能带的下部，实际上没有参与热量的传输，见图 6.21。因此对电子数 N 要进行修正，即乘以一个比例系数 kT/E_F，这里 E_F 为费米能级。

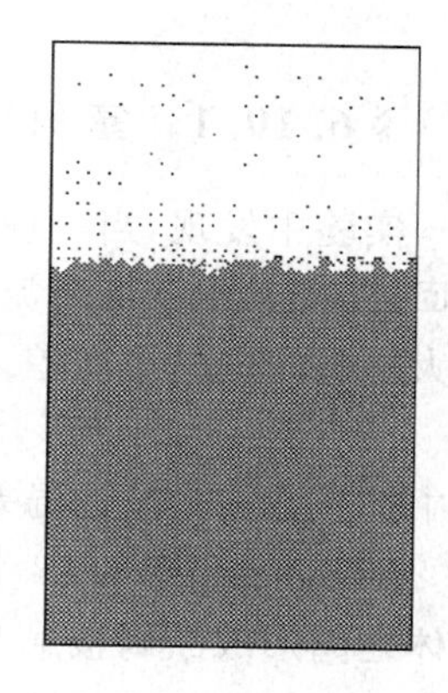

图 6.21 只有靠近表面的水分子才能蒸发

另外，对于自由电子，每个电子的热运动能量为 $\frac{3}{2}kT$，因此比热 $c_V=\frac{3}{2}k$。将以上关系代入热导率公式，即可得到电子的热传导系数为

$$k_{el}=\frac{1}{3}c_VN_{\text{eff}}v\lambda=\frac{1}{3}\left(\frac{3}{2}k\right)\left(N\frac{kT}{E_F}\right)v_F(v_F\tau) \tag{6.37}$$

这里 N_{eff} 为参与热传导的有效电子数，下标 f 表示与费米能级相关。

注意，现在式中的符号都是相对电子而言的。由于 $E_F=\frac{1}{2}m^*v_F^2$，所以上式可以改写为

$$k_{el}=\frac{Nk^2T}{2E_F}\frac{2}{m^*}\left(\frac{1}{2}m^*v_Fv_F\right)\tau=\frac{k^2NT\tau}{m^*} \tag{6.38}$$

其中 τ 为电子的平均自由时间，再利用 $\sigma=Ne\mu$，我们得到金属中自由电子对热导率的贡献为

$$k_{el}=\frac{k^2NT\tau}{m^*}=\frac{k^2T}{e}N\frac{e\tau}{m^*}=\frac{k^2T}{e}N\mu=\frac{k^2T}{e^2}\sigma \tag{6.39}$$

以上是利用简单的粒子交换模型得到的，但与严格推导得到的结果只差一个系数。严格的推导可以证明，自由电子的热传导为

$$k_{el}=\frac{\pi^2 k^2 T\sigma}{3e^2}=2.45\times10^{-8}T\sigma \tag{6.40}$$

对于简并半导体，载流子的热导率与金属中自由电子的热导率相同，可以看出，自由电子的热导率与电导率之间存在简单的关系，即$\frac{k}{T\sigma}=L$，其中 L 为洛仑兹数。一般情况下，半导体中的传导电子和空穴的热导率为$\frac{2k^2\sigma T}{e^2}$，与自由电子的热导率只相差一个系数。

不难看出，电子或空穴的热导率与它们的浓度、迁移率或电导率、所处的温度有关。迁移率越大，电子流动越快，热导率越大；载流子密度越大，参与输运的电子越多，热导率也越大。另外温度越高，载流子的热运动能量越大，则每次能传送的能量也越大，相应的热导率也大。

§6.10 半导体的热电、电热效应

§6.10.1 塞贝克效应

实验中发现，当一种材料的两端维持不同的温度时，材料的两端有电动势产生，如果形成回路，则其中有电流流过。这种由于温差产生的电动势称为温差电动势。温差电动势 $\mathscr{E}$ 的大小与两端的温度差 ΔT 成正比，即

$$\mathscr{E}=\alpha\Delta T \tag{6.41}$$

式中的系数 α 为单位温差引起的电动势，称为温差电动势率或塞贝克系数。

图 6.22 和图 6.23 为半导体温差发电的原理图。以 p 型半导体为例，当金属和 p 型半导体之间形成欧姆接触时，如两接触处的温度不同，则空穴将从高温端向低温端扩散，在半导体中形成了空穴的浓度梯度，导致空穴在低温处积累而使半导体的低温端带正电，高温端带负电，见图 6.22。不过注意，低温端的正电荷来自于空穴的积累，而高温端的负电荷来自于电离的受主。同样分析可知，对于 n 型材料，电子在低温处积累，从而使得半导体材料的低温端带负电，高温端带正电，见图 6.23。

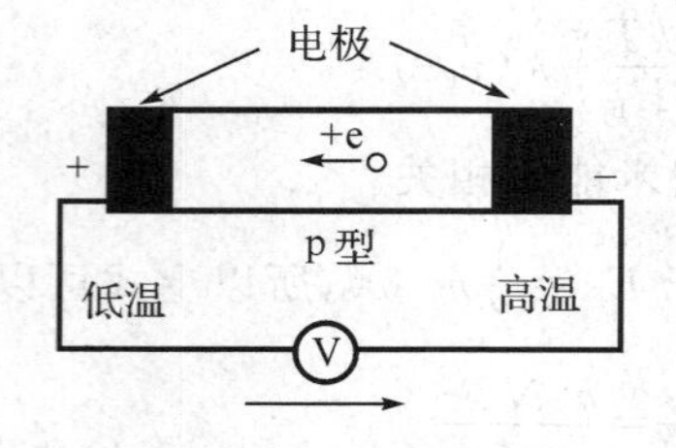

图 6.22 p 型半导体材料

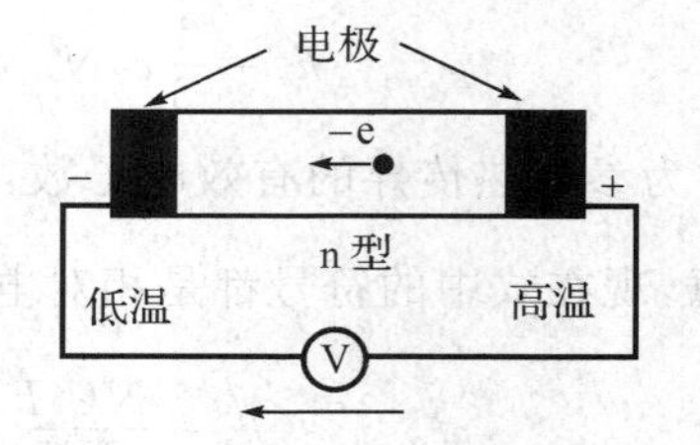

图 6.23 n 型半导体材料

对于 p 型材料，由于两端有电荷积累，导致半导体内的产生一个内建电场，其方向由低温端指向高温端。在此电场的作用下将产生与空穴扩散流方向相反的漂移空穴流。当扩散

的空穴流与电场引起的漂移空穴流相等时，两者达到动态平衡状态，总体上不再有宏观的粒子流动。但由于内建电场的存在，半导体的能带出现倾斜，费米能级也有倾斜。

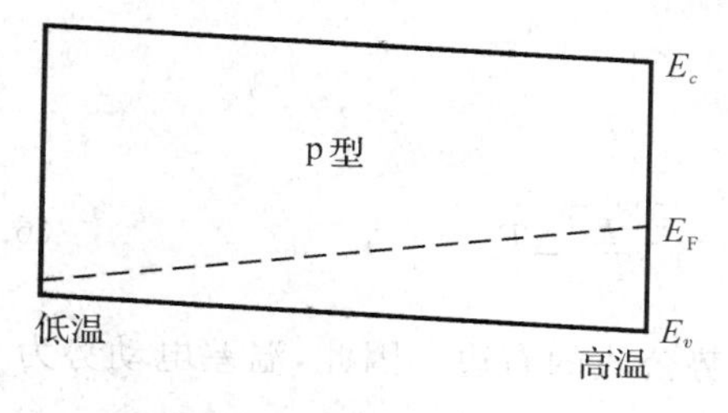

图 6.24　能带倾斜情况—p 型

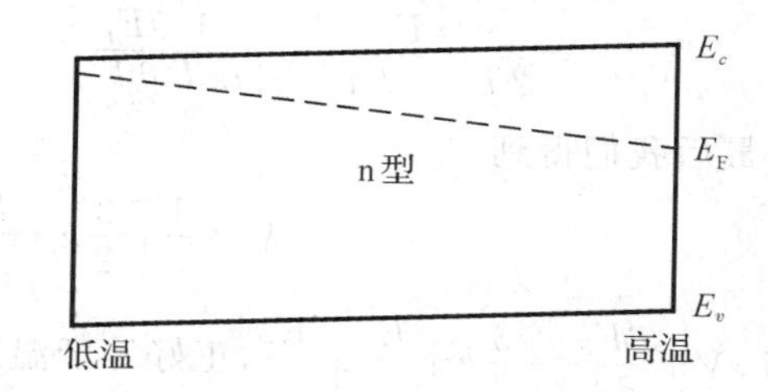

图 6.25　能带倾斜情况—n 型

从图 6.24 和图 6.25 所示能带图可以看出，温差电动势实际上就是半导体两端价带顶（或导带底）的能量差除以电子的电荷。价带顶（或导带底）的位置是以费米能级作为参考的。由于半导体材料两端的温度不同，费米能级与温度（或位置）有关，因此我们还需要对温度引起的费米能级变化进行修正。所以温差电动势的贡献来自两个部分，即半导体两端价带顶（或导带底）的差及费米能级的差之和，也即

$$e\mathscr{E}=(E_{c,T_1}-E_{c,T_2})+\Delta E_F \qquad e\mathscr{E}=(E_{v,T_1}-E_{v,T_2})+\Delta E_F \tag{6.42}$$

以下我们以 p 型半导体为例进行讨论。

由于在温差电动势影响的情况下，我们主要研究温度不同引起的能级变化，所以我们把上式可以改写为

$$e\mathscr{E}=(E_{v,T_1}-E_{v,T_2})+\frac{\partial E_F}{\partial T}\Delta T=eV+\frac{\partial E_F}{\partial T}\Delta T \tag{6.43}$$

因此要求出温差电动势 $\mathscr{E}$，我们要求出 $eV+\frac{\partial E_F}{\partial T}\Delta T$。

对于处于饱和电离状态下的 p 型半导体，$E_F=E_v+kT\ln\frac{N_v}{N_a}=E_v+kT\ln\frac{N_v}{p}$，因此要求出$\frac{\partial E_F}{\partial T}$，只要求出$\frac{\partial p}{\partial T}$就可以了。下面我们来求$\frac{\partial p}{\partial T}$。

首先，当温差引起的扩散的空穴流与电场引起的漂移空穴流相等时，我们有

$$eD_p\frac{\partial p}{\partial x}=ep\mu_p\Xi \tag{6.44}$$

式中 Ξ 为半导体内部的电场强度。上式可表示为

$$\frac{\partial p}{\partial x}=\frac{p\mu_p}{D_p}\frac{V}{L}$$

式中 L 为样品的长度，V 为内建电场对应的电势差。利用爱因斯坦关系$\frac{D_p}{\mu_p}=\frac{kT}{e}$，我们得到$\frac{\partial p}{\partial x}=\frac{pe}{kT}\frac{V}{L}$。利用上式，我们可以得到载流子浓度对温度的变化率为

$$\frac{\partial p}{\partial T}=\frac{\partial p}{\partial x}\frac{\partial x}{\partial T}=\frac{peV}{kTL}\frac{L}{\Delta T}=\frac{peV}{kT\Delta T},\quad 以及\ V=\frac{kT}{pe}\frac{\partial p}{\partial T}\Delta T$$

我们知道，对于处于饱和电离区的 p 型半导体，$p=N_v\mathrm{e}^{-(E_F-E_v)/kT}=AT^{3/2}\mathrm{e}^{-(E_F-E_v)/kT}$，$A$ 为一个与温度无关的系数。所以

$$\frac{1}{p}\frac{\partial p}{\partial T}=\frac{1}{p}\left(\frac{3}{2}AT^{1/2}+AT^{3/2}\frac{E_F-E_v}{kT^2}-AT^{3/2}\frac{1}{kT}\frac{\partial E_F}{\partial T}\right)e^{-(E_F-E_v)/kT}$$

$$=\frac{3}{2T}+\frac{E_F-E_v}{kT^2}-\frac{1}{kT}\frac{\partial E_F}{\partial T}$$

最后我们得到

$$V=\frac{1}{e}\left[\frac{3}{2}k+\frac{E_F-E_v}{T}-\frac{\partial E_F}{\partial T}\right]\Delta T \tag{6.45}$$

此即 $eV+\frac{\partial E_F}{\partial T}=\frac{3}{2}k+\frac{E_F-E_v}{T}$，正好等于温差电动势公式的右边。因此，温差电动势为

$$\mathscr{E}=\frac{k}{e}\left(\frac{3}{2}+\frac{E_F-E_v}{kT}\right)\Delta T \tag{6.46}$$

最后我们得到 p 型材料的塞贝克系数为

$$\alpha_p=\frac{k}{e}\left(\frac{3}{2}+\frac{E_F-E_v}{kT}\right)=\frac{k}{e}\left(\frac{3}{2}+\ln\frac{N_v}{p}\right) \tag{6.47}$$

同样，我们可以得到 n 型材料的塞贝克系数为

$$\alpha_n=\frac{k}{e}\left(\frac{3}{2}+\frac{E_c-E_F}{kT}\right)=\frac{k}{e}\left(\frac{3}{2}+\ln\frac{N_c}{n}\right) \tag{6.48}$$

同样，我们还可以得到同时存在两种载流子时的塞贝克系数为

$$\alpha=\frac{\mathrm{d}V}{\mathrm{d}T}=-\frac{k}{e}\left[\frac{\left(\frac{3}{2}+\ln\frac{N_c}{n}\right)n\mu_n-\left(\frac{3}{2}+\ln\frac{N_v}{p}\right)p\mu_p}{n\mu_n+pu_p}\right] \tag{6.49}$$

以上是十分粗糙的理论推导，严格的计算表明

$$\alpha_p=\frac{k}{e}\left(\frac{5}{2}+\gamma+\ln\frac{N_v}{p}\right),\ \alpha_n=\frac{k}{e}\left(\frac{5}{2}+\gamma+\ln\frac{N_c}{n}\right) \tag{6.50}$$

虽然金属也有塞贝克效应，例如我们在温度控制中常用的热电偶就是一种温差电材料。但由于半导体中载流子浓度比较小，因此半导体材料的热电效应往往比金属材料的要明显得多。

1. 热电材料的优值

衡量一种热电材料的好坏的指标是它的热电转换效率，即热流与电流之间的转换效率。

我们知道，对于热电材料，假如内部电流密度均匀，则流过材料的电流密度为漂移电流与扩散电流的和，即

$$J=J_0+J_D=\sigma\left(E-\frac{\mathscr{E}}{L}\right) \tag{6.51}$$

其中 J_0、J_D 分别为漂移电流与扩散电流，$\mathscr{E}$ 为热电动势，L 为材料的长度。上式可改写为

$$J=\sigma\left(E-\frac{\alpha\Delta T}{L}\right)=\sigma(E-\alpha\nabla T) \tag{6.52}$$

另一方面，流过材料的热流密度也由两部分组成，即温差引起的热流温差电功率贡献的热量。温差电贡献的热量可以写成

$$Q_{TE}=J_0\alpha\Delta T=J_0\alpha\int_0^L\frac{\partial T}{\partial x}\mathrm{d}x=\sigma E\alpha\frac{T}{L}\int_0^L\mathrm{d}x=\sigma E\alpha T \tag{6.53}$$

所以总的热流密度为

$$Q=-k_1\Delta T+\alpha\sigma ET \tag{6.54}$$

式中 k_1 为存在温差电动势时的热导率。

利用 $J=\sigma(E-\alpha\nabla T)$，热流密度可以改写为 $Q=-k_1\Delta T+\alpha(J+\alpha\sigma\nabla T)T$，即

$$Q=-(k_1-\alpha^2\sigma T)\nabla T+\alpha JT=-k\nabla T+\alpha JT \tag{6.55}$$

式中 $k=k_1-\alpha^2\sigma T$ 为扣除了热电动势影响以后的热导率，即电流密度等于 0 时（开路）的热导率。所以

$$k_1=k+\alpha^2\sigma Y=k\left(1+\frac{\alpha^2\sigma}{k}T\right)=k(1+ZT) \tag{6.56}$$

Z 或 ZT 称为热电材料的优值，它反映了电流引起热流的变化或热流引起电流变化的程度。Z 值越大，电热、热电转换的效率越高。

从上面的分析可知，半导体温差发电的效率与以下几个因素有关：①两接触部的温度差 ΔT，温差越大，热电势也越大；②如果考虑到热电转换的效率，则要求 $\alpha^2\sigma/k$ 值较大的半导体材料，这里 σ 为材料的电阻率，k 为材料的热导率。

这里我们发现，要提高优值 Z 存在一定的难度。一方面大的 Z 值要求 α^2 大，即要求掺杂浓度较小，另一方面要求提高 σ/k 的比值，即 σ 要大，而 σ 大即要求掺杂浓度高。另外，对于导体和掺杂浓度较高的半导体材料，电导率 σ 和热导率 k 之间存在简单的比例关系，如果电导率 σ 高，那么载流子浓度肯定也高，因此掺杂浓度存在一个最佳值。但是仅仅简单地通过改变掺杂浓度，Z 值很难有本质的提高。

进一步分析表明，热电制冷效率为

$$\eta=\frac{T_L\sqrt{1+Z(T_L+T_H)/2}-T_H}{(T_H-T_L)[1+\sqrt{1+Z(T_L+T_H)/2}]} \tag{6.57}$$

当 $Z\to\infty$ 时，$\eta\to\dfrac{T_L}{T_H-T_L}$，即卡诺循环的效率。有人估计，热电转换若要在效率上与现在的压缩机制冷或热电发电站可比，ZT 值起码要达到 4，但目前 ZT 基本上还在 1 附近徘徊，还没有找到很好的提高 Z 值的办法。

从温差电动势的符号看，对 n 型半导体材料，$\alpha_n=-\dfrac{k}{e}\left(2+\ln\dfrac{N_c}{n}\right)$，因为一般情况下 N_c/n 与 N_v/p 均大于 1，所以 $\ln\dfrac{N_c}{n}$ 恒大于 0，因此温差电动势率是负的。而对于 p 型半导体材料 $\alpha_p=\dfrac{k}{e}\left(2+\ln\dfrac{N_v}{p}\right)$，所以温差电动势率是正的。利用这一现象可以判断半导体材料的导电类型。当两支温度不同的探针与半导体材料接触时，对于 n 型材料，热探针下的触点相对于室温触点为正；而对 p 型材料，热探针下的触点相对为负。但如果材料的电阻率足够高或禁带宽度很小，则热探针可能导致材料处于本征激发状态而导致误判。对于两种载流子同时存在的半导体材料，由于一般情况下电子迁移率高于空穴迁移率，即电子扩散比空穴容易，因此不管是弱 p 型还是弱 n 型材料，热探针总是为正。因此在测量窄禁带 p 型材料或高阻 p 型材料时，容易将 p 型高阻材料误判为 n 型。为了防止这种情况的产生，可用冷探针取代替热探针，即一个探针为室温，另一个冷却以避免材料进入本征激发状态。

除了测量导电类型外，塞贝克效应还可以用于热电转换、电热转换、电致冷却、温度测量等方面。

§6.10.2 半导体温差发电器

半导体温差发电器是把热能直接变成电能的一种器件。它的特点是结构简单、体积小型、无振动部件，但它的热点转换效率目前还比不上火力发电机。因此半导体温差发电机目前仅仅应用在某些特殊的场合。比如用作海上航标灯用电源、宇宙飞船中的电源、无人中继站的电源或者野外携带电源。与太阳能电池必须以阳光作为能量来源不同，半导体热电转换的热源可以是油、气、煤、木材、核能、工业余热甚至垃圾等等，因此应用前景是非常广阔的。

§6.11 帕尔帖效应

另一个与热电相关的效应是帕尔帖效应。实验发现，当两种导体接触处通以电流 J 时，在金属、半导体的接触处会发生放热或吸热现象，这种现象称为帕尔帖效应，见图 6.26。

实验证明放出或吸收的热量与通过的电流成正比，即

$$Q = \Pi J \tag{6.58}$$

式中 Π 称为帕尔帖系数。帕尔帖现象实际上是两种材料的功函数不一致造成的。比如当电子从金属向 n 型半导体流动时，因为半导体的价带都被电子填满了，所以电子只能从半导体的导带通过，但 n 型半导体的导带比金属的费米能级高，所以金属侧的电子要得到额外的能量才能进入半导体的导带，所以它要在电流的流出处(即电子进入处)通过吸收声子获得额外的能量，即要吸收热量导致此端冷却。相反，当电子从 n 型半导体进入金属时它要放出当初吸收的多余的热量，即在电流流入处放出声子，即导致此端发热。利用这个原理即可制造半导体制冷、制热器件。目前市场上已经有这类器件出售，功率大多为每片 50W 左右。

以下以 n 型材料为例讨论帕尔帖系数。如果不考虑电子的热平均动能，则当一个电子从左边的金属进入半导体材料的导带时(能量为 E)，其吸收或放出的热量为 $E-E_F$，这里 $E_c<E<E_{cM}$，这里 E_c 和 E_{cM} 分别为导带底和导带顶的能量。假定导带底离开费米能级较远，即费米分布可以用波尔兹曼分布近似，并把积分上限外推到无穷大，则每个电子平均吸收的能量为

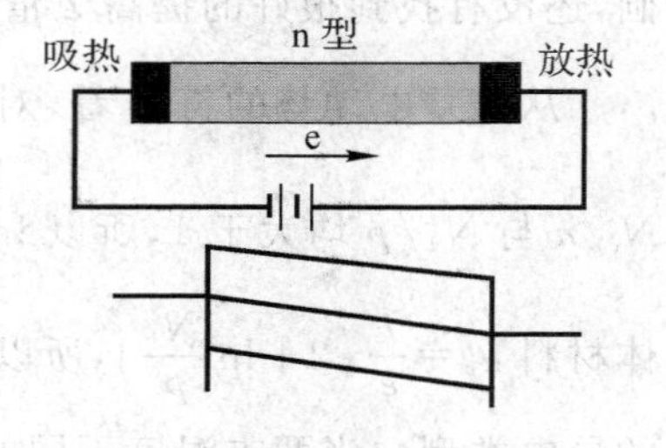

图 6.26 帕尔帖效应

$$\Delta E = \frac{\int_{E_c}^{E_{cM}} (E-E_F)\left(1+e^{-\frac{E-E_F}{kT}}\right)^{-1} dE}{\int_{E_c}^{E_{cM}} \left(1+e^{\frac{E-E_F}{kT}}\right)^{-1} dE}$$

$$\approx\frac{\int_{E_c}^{\infty}(E-E_F)e^{-\frac{E-E_F}{kT}}dE}{\int_{E_c}^{\infty}e^{-\frac{E-E_F}{kT}}dE}=E_c-E_F+kT \tag{6.59}$$

如果考虑到电子的平均热动能，则一个电子还要额外增加约为$\frac{3}{2}kT$的热运动能，因此吸收或放出的能量比上式还要大。如果再考虑到载流子的散射，则还应加上一项与散射相关的能量γkT，即

$$\Delta E=E_c-E_F+\left(\frac{5}{2}+\gamma\right)kT \tag{6.60}$$

在电流为J的条件下，单位时间内流过的电子数为J/e，所以单位时间内吸收或放出的热量为：

$$W=\frac{J}{e}\Delta E=\left[E_c-E_F+\left(\frac{5}{2}+\gamma\right)kT\right]\frac{J}{e},\therefore \Pi=\frac{E_c-E_F}{e}+\left(\frac{5}{2}+\gamma\right)\frac{kT}{e} \quad 6.61$$

因为$E_F=E_c-kT\ln\frac{N_c}{N_d}$，所以

$$\Pi=kT\left[\ln\frac{N_c}{N_d}+\left(\frac{5}{2}+\gamma\right)\right]=\alpha T \tag{6.62}$$

式中的α就是前面提到的塞贝克系数，或温差电动势率。帕尔帖系数与塞贝克系数之间具有简单的关系一点也不奇怪，因为帕尔帖效应代表电转换为热(冷)的，而塞贝克效应代表热转化为电。对于同一种材料，两者应该是相互联系的。

塞贝克效应和帕尔帖效应是半导体材料最重要的两种热电效应。除了以上两种热电效应外，半导体材料还有其他几种热电效应及热一电一磁效应，以下我们仅仅简单介绍其中的几种效应的基本原理。

§6.12 汤姆逊效应

另一个与半导体电一热转换相关的物理现象为汤姆逊效应。实验发现，当电流通过一个温度梯度均匀的导体或半导体时，原有的温度分布将被破坏，为了维持原有的温度分布，半导体或导体除产生焦耳热外，还将额外吸热或放热，吸收或放出的热量与通过的电流密度及温度的落差成正比，即

$$\frac{dQ}{dt}=\alpha_T J\frac{dT}{dx} \tag{6.63}$$

这种效应称为汤姆逊效应。式中α_T为汤姆逊系数。

我们知道，温度不同处载流子的热运动能是不同的。假定电势能高的地方温度较高，即载流子的热运动能高，那么当在外场的作用下载流子发生漂移运动时，将使得高热运动能的载流子向低热运动能(低温)的方向运动，使得低温端的温度升高，这样就使得原先的温度梯度受到破坏。为了维持原先的温度梯度，半导体的低温端将放出热量以维持原先的温度梯度，释放由于得到高温电子造成的热量增加。反之，如果电势能高的地方为低温，那么由于

在电场力的作用下，载流子由低热运动能的地方向高热运动能(高温)方向运动，为了维持原先的温度梯度，半导体的高温端将从外界吸热以补充由于得到低温电子造成的热量损失。

对于 p 型材料及 n 型材料，汤姆逊效应的示意图如图 6.27 所示。可见，由于两种材料中载流子的运动方向与电流方向相反，因此吸热、放热情况正好相反。

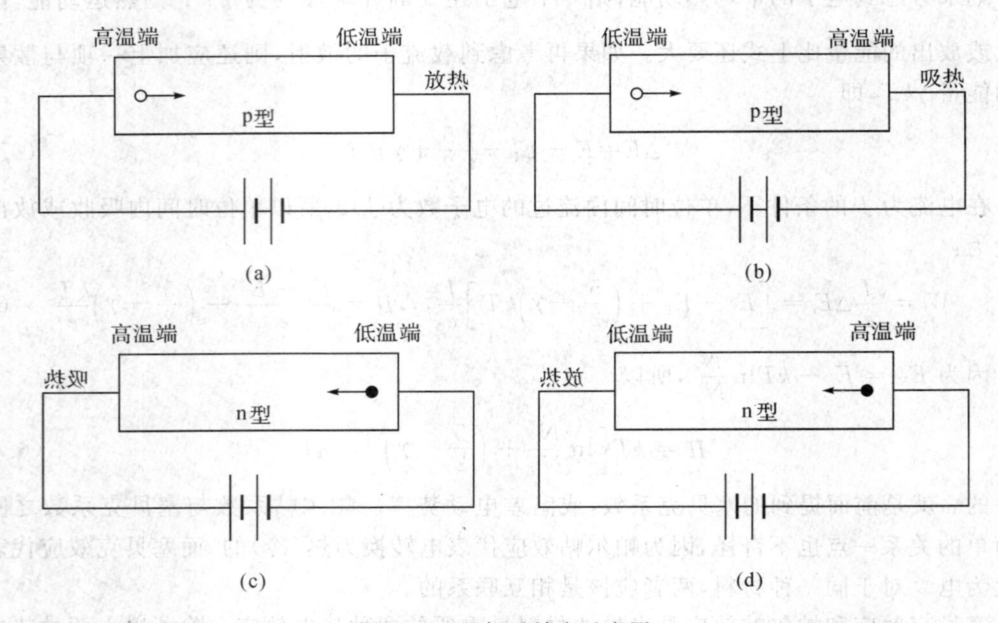

图 6.27　汤姆逊效应示意图

§6.13　热磁效应

§6.13.1　爱廷豪森效应

实验现象：当一薄片状的导体或半导体材料内有电流 J 流过时，若在垂直薄片及电流的方向上加磁场 B，则在薄片的两侧有温度梯度产生，产生的温度梯度的大小与电流强度、磁场强度成正比，比例系数 α_P 为爱廷豪森系数，即

$$\frac{\partial T}{\partial y}=\alpha_P JB \tag{6.64}$$

显然它与霍耳效应十分相似，但现在我们考虑的不是材料两侧产生的霍耳电场，而是温度梯度。这是因为洛伦兹力与霍耳电场力达到平衡后，运动速度大于平均速度的载流子受到的磁场力大于霍耳电场力，仍然要向下方偏转，而运动速度小于平均速度的载流子受到的磁场力小于霍耳电场力而向上偏转。这样在两边积累的载流子的热运动能是不一样的，因此在横向产生一个温度梯度，见图 6.28。

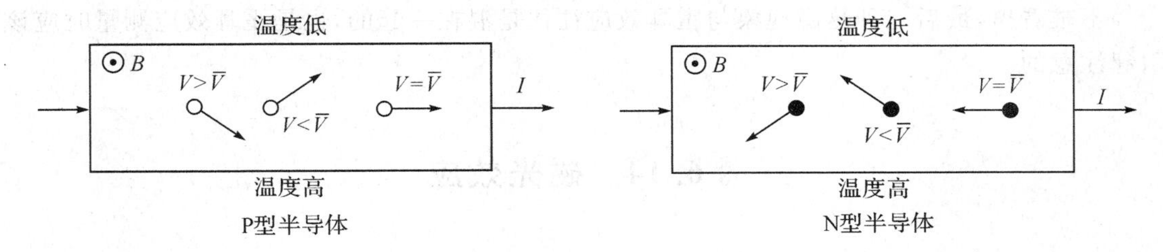

图 6.28 不同速度载流子的偏转

§6.13.2 能斯特效应

能斯特效应是另一个与热磁有关的现象。此现象说，如果在 X 方向存在温度梯度，同时在 Z 方向加一磁场，则在 Y 方向会有电动势产生，或者说在热流与磁场垂直的方向有电动势产生。上述实验现象称为能斯特现象，对应的横向电场称为能斯特电场，它与温度梯度及磁场强度成正比，系数 α_N 称为能斯特系数，即

$$E_y=-\alpha_N\frac{\partial T}{\partial x}B \tag{6.65}$$

能斯特效应的实验装置与霍耳效应相似，只不过在霍耳效应时 X 方向有电流流过半导体，而在这里流过半导体的是热流。

我们从下面来定性分析能斯特效应。先设样品平面为 $X-Y$，其中 X 方向为热流方向。当 X 方向有热流流过时，即表示半导体材料两端存在温度差。因此载流子从高温向低温的定向热运动速度（或能量）与低温向高温的定向运动的速度（或能量）是不同的。在没有磁场时两个方向的载流子数目相同，系统处于热平衡状态，两侧没有电场。当在垂直于热流及样品平面的 Z 方向加上外磁场后，沿两个方向运动的载流子在磁场的作用下将向相反的方向偏转，见图 6.29。由于两个方向的速度不同，因此产生的横向电场是不同的，分别为 $E_{HL}=\bar{V}_{HL}B$ 和 $E_{LH}=\bar{V}_{LH}B$，式中 E_{HL} 和 E_{LH} 分别表示高温端向低温端运动的载流子产生的电场强度及低温端向高温端运动的载流子产生的电场强度，$\bar{V}_{HL}$ 和 $\bar{V}_{LH}$ 分别表示高温端向低温端及低温端向高温端的载流子的运动速度。因此总的横向电场为两者之差，即

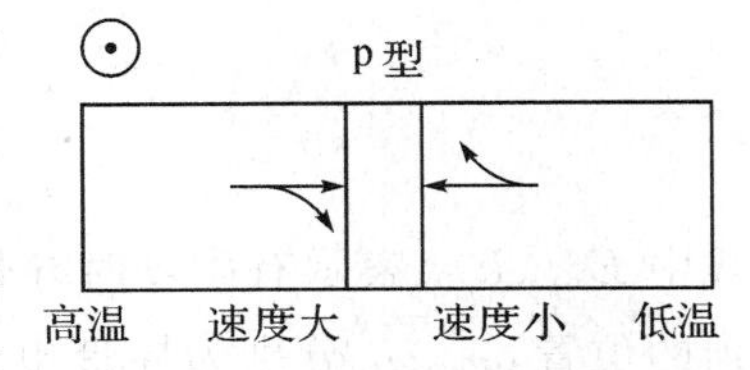

图 6.29 能斯特效应

$$E=(\bar{V}_{HL}-\bar{V}_{LH})B\propto(\sqrt{T_H}-\sqrt{T_L})B=\frac{1}{2\sqrt{T}}\Delta TB\propto\alpha_N\frac{\partial T}{\partial x}B \tag{6.66}$$

§6.13.3 里纪—勒克杜效应

里纪—勒克杜效应与能斯特效应非常相似，但此时在 Y 方向测量的是温度差。从能斯特效应的分析不难发现，两侧的温度差与磁场强度、温度梯度成正比，即

$$\frac{\partial T}{\partial y}=S\frac{\partial T}{\partial x}B$$

式中 S 为一个常数。里纪-勒克杜效应产生的原因是因为向两边偏转的载流子速度不同，因而携带的热运动能也不同，从而使得两侧的温度有差别。

不难看出,最后三种热磁现象与霍耳效应往往是混在一起的,也是霍耳效应测量时应该引起注意的。

§6.14 磁光效应

实验发现,如果对半导体材料施加磁场,则半导体材料的禁带宽度会增大,在光吸收谱中表现为吸收边向短波长方向移动,即有蓝移现象。这种现象称为半导体的磁光现象。磁光现象的本质是图 6.30 所示的载流子在磁场中的回旋运动。在讨论电子的有效质量时我们曾经提到,载流子在磁场中作回旋运动,回转频率为 $\omega=\frac{eB}{m^*}$。这种回旋运动在量子力学中可等价为谐振子,其对应的能级是分立的,即 $E=\left(n+\frac{1}{2}\right)\hbar\omega, n=0,1,2.\cdots$

因此,在 Z 方向磁场的作用下,载流子在垂直磁场的 X-Y 平面内其能量将发生量子化,相应的能带转化为几个子能带。这些子能带称为 Landau 能级。因此,导带底和价带顶的能量应改为

$$E_c=E_{c_0}+\left(n+\frac{1}{2}\right)\hbar\omega_n \tag{6.67}$$

$$E_v=E_{v_0}-\left(m+\frac{1}{2}\right)\hbar\omega_p \tag{6.68}$$

式中 $E_{c,n}$、$E_{v,m}$ 表示有磁场时导带底和价带顶的位置,E_c、E_v 表示没有磁场时导带底和价带顶的位置,ω_n、ω_p 分别为导带电子和价带空穴对应的回旋频率,n 和 m 为大于等于 0 的整数。注意空穴的能量符号与电子的正好相反。不难看出,导带和价带分裂了成几个子能带如图 6.31 所示。由于零点能的存在,因此材料的禁带宽度在磁场中将变宽,即

$$E_g=E_{c,n}-E_{v,m}=E_g^0+\frac{1}{2}\hbar\omega_n+\frac{1}{2}\hbar\omega_p>E_g \tag{6.69}$$

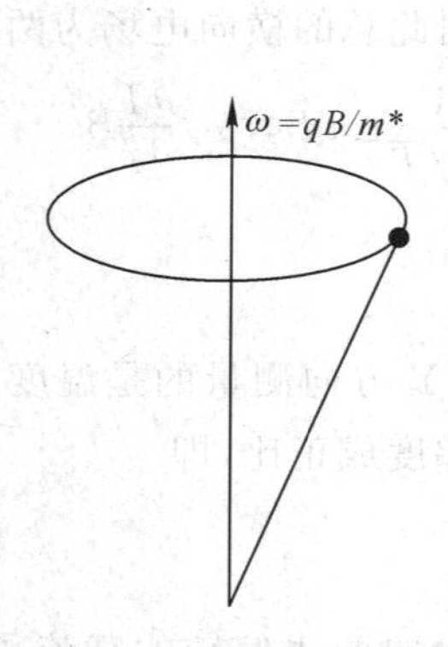

图 6.30 磁场中的回旋运动

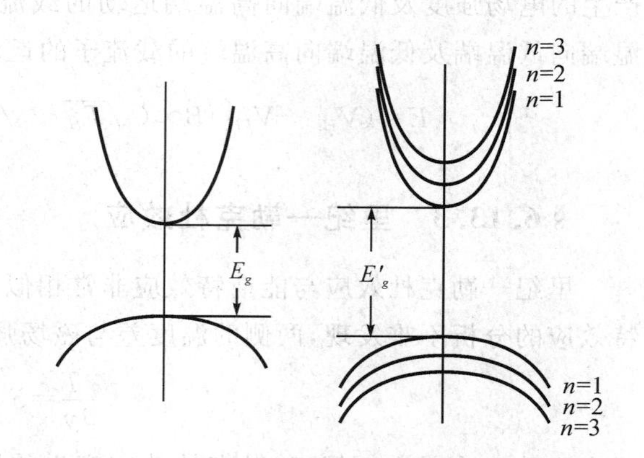

图 6.31 磁场中能带分裂及禁带宽度增加

§ 6.15　电光现象

实验中发现，若对本征半导体材料施加一个直流电场，则可发现材料的介电常数发生了变化，因此导致半导体材料折射率的变化。

§ 6.15.1　泡克尔效应

实验中发现，当半导体材料两端加上外场后，如果入射光的电矢量的振动方向与电场方向一致，则折射率增加；如果入射光的电矢量的振动方向与电场方向垂直，则折射率不变。因此加上外场后，半导体材料就变成具有双折射性能的材料了。

我们知道，在讨论晶格振动时，在一级近似下晶格振动方程为 $m\left(\frac{\mathrm{d}^2u}{\mathrm{d}t^2}+\omega_p^2u=0\right)$，此即谐振子模型。然而实际的晶格振动总是存在高次项，这些高次项导致晶格发生畸变，例如晶格的热膨胀就起源于晶格振动中高次项的存在。考虑高次项后，晶格振动方程应为

$$m\left(\frac{\mathrm{d}^2u}{\mathrm{d}t^2}+\omega_p^2u+\alpha u^2+\beta u^3+\cdots\right) \tag{6.70}$$

另外，外场作用下半导体材料折射率的改变与外场的关系为

$$\Delta n=\frac{e\alpha\omega^2(n^2-1)}{nm\omega_p^4(\omega_p^2-\omega^2)}\Xi \tag{6.71}$$

式中 Ξ 为外场强度，ω_p 为半导体材料的光学声子的频率，ω 为入射光的频率，n 为无外场时半导体材料的折射率，m 为晶格振动中基元的有效质量，α 就是晶格振动方程中二次项前面的系数。

当然，不是所有的半导体材料都会有这种特性。要拥有这种特性，半导体材料的晶体结构必须没有对称中心，因此在锗、硅这样具有对称中心的半导体材料中观测不到 Pockels 效应。

§ 6.15.2　克尔效应

克尔效应与泡克尔效应类似，但它是由于振动方程中的三次项引起的，因此折射率的变化为

$$\Delta n=\frac{3e^2\beta\omega^2(n^2-1)}{2nm^2\omega_p^6(\omega_p^2-\omega^2)}\Xi^2 \tag{6.72}$$

§ 6.15.3　法兰兹-克尔迪什效应(Franz-Keldysh)

法兰兹一克尔迪什效应(Franz-Keldysh)就是当半导体中存在电场 Ξ 时，可以发现材料对能量小于禁带宽度的光也有吸收，即相当于禁带宽度减小，其原因如图 6.32 所示。如果在电场存在的情况下用能量小于其禁带宽度的光照射，则可发现其折射率(反射)发生改变。对于能量小于禁带宽度的光，吸收系数

$$\alpha(\omega,\Xi)\sim\exp\left(-\frac{4\sqrt{2m}}{3e\hbar\Xi}(E_g-\hbar\omega)^{3/2}\right) \tag{6.73}$$

可以看出，由于指示项前面为负号，而电场强度 Ξ 出现在分母中，因此，吸收系数随着电场强度的增加而增加。

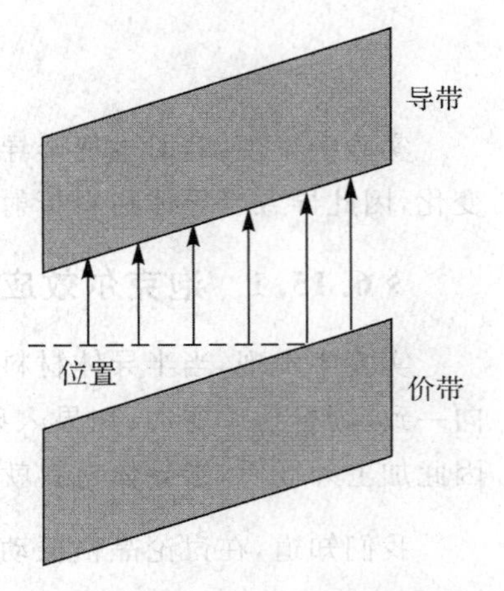

图 6.32 法兰兹－克尔迪什效应

电场作用下本征半导体材料中小于禁带宽度的光的吸收可以这样来理解。当半导体中加上电场后，半导体材料的能带发生倾斜，因此当电子从价带跃迁到导带时，电子有可能跃迁到能量相对较低的位置，导致光子能量小于禁带宽度时仍有光吸收现象。

对于能量大于禁带宽度的光，反射率的相对变化

$$\frac{\Delta R}{R}\sim\frac{\cos\left[\frac{4\sqrt{2m}}{3e\hbar\Xi}(\hbar\omega-E_g)^{3/2}-\frac{\pi}{2}\right]}{\hbar\omega-E_g} \tag{6.74}$$

可见，折射率的相对变化并不是单调变化的，而是有振动现象，即 Franz-Keldysh 振动现象。

以上介绍的三种电光现象在光电子技术中非常重要。由于通过电信号可以控制半导体材料的光学参数，如折射率、吸收系数、反射率等，因此利用电光效应可以制作开关速度很快的光开关。

第 7 章　半导体材料的光学性质

与电学性能一样，半导体材料的光学性能是也是半导体材料最重要的性能之一。科技的发展需要速度更快、容量更大的器件，因此半导体光电器件以及半导体光子器件将是今后半导体科学发展的重要方向。从实验科学方面来说，光学方法是研究半导体材料和检测半导体材料各种参数的重要手段。本章只简单讨论半导体材料基本的光学特性。首先我们看一下光、电参数之间的关系以及光的反射、透射、吸收的相关公式。

§7.1　半导体材料的光学常数

设半导体材料的折射率为 n_0，消光系数为 κ，相对磁导率 μ_r，对介电常数为 ε_r，电导率为 σ，则它的复折射率 $n=n_0-\mathrm{i}\kappa$。由于对于光学中所讨论的大多数固体材料 $\mu_r=1$，因此磁导率 $\mu\approx\mu_0$。从麦克斯韦电磁场理论的基本方程我们知道，一束频率为 ω 的电磁波在不带电的、均匀的、各向同性的光学介质中传播时，有

$$n^2=\frac{1}{2}\varepsilon_r\left[\left(1+\frac{\sigma^2}{\omega^2\varepsilon_r^2\varepsilon_0^2}\right)^{1/2}+1\right] \tag{7.1}$$

$$\kappa^2=\frac{1}{2}\varepsilon_r\left[\left(1+\frac{\sigma^2}{\omega^2\varepsilon_r^2\varepsilon_0^2}\right)^{1/2}-1\right] \tag{7.2}$$

§7.2　反射率和折射率

当电磁波照射到介质的界面时，必然发生反射和折射。反射光强与入射光强之比称为反射率。当光从空气垂直入射到复折射率为 $n=n_0-i\kappa$ 的介质表面时，可以得出反射率 R 为

$$R=\frac{(n-1)^2+\kappa^2}{(n+1)^2+\kappa^2} \tag{7.3}$$

对于光吸收很弱的透明材料，κ 很小，因此反射率 $R\approx\frac{(n-1)^2}{(n+1)^2}$，即可知折射率越大的材料，其对光的反射也越强。对于金属材料，由于 κ 很大，R 接近于 1，因此入射光几乎 100% 地被反射。

在空气-半导体材料界面上，除了光的反射外，还有光的透射，透射光强与入射光强之比称为透射率。如果不考虑材料的吸收，那么透射率 T 与反射率满足：

$$T=1-R \tag{7.4}$$

假如材料对光的吸收系数为 α，其值等于 $\frac{2\omega\kappa}{c}$，那么光透过厚度为 d 的薄膜材料时，透射

率与反射率之间有以下的关系：

$$T=\frac{(1-R)^2\exp(-\alpha d)}{1-R^2\exp(-2\alpha d)} \tag{7.5}$$

它的物理意义是光在材料中传播时，强度衰减到原来的 $1/e$ 时对应的光程的倒数。

如果材料由微粒组成，而且微粒的尺寸与波长可以比拟时，那么微粒散射引起的透射强度下降也必须考虑。此时

$$T=1-R-S \tag{7.6}$$

其中 S 表示散射率。一般情况下，散射强度与波长的平方成反比。如果材料内的晶粒足够大，那么散射引起的透射率下降可以忽略。

对于绝缘材料，由于 $\sigma\to 0$，因此消光系数 κ 也趋于 0。这说明，在这类材料中没有光吸收，即材料是透明的。在金属和半导体中，$\sigma\neq 0$，因此或多或少地存在光吸收现象，即光的强度随着透入深度的增加按指数规律衰减，用公式表示就是

$$I=I_0\exp(-\alpha x) \tag{7.7}$$

§7.3　半导体中的光吸收

半导体材料吸收光子的能量，使电子由能量较低的状态跃迁到能量较高的状态。半导体的光吸收过程主要有以下几个大类：a)电子在不同能带之间跃迁；b)电子在同一能带的不同状态之间跃迁；c)电子在禁带中的杂质缺陷能级与能带之间跃迁；d)电子在杂质缺陷能级之间跃迁；e)激子吸收；f)声子吸收等等。图 7.1 画出了前面四种吸收的示意图。

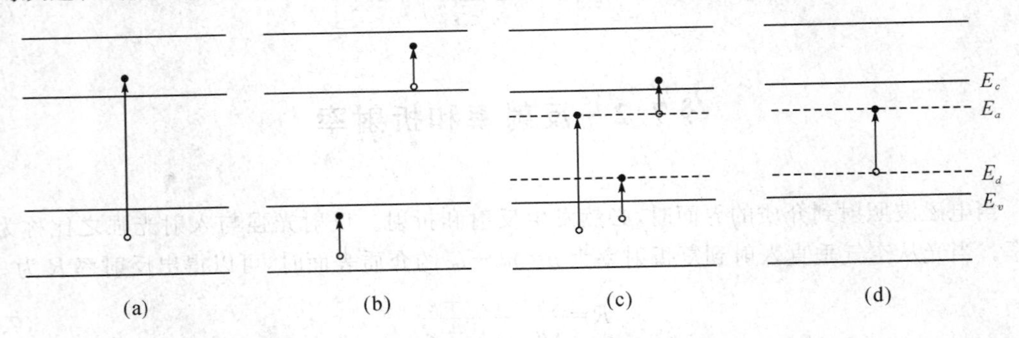

图 7.1　几种半导体中的光吸收过程

在半导体中，最主要的吸收过程是电子由价带向导带的跃迁所引起的光吸收，即带间吸收或本征吸收。如在光电导中所提到，这种吸收伴随着电子－空穴对的产生，使半导体的电导率增加，即产生光电导。显然，引起本征吸收的光子能量必须等于或大于禁带宽度，即 $h\nu\geqslant h\nu_0=E_g$，此即本征吸收限。本征吸收限对应的波长称为本征吸收限，或本征吸收边。禁带宽度与吸收边之间的转换公式为

$$\lambda_c=\frac{1.24}{E_g(\text{eV})}(\mu\text{m}) \tag{7.8}$$

吸收强度随光子能量（或波长）的变化曲线称为吸收谱。一般来说，本征吸收边可在吸

收谱中明显地表现出来，特别是直接能带材料，由于吸收系数大，吸收强度在对应禁带宽度的地方陡峭地上升。图 7.2 为厚度为 50nm 的 ZnO 薄膜的紫外-可见吸收谱线。可见在波长大于 400nm 时，吸收很小，但当波长小于 380nm 时，吸收强度迅速增加，表示本征吸收的开始。

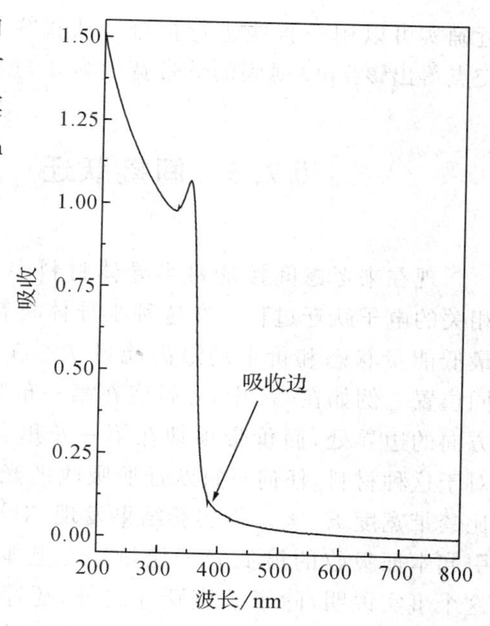

图 7.2　ZnO 薄膜的紫外-可见吸收谱

§7.4　直接跃迁的吸收

我们知道，晶体中的电子在跃迁过程中，除了能量必须守恒外，还必须满足准动量守恒。设电子的初态和末态的波矢分别为 0 和 k，则能量守恒和动量守恒要求

$$h\nu=E_g+\frac{\hbar^2k^2}{2m^*} \text{和} k=0+\frac{2\pi}{\lambda}=\frac{2\pi}{\lambda} \tag{7.9}$$

式中$\frac{2\pi}{\lambda}$为光子的波矢数值。对于一般的紫外可见吸收谱，光子的波长一般在 200～1100nm 之间，假定 $\lambda=600\text{nm}$，则波矢 $k=\frac{2\pi}{\lambda}\sim10^4\text{cm}^{-1}$ 的数量级。而对于晶格中的电子，波矢一般为$\frac{2\pi}{a}$。假定 $a=0.6\text{nm}$，则电子的波矢为 $k=\frac{2\pi}{a}\sim 10^7\text{cm}^{-1}$ 的数量级，因此光子的波矢一般远远小于电子的波矢。因此在讨论只有光子参与的跃迁过程时，电子在跃迁前后的波矢可以认为保持不变，吸收的光子的能量应为 $h\nu=E_g+\frac{\hbar^2k^2}{2m^*}$，但由于 k 很小，因此吸收光子的能量近似等于禁带宽度。对于上述这样的跃迁，电子由价带跃迁到导带时其动量基本不变，即电子垂直地从价带跃迁到导带，因此直接跃迁也称为垂直跃迁。以上这样的跃迁称为直接跃迁，见图 7.3。

对于直接能带半导体中的直接跃迁，其在吸收边附近的吸收系数为

$$\alpha(\nu)=\begin{cases}B(h\nu-E_g)^{1/2}/h\nu & h\nu>E_g\\ 0 & h\nu\leqslant E_g\end{cases} \tag{7.10}$$

其中 B 是一个与折射率、直接跃迁的矩阵元等有关的一个常数。

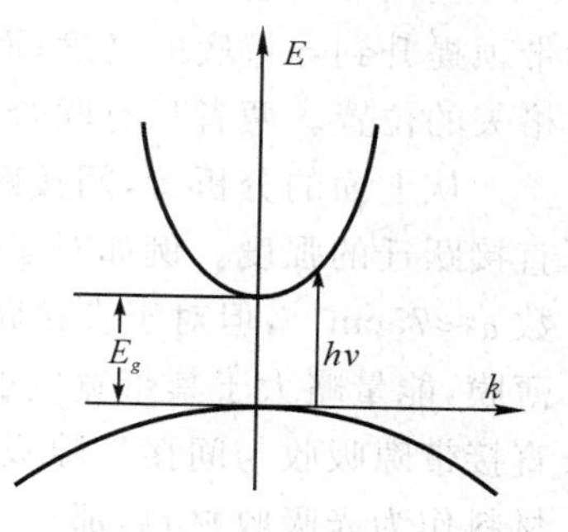

图 7.3　直接跃迁示意图

如果以吸收系数与光子能量的积的平方$(\alpha h\nu)^2$为纵坐标，以光子能量为横坐标重新画出吸收谱线，那么，对于允许直接跃迁的情况，吸收边附近的$(\alpha h\nu)^2$ 与 $h\nu$ 的关系应该为一直线，此关系称为 Tauc 方程。如果将此直线外推到$(\alpha h\nu)^2=0$ 处，则该直线在横轴上的截距就是禁带宽度 E_g。图 7.4 为根据图 7.2 的数据按$(\alpha h\nu)^2-h\nu$ 重新画的图。可以看出吸收边附

近确实可以用一直线进行拟合。从直线与横坐标的交点得出该 ZnO 薄膜的禁带宽度为 3.39eV。

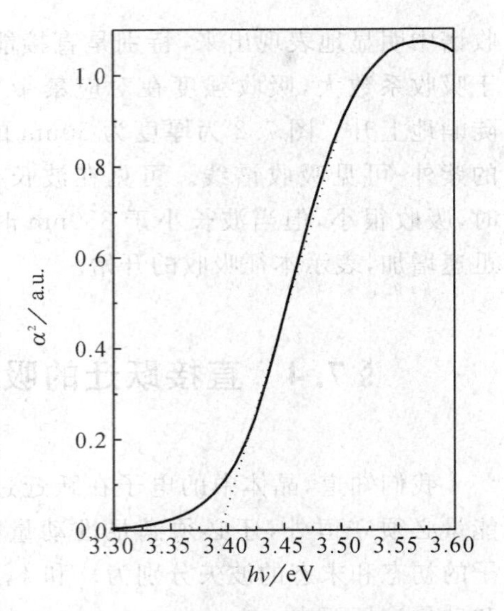

图 7.4 Tauc 方程-光学带隙的确定

§7.5 间接跃迁

现在来考虑间接能带半导体材料中与本征吸收相关的电子跃迁过程。在这种半导体材料中，导带的最低能量状态和价带的最高能量状态在 k 空间的不同位置。例如在 Ge 中，导带底在第一布里渊区[111]方向的边界处，而价带顶却在第一布里渊区的中心。对于这种材料，任何垂直跃迁所吸收的光子能量都应比禁带宽度 E_g 大。但实验结果发现，对于这类材料，引起本征吸收的最低光子能量还是基本上等于 E_g。这个事实说明，除了垂直跃迁之外，还存在另一类跃迁过程，即由价带顶向具有不同 k 值的导带底的跃迁。

由于在这种跃迁过程中，电子的准动量变化很大，而光子的动量很小，所以必须吸收或发射波矢与电子差不多的声子才能满足准动量守恒见图 7.5。设声子的波矢为 $\boldsymbol{q}$，略去光子的动量，准动量守恒变为：

$$\hbar k' = \hbar k \pm \hbar \boldsymbol{q} \tag{7.11}$$

这里$\hbar q$ 为声子的动量。

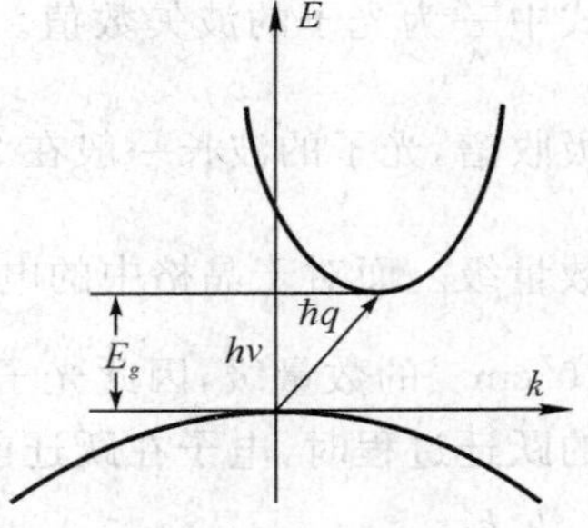

图 7.5 间接跃迁过程示意图

如果用 E_p 表示声子的能量，则能量守恒可表示为 $E_F = E_i \pm E_p$。由于一般情况下声子的能量只有 1～10meV 的数量级，远比常用半导体材料的禁带宽度小，因此能量守恒仍然可以近似为 $h\nu = E_g$，但是吸收强度的上升速度不如直接带隙吸收的快。

我们可以这样看待这个现象，即光子由于能量大、动量小，因此只能垂直地把电子从价带顶提升到导带底的高度；而声子却能量小但动量大，因此只能横向把电子移动到另一个倒格矢的位置。两者只有联合起来，才能把一个电子从价带顶搬迁到 k 矢量不同的导带底。

从上面的分析看，间接跃迁是一个二级过程，因此间接跃迁引起的光吸收强度远远小于直接跃迁的强度。例如对于硅单晶，能量略大于禁带宽度的光(1000nm，1.25eV)的吸收系数 $\alpha \approx 75\text{cm}^{-1}$，但对于直接跃迁(3.45eV)的光吸收系数却高达 10^6cm^{-1} 见图 7.6。对 ZnO 薄膜，能量略大于禁带宽度的光($\lambda = 330$nm)的吸收系数也高达 $\alpha \approx 2 \times 10^5\text{cm}^{-1}$。可以看出直接带隙吸收与间接带隙吸收的强度相差高达 3～4 个数量级以上。因此如果考虑用某种材料作为光吸收材料，那么一般以选取直接能带材料比较合适。

根据量子理论，可以推导出间接跃迁的吸收系数与光子能量的关系为

$$\alpha = A[\bar{n}_{ph} H(x) x^2 + (\bar{n}_{ph} + 1) H(y) y^2] \tag{7.12}$$

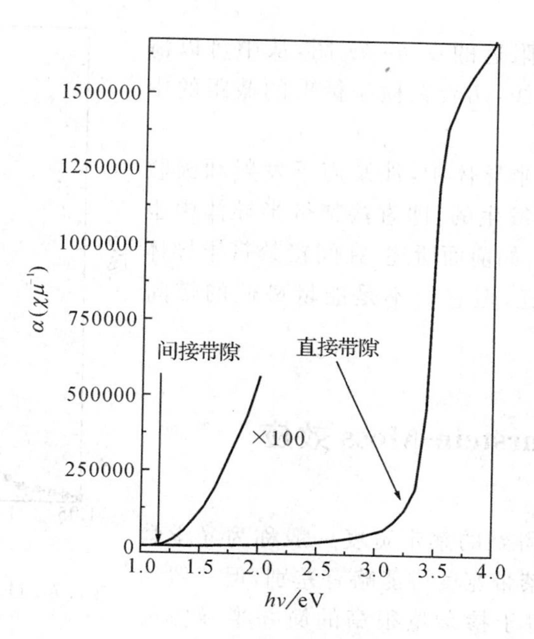

图 7.6 硅单晶的紫外可见吸收谱

式中 $\bar{n}_{ph}=\dfrac{1}{\exp(\hbar\omega_q/kT)-1}$ 为平均声子数，$x=h\nu-E_g+\hbar\omega_q$，$y=h\nu-E_g-\hbar\omega_q$，分别对应放出声子的间接跃迁和吸收声子的间接跃迁过程。H 为 Heaviside 阶越函数，即

$$H(x)=\begin{cases}0 & x<0\\ 1/2 & x=0\\ 1 & x>0\end{cases} \tag{7.13}$$

因此当 $h\nu<E_g-\hbar\omega_q$，即 $x<0$ 时，$y<0$ 时，$H(x)$、$H(y)$ 均等于 0，因此当 $h\nu<E_g-\hbar\omega_q$ 时，吸收系数为 0。当 $E_g-\hbar\omega_q<h\nu<E_g+\hbar\omega_q$，即 $x>0$，但 $y<0$ 时，$H(x)=1$，$H(y)=0$，因此吸收系数为

$$\alpha=A\bar{n}_{ph}x^2=A\frac{(h\nu-E_g+\hbar\omega_q)^2}{\exp(\hbar\omega_q/kT)-1} \tag{7.14}$$

当 $h\nu>E_g+\hbar\omega_q$，即 $x>0$ 时，$y>0$ 时，$H(x)$、$H(y)$ 均等于 1，此时吸收系数

$$\begin{aligned}\alpha&=A\bar{n}_{ph}x^2+A(\bar{n}_{ph}+1)y^2\\&=A\frac{(h\nu-E_g+\hbar\omega_q)^2}{\exp(\hbar\omega_q/kT)-1}+A\frac{(h\nu-E_g-\hbar\omega_q)^2}{1-\exp(-\hbar\omega_q/kT)}\end{aligned} \tag{7.15}$$

把三种情况归纳在一起，最后我们得到间接跃迁的吸收系数为

$$\alpha=\begin{cases}0 & h\nu<E_g-\hbar\omega_q\\ A\dfrac{(h\nu-E_g+\hbar\omega_q)^2}{\exp(\hbar\omega_q/kT)-1} & E_g-\hbar\omega_q<h\nu<E_g+\hbar\omega_q\\ A\dfrac{(h\nu-E_g+\hbar\omega_q)^2}{\exp(\hbar\omega_q/kT)-1}+A\dfrac{(h\nu-E_g-\hbar\omega_q)^2}{1-\exp(-\hbar\omega_q/kT)} & h\nu>E_g+\hbar\omega_q\end{cases} \tag{7.16}$$

如果以 $\sqrt{\alpha h\nu}$ 为纵坐标，$h\nu$ 为横坐标，则应能观测到两条斜率不同的直线。它们在横坐标上的两个截距分别对应 $E_g-\hbar\omega_q$ 和 $E_g+\hbar\omega_q$。因此两个截距的中点即为禁带宽度 E_g。

图 7.7为硅单晶吸收边附近的 $\sqrt{\alpha h\nu}$-$h\nu$ 图,从中可以清楚地看到确实有两条直线,两者在横坐标上的截距的中点正好等于禁带宽度。

实际上在直接禁带半导体中,涉及声子发射和吸收的间接跃迁也是有可能发生的,即直接禁带半导体中也会发生间接跃迁。同样,如前面所述,在间接禁带半导体中,也可能发生直接跃迁,但它们不是能量最低的带间跃迁。

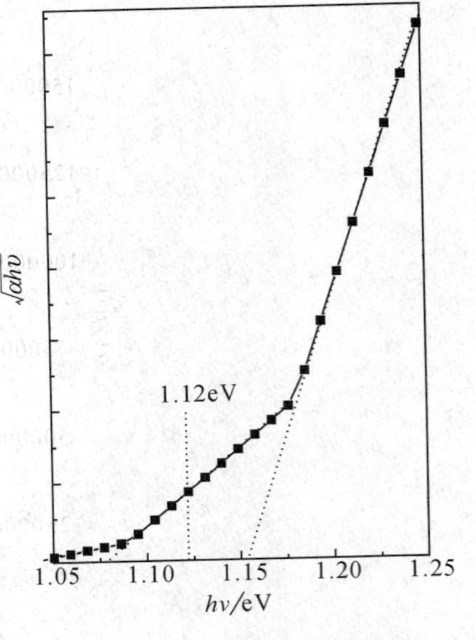

图 7.7 硅单晶吸收边附近的吸收谱

§7.6 Burstein-Moss 效应

用 Tauc 方程测量得到的禁带宽度一般称为光学禁带宽度,虽然与真正的禁带宽度可能略有差别,但一般情况下差别不大。但是对于掺杂量很高的简并半导体材料,即重掺半导体材料,由于杂质浓度很高,使得导带或价带中的载流子浓度很高。此时如果有电子从价带跃迁到导带,则需要获得比禁带宽度大的能量才行。若用光吸收法测量禁带宽度,则可发现禁带宽度变大。

对于 n^+ 半导体,费米能级进入导带,电子充满到费米能级处,对应的波矢为 k_c。此时由于准动量守恒的要求,波矢为 0 处的电子不能跃迁到导带上,价带上只有波矢等于 k_c 的电子可以跃迁进入导带。因此从图 7.8 可以看出,电子跃迁对应的能量要比禁带宽度大。

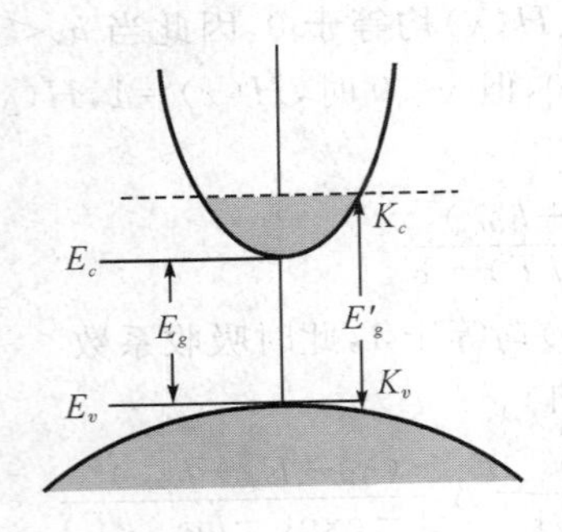

图 7.8 重掺 n 型半导体材料

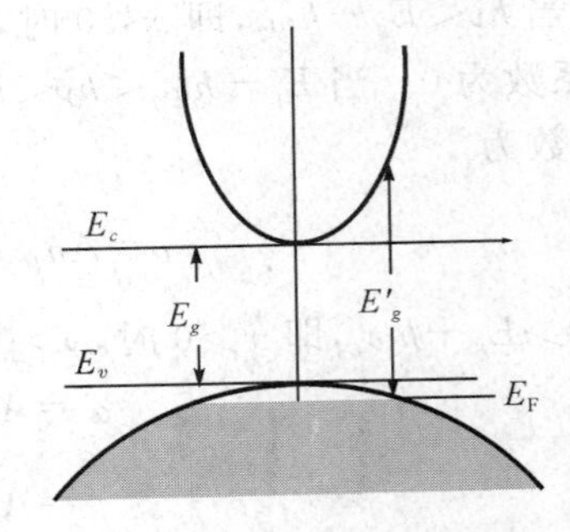

图 7.9 重掺 p 型半导体材料

对于导带上的波矢 k_c,对应的能量为 $\dfrac{\hbar^2 k_c^2}{2m_n^*}$,同样,对于价带上的波矢 k_c,对应的能量为 $\dfrac{\hbar^2 k_c^2}{2m_p^*}$,因此光吸收对应的附加能量为

$$\Delta E=\frac{\hbar^2 k_c^2}{2m_n^*}+\frac{\hbar^2 k_c^2}{2m_p^*} \tag{7.17}$$

因为 $E_F-E_c=\dfrac{\hbar^2 k_c^2}{2m_n^*}$,因此能使电子产生本征跃迁的光子的能量必须满足下式:

$$h\nu \geqslant E_g + \Delta E = E_g + \frac{\hbar^2 k_c^2}{2m_n^*}\left(1+\frac{m_n^*}{m_p^*}\right) = E_g + \left(1+\frac{m_n^*}{m_p^*}\right)(E_F - E_c) \tag{7.18}$$

同样，对于 p^+ 型重掺半导体材料，费米能级进入价带。与前面相似的推导可以得出

$$h\nu \geqslant E_g + \Delta E = E_g \frac{\hbar^2 k_v^2}{2m_p^*}\left(1+\frac{m_p^*}{m_n^*}\right)(E_v - E_F) \tag{7.19}$$

因此，在测量重掺半导体材料的禁带宽度时，应注意这个现象引起的禁带宽度变化。

§7.7 激子吸收

在前面的讨论中我们发现，只有光子能量大于禁带宽度时才能引起本征吸收，对应的吸收光谱是连续谱。由于本征吸收成对产生的电子和空穴，在导带和价带中都是自由载流子，它们可以彼此独立地改变运动状态，产生光电导。但是在低温时发现，某些晶体在本征吸收连续光谱区的低频一侧，靠近吸收限附近存在一些吸收峰，并且对应于这些吸收峰不伴随有光电导，它们是和某种电子激发态相联系的。

电子和空穴之间存在库仑相互作用，但是在单电子近似理论中并未考虑这种作用。实际上，如果光子能量小于 E_g，虽然电子已被从价带激发，但因库仑相互作用仍然和价带中留下的空穴联系在一起，形成束缚状态。电子和空穴之间的这种束缚态称为激子。在激子态中，电子和空穴的相对运动是局域化的，但作为一个整体，由于它在整体上是电中性的，激子可以在晶体中自由运动。所以这种运动不会引起电流。

当光子的能量接近价带-激子能级间距时，将产生光吸收，这种光吸收称为激子吸收。激子的能级与施主和受主能级类似，即类似于氢原子，因此不难得出激子的能级

$$E_{ex}^n = -\frac{1}{\varepsilon_r^2}\frac{\mu}{m}\frac{13.6}{n^2}(\mathrm{eV}), n=1,2,3\cdots \tag{7.20}$$

这里 $\mu=\frac{m_n^* m_p^*}{m_n^* + m_p^*}$ 为电子和空穴的折合质量。由于 μ 小于 m_n^* 或 m_p^*，因此激子的结合能一般比施主能级和受主能级更加靠近导带边。显然，对应激子的光吸收也应该是分裂的吸收峰，图 7.10 为 GaAs 的吸收光谱。可见室温下并没有激子吸收对应的峰，但是当温度降低后，激子吸收峰就比较明显了，而且温度越低越明显。

激子吸收一般只能在低温下才能观测到，不过对于某些材料，激子的结合能特别高，如 ZnO 的激子结合能高达 60meV 以上，因此即使在室温下也能观测到激子的吸收现象。这就是近年来不少研究人员研究 ZnO 的原因之一。

另一个增强激子吸收的方法是制备纳米材料。图 7.11 为 CdS 纳米粒子的带边吸收谱。可见当粒径变小后，激子吸收现象非常明显，甚至出现对应 $n=2$ 的吸收峰。至于制成纳米粒子后激子吸收增加的原因，我们将再后面的章节讨论。

§7.8 杂质吸收

与激子能级类似，半导体材料中的杂质也可以在半导体的禁带中引入杂质能级，例如锗

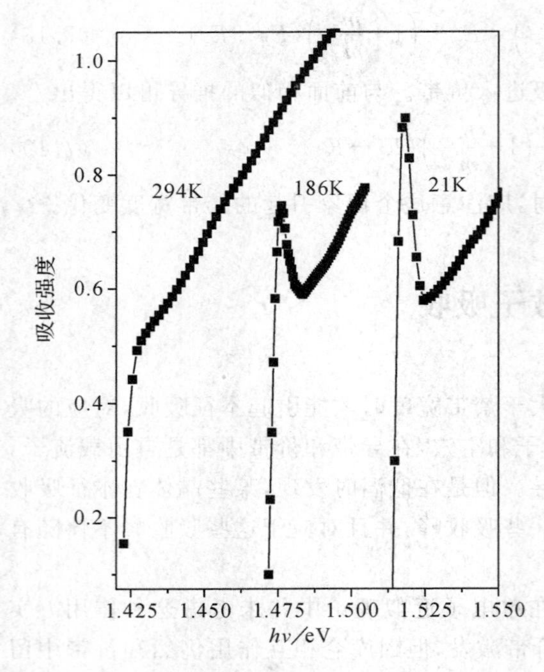

图 7.10 GaAs 吸收谱随温度的变化

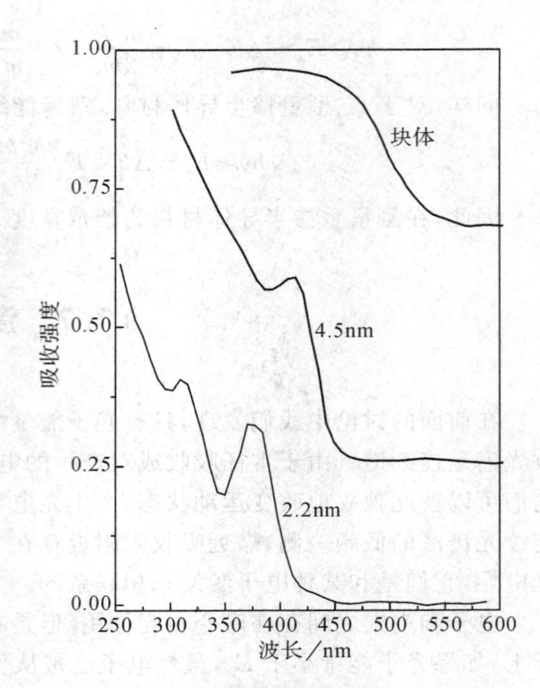

图 7.11 纳米 CdS 粒子的吸收谱

和硅中的施主和受主杂质。它们分别在价带顶和导带底附近形成受主和施主能级。杂质能级上的电子向导带的跃迁或价带上的电子向杂质能级的跃迁都可以引起光吸收,这种吸收称为杂质吸收。杂质能级可以分为两种类型,即中性杂质吸收和电离杂质吸收。

§7.9 中性杂质吸收

所谓中性杂质,主要就是没有电离的施主和受主及其他深能级杂质,甚至包括在禁带中引入能级的缺陷。以下我们仅仅讨论施主和受主能级。

如图 7.12 所示,对于没有电离的施主,施主能级上有电子。在光子的作用下,可以引起电子从中性施主能级的基态到导带的跃迁。对于没有电离的受主,受主能级上没有电子,因此价带上的电子可以吸收光子进入空着的受主的基态能级,即空穴从受主能级的基态到价带的跃迁。由于杂质能级为局域能级,因此杂质能级上的电子处于束缚状态,其空间范围受到限制。根据量子力学中的测不准原理,对于空间受到束缚的粒子,其动量不确定,因此,杂质能级上的电子或空穴跃迁前后的波矢可以不守恒,即可以跃迁到导带或价带中的任意能级,因而这种吸收可以引起连续的吸收光谱。不过一般来说,电子跃迁到导带中愈高的能级或空穴跃迁到价带中愈低的能级的几率较小,因此中性杂质的吸收谱是主要集中在吸收边附近,形成吸收带。

不过,对应这种吸收的光子能量很低,等于施主和受主的电离能,即 E_d 和 E_a。对于通常的浅能级杂质,电离能很小,只有 1～10meV 的数量级,因此中性杂质的吸收谱一般出现在远红外区。

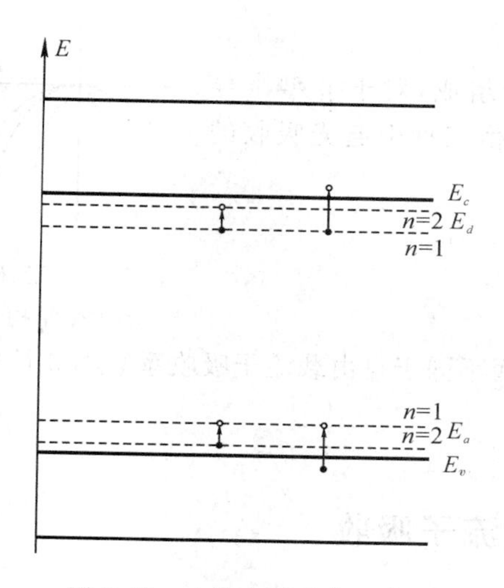

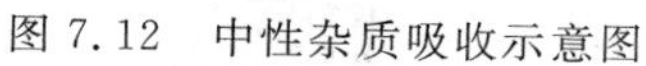
图 7.12　中性杂质吸收示意图

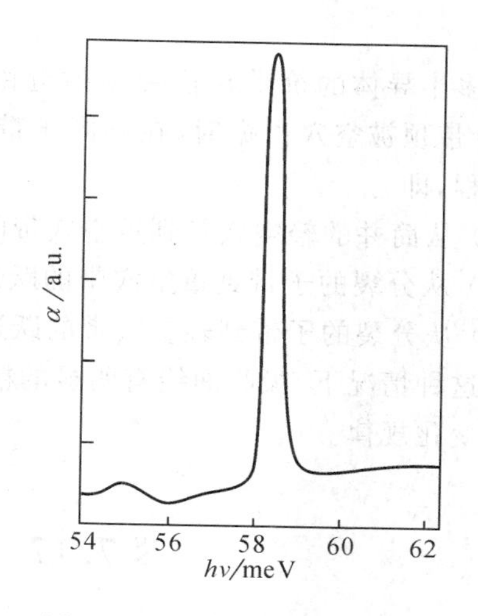

图 7.13　硅中铝的红外吸收谱

另外，中性施主上的电子或中性受主上的空穴可以从它的基态跃迁到它的激发态而吸收光子。这时吸收的光子能量等于相应杂质能级的激发态能量与基态能量之差，同时吸收光谱是线状谱。

由于这类跃迁涉及的电离能或激发能很小，因此一般需要在低温下进行实验才可以观测到。如果杂质能级离开导带或价带较远，那么就比较容易测试。实验上可以通过红外光谱、荧光光谱等方法分析半导体材料中的杂质。图 7.13 为硅中的铝对应的红外吸峰。

§7.10　电离杂质吸收

由于室温下只有施主能级上的电子可以跃迁到导带以及只有受主能级可以从价带获取电子，因此电离杂质吸收一般只涉及施主和受主能级。

电离施主上的空状态可以接受一个来自价带的电子，或者电离受主上的电子可以吸收光子跃迁到导带，或者电离受主上的电子可以吸收光子跃迁到电离的施主空能级。由于施主、受主能级很小，因此以上这些与电离的施主和电离的受主相关的光吸收对应的光子能量比禁带宽度略小，相应的吸收峰在本征收边的低能量一侧，如图 7.14 所示。

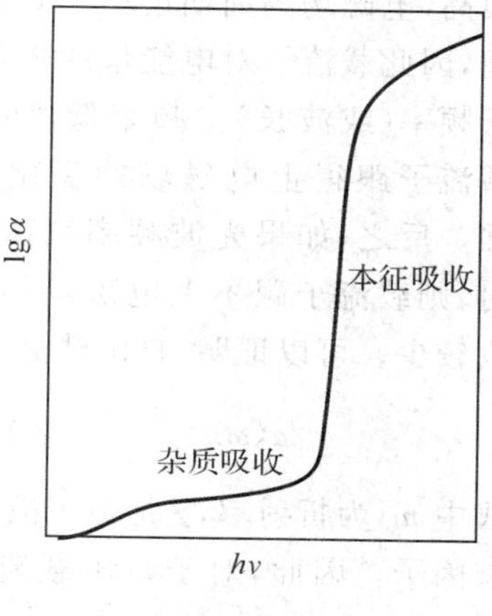

lgα
本征吸收
杂质吸收
hν

图 7.14　杂质吸收示意图

§7.11　子带之间的跃迁

下面介绍另一种类型自由载流子的光吸收。如图 7.15 所示，如果半导体材料的导带或价带存在子带，如锗、硅的价带，则当电子在价带或导带中的子带之间跃迁时将发生光的吸收现象。

图 7.15 锗、硅的价带结构

许多半导体的价带在价带顶附近由三个子带组成，对于 p 型半导体，当价带顶被空穴占据时，在不同子带间可以发生三种引起光吸收的跃迁过程，即

(a) 从简并的轻空穴带到重空穴带的跃迁；

(b) 从分裂的子带到重空穴带的跃迁；

(c) 从分裂的子带到轻空穴带的跃迁。

在这种情况下，吸收曲线有明显的精细结构，而不同于自由载流子吸收系数随波长单调增加的变化规律。

§7.12 自由载流子吸收

当入射光的波长较长还不足以引起能带之间的跃迁或近带边跃迁时，半导体中仍然可能存在光的吸收。实验中发现，对应这种吸收，系数随着波长的增加而增加。理论分析表明这种吸收是自由载流子在同一能带内的跃迁引起的，因此称为自由载流子吸收，见图 7.16。

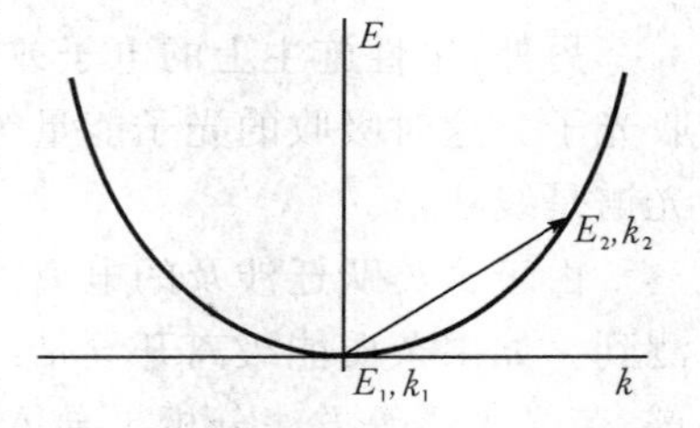

图 7.16 载流子吸收示意图

自由载流子吸收可以用半经典方法进行分析。与低频电磁场下载流子从电场吸收能量产生焦耳热相似，高频电磁场也将使载流子漂移运动，载流子要从电场吸收能量。对于光波，对应的电磁场的频率很高，电磁场的周期远小于载流子的弛豫时间，因此载流子对电能量的吸收将显著依赖于频率(或波长)。频率低，即波长较长时，载流子跟得上电磁场的变化，因此吸收较强。反之，如果光波频率较高，即波长较短时，则载流子跟不上电磁场的变化，因此吸收较少。可以证明，自由载流子的吸收系数

$$\alpha(\omega)=\frac{\varepsilon_{\infty}\omega_p\gamma}{cn_{\omega}\omega^2}\propto\lambda^2 \qquad (7.21)$$

式中 n_{ω} 为折射率，γ 是由于散射等引起的衰减因子。因此，对于自由载流子吸收，吸收系数的平方根与波长之间的关系应该为一直线。图 7.17 中硅单晶实验结果的$\sqrt{\alpha}$-λ 证明了这一点。由于载流子在带内跃迁时波矢必然发生变化，因此此过程也必须有声子参与才能发生，所以自由载流子吸收也是二级过程。这与上面介绍的间接跃迁过程是类似的，只是这里所涉及的是载流子在同一带内的跃迁。

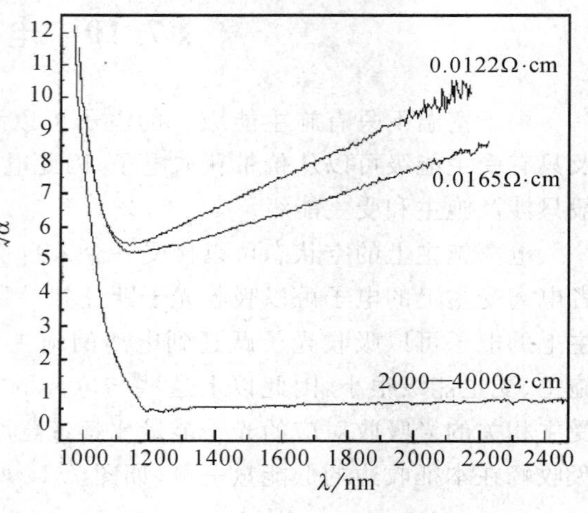

图 7.17 硅单晶的红外吸收谱

§7.13 禁带中带尾态的吸收(Urbach 吸收)

一般情况下,在紫外-可见吸收谱中很难直接观测到杂质和缺陷的吸收,但是当杂质、缺陷能级的密度很高时,也能观测到这些能级的吸收。例如当半导体材料中存在大量的杂质时,禁带中的杂质能级可能转变成与导带或价带连接的能带,见图7.18。另外,如果半导体材料结构不完整,那么大量存在的缺陷能级也可能形成连续的带尾态,这些带尾态可以深入禁带中心处。例如未经特殊处理的非晶或纳米晶体半导体材料中往往存在大量的带尾态。

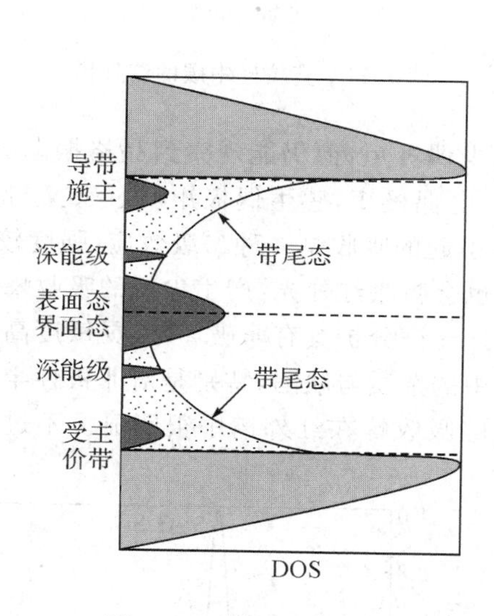

图7.18 带尾态的吸收

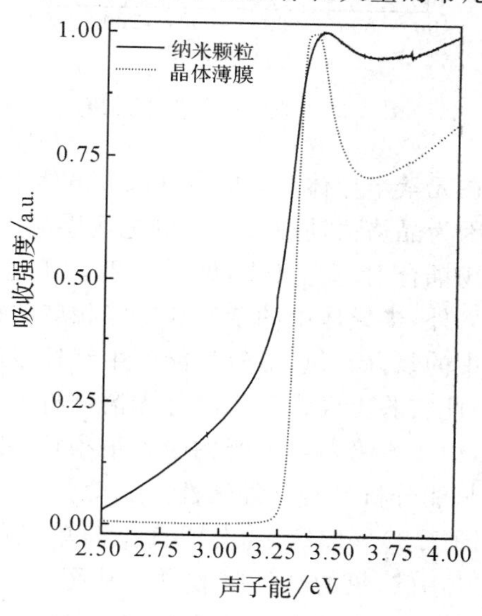

图7.19 纳米氧化锌颗粒的紫外-可见吸收谱

载流子从带尾态至导带以及价带向带尾态的跃迁使得在吸收谱的低能侧产生新的吸收。由于带尾态在能量上分布范围较广,因此吸收范围很大,一般紫外-可见吸收谱中在1～5eV的范围内都可以观测到吸收。图7.19为纳米氧化锌颗粒的紫外-可见吸收谱。

可以用Urbach公式拟合这种带尾态与能带之间的跃迁吸收,即

$$\alpha=\alpha_0\exp\left(\frac{h\nu-E_g}{E_0}\right) \tag{7.22}$$

式中 E_0 为Urbach参数。

§7.14 晶格振动吸收

半导体材料的晶格振动即声子也会吸收光子的能量。由于声子的能量很小,约1～10meV,因此晶格吸收对应波长位于光谱的远红外区。对于离子晶体或具有离子性的化

合物半导体如 GaAs、GaP、GaN 等，由于存在光学波分支，因此与电磁场的相互作用很强，导致很强的光吸收。

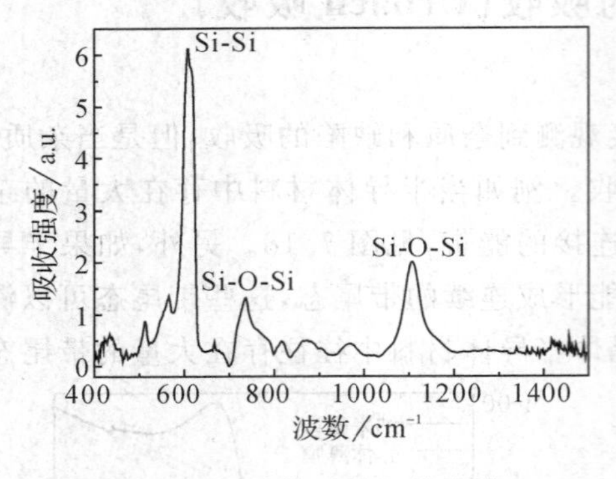

图 7.20　直拉硅的红外光谱

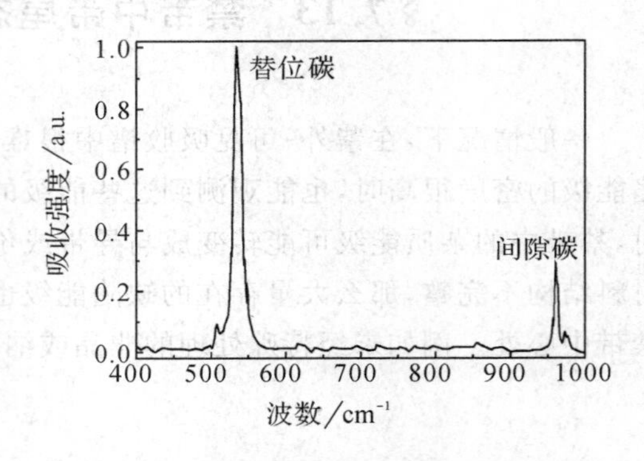

图 7.21　直拉硅中碳的红外谱

在元素半导体中，如 Ge 和 Si，虽然不存在固有电偶极矩，但仍能观察到晶格振动吸收。这是因为晶格振动在红外光的电场感应下产生感生电偶极矩，感生偶极矩反过来又与光波的电场耦合引起光吸收，见图 7.20。不过这种耦合引起的吸收是一种二级效应，强度较弱。

另外，半导体中的杂质和缺陷相应的振动能级也会吸收红外光，产生尖锐的吸收峰。例如硅中的氧、碳、氮、氢等均能产生红外吸收峰。红外光谱分析具有非破坏性、灵敏度高等优点，因此实验上经常利用红外光谱分析半导体材料中的杂质与缺陷，特别是对非极性半导体材料，由于本身对红外光的吸收很小，因此杂质、缺陷吸收峰在红外谱中很明显。不过红外光谱只能分析具有红外活性的振动。

图 7.20～7.22 给出了直拉硅单晶的红外谱图及其中碳、氧的红外吸收谱。从图 7.20 可以看出，虽然原生直拉硅中氧含量只有 10ppm 的数量级，但是仍可以清楚地看出 Si-O-Si 振动对应的吸收峰。

综合上面的几种吸收现象，我们发现半导体材料的光吸收涉及波段很广，包括中远红外、近红外、可见、紫外等波段。有的吸收过程产生电子空穴对，因而产生非平衡载流子引起光电导；有的光吸收过程虽然涉及电子的跃迁过程，但并不产生载流子浓度的变化；也有的光吸收过程并不涉及电子的跃迁，而是涉及声子的跃迁过程。

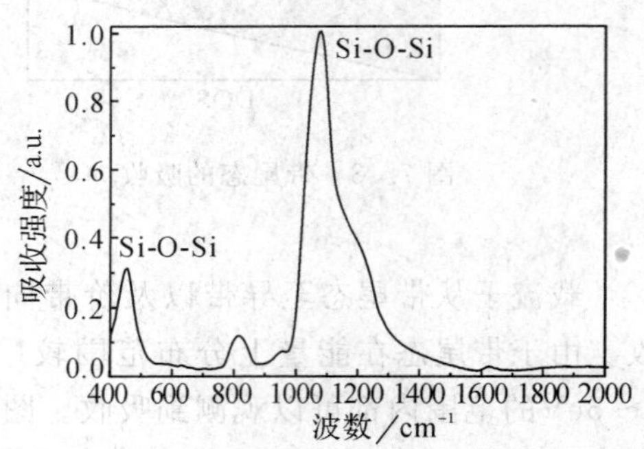

图 7.22　硅上生长一层 100nm 厚的二氧化硅后的红外谱

利用半导体材料的光吸收现象又可制出许多光电器件，如半导体光探测器、辐射探测器、半导体光电开关、半导体图像存储器及其他光电子器件等。同时，半导体材料的光吸收谱也是研究半导体材料质量、性能的有效分析工具。

§7.15 半导体发光

半导体的发光过程是半导体光吸收的逆过程。从上面的分析我们知道，半导体材料的光吸收是半导体材料中电子、声子、光子之间能量的吸收、传递、转换的综合结果。与半导体中的光吸收一样，半导体的发光也是半导体中电子、声子、光子之间能量的吸收、传递、转换、发射的综合结果。发光是光吸收的逆过程。它起源于电子从高能级到低能级的跃迁过程。当电子从高能级向低能级的跃迁时，如果多余的能量以光子的形式发射出来，就是发光过程。因此发光反映了半导体中电子在相关能级的分布情况以及电子激发态的寿命、载流子的弛豫途径等情况，因此发光光谱也经常用来作为检测半导体材料质量的一种有效手段。

利用半导体材料的发光现象又可制出许多光电器件，如新型的半导体光源、显示屏、图像存储器、光存贮器、辐射探测及光探测器等；在工业、农业、医学等领域也可提供既灵敏又无破坏性的检测手段。

许多物理、化学过程可以引起发光，下表为自然界或实验室中常见的发光过程及其发光机理的简单分类。

表 7.1 各种发光及其起因

名称	起因
光致发光	电子先吸收光子的能量跃迁到高能级，返回到低能级时发光
电致发光	电子吸收电场的能量跃迁到高能级，返回到低能级时辐射能量
阴极射线发光	电子吸收入射电子的能量跃迁到高能级，返回到低能级时发光
韧致辐射	带电粒子作加速运动引起的辐射，如 X 光，同步辐射
黑体辐射	物体发热
化学发光	化学反应
生物发光	生物组织中的化学反应
辉光放电	气体在电场下被电离，在回到基态时发光

通常可用五个参量来表征一个发光过程：

1. 发光光谱

即发出的光强随波长（或频率）变化的规律，它反映了发光的来源、电子跃迁涉及的始态及终态、跃迁几率等。

2. 发光效率

总的来说，是发射光能量与入射光能量之间的比值，可以用量子效率、光度效率及能量效率等表示。

3. 发光持续时间或激发态寿命

它表示从外部激发停止时起，发光持续的时间。

4. 偏振度

它描述发出的光的电矢量是各向同性的，还是各向异性的。

5. 相干性

一般情况下发出的光是非相干的，但是激光则是相干的。因为普通发光是自发发射，而激光是受激发射。

对于半导体材料来说，我们主要研究它的光致发光和电致发光过程。为了使得半导体材料发光，我们首先要使半导体材料的较低能级上有空状态，而在较高能级上有电子。激发源的作用是在半导体材料的高能级上产生电子，而在低能级上产生空状态。对于光致发光，激发源为光，而对于电致发光，激发源为外加电场。这两者都是研究电子从高能态弛豫到低能态时的发光，只是两者所用的激发源不同。半导体中的发光过程主要有以下几个大类：

表 7.2 半导体中的发光过程

序号	发光过程
1	导带→价带
2	导带→杂质缺陷、杂质缺陷→价带
3	杂质缺陷→杂质缺陷
4	激子
5	等电子杂质
6	发光中心

以下我们就上述几种情况进行简单的讨论。

§7.15.1 导带→价带

复合发光指发光是由于半导体材料中的电子和空穴复合引起的发光过程，它是光的本征吸收过程的逆过程，见图 7.23。对于直接能带半导体材料，这种发光过程比较有效，但对于间接能带半导体材料，由于电子在激发阶段的上跃迁过程以及向下跃迁与空穴复合的过程中都必须有声子的参与，因此发光效率一般很低。例如硅材料虽然在微电子领域起着举足轻重的作用，但是在涉及发光的器件中，它就远不如直接带隙的Ⅲ-Ⅴ族化合物了。

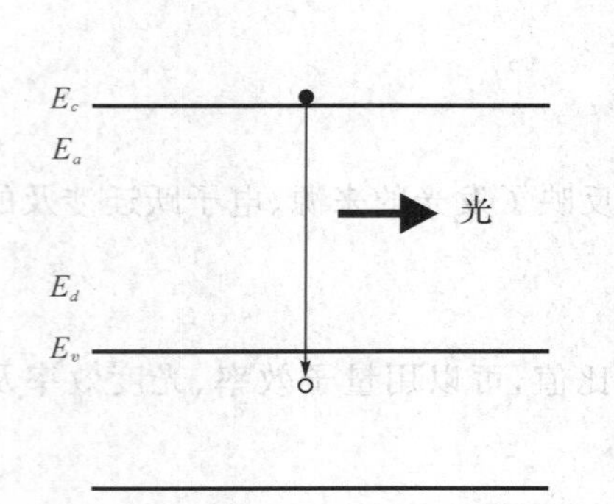

图 7.23 电子-空穴复合发光

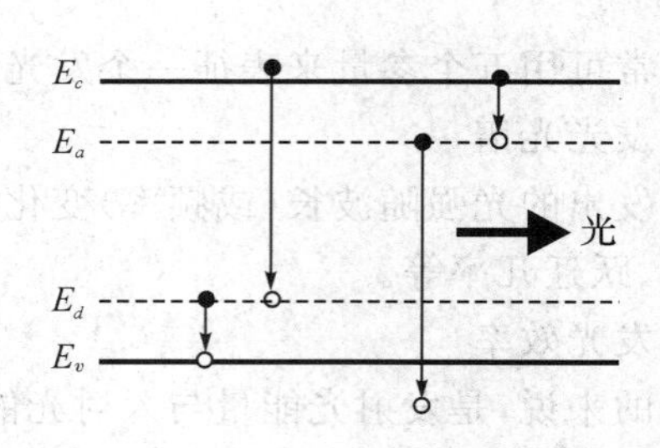

图 7.24 能带-杂质、缺陷能级复合发光

§7.15.2 能带一杂质缺陷复合发光

半导体材料中除了导带电子与价带空穴的复合过程外，还有导带电子到禁带内杂质、缺

陷能级空状态的复合发光过程，以及禁带内杂质、缺陷能级上的电子与价带空穴复合的发光过程。如图 7.24 所示，激发到导带的电子可以与杂质、缺陷能级复合而发光，或者杂质、缺陷能级上的电子与价带上的空穴复合而发光。

对于直接能带半导体材料，杂质发光的作用不太明显，但是对于间接能带半导体材料，情况就很不同了。因为杂质能级是局域能级，电子在杂质能级中由于空间位置受到限制，根据量子力学中的测不准原理，它的动量(波矢)有一个很大的弥散范围，因此在电子与空穴的复合中比较容易满足能量守恒和动量守恒的要求。所以掺杂是间接能带半导体材料提高发光效率的一种重要手段。

§7.15.3 杂质、缺陷能级间的复合发光

从上面的分析可以看出，通过光、电子激发源激发跃迁到较高能量的杂质、缺陷能级的电子可以通过与较低能量的杂质、缺陷能级上的空状态复合而发光，如图 7.25 所示。

在杂质、缺陷能级间的复合发光中，施主-受主对的发光是其中的一种。当施主与受主浓度较高时，施主-受主之间的距离很近，以致它们的波函数重叠形成施主-受主对，即 DAP。当电子通过隧穿效应从施主能级跃迁到受主能级时，可以看到发光现象。它发出的光的能量为：

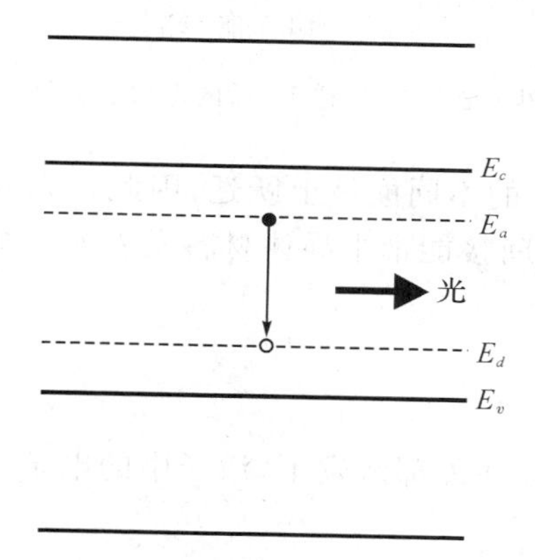

图 7.25 杂质、缺陷能级间的复合发光

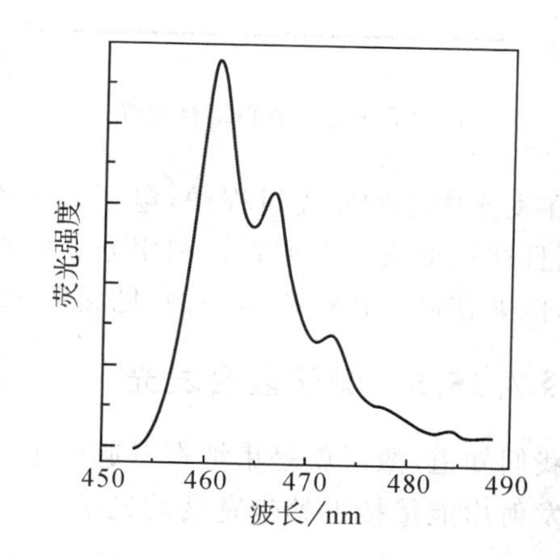

图 7.26 ZnSe：N 薄膜中 DAP 的发光谱

$$E(R)=E_g-(E_d+E_a)+\frac{e^2}{\varepsilon_r R} \tag{7.23}$$

这里施主和受主都被看成是点电荷，晶体被看作是连续介质，ε_r 是介电常数，E_d 和 E_a 是施主和受主的电离能，R 是一个不连续的数，它代表在施主与受主之间所有可能的晶格距。图 7.26 为掺氮 ZnSe 中 DAP 的发光谱。

在一般的掺杂条件下，杂质能级是局域能级，因此施主、受主能级中的电子由于空间位置受到限制导致动量(波矢)发散，所以电子跃迁时比较容易满足动量守恒的要求。因此利用施主-受主发光也是间接能带半导体材料提高发光效率的一种重要手段。例如在间接能带材料 GaP 中同时掺入 Zn 和 O 就是一个实例。

§7.15.4 分立中心及复合发光

对于禁带宽度较大的半导体材料，分立发光中心的发光往往起着重要的作用。分立中心在半导体禁带之内形成电子局域态，形成发光中心，电子跃迁时不受动量守恒的限制。它的来源包括杂质、缺陷以及杂质－缺陷联合体等。在半导体材料中经常采用的杂质有过渡族金属离子、稀土离子、类汞离子等。

对于分立中心，基态能级上的电子在外部激发源的激励下从它的低能级跃迁到高能级，电子在返回到基态的过程中把多余的能量以光子的形式释放出来，见图 7.27。

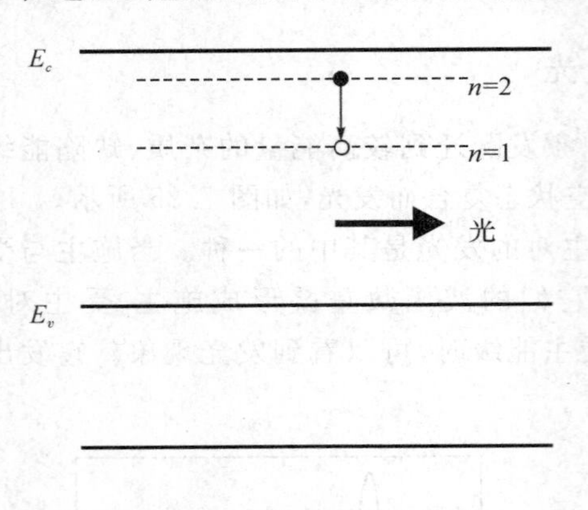

图 7.27　发光中心复合发光

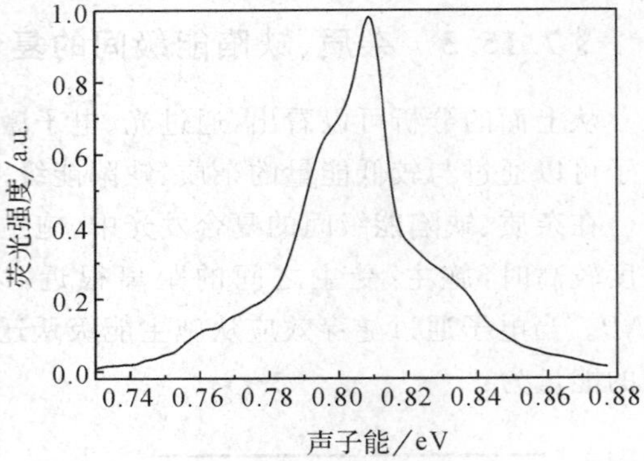

荧光强度/a.u.

1.0 0.8 0.6 0.4 0.2 0.0

0.74 0.76 0.78 0.80 0.82 0.84 0.86 0.88

声子能/eV

图 7.28　Si 中掺 Er 后的电致发光谱

在发光中心的发光过程中，电子只是在同一离子的不同能级上跃迁，因此发光效率很高，而且往往形成一个谱系。利用分立中心发光也是间接能带半导体材料发光的一个重要途径，例如在硅中掺铒就是一例，见图 7.28。

§7.15.5 激子复合发光

我们知道，激子就是束缚在一起的电子-空穴对。在外部激发下，激子中的电子和空穴复合发射出能量接近禁带宽度的光子

$$h\nu=E_g-\frac{R}{n^2} \tag{7.24}$$

由于激子能级为分立能级，因此激子发光也成谱系状，见图 7.29 和图 7.30。激子复合发光的效率很高，发射的光的单色性好，有利于实现激光发射，因此激子结合能高的半导体材料是潜在的光发射材料。例如氧化锌是一种激子能量很高(62meV)的宽禁带半导体材料，因此有可能利用氧化锌实现室温下的激子复合受激辐射。

§7.16 利用等电子陷阱提高发光效率

如果掺入的杂质与半导体基质原子处于同一族，则它的外围价电子数目与半导体基质材料原子的相同，这样的杂质称为等电子杂质。利用与半导体材料基质原子同一

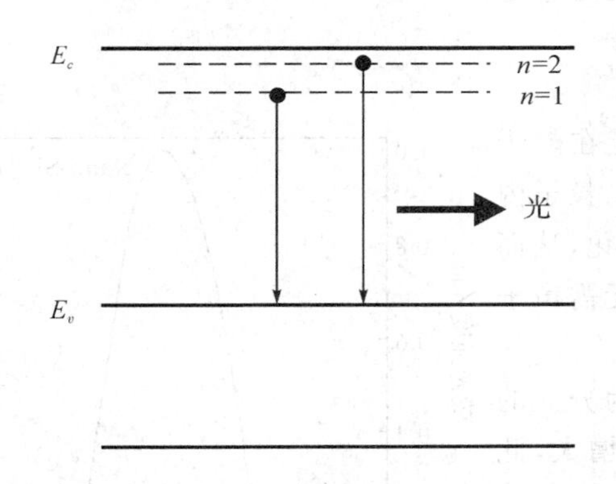

图 7.29　激子复合发光示意图

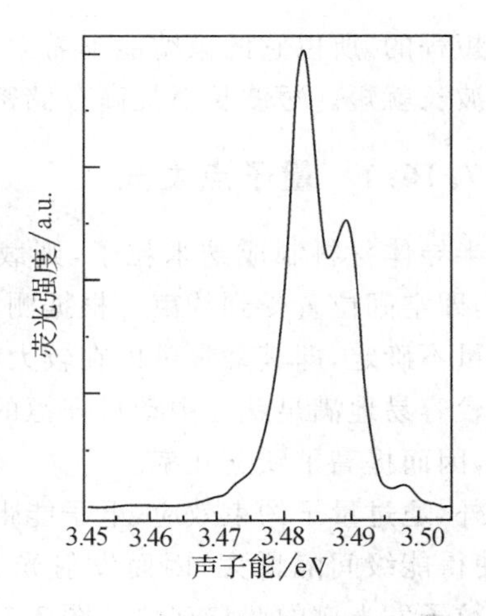

图 7.30　GaN 外延膜的激子复合发光谱

族的原子取代基质原子，即可形成一个电子的定域态。如果这个原子的电负性与基质原子的电负性相差较大，那么这个原子倾向于俘获一个载流子。如果取代原子的电负性比基质原子的大，那么它倾向于俘获一个电子；反之，如果取代原子的电负性比基质原子的小，那么它倾向于俘获一个空穴。因此等电子杂质有时又称为等电子陷阱。

俘获了电子(或空穴)的等电子陷阱又可通过库仑相互作用吸引一个空穴(或电子)形成束缚激子，增大了电子与空穴复合的几率，使得发光效率大大提高。另外，载流子由于受到等电子陷阱的影响，空间位置受到局限，因而动量不确定，所以可以使间接能带半导体材料的发光效率大大提高。例如 GaP 中掺入 N 或 Bi 取代 P 或 Ga，ZnTe 中掺入 O 取代 Te，即可提高材料的发光效率。图 7.31 为一实例。

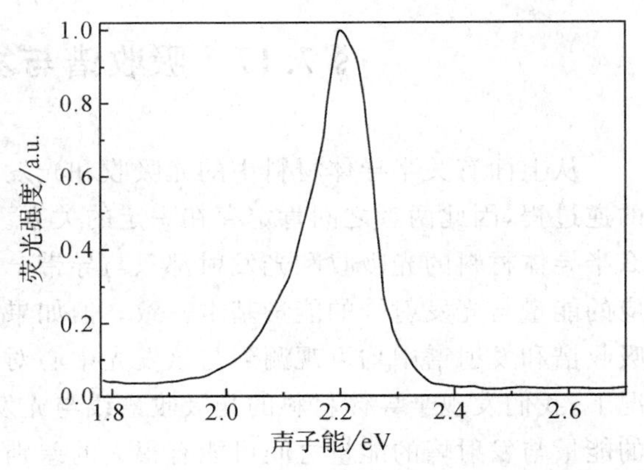

图 7.31　室温下 GaP∶N 的发光光谱

掺入等电子陷阱杂质对提高间接带隙材料的发光效率十分有效，是一种有实用价值的提高间接带隙半导体材料发光效率的方法。

那么，为什么等电子陷阱能够提高发光效率呢？其原因在于量子力学的测不准原理。根据测不准关系 $\Delta x\Delta p \sim \hbar$，因此当载流子被杂质束缚在很小范围内时，其动量可以在较大范围里变化，从而可以比较容易地满足跃迁中动量守恒的要求，提高跃迁几率，等电子陷阱正是由于它对载流子的短程作用，把被它俘获的电子(或空穴)束缚在杂质附近。也就是说，束缚电子的波函数的主体集中在杂质附近，而在动量空间内就占有较大的范围，所以直接从导带跃迁到价带的机会变大，无需声子的参加，就可复合发光。等电子陷阱俘获电子后可以通过长程库仑作用俘获空穴，形成束缚激子，所以最后发光就得到加强。而这个发光是束缚在等电子陷阱上的激子的发光。值得提出的是，因为等电子陷阱的作用是短程的，所以它的束缚能不需太大就能束缚住电子。这一点很重要，因为束缚能小，发光的波长就短。短波长对提高存储密度有很大的好处。

§7.16.1 量子点发光

把半导体材料制成纳米粒子，则载流子只能在粒子内运动，即空间位置受到约束。根据测不准原理，粒子内电子动量不确定，即其动量可以在较大范围里变化，从而可以比较容易地满足跃迁中动量守恒的要求而无需声子的参加，因而提高了跃迁几率。

另外，通过量子约束效应，电子能带将退化为分立的能级，使得能级间隔增大，因而发射光子的能量增大，此即纳米粒子发光谱的蓝移现象。图7.32为硅衬底上生长的硅量子点的低温PL谱，可见尽管硅量子点层的厚度很薄，但其发光强度却远远超过了硅衬底的发光强度，而且发光峰的能量明显提高，即存在明显的量子约束现象。

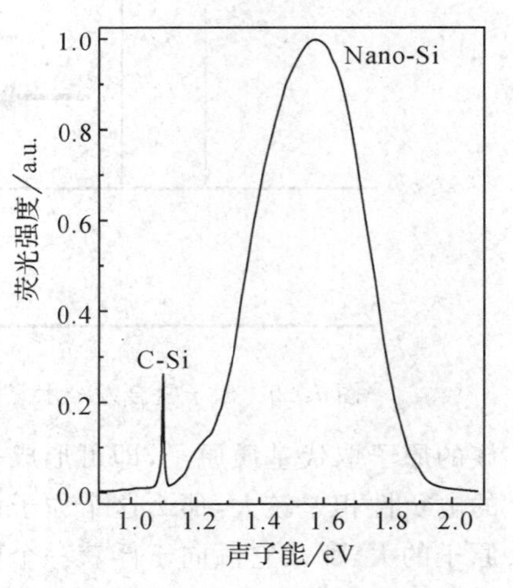

图7.32　硅量子点的PL谱

光吸收与光发射都涉及电子在不同能级之间的跃迁，这一点是共同的。不过相对能带之间的跃迁，除红外光谱外，吸收谱中涉及杂质、缺陷相关的吸收一般情况下都小到可以忽略的程度，因此在紫外－可见－红外吸收光谱中一般很难观测到杂质吸收消光的吸收峰。但是，在发光光谱中，杂质、缺陷引起的发光往往不能忽略，有时甚至是主要的发光过程。因此相对吸收光谱而言，荧光光谱是一种比吸收光谱灵敏得多的半导体材料分析测试手段。

§7.17 吸收谱与发射谱之间的关系

从上面有关半导体材料中的光吸收和光发射机制看，发光过程可以认为是光吸收过程的逆过程，因此两者之间肯定存在一定的关系。假如半导体材料中没有杂质、缺陷存在，那么半导体材料的光吸收和光发射都只与导带－价带之间的电子跃迁有关，这样光吸收边对应的能量与光发射峰的能量基本一致。但如果半导体材料中存在发光中心，那么在相应的吸收谱和发射谱中均可观测到与该发光中心对应的光吸收峰和光发射峰。不过，在很多情况下，我们发现半导体材料的光吸收谱线与光发射谱线之间存在很大的差异，特别是吸收峰的能量与发射峰的能量之间可能有很大的差别。那么这种差别是如何产生的呢？

这个问题可以从两个方面来考虑。一种情况是光吸收时电子既可从价带跃迁到导带，也可从价带跃迁到杂质能级，也可从杂质能级跃迁到导带。一般情况下电子从价带跃迁到导带的跃迁强度远远高于电子从价带到杂质能级或者从杂质能级到导带，或者从杂质能级到杂质能级的跃迁强度，因此在吸收谱上往往只看到对应导带－价带的本征吸收，而其他两种吸收因为强度较低，或者能量较小，容易被掩盖或被忽略。

图7.33和图7.34示意地画出了以上的光吸收和光发射过程。从上述两图可以看出它

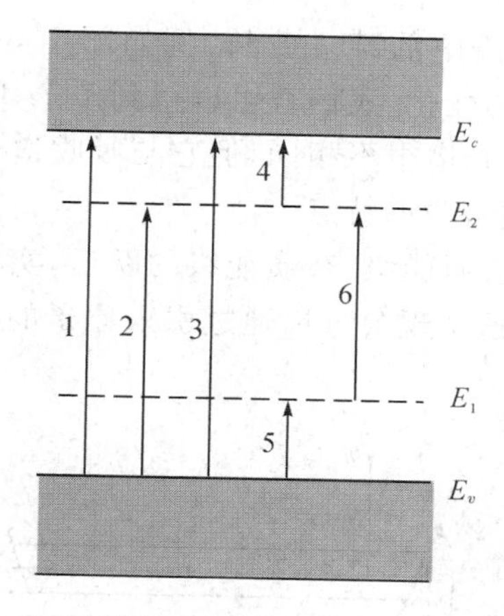

图 7.33　光吸收过程

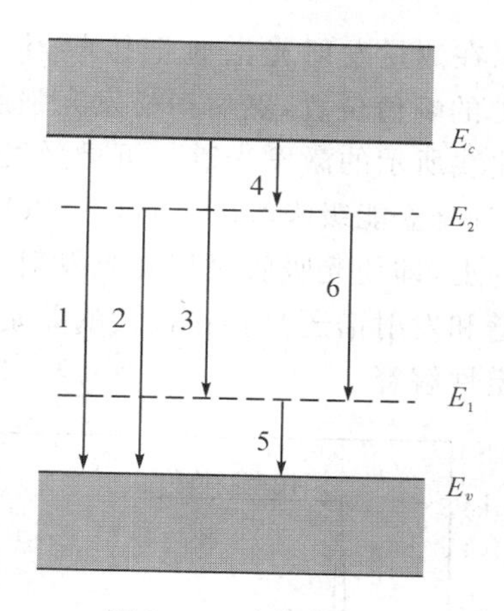

图 7.34　光辐射过程

们互为逆过程。但是在实际过程中，图 7.34 中的某些跃迁过程可能是非辐射的，既电子跃迁是通过发射声子而不是光子进行的，因此许多光发射过程实际上是禁戒的。例如对于间接能带半导体材料，发光过程1是禁戒的，过程4、5可能只涉及声子的发射，过程2、3的几率很小，等等。因此在发光中心参与的材料中往往只有过程 3 是最重要的。但由于光吸收过程中，过程 1 往往是最强的，所以导致吸收谱和发射谱之间存在很大的差异。图 7.35 和图 7.36 为掺 Mn 的硅酸锌薄膜的吸收光谱和发射光谱，可见吸收谱与发射谱之间存在很大的差异。由于带边吸收的强度很高，因此吸收光谱中由杂质引起的吸收被掩盖而没有被观测到，但在发射光谱中，清楚地观测到了与 Mn^{2+} 相关的光发射，发射光的峰值波长为 $\lambda=612nm$，对应的光子能量为 $E=2.3eV$。

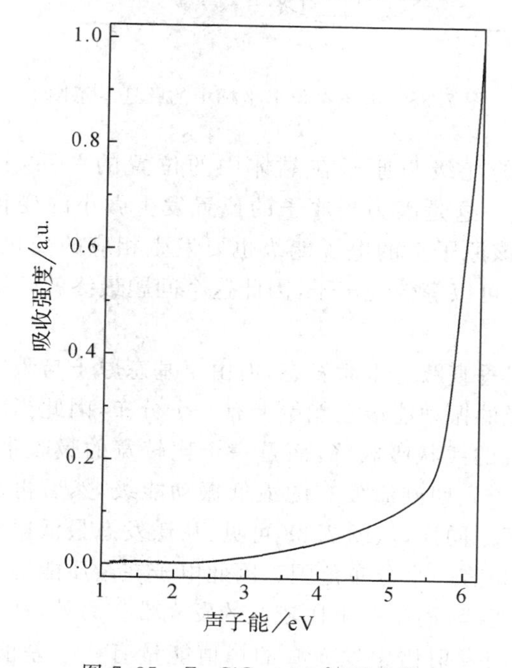

图 7.35　Zn_2SiO_4 : Mn^{2+} 吸收谱

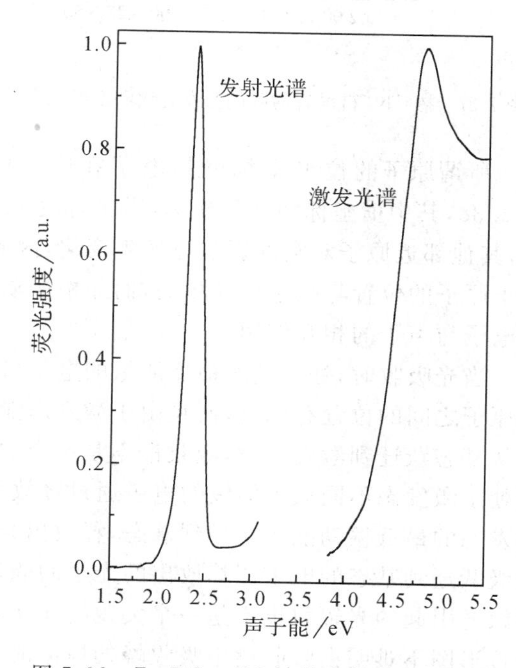

图 7.36　Zn_2SiO_4 : Mn^{2+} 的发射谱与激发谱

如果在测量发射光谱时把接收器固定在发射光谱中的某一波长，例如图 7.36 中的 525nm 处的峰值位置，然后扫描发光强度随激发波长的变化，我们就可以得到图 7.36 中右边这条曲线所示的激发光谱。可见激发光谱也与发射光谱很不相同，但它与吸收谱也不相同，即既有分立能级吸收的特点(4.82eV)，又具有带边吸收的特点。

实际上，即使光吸收过程和光发射过程都只涉及杂质能级-杂质能级的跃迁，实验中发现吸收谱和发射谱还是存在很大的差别，见图 7.37。这个现象可以通过引入原子的位形坐标进行定性解释。

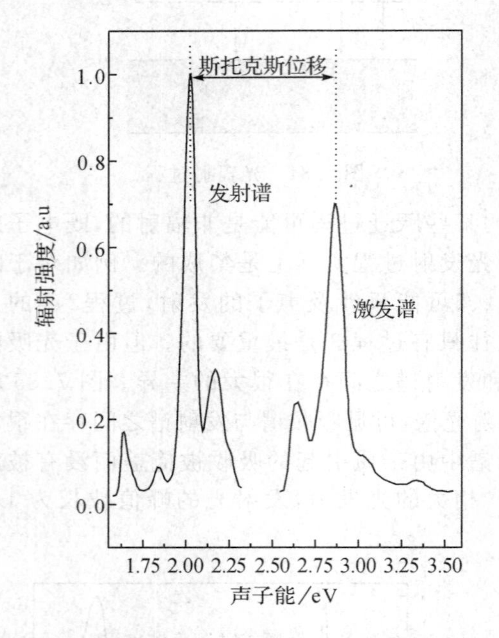

图 7.37 掺 Tb^{3+} 硅酸锌薄膜的激发光谱和发射光谱

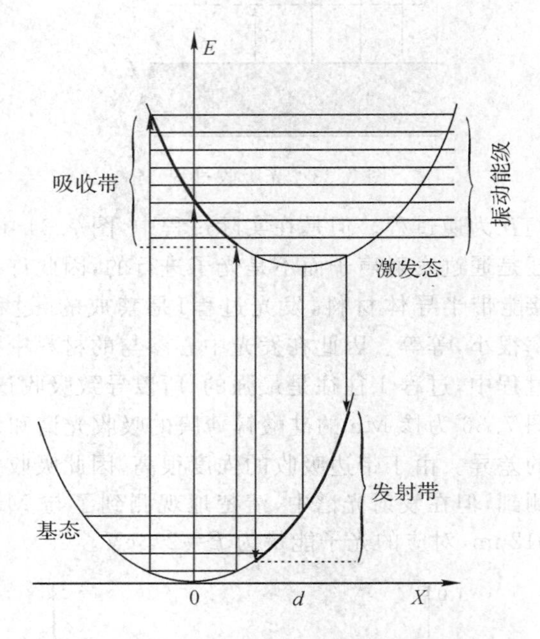

图 7.38 电子在位形坐标中的跃迁示意图

所谓原子的位形坐标就是电子在原子中的能级与原子在晶体中的位置的关系，见图 7.38，其中横坐标为空间坐标，纵坐标为能量。这是因为当原子的位置发生微小的变化时，其他邻近原子对它的影响也发生变化，因此该原子上的电子能级也要发生相应的变化。由于原子的位置与晶格振动相关，而晶格振动又可以等效为声子，因此这个问题最终就归结为电子与声子的相互作用。

当光吸收时，处于基态最低能量的电子可以垂直跃迁至激发态，但由于基态原子与激发态原子之间的位置有偏离，而且由于激发态能级的振动能级在能量上有一个分布，因此当电子从基态跃迁到激发态时，吸收谱不是一个尖锐的线状吸收峰，而是一个比较宽的吸收带。当处于激发态不同振动能级的电子通过释放声子先回到激发态的最低振动能级，然后再从激发态的最低振动能级跃迁到基态，释放出光子。同样，从图 7.38 可见，从激发态最低振动能级跃迁到基态的电子所释放出的光子的能量也有一个分布范围。因此电子在杂质能级之间跃迁引起的光辐射也不是一个尖锐的线状发光峰，而是一个比较宽的发光带。另外，从原子位形图不难明白吸收谱中吸收峰的峰值能量与发射谱中发光峰的峰值能量有一个差值，此差值称为斯托克斯位移。

由于激发态的电子跃迁到基态前可能处于不同的能级，因此测量发光强度随时间的变化可以推算出电子处于激发态的寿命。激发态寿命是用于光电器件的半导体材料的一个重要参数。测量时固定发射波长和接受波长，施加一个光激发脉冲，然后测量发射光强度随时间的衰减情况，即可得出有关激发态寿命的信息。图 7.39 为掺 Mn^{2+} 硅酸锌薄膜中 Mn^{2+} 相关发射(612nm)的强度随时间的变化情况，利用计算机拟合程序可以求出衰减时间即荧光寿命为 20ms。

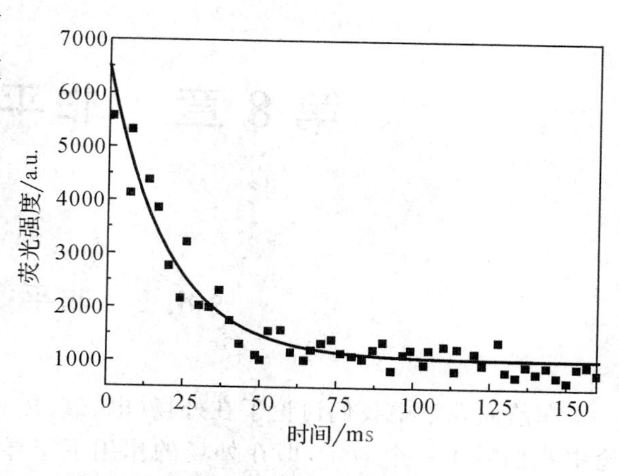

图 7.39　612nm 发光峰强度随时间的变化

第 8 章　非平衡载流子

§8.1　非平衡载流子

在前面几章中我们讨论了在外场(电、磁、热)作用下载流子的运动情况,但在以上的讨论中我们做了一个假定,即在外场的作用下半导体材料内部载流子的数目不随时间改变。但是实际上在许多器件中,载流子的数目是在不断地发生变化的,即载流子会注入、产生或消失,如光、电激发产生载流子,电子和空穴的复合使载流子消失,载流子落入陷阱使得载流子变为束缚电子等等,因而使得载流子的数目随时间发生变化。例如二极管、三极管的工作,半导体的发光,光照引起的电导率变化(光电导)等现象都与载流子的数目变化有关。载流子浓度的变化使得载流子浓度偏离热平衡状态下的载流子浓度,我们称半导体材料处于非热平衡状态。我们把载流子浓度与平衡状态下载流子浓度的差值称为非平衡载流子或过剩载流子。

由于外界激发源一般只作用在半导体材料的某个点或者某个面上,因此非平衡载流子的产生一般是局部的,例如在光照处有载流子注入,而其他地方并没有载流子注入。由于非平衡载流子只出现在局部区域,因此非平衡载流子的浓度在半导体内部的分布是不均匀。由于非平衡载流子浓度在空间的分布不均匀,因此非平衡载流子要作扩散运动以消除这种不均匀性。如果此时半导体材料内部存在电场,那么非平衡载流子还会在外场的作用下发生漂移运动。显然,非平衡载流子的运动规律有别于平衡状态下的载流子。

对于光激发产生的非平衡载流子,一般是电子从价带到导带的激发,因此电子和空穴总是成对产生的,所以光激发将产生同等数量的非平衡电子和非平衡空穴。对 n 型半导体来说,电子是多数载流子,空穴是少数载流子,显然非平衡载流子对于数量较少的少子(空穴)的影响程度要比多子(电子)大。反之,对于 p 型半导体,电子是少子,空穴是多子,则光激发产生的非平衡载流子对电子的影响较大。在大多数情况下,光照引起的载流子浓度相对平衡状态下的多子浓度而言是比较小的,所以非平衡载流子对多子浓度影响不大,但由于少子数量很少,所以非平衡载流子对少子的影响很大,一般器件中主要考虑非平衡载流子对少子的影响。

§8.1.1　光电导

实验发现,当一束波长较短的光照射到半导体材料表面时,半导体材料的电导率会发生变化,这种现象称为半导体的光电导现象。

测量光电导的原理非常简单,如图 8.1 所示。在半导体材料中通有恒定电流 I,测量光照前后半导体材料两端的电压,即可测出电导率的变化。光照后的电导率与光照前的电导率之差称为光电导。

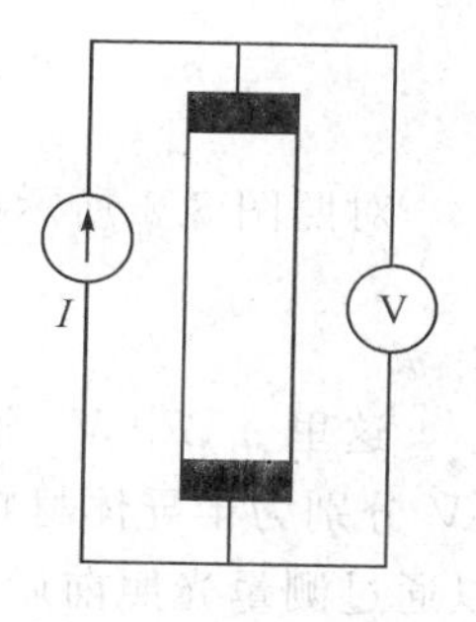

图 8.1 测量光电导的原理图

我们知道，当能量大于等于半导体材料禁带宽度的光照射到半导体材料上时，半导体材料价带上的电子就有可能被激发到导带能级上。这种激发就是本征激发，其结果就是产生电子-空穴对，使得导带电子及价带空穴数目都增加。假设 n_0 和 p_0 分别表示光照前平衡状态下的电子和空穴浓度，Δn、Δp 表示由于光照新产生的电子和空穴浓度，则在光照的情况下载流子的浓度变为 $n=n_0+\Delta n, p=p_0+\Delta p$。假如半导体材料是本征的，或半导体材料中的施主和受主已经饱和电离，则 $\Delta n=\Delta p$。

图 8.2 和图 8.3 为本征光电导对应的电子跃迁过程示意图。其中图 8.2 为直接能带半导体材料中电子的跃迁示意图，图 8.3 为间接能带半导体材料中电子的跃迁示意图。

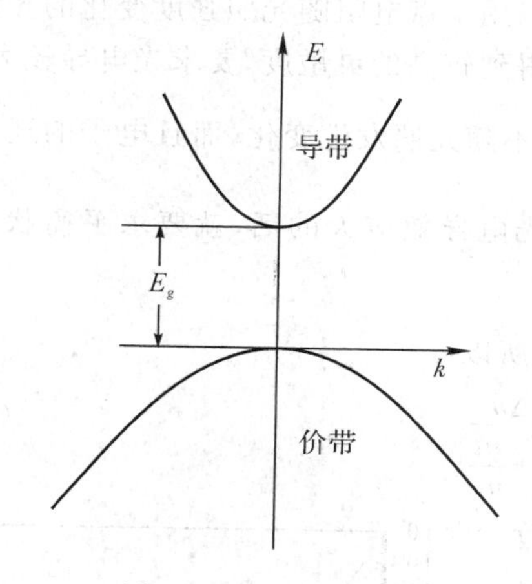

图 8.2 直接带隙跃迁

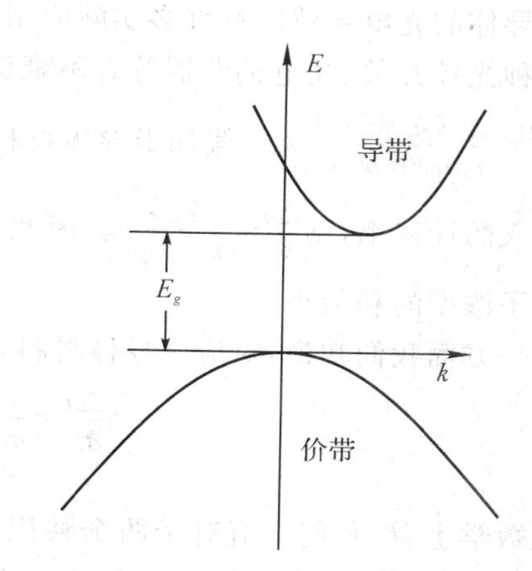

图 8.3 间接带隙跃迁

如果光照强度较小，则产生的电子-空穴对少，因此载流子浓度变化较小，此时称为小注入。对光强较强的情况，则产生的电子-空穴对数目很多，即注入的非平衡载流子浓度可以很大，其产生的非平衡载流子的浓度甚至可以超过材料中原来的多数载流子浓度，此时称强注入。对于小注入情况，由于非平衡载流子浓度较小，所以对多数载流子来说，其变化可以忽略，但对少数载流子来说，由于原来的平衡浓度较低，所以其变化可能相当大，甚至可以比平衡时的少子浓度高出几个数量级。

我们知道，平衡状态下半导体的电导率为 $\sigma_0=n_0e\mu_n+p_0e\mu_p$，注入非平衡载流子后由于载流子的浓度发生了变化，所以其电导率必然要发生变化，包括了非平衡载流子影响后的电导率为

$$\sigma=ne\mu_n+pe\mu_p=(n_0+\Delta n)e\mu_n+(p_0+\Delta p)e\mu_p=\sigma_0+\Delta ne\mu_n+\Delta pe\mu_p \tag{8.1}$$

不难看出，加上非平衡载流子的影响后，半导体材料的电导率增加了，或者说电阻率减小了。因为此时载流子浓度的变化对电子和空穴是相等的，所以电导率的变化可以改写为

$$\Delta\sigma=\Delta ne(\mu_n+\mu_p)=\Delta pe(\mu_n+\mu_p) \tag{8.2}$$

所以电导率的相对变化为

$$\frac{\Delta\sigma}{\sigma_0}=\frac{\Delta n(\mu_n+\mu_p)}{n_0\mu_n+p_0\mu_p} \tag{8.3}$$

对照图 8.1 所示的光电导测试图，我们不难得到

$$\frac{\Delta\sigma}{\sigma_0}=-\frac{\Delta\rho}{\rho_0}=-\frac{\Delta R}{R_0}=-\frac{\Delta V}{V_0} \tag{8.4}$$

这里 ρ_0、R_0、V_0 分别为没有光照时半导体材料的电阻率、电阻和两端的电压，$\Delta\rho$、ΔR、ΔV 分别为半导体材料电阻率、电阻、两端电压的变化。因此利用图 8.1 的线路，我们就可以通过测量光照前后样品两端电压的变化测量半导体材料的光电导效应。

§8.2 对光电导材料的要求

半导体的光电导效应有许多实际应用。例如可以用来做电阻随光照强度变化的光敏电阻及各种光控开关、光电耦合器等。不难理解，为了得到较高的灵敏度，要求光电导较大，即要求$\frac{\Delta\sigma}{\sigma_0}=\frac{\Delta n(\mu_n+\mu_p)}{n_0\mu_n+p_0\mu_p}$大。假如半导体材料的迁移率不随光照发生变化，而且电子的迁移率等于空穴的迁移率，则$\frac{\Delta\sigma}{\sigma_0}\approx\frac{2\Delta n}{n_0+p_0}$。因此如果要求光电导效应大的话，就要求平衡状态下的载流子浓度的和最小。

另一方面我们知道，对应半导体材料，$n_0p_0=n_i^2$，所以

$$\frac{\Delta\sigma}{\sigma_0}=\frac{2\Delta n}{n_0+p_0}=\frac{2\Delta n}{n_0+\frac{n_i^2}{n_0}} \tag{8.5}$$

从数学上看，我们知道对于两个乘积是一个常数的两个数，其和的最小值发生在这两个数相等的时候，即当 $n_0=p_0$ 时，n_0+p_0 有最小值，此时光电导有最大值。图 8.4 清楚地说明了硅材料中 n_0+p_0 随 n_0 的变化趋势，可见对应硅材料来说，当 $n_0\approx10^{10}\ \mathrm{cm}^{-3}\approx n_i$ 时 $n_0+\frac{n_i^2}{n_0}$有极小值。由此可见，近本征的高纯半导体材料适合做光电导器件。

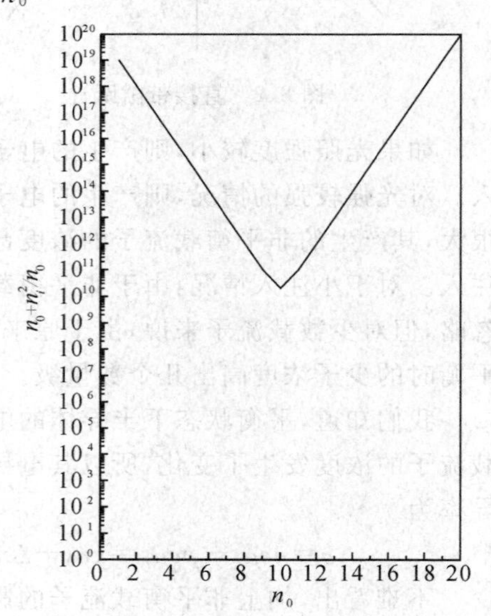

图 8.4　$n_0+\frac{n_i^2}{n_0}$随 n_0 的变化

另外，由于半导体材料中的载流子在温度较高时也会产生一些本征激发，因而导致暗电流（即没有光照时的电流）的产生。为了进一步降低暗电流，可能的话应该利用禁带宽度较大的材料，必要时通过将半导体材料冷却的方法以减小这种非光照引起的非平衡载流子浓度。

对于材料本身来说，由于直接跃迁比间接跃迁的几率高几个数量级，因此作为光电导用的材料应尽可

能选用直接带隙半导体材料。

除了本征光电导外,半导体材料禁带中杂质、缺陷能级和表面、界面能级上的电子在光照射下也可能跃迁到导带,或者价带上的电子跃迁到空着的杂质、缺陷能级和表面、界面能级上,导致导带电子浓度或价带空穴浓度的变化。这些光电导现象统称为非本征光电导。例如氧化物半导体材料的表面往往吸收氧化性气体,当波长较短的紫外光照射到材料表面时,往往会有非常明显但恢复时间较长的光电导现象。产生这种光电导的原因就是材料表面所吸附的气体的脱附,因为气体的脱附导致表面载流子浓度发生变化。

§8.3 光电导增益

从实际器件看,还必须考虑光电导的增益。下面以图8.5所示的半导体光电导型光探测器为例进行简单的分析。

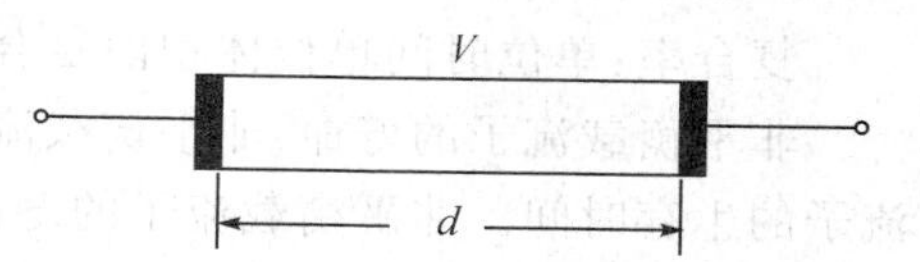

图8.5 半导体光电导探测器的几何形状

当光照持续进行,使得系统处于稳定状态时,半导体内部的载流子浓度及其分布不再发生变化,因此光照引起的电子-空穴对的产生率应该等于电子与空穴的复合率,即 $G=\frac{\Delta n}{\tau}$,这里 G 为产生率。Δn 为非平衡载流子浓度,τ 为非平衡载流子的寿命。

由于光电导的变化在实际测量时往往转化为电流的变化,因此我们可以通过分析半导体中的非平衡载流子引起的电流来分析光电导。半导体中的载流子与气体分子的运动相似,因此单位时间内流过半导体材料截面的非平衡载流子的流密度为 $A\Delta n\cdot v_d$,这里 A 为截面积,v_d 为非平衡载流子的漂移速度。

另外,假如一个光子产生一对电子空穴对,而且半导体材料整体都受到光的均匀照射,那么单位时间内吸收的光子数为 GAd。

光电导探测器的增益定义为

$$\eta=\frac{\text{流过的非平衡载流子数}}{\text{吸收的光子数}}=\frac{A\Delta nv_d}{GAd}=\frac{\Delta nv_d}{\frac{\Delta n}{\tau}d}=\frac{v_d\tau}{d}=\frac{\tau}{t} \tag{8.6}$$

式中 t 为非平衡载流子通过工作区所需时间。

从上面的分析可知,要使半导体光电导光探测器有较高的增益,则要求材料非平衡少子寿命长(τ 大),载流子运动的时间 t 短(或迁移率高),同时电极间的距离 d 要小。

§8.4 非平衡载流子的复合和寿命

前面提到,在平衡状态下载流子的产生率等于复合率,因此载流子的浓度相对保持不变。当半导体在某一时刻受到某种激发源的作用时,载流子的产生速度快于复合速度,使得原先处于热平衡状态的载流子的浓度发生变化,即载流子浓度增大。但随着载流子浓度的增加，导带电子与价带空穴相遇的几率也相应增加，即复合速度也逐渐增加，如果所加的外激发源的强度保持不变，则最后两者达到一种新的热平衡状态。然而当外场消失后，产生速度将很快减小，此时复合速度高于产生速度，使得载流子的浓度减小，最后载流子浓度回到原先的热平衡状态。

复合使得多余的电子和空穴同时成对消失，多余的电子与空穴复合消失的过程就称为非平衡载流子的复合。因此复合是半导体中载流子浓度从非平衡态向平衡态的一种转变过程，是一种弛豫过程。我们在讲述散射时曾提到过弛豫，不过那儿的弛豫指的载流子定向运动速度消失的过程，这里的弛豫指的是载流子浓度回到平衡状态的一种过程。要注意载流子的复合与产生并不是非平衡态所特有的，平衡状态下并不是没有载流子的产生和消失，而是产生的速度与消失的速度相等时的一种动态平衡状态。下面为与复合相关的一些术语。

产生率：单位时间单位体积内产生的非平衡载流子的数目。

复合率：单位时间单位体积内复合的非平衡载流子的数目。

非平衡载流子的寿命：非平衡载流子从产生到复合的平均时间，即统计意义上非平衡载流子的生存时间。非平衡载流子的寿命反映了非平衡载流子浓度衰减的快慢，或者说它代表了非平衡载流子在复合前存在的平均时间。

假定非平衡载流子的浓度不是太大，则由于复合而引起的非平衡载流子浓度的变化率与它们的浓度成正比，dt 时间内非平衡载流子浓度的变化为即

$$d\Delta p=\frac{1}{\tau}\Delta p dt \tag{8.7}$$

这里 Δp 为载流子浓度，τ 为非平衡载流子的寿命，它等于单位时间内载流子复合几率的倒数，也相当于非平衡载流子的弛豫时间。

将上式两边积分，得

$$\Delta p=\Delta p_0 e^{-\frac{t}{\tau}} \tag{8.8}$$

这里 Δp_0 为激发源撤去前的非平衡载流子浓度。

对半导体材料来说，非平衡载流子寿命是判断半导体材料质量好坏的一个重要参数。除了半导体本身的能带结构外，非平衡载流子的寿命主要取决于晶体内部杂质、缺陷、应力等因素，即取决于晶体的完整性。例如元素半导体硅、锗的晶体生长技术目前已经相当完美，因此结晶质量高的高纯硅和锗单晶的非平衡载流子寿命可以长达几十毫秒，而化合物半导体材料由于本身缺陷较多，其寿命相对较短，甚至短到只有几个纳秒数量级。

另一方面，即使是同一种半导体材料，由于其生长工艺不同，或者生长后的处理不同，或者掺杂情况不同，甚至激发源强度的不同，非平衡载流子的寿命也不同。例如对于硅单晶而言，区熔硅的非平衡载流子寿命可以达到毫秒的数量级，但直拉硅单晶中的非平衡载流子的寿命则只有几十微妙甚至更短。

§8.5 非平衡载流子寿命的测试

测量半导体非平衡载流子寿命有好几种方法，例如光电导衰减法、双脉冲法、相移法、反

向恢复时间法、光磁效应光电导补偿法、表面光电压法等等，工业界一般常用装置相对简单、可靠、直观的光电导法进行测量，它是美国 SEMI 标准测试非平衡载流子寿命的方法之一，但一般限于非平衡载流子寿命较长的材料的测试。另一种列入 SEMI 标准的非平衡载流子寿命测试法为表面光电压法，优点是可以测量寿命很短的非平衡载流子。相对光电导法，表面光电导法的设备要复杂一些，而且不能直接得到结果。因此这里我们主要介绍光电导法测量非平衡载流子的寿命。

直流光电导法测量非平衡载流子寿命的装置如图 8.6 所示。用一束能够激发产生电子-空穴对的光激发半导体材料价带中的电子，然后突然关断光源，或者对光源进行斩波，或者采用脉冲光源，则可在示波器上可以观测到 Y 轴信号的指数衰减现象。对此衰减信号进行拟合即可得到非平衡载流子的寿命。

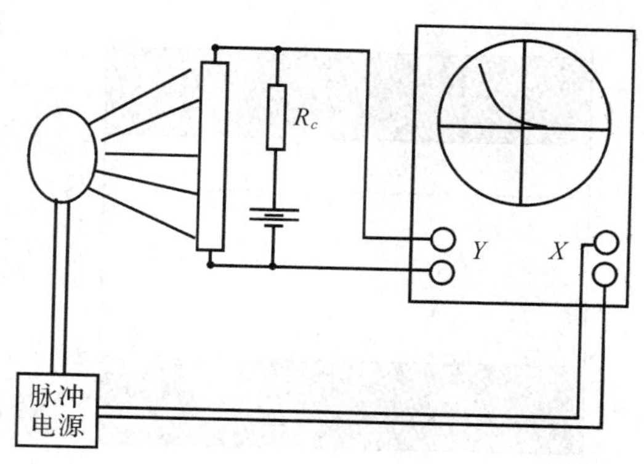

图 8.6　直流光电导法测少子寿命

实际装置中与电池串连的电阻 R_c 很大，远远大于半导体材料的电阻 R，或者直接采用恒流源提供电流。假定 R_c 比半导体的电阻 R 大得多，则流过电路的电流不会随着半导体材料电阻率的变化而变化，因此半导体材料上的电压降正比于半导体材料两端的电阻 R，即，V 为材料两端的电压降。当半导体材料中的载流子浓度发生变化时，材料两端的电压降也跟着发生变化，由于流过电路的电流强度不变，因此

$$\frac{\Delta V}{V_0}=\frac{\Delta R}{R_0} \tag{8.9}$$

由于$\frac{\Delta R}{R_0}=\frac{\Delta \rho}{\rho_0}=-\frac{\Delta \sigma}{\sigma_0}$，所以

$$\frac{\Delta V}{V_0}=-\frac{\Delta \sigma}{\sigma_0}=-\frac{\Delta p_0}{p_0}e^{-\frac{t}{\tau}} \tag{8.10}$$

因此测量非平衡载流子的寿命转化成了测量半导体材料两端电压衰减曲线的时间常数。所以只要从示波器测量出半导体两端电压的变化情况，就可以通过衰减曲线定出非平衡载流子的寿命 τ。

§8.5.1　准费米能级

我们知道费米能级反映了平衡状态下电子或空穴在各能级的分布情况。在非平衡状态下，半导体材料内部没有统一的费米能级，因此载流子浓度不再由费米能级直接决定。但是我们可以假定此时电子与空穴各自有自己独立的准费米能级 E_{fn} 和 E_{fp}，由此仍可以通过准费米能级定义导带电子浓度和价带空穴浓度，即

$$n=N_c e^{-\frac{E_c-E_{Fn}}{kT}},\quad p=N_v e^{-\frac{E_{fp}-E_v}{kT}} \tag{8.11}$$

有了电子和空穴的准费米能级，我们有

$$np=N_cN_v e^{-\frac{E_c-E_{Fn}+E_{Fp}-E_v}{kT}}=n_i^2 e^{\frac{E_{Fn}-E_{Fp}}{kT}} \tag{8.12}$$

对于平衡态，$E_{Fn}=E_{Fp}$，$np=n_i^2$，对于非平衡态，$E_{fn}\neq E_{fp}$，同时 $np\neq n_i^2$。因此电子和空穴准费米能级的差反映了半导体偏离平衡态的程度。不难看出，由于非平衡状态下电子与空穴的浓度都大于平衡态时的值，所以电子的准费米能级向导带移动，而空穴的准费米能级向价带移动。一般情况下非平衡载流子注入时少子的数目相对变化很大，所以少子的准费米能级相对平衡时的费米能级可以有很大移动，而多子的准费米能级往往只有很小的移动，如图 8.7 所示。

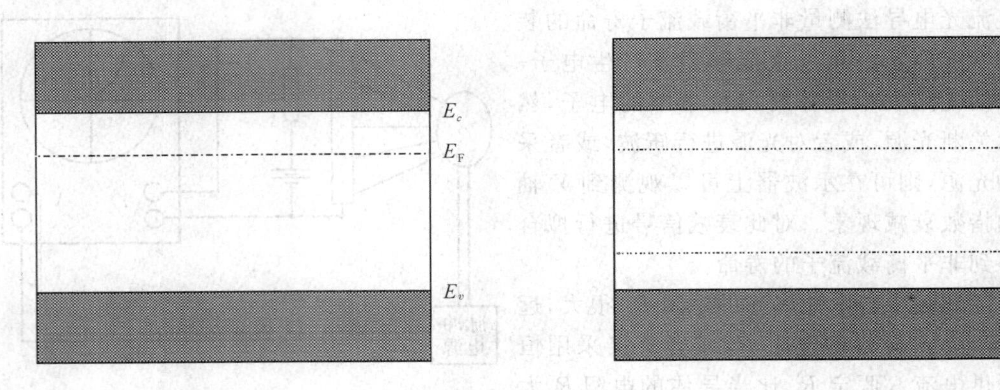

图 8.7　准费米能级

因为 $\frac{n}{n_0}=\frac{N_c\mathrm{e}^{-(E_c-E_{Fn})/kT}}{N_c\mathrm{e}^{-(E_c-E_F)/kT}}=\mathrm{e}^{(E_{Fn}-E_F)/kT}$，所以电子的准费米能级相对平衡态时的费米能级的移动距离为

$$E_{Fn}-E_F=kT\ln\frac{n}{n_0} \tag{8.13}$$

同样，因为 $\frac{p}{p_0}=\frac{N_v\mathrm{e}^{-(E_{Fp}-E_v)/kT}}{N_v\mathrm{e}^{-(E_F-E_v)/kT}}=\mathrm{e}^{(E_F-E_{Fp})/kT}$，所以空穴的准费米能级相对平衡态时的费米能级的移动距离为

$$E_{Fp}-E_F=-kT\ln\frac{p}{p_0} \tag{8.14}$$

§8.6　连续性方程

对处于平衡态的载流子来说，各处的载流子浓度相等，因此尽管载流子不停地经受各种散射，不可能出现宏观意义上的载流子的有序运动，如扩散和漂移运动，但非平衡载流子的情况却不同。由于非平衡载流子主要集中在注入处附近，因此它们在注入处附近的浓度比半导体内部其他地方高，所以非平衡载流子要向浓度低的地方扩散。不难理解，在非平衡状态下，载流子的浓度是与时间、位置有关的。

要知道某处某时的载流子浓度，必须知道载流子的扩散速度和漂移速度，因此必须知道描述非平衡载流子运动的方程，即连续性方程。

§8.6.1 载流子流密度和电流密度

实验中发现,粒子的扩散流密度与其浓度梯度成正比,比例系数即为扩散系数。以下为讨论方便起见,我们只考虑一维扩散情况。对电子和空穴我们可以得到电子和空穴的扩散流密度分别为

$$-D_n \frac{\partial n}{\partial x}, -D_p \frac{\partial p}{\partial x} \tag{8.15}$$

式中负号表示扩散方向为浓度减小的方向。当样品通有电流时,载流子还要在外场的作用下作定向运动,这样电子与空穴的漂移流密度分别为 $n\mu_n E$ 与 $p\mu_p E$。因此当载流子浓度梯度及外场同时存在时,电子和空穴的流密度分别为

$$S_n = -n\mu_n - D_n \frac{\partial n}{\partial x}, \quad S_p = p\mu_p - D_p \frac{\partial p}{\partial x} \tag{8.16}$$

相应的电子电流密度及空穴电流密度分别为

$$j_n = ne\mu_n E + eD_n \frac{\partial n}{\partial x}, \quad j_p = pe\mu_p E - eD_p \frac{\partial p}{\partial x} \tag{8.17}$$

§8.6.2 爱因斯坦关系

我们知道载流子的扩散及漂移起因不同,但两者都涉及到载流子在半导体中的运动,都要受到晶体内各种散射源的散射,因此它们之间必然存在某种联系,以下以电子为例分析这种关系。

我们知道,考虑了扩散和漂移后的电子电流为 $j_n = ne\mu_n E + eD_n \frac{\partial n}{\partial x}$,平衡时电流为 0,即 $n\mu_n E = -D_n \frac{\partial n}{\partial x}$。假定内建电场很小,则我们可以将它作为微扰进行处理。在内建电场的作用下,半导体内不同位置的导带底位置可以写成

$$E_c(x) = E_{c0} - eV(x) \tag{8.18}$$

式中 E_{c0} 为没有外场时导带底的位置。由于半导体内部费米能级各处一样,因此电子浓度为

$$n(x) = N_c \mathrm{e}^{-\frac{E_c(x)-E_F}{kT}} = N_c \mathrm{e}^{-\frac{E_{c0}-E_F}{kT}} \mathrm{e}^{-\frac{eV(x)}{kT}} = n_0 \mathrm{e}^{-\frac{eV(x)}{kT}} \tag{8.19}$$

式中 n_0 为没有外场时导带电子浓度。因此我们可得

$$\frac{\partial n(x)}{\partial x} = n_0 \frac{e}{kT} \mathrm{e}^{\frac{eV(x)}{kT}} \frac{\partial V(x)}{\partial x} = n(x) \frac{e}{kT} \frac{\partial V(x)}{\partial x} \tag{8.20}$$

又根据电场方向的定义(电势减小方向),我们有 $E = -\frac{\partial V(x)}{\partial x}$,把$\frac{\partial n}{\partial x}$代入 $n\mu_n E = -D_n \frac{\partial n}{\partial x}$,即得 $\mu_n = \frac{e}{kT} D_n$,即

$$\frac{D_n}{\mu_n} = \frac{kT}{e} \tag{8.21}$$

即在确定的温度下,载流子的扩散系数与载流子的迁移率成比例关系。同样,对 p 型半导体,我们可得

$$\frac{D_p}{\mu_p}=\frac{kT}{e} \tag{8.22}$$

尽管公式 8.18 和 8.19 是在热平衡条件下得到的，但实验结果证明此式在非平衡条件下仍然适用。不过对于简并半导体，由于要用严格的费米分布函数，所以对上面两个公式要进行修正，计算结果表明，在简并的情况下此公式应修正为

$$\frac{D}{\mu}=2\,\frac{kT}{e}\frac{F_{1/2}(\eta)}{F_{-1/2}(\eta)} \tag{8.23}$$

其中 F 为前面提到过的费米积分。虽然修正后的公式略微复杂，但基本物理意义不变，即扩散系数与迁移率之间存在简单的关系。

§8.6.3 连续性方程

以上我们讨论了载流子的流密度及扩散与漂移之间的关系（爱因斯坦方程），发现扩散与漂移存在简单的关系。但要完整讨论载流子的运动的话，还必须考虑载流子的产生与复合。为此我们来分析某个位于(x,y,z)的小体积元 $\mathrm{d}V$ 中载流子数目的变化情况，这里我们先假定载流子仅在 X 方向上有扩散、漂移、产生和复合。

设小体积元中的载流子数目随时间的变化率为$\frac{\partial n(\boldsymbol{r},t)}{\partial t}\mathrm{d}V$，从小体积元左边流入小体积元的电子数目为 $S_n(x,t)\mathrm{d}y\mathrm{d}z\mathrm{d}t$，从小体积元右边流出小体积元的电子数为 $S_n(x+\mathrm{d}x,t)\mathrm{d}y\mathrm{d}z\mathrm{d}t$，所以净流入小体积元的电子数为

$$S_n(x,t)\mathrm{d}y\mathrm{d}z\mathrm{d}t-S_n(x+\mathrm{d}x,t)\mathrm{d}y\mathrm{d}z\mathrm{d}t=-\frac{\partial S}{\partial x}\mathrm{d}V\mathrm{d}t \tag{8.24}$$

假定此时外界作用下载流子的产生率为 G，则 $\mathrm{d}t$ 时间内小体积元内额外产生的电子数为 $G\mathrm{d}V\mathrm{d}t$。同样假定此时载流子的复合几率为$\frac{1}{\tau}$，非平衡载流子的浓度为 Δn，则 $\mathrm{d}t$ 时间内小体元内复合的电子数为$\frac{\Delta n}{\tau}\mathrm{d}V\mathrm{d}t$。请注意上式中计算复合率时用的是 Δn 而非 n，这表明复合是针对非平衡载流子的。因为如果没有非平衡载流子，则平衡状态下载流子的复合与产生的几率在统计上是相同的，两者刚好抵消，所以我们只要考虑非平衡载流子的复合与产生就可以了。

以上各项相加的和应等于 $\mathrm{d}t$ 时间内该小体元内载流子数目的总改变量，即

$$\frac{\partial n}{\partial t}\mathrm{d}V\mathrm{d}t=-\frac{\partial S}{\partial x}\mathrm{d}V\mathrm{d}t-\frac{\Delta n}{\tau}\mathrm{d}V\mathrm{d}t+G\mathrm{d}V\mathrm{d}t \tag{8.25}$$

所以

$$\frac{\partial n}{\partial t}=-\frac{\partial S_n}{\partial x}-\frac{\Delta n}{\tau_n}+G_n \tag{8.26}$$

对于空穴，情况完全一样，经过类似的讨论，我们有

$$\frac{\partial p}{\partial t}=-\frac{\partial S_p}{\partial x}-\frac{\Delta p}{\tau_p}+G_p \tag{8.27}$$

以上两式即为非平衡载流子的连续性方程。

因为 $j_n=-eS_n$，$j_p=eS_p$，利用 $j_n=ne\mu_nE+eD_n\frac{\partial n}{\partial x}$，$j_p=pe\mu_pE-eD_p\frac{\partial p}{\partial x}$，以上两式还可

改写成

$$\frac{\partial n}{\partial t}=\frac{1}{e}\frac{\partial j_n}{\partial x}-\frac{\Delta n}{\tau_n}+G_n,\quad \frac{\partial p}{\partial t}=-\frac{1}{e}\frac{\partial j_p}{\partial x}-\frac{\Delta p}{\tau_p}+G_p \tag{8.28}$$

再将电流密度公式 $j_n=ne\mu_n$ 和 $j_p=pe\mu_p$ 代入,最后我们得到有关电子和空穴的连续性方程:

$$\begin{cases}\dfrac{\partial n}{\partial t}=\mu_n E\dfrac{\partial n}{\partial x}+n\mu_n\dfrac{\partial E}{\partial x}+D_n\dfrac{\partial^2 n}{\partial x^2}-\dfrac{\Delta n}{\tau}+G_n\\ \dfrac{\partial p}{\partial t}=-\mu_p E\dfrac{\partial p}{\partial x}-p\mu_p\dfrac{\partial E}{\partial x}+D_p\dfrac{\partial^2 p}{\partial x^2}-\dfrac{\Delta p}{\tau}+G_p\end{cases} \tag{8.29}$$

因为非平衡载流子总是成对产生,所以 $G_n=G_p=G$。不难理解上式中各项的物理意义,右边第一项是载流子在漂移过程中因为浓度不均匀而引起的,第二项是因应空间电场不均匀(有局部净电荷)引起的,第三项为扩散流密度不均匀引起的,第四项为复合引起的,第五项为外界激发新产生的。

§8.6.4 少数载流子的连续性方程

上面推导出了载流子的连续性方程,但是方程中的电场强度指的是半导体内的总电场,它由外场及内场两部分组成。外场可以直接测量,但内部电场却无法确定。尽管内部电场在小注入的情况下很小,但其梯度(即电场对坐标的微分)却不一定是一个小的数。因此我们必须先寻求另外的条件来求电场强度的梯度,然后才可能求解上面的连续性方程。

根据电磁学中的高斯定律我们知道,电场强度与总电荷是有联系的,即通过任意闭合面向外的电通量等于该闭合曲面包含的总电荷数之和的$\frac{1}{\varepsilon_0\varepsilon_r}$,即

$$\oint\!\!\!\oint_s \boldsymbol{E}\cdot \mathrm{d}\boldsymbol{S}=\frac{1}{\varepsilon_0\varepsilon_r}\sum_i Q_i \tag{8.30}$$

高斯定律的微分形式也叫高斯定理,即

$$\nabla\cdot\boldsymbol{E}=\frac{\rho(\boldsymbol{r})}{\varepsilon_r\varepsilon_0} \tag{8.31}$$

此式也称为泊松方程,即电场强度的散度等于该处电荷密度除以介电常数。对于一维情况,泊松方程变为$\frac{\partial E}{\partial x}=\frac{\rho(r)}{\varepsilon_r\varepsilon_0}$。

现在我们来看半导体内的净电荷。我们知道,在平衡状态下半导体内部应符合电中性条件,即内部是不带电的。但是有了非平衡载流子后,尽管产生的空穴数目与电子数目相同,但是由于在外场的作用下电子与空穴的漂移方向相反,所以在某一时刻空间某处的净电荷不一定为0,其电荷密度由两种非平衡载流子的差值决定,即 $\rho(x)=[\Delta p(x)-\Delta n(x)]e$。

另外,我们有$\frac{\partial n}{\partial t}=\frac{\partial(n_0+\Delta n)}{\partial t}=\frac{\partial\Delta n}{\partial t}$,$\frac{\partial p}{\partial t}=\frac{\partial(p_0+\Delta p)}{\partial t}=\frac{\partial\Delta p}{\partial t}$,载流子对 x 的导数也有类似公式。将以上各式代入连续性方程可以得到下面两个反应非平衡载流子浓度的公式

$$\begin{cases}\dfrac{\partial\Delta n}{\partial t}=\mu_n E\dfrac{\partial n}{\partial x}+ne\mu_n\dfrac{\Delta p-\Delta n}{\varepsilon_0\varepsilon_r}+D_n\dfrac{\partial^2 n}{\partial x^2}-\dfrac{\Delta n}{\tau}+G_n\\ \dfrac{\partial\Delta p}{\partial t}=-\mu_p E\dfrac{\partial p}{\partial x}-pe\mu_p\dfrac{\Delta p-\Delta n}{\varepsilon_0\varepsilon_r}+D_p\dfrac{\partial^2 p}{\partial x^2}-\dfrac{\Delta p}{\tau}+G_p\end{cases} \tag{8.32}$$

假如非平衡电子和非平衡空穴在某一瞬时出现在空间的不同位置上，则可能产生图8.8所示的局部电场，这个局部电场将引起载流子的漂移运动，最终导致非平衡电子和非平衡空穴的相互靠近，在很短的时间内两者电荷抵消，使得电中性条件在大部分时间是成立的。对硅而言，两种非平衡载流子分开导致的电场的存在时间约为弛豫时间的数量级，即10^{-12}秒的数量级，而非平衡载流子的寿命一般为$10^{-8}-10^{-3}$秒。所以在大多数情况下，电中性条件在非平衡载流子存在的情况下也是成立的。因此对半导体中的非平衡载流子来说，一般情况下我们可以认为$\Delta n-\Delta p=0$。因此连续性方程中的第二项可以忽略，所以我们有

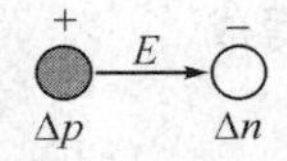

图8.8　局部电荷

$$\begin{cases}\dfrac{\partial\Delta n}{\partial t}=\mu_n E\dfrac{\partial n}{\partial x}+D_n\dfrac{\partial^2 n}{\partial x^2}-\dfrac{\Delta n}{\tau}+G_n\\[2ex]\dfrac{\partial\Delta p}{\partial t}=-\mu_p E\dfrac{\partial p}{\partial x}+D_p\dfrac{\partial^2 p}{\partial x^2}-\dfrac{\Delta p}{\tau}+G_p\end{cases}\tag{8.33}$$

此即非平衡少数载流子运动的连续方程。通过求解这个方程，可以得到非平衡少数载流子随空间及时间的分布情况。

如果在讨论扩散及漂移的时候不存在产生非平衡载流子的外因，即此时外部激发源已经停止激发，则$G=0$，这样连续方程简化为

$$\frac{\partial\Delta p}{\partial t}=-\mu_p E\frac{\partial\Delta p}{\partial x}+D_p\frac{\partial^2\Delta p}{\partial x^2}-\frac{\Delta p}{\tau}\tag{8.34}$$

§8.7　非本征半导体中非平衡少子的扩散和漂移

我们先以n型半导体为例讨论稳定注入情况下非平衡少数载流子的分布情况。此时我们有$n_0\gg p_0$，并假定小注入条件成立，即$\Delta p\ll n_0$，所以$p\ll n$。为简单起见，我们讨论一维情形，即假定浓度梯度与外电场都沿X方向。

由于是稳定注入，加上激发源后，非平衡载流子浓度开始增加，同时载流子的复合也增加。经过一定时间后半导体内的非平衡少子的浓度分布达到稳定值，不随时间变化，即$\dfrac{\partial\Delta p}{\partial t}=0$，在这种情况下，少子的连续性方程变为

$$-\mu_p E\frac{\partial\Delta P}{\partial x}+D_p\frac{\partial^2\Delta p}{\partial x^2}-\frac{\Delta p}{\tau}=0\tag{8.35}$$

下面我们分别研究纯扩散和纯漂移两种情形下非平衡载流子浓度的变化及分布规律。

§8.7.1　少子的扩散

首先我们考虑纯扩散的情形。在纯扩散的情况下，没有外场存在，即$E=0$，因此非平衡载流子的连续性方程(8.32)可以进一步简化为$D_p\dfrac{\partial^2\Delta p}{\partial x^2}-\dfrac{\Delta p}{\tau}=0$，这是一个我们已经十分熟悉的微分方程，它的解由特征方程决定，即

$$\Delta p=Ae^{-\frac{x}{L_p}}+Be^{\frac{x}{L_p}}\tag{8.36}$$

式中 $L_p=\sqrt{D_p\tau}$，A、B 两个系数由边界条件决定，L_p 称为扩散长度，不难看出它等于非平衡少子在复合前扩散的平均距离。可以证明，非平衡少数载流子扩散进入样品的平均距离为 $\bar{x}=L_p=\sqrt{D_p\tau}$。

如果半导体材料只有一面受到光照，而且样品很厚，那么为了避免公式(8.36)在 $x=+\infty$ 处发散，B 应为 0，因此

$$\Delta p=A\mathrm{e}^{-\frac{x}{L_p}}=\Delta p_0\mathrm{e}^{-\frac{x}{L_p}} \tag{8.37}$$

以前我们曾提到过半导体材料中少子的寿命对器件的性能有很大的影响，非平衡载流子的寿命在很大程度上反应了材料的质量。从上面的结果我们可以看出，通过测量载流子的扩散长度可以测量非平衡载流子的寿命。实验中常用的表面光电压法测半导体材料中少子寿命的基本原理就是测量载流子的扩散长度，再通过扩散长度计算少子寿命。另外，表面处非平衡载流子的浓度一般很难直接测量到，但表面处单位时间单位面积上产生的非平衡载流子数目却可以通过测量光照强度、波长或者注入的电流密度等参数确定。

在稳定情况下，注入的量应该等于通过表面扩散进体内的量，即 $Q=-D_p\left.\frac{\partial\Delta p}{\partial x}\right|_{x=0}$，代入非平衡载流子浓度的表达式(8.35)即得 $Q=\frac{D_p}{L_p}\Delta p_0$，所以可得表面处非平衡载流子的浓度与入射光通量的关系为 $\Delta p_0=\frac{L_p}{D_p}Q$。

有了载流子的分布函数，我们可以求出它的扩散流密度。我们知道扩散流密度为 $-D_p\frac{\partial\Delta p}{\partial x}$，但按定义扩散流密度也可用粒子流的速度乘浓度，即 $v_d\Delta p$。因此可得 $v_d\Delta p=-D_p\frac{\partial\Delta p}{\partial x}=\frac{D_p}{L_p}\Delta p$，因此载流子的扩散速度即为扩散系数除以扩散长度，即

$$v_d=\frac{D_p}{L_p} \tag{8.38}$$

以前我们讲到爱因斯坦关系时曾提到该关系反应了扩散速度与漂移速度之间的关系，现在我们再来看一看此关系。爱因斯坦关系表示为 $\frac{D_p}{\mu_p}=\frac{kT}{e}$，我们可把它改写为 $\frac{D_p}{L_p}=\frac{kT\mu_p}{eL_p}=\frac{V_{热}}{L_p}\mu_p=E_{热}\mu_p$。式中 $V_{热}$ 和 $E_{热}$ 分别表示把载流子的热运动能等价为电势能时对应的电压，和该等价的电势在一个载流子扩散长度内产生的电场强度。上式表明，载流子的扩散速度相当于热运动能对应的电势在扩散长度距离内产生的电场引起的漂移速度。

§8.7.2 双极扩散

在外场中，电子与空穴的运动方向相反使得 $p\neq n$，从而半导体材料某处的电中性条件被局部破坏。p 与 n 分开形成电场，此电场反过来又使得电子与空穴互相牵引着一起运动，导致扩散系数的变化。理论分析可得有效扩散系数为

$$D=\frac{\mu_n nD_p+\mu_p pD_n}{n\mu_n+p\mu_p}=\frac{(n+p)D_nD_p}{nD_n+pD_p} \tag{8.39}$$

推导中用到了爱因斯坦关系 $D=\mu\frac{kT}{e}$。

1. 一般情况下非平衡载流子的浓度分布

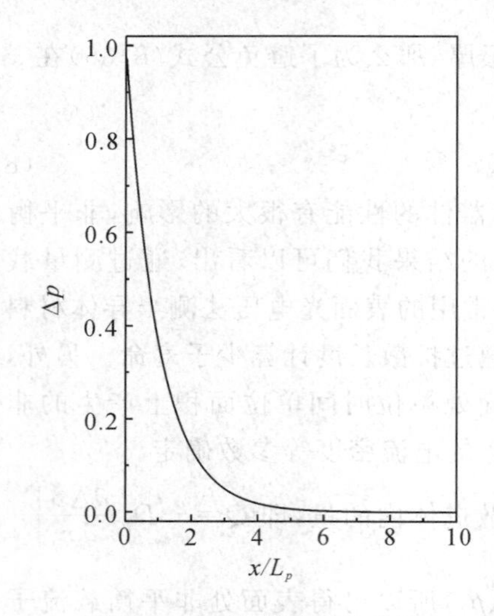

图 8.9 一般情况下的扩散

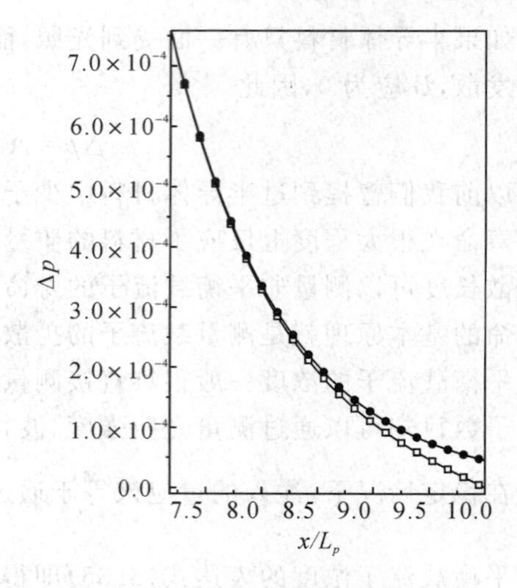

图 8.10 厚样品中的扩散

一般情况下的边界条件为 $\Delta p(0)=\Delta p_0$，$\Delta p(W)=0$，即在材料的背面非平衡载流子全部被复合，因此浓度为 0。将边界条件代入公式(8.33)，可以求得

$$A=\Delta p_0\frac{e^{W/L_p}}{2\sinh(W/L_p)},\quad B=-\Delta p_0\frac{e^{-W/L_p}}{2\sinh(W/L_p)},$$

代入原来的解，即得

$$\Delta P=\Delta p_0\frac{\sinh(W-x)/L}{\sinh(W/L_p)}\tag{8.40}$$

图 8.9 为根据式(8.40)画出的非平衡载流子浓度随深度的变化曲线。可以看出，曲线与指数衰减曲线相差很小。

2. 厚样品中非平衡载流子的浓度分布

假定载流子从 $X=0$ 处注入，在该处非平衡载流子的浓度为 Δp_0。对于非常厚的样品，我们可以假定非平衡少子在扩散到样品的背面前已经在体内全部被复合了，所以背面处的浓度为 0，即当 X 很大时 $\Delta p=0$，因此系数 $B=0$，所以 $\Delta p=\Delta p_0 e^{-\frac{x}{L_p}}$，即非平衡少子的浓度随距离指数衰减。图 8.10 中的方块表示用没有简化的公式所得的曲线，实心圆圈表示用简化公式得到的曲线。可见在厚度小于 8 倍的扩散长度时，两者相差很小。

3. 薄样品中非平衡载流子的浓度分布

对应厚度为 W 的薄样品，$\Delta p=Ae^{-\frac{x}{L_p}}+Ae^{\frac{x}{L_p}}$ 中的 x/L 值很小，所以

$$\Delta p=A(1-\frac{x}{L_p})+B(1+\frac{x}{L_p})=A+B-(A-B)\frac{x}{L_p}\tag{8.41}$$

将边界条件 $\Delta p(0)=\Delta p_0$，$\Delta p(W)=0$，代入可得 $A+B=\Delta p_0$， $A-B=\frac{L_0}{W}\Delta p_0$。所以，$\Delta p=\Delta p_0(1-x/W)$，代入扩散流密度为 $-D_p\frac{\partial\Delta p}{\partial x}=\frac{D_p}{W}\Delta p_0$。此式的物理意义十分清楚，即

扩散流密度等于平均浓度梯度乘以扩散系数。薄样品近似对三极管的基区注入是适用的。图 8.11为薄样品内非平衡载流子的扩散曲线，方块代表没有简化的公式，实心圆圈曲线代表简化的公式。可见在一个扩散长度内，简化曲线与未简化公式之间的差别不是很大。

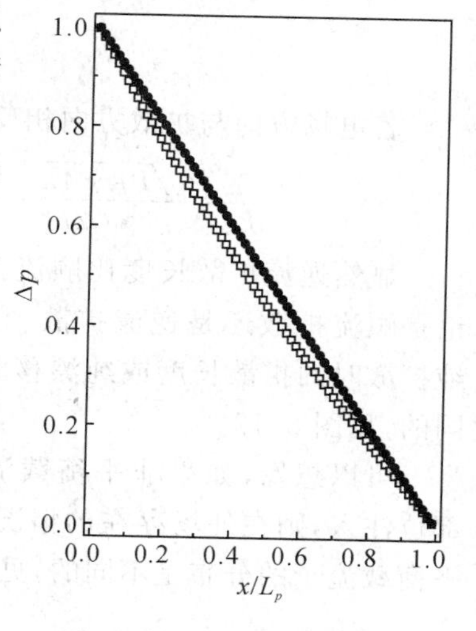

图 8.11　薄样品中的扩散

§8.7.3　少子的漂移

以上我们讨论了没有外场时非平衡载流子的扩散情况，现在我们考虑另一个极端情况。假定外场很强，以至载流子的扩散速度与漂移速度相比之下可以忽略，那么此时非平衡载流子的连续性方程(8.32)可以简化成

$$\mu_p E \frac{\partial \Delta p}{\partial x} + \frac{\Delta p}{\tau} = 0 \tag{8.42}$$

此微分方程的解为

$$\Delta p = \Delta p_0 \mathrm{e}^{-x/L_E} \tag{8.43}$$

其中 $L_E = \mu_p E \tau$。因此纯漂移时非平衡少数载流子的分布也为指数衰减分布。显然这里的 L_E 为少子复合前在外电场作用下所漂移的距离，称为少子的牵引长度，相当于纯扩散时的扩散长度。

§8.8　少子的扩散与漂移

一般情况下半导体器件内少子的扩散及漂移均不能被忽略，此时必须用完整的非平衡少子连续性方程即 $-\mu_p E \frac{\partial \Delta P}{\partial x} + D_p \frac{\partial^2 \Delta p}{\partial x^2} - \frac{\Delta p}{\tau} = 0$ 求解非平衡载流子的分布情况。可以利用前面得到的扩散长度及牵引长度来取代前面的系数，即

$$\frac{\partial^2 \Delta p}{\partial x^2} - \frac{L_E}{L_p^2}\frac{\partial \Delta P}{\partial x} - \frac{\Delta p}{L_p^2} = 0 \tag{8.44}$$

根据特征方程可以得到微分方程的两个特征根分别为 $\lambda_1 = \frac{L_E + \sqrt{L_E^2 + 4L_p^2}}{2L_p^2}$ 和 $\lambda_2 = \frac{L_E - \sqrt{L_E^2 + 4L_p^2}}{2L_p^2}$。可以看出第一个根的值是正的，而第二个根的值是负的。

所以，同时存在扩散和漂移时非平衡载流子的浓度分布为

$$\Delta p = A\mathrm{e}^{\lambda_1 x} + B\mathrm{e}^{\lambda_2 x} \tag{8.45}$$

如果样品很厚，则只能取特征值小于 0 的第二个根的解，以免结果发散，即 $\Delta p = \Delta p_0 \mathrm{e}^{\lambda_2 x}$。

§8.8.1　顺流扩散与逆流扩散

若电场方向与扩散方向相同，则称为顺流扩散，此时我们定义顺流扩散长度为

$$\frac{1}{L_d}=\frac{\sqrt{L_E^2+4L_p^2}-L_E}{2L_p^2} \tag{8.46}$$

若电场方向与扩散方向相反，则称为逆流扩散，此时定义逆流扩散长度为

$$\frac{1}{L_d}=\frac{\sqrt{L_E^2+4L_p^2}+L_E}{2L_p^2} \tag{8.47}$$

显然逆流扩散长度比顺流扩散长度要小。无论是顺流扩散还是逆流扩散，它们的扩散长度与纯扩散时的扩散长度或纯漂移时的牵引长度是不同的，见图 8.12。

可以想像，如果非平衡载流子由样品的中间部位注入，则在外场存在的情况下，注入点两边非平衡载流子的分布是不同的，见图 8.12。

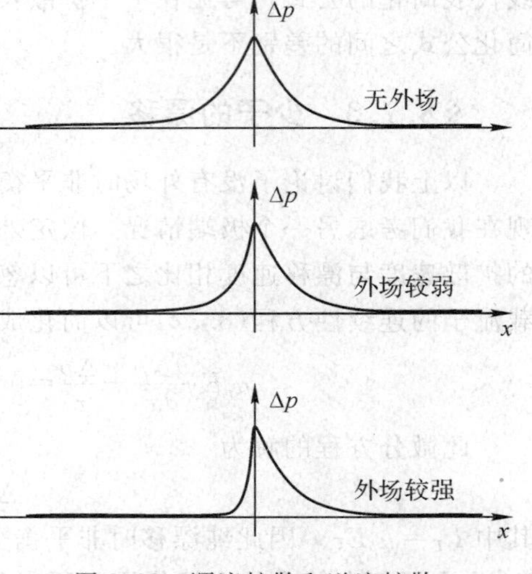

图 8.12 顺流扩散和逆流扩散

§8.8.2 临界电场

如果电场很强，则牵引长度远大于扩散长度，此时 $L=L_E$，载流子以漂移运动为主。反之若电场很弱，则 $L=L_p$，载流子以扩散为主。一般我们定义 $L_E=L_p$ 时对应的电场为临界电场，即 $L_E=\mu E_c\tau=L_p$ 时对应的电场为临界电场，所以 $E_c=\dfrac{D_p}{\mu L_p}$。

§8.9 少子脉冲的扩散和漂移

§8.9.1 不计外场影响及复合时的扩散

以上我们讨论了稳定情况下非平衡载流子的扩散和漂移，即$\dfrac{\partial\Delta p}{\partial t}=0$ 时的扩散和漂移。但在某些情况下，例如高速脉冲电路中，少子的注入是瞬时的，$\dfrac{\partial\Delta p}{\partial t}\neq 0$，此时应按照完整的载流子的连续性方程(8.32)求解(小注入)，即通过$\dfrac{\partial\Delta p}{\partial t}=-\mu_p E\dfrac{\partial\Delta p}{\partial x}+D_p\dfrac{\partial^2\Delta p}{\partial x^2}-\dfrac{\Delta p}{\tau}+G_p$求解。

假定没有外场、脉冲激发过后没有其他的产生源，并忽略非平衡载流子的复合以及陷阱效应等因素，则方程变为

$$\frac{\partial\Delta p}{\partial t}=D_p\frac{\partial^2\Delta p}{\partial x^2} \tag{8.48}$$

不难看出，此方程可以用分离变量法简化，即令 $\Delta p=XT$，则可以得到

$$XT'=DTX''\text{，即}\frac{T'}{DT}=\frac{X''}{X}=-\omega^2 \tag{8.49}$$

这里 ω 为常数。所以 $T(t)=A(\omega)\mathrm{e}^{-D\omega^2 t}$，$X(x)=B(\omega)\mathrm{e}^{\mathrm{i}\omega x}$。因此我们得到

$$\Delta p(x,t)=XT=A(\omega)B(\omega)\mathrm{e}^{-D\omega^2 t}\mathrm{e}^{\mathrm{i}\omega x}=C(\omega)\mathrm{e}^{\mathrm{i}\omega x-D\omega^2 t} \tag{8.50}$$

这里 ω 可以取任意值，所以一般情况下应对所有的 ω 求和，即非平衡载流子的浓度分布为

$$\Delta p=\int_{-\infty}^{\infty}C(\omega)\mathrm{e}^{-D\omega^2 t}\mathrm{e}^{\mathrm{i}\omega x} \tag{8.51}$$

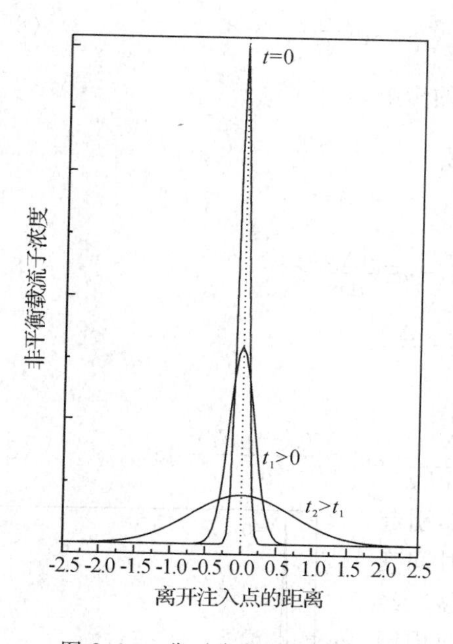

图 8.13　非平衡载流子的扩散

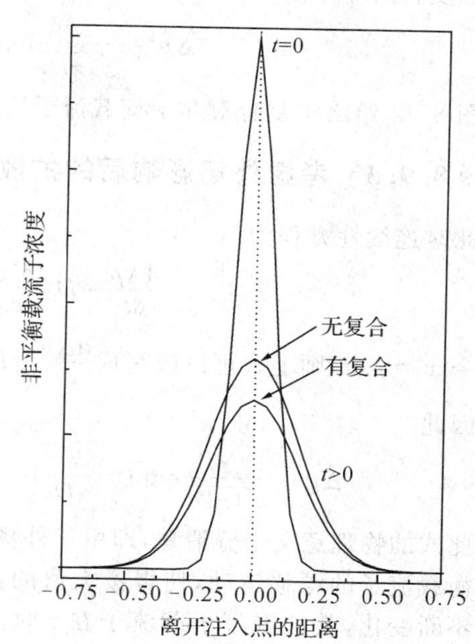

图 8.14　非平衡少子的扩散与复合

不难看出此即数学上的傅里叶变换，因此 Δp 与 $C(\omega)$ 互为傅立叶变换关系。根据傅立叶变换关系，我们有

$$C(\omega)\mathrm{e}^{-D\omega^2 t}=\frac{1}{2\pi}\int_{-\infty}^{\infty}\Delta p(x,t)\mathrm{e}^{-\mathrm{i}\omega x}\,\mathrm{d}x \tag{8.52}$$

现在我们假定初始非平衡载流子的分布为 $\Delta p(x,0)$，并令 $\alpha=\sqrt{Dt}$，$\beta=i(x-x')$，则我们可以通过复变函数的留数定理求出傅立叶变换系数 $C(\omega)$。

假定少子注入只发生在 $t=0$ 时的 $x=0$ 处，注入密度为 N，即 $\Delta p(x,0)=\delta(x)$，则可以得到无外场时非平衡少数载流子的扩散情况为

$$\Delta p=\frac{N}{\sqrt{4\pi Dt}}\exp\left(-\frac{x^2}{4Dt}\right) \tag{8.53}$$

显然它符合高斯分布，其高度随时间不断下降，而其宽度随时间不断增大，见图 8.13。

§8.9.2　考虑复合以后的扩散情况

可以想像，考虑复合以后，少子浓度会随时间指数衰减，我们设想连续性方程的解由两

部分组成，一部分与衰减无关，另一部分只与衰减有关，即 $\Delta p=f(x,t)\mathrm{e}^{-\frac{t}{\tau}}$，将此代入含有复合的连续性方程$\frac{\partial \Delta p}{\partial t}=D_p\frac{\partial^2 \Delta p}{\partial x^2}-\frac{\Delta p}{\tau}$，即可得到

$$\frac{\partial f}{\partial t}=D_p\frac{\partial^2 f}{\partial x^2} \tag{8.54}$$

不难看出 $f(x,t)$在形式上与我们上面讲的无复合时的 Δp 完全相同，所以我们最后得到考虑复合后非平衡载流子的扩散情况为

$$\Delta p=\frac{N}{\sqrt{4\pi Dt}}\exp\left(-\frac{x^2}{4Dt}\right)\cdot\exp\left(\frac{t}{\tau}\right) \tag{8.55}$$

图 8.14 给出了复合对非平衡载流子浓度分布的影响。

§8.9.3 考虑外场影响后的扩散与漂移

此时连续性方程为

$$\frac{\mathrm{d}\Delta p}{\mathrm{d}t}=D_p\frac{\mathrm{d}^2\Delta p}{\mathrm{d}x^2}-\frac{\Delta p}{\tau}-\mu\Xi\frac{\mathrm{d}\Delta p}{\mathrm{d}x} \tag{8.56}$$

令 $x'=\mu\Xi t$，则上式可以改写成$\frac{\mathrm{d}\Delta p}{\mathrm{d}t}=D_p\frac{\mathrm{d}^2\Delta p}{\mathrm{d}x'^2}-\frac{\Delta p}{\tau}$，

因此

$$\Delta p=\frac{N}{\sqrt{4\pi Dt}}\exp\left(-\frac{x'^2}{4Dt}\right)\mathrm{e}^{-\frac{t}{\tau}}=\frac{N}{\sqrt{4\pi Dt}}\exp\left[-\frac{(x-\mu Et)^2}{4Dt}\right]\mathrm{e}^{\frac{t}{\tau}} \tag{8.57}$$

此式的物理意义十分清楚，即由于外场的存在，引起非平衡载流子的漂移运动，使得极大值的位置随时间变化而不断变化，其位置等于载流子在 t 时间内漂移所经过的距离。因此在此情况下，整个脉冲一方面要向周围扩散，另一方面在外场还要进行漂移，并且由于复合使得非平衡载流子的浓度不断衰减，见图 8.15。

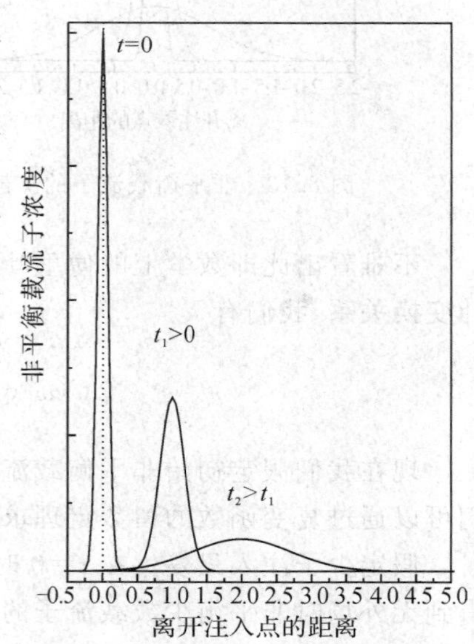

图 8.15 少子脉冲的扩散与漂移

最后，我们可以通过想像一滴挥发性的油滴在水面上的运动来理解半导体材料中非平衡载流子脉冲的扩散与漂移。纯扩散相当于一滴油在静止的水面上的扩散情况，既有扩散又有漂移的运动相当于在流动的水面上油滴的运动，此时油滴一方面要扩散开来，另一方面油斑还随着水流漂向下游。如果扩散方向与水流的运动方向相同，则油滴为顺流扩散；若扩散方向与水流方向相反，则油滴为逆流扩散。油在水面上的挥发引起的油的总量的减少相当于非平衡载流子的复合。

§8.9.4 海恩思—肖克莱实验

从上面的讨论不难发现非平衡少数载流子的浓度分布由三个因素共同决定，扩散系数、迁移率、少子寿命。因此测量少予的浓度的分布情况即可得到以上有关参数。这种测量方

法由海恩思和肖克莱首先在锗单晶上试验成功，证实了以上结果，同时得到了有关锗的迁移率。利用本实验可以确定少数载流子的迁移率、扩散系数和少子寿命。

实验装置如图 8.16 所示。实验时，测量从施加脉冲开始到示波器上的信号达到峰值所需时间差，可以确定少子的迁移率。假如少子注入点与抽出点之间的电压为 V，距离为 d，则样品内的电场强度近似为 V/d，因此少子的漂移速度为 $v_d=\frac{V}{d}\mu_p$。假如少子从注入点运动到抽出点所需的时间为 t，则 $t=\frac{d}{v_d}=\frac{d^2}{V\mu_p}$，因此迁移率为 $\mu_p=\frac{d^2}{Vt}$。另外，峰的宽度对应 $\sqrt{4Dt}$，因此从峰的宽度可以得到 D 的信息。如果利用一个少子寿命很长的样品为基准，那么从峰的面积或高度还可估算出少子寿命相关的信息。

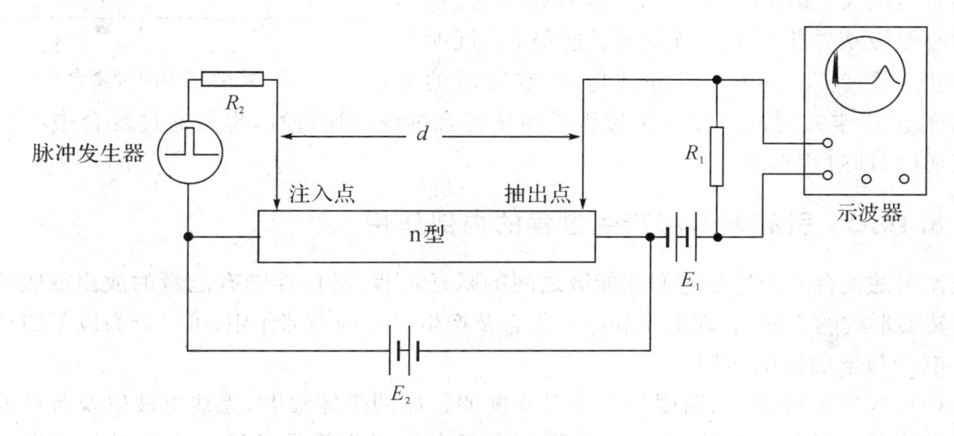

图 8.16　肖克莱-海恩斯实验

但是，利用肖克莱-海恩斯实验提取以上信息时样品的制备比较困难，少子的寿命及迁移率都不能太小，另外，表面复合的影响也很大，因此实际上很少有人再利用肖克莱-海恩斯实验来测量以上这些参数。不过肖克莱-海恩斯实验的物理概念特别清楚，有利于帮助我们理解少子在半导体材料中的漂移、扩散和复合等情况。

§8.10　复合机理

在前面讨论非平衡载流子的产生和复合时，我们引入寿命来表征它们的平均存在时间，但是没有具体分析决定寿命的各种因素。本节的目的是概括地说明各种复合过程的机理，并导出各种复合过程的寿命公式。

§8.10.1　两种复合过程

1. 直接复合

半导体中非平衡载流子的复合过程，就电子和空穴所经历的状态来说，可以分为直接复合和间接复合两种基本类型。在直接复合过程中，电子由导带直接跃迁到价带的空状态，使电子和空穴成对地消失，其逆过程就是产生过程，即电子由价带激发到导带，产生电子-空穴对。在图 8.17 中它们分别用过程 a 和 b 来表示。

为了明确起见，在本节中我们规定图中画出的电子处于跃迁前的状态，并用箭头表示电子的跃迁方向。

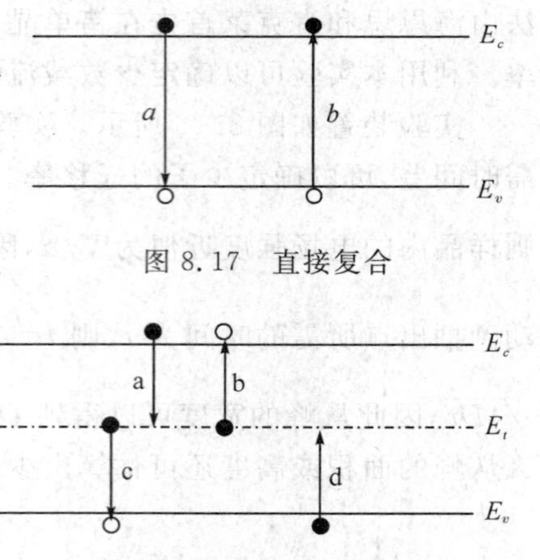

图 8.17　直接复合

图 8.18　间接复合

2. 间接复合

间接复合也称为通过复合中心的复合。所谓复合中心，是指晶体中的一些杂质或缺陷能级，它们在禁带中离开导带底和价带顶都比较远，即复合中心能级 E_t。在间接复合过程中，电子先跃迁到复合中心能级 E_t（过程 a），然后再跃迁到价带的空状态（过程 c），使电子和空穴成对地消失，如图 8.18 所示。或者换一种说法，复合中心能级从导带俘获一个电子（过程 a），同时从价带俘获一个空穴（过程 c），完成电子-空穴对的复合。同样电子-空穴对的间接产生过程是间接复合过程的逆过程，也是通过复合中心能级分两步完成的，即过程 b、d。

§8.10.2　引起复合和产生过程的内部作用

载流子的复合或产生是它们在能级之间的跃迁过程，必然伴随有能量的放出或吸收。根据能量转换形式的不同，引起电子和空穴复合及产生过程的内部作用，可以分为以下四种。

1. 电子与电磁波的作用

各种形式的电磁波，如温度不为绝对 0 度的物体的黑体辐射，无线电波以及各种波长的光波等等实际上都是电磁波，它们可以引起电子在能级之间的跃迁。涉及吸收或发出电磁波的电子跃迁过程称为辐射跃迁。在辐射跃迁过程中，电子以吸收或发射光子的形式同电磁波交换能量。

2. 电子与晶格振动的相互作用

在前面讨论电子散射时，我们已经知道，晶格振动对应的声子也可以像光子（电磁波）一样使电子由一个量子态跃迁到另一个量子态，即引起电子在能级之间跃迁。这种电子跃迁过程涉及声子的放出或吸收，即涉及到晶格振动，因此与物体的温度相关，所以称为热跃迁。在热跃迁过程中，电子以吸收或发射声子的形式与晶格交换能量。应该指出，一般的电子跃迁过程中吸收或放出的能量比单个声子的能量大得多，因此晶格必须同时发射或吸收多个声子才能引起电子在不同能级间的转移，所以这种跃迁的几率一般很小。

3. 电子间的相互作用

我们知道，电子之间存在着库仑相互作用。电子与电子的碰撞也可以引起另一个电子在不同能级之间的跃迁，这种跃迁过程是俄歇（Auger）发现的，因此称为俄歇效应。下面，我们以电子的直接复合和产生过程为例，介绍俄歇效应。

在导带电子和价带空穴的直接复合过程中，放出的能量可以作为动能传给第三个载流子，即把导带中另一个电子激发到更高的能级，或者把价带中一个空穴激发到其能量更高的能级，这两种过程分别如图 8.19(a)和(b)所示。反过来，若导带中的一个电子由足够高的能级跃迁到低能级，或者价带中的一个空穴由能量足够高的能级跃迁到能量低的能级，则可以把一个电子由价带激发到导带，即产生电子-空穴对，图 8.19(c)和(d)表示的就是这两种过程。注意，对空穴来说，位于电子能带图中的位置越低，空穴的能量实际越高，与电子的能量升降情况正好相反。

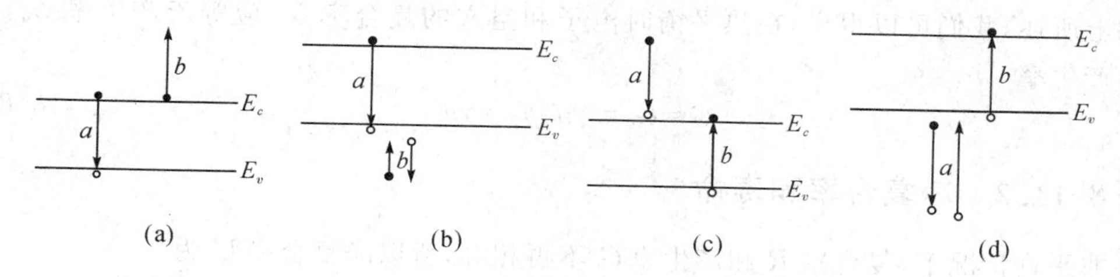

图 8.19　俄歇效应引起的电子-空穴对的复合和产生

总之，在以上这些跃迁过程中，都涉及三个电子能级。一个电子能量的增高必然伴随着另一个电子(空穴)能量的降低。

4. 表面复合

严格来说，表面复合实际上也是一种间接复合过程，只不过复合中心在样品的表面附近。这种复合是通过禁带中的表面能级 E_s 进行的，见图 8.20。

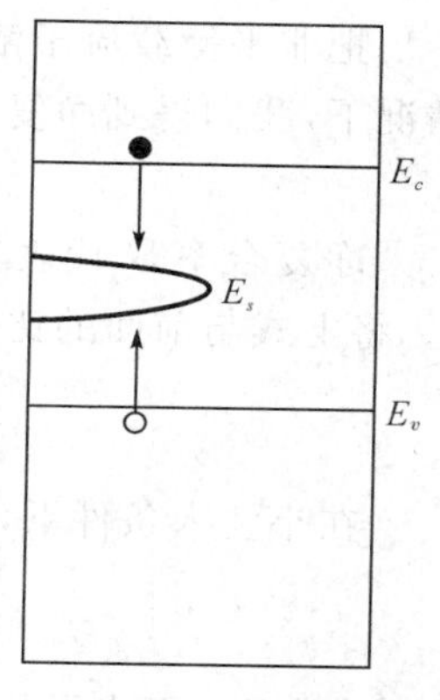

图 8.20　通过表面态的复合

表面复合对非平衡载流子稳态分布以及对非平衡载流子衰减过程有很大的影响。例如在光电导法测量非平衡载流子的寿命实验中，如果不对半导体材料的表面进行仔细的处理，那么测到的非平衡载流子的寿命将严重偏离实际寿命值。

§8.11　与复合和产生相关的物理量

§8.11.1　复合率和产生率

不难想像，在带间辐射复合过程中，单位体积中单位时间内复合的电子-空穴对的数目 R 应该与电子浓度 n 和空穴浓度 p 成正比，即 $R=\gamma np$，其中 R 为复合率，比例系数 γ 称为复合系数，是一个与材料的能带结构相关的量。γ 实际上是一个统计平均量，它代表热运动速度不同的电子和空穴复合时复合速度的统计平均值。

在非简并半导体中，np 的乘积是一个与电子和空穴浓度无关的量，即 $np=n_i^2$，因此，如果复合系数一定，则在非简并半导体材料中电子与空穴的复合率 R 也有确定的值，与电子和空穴的浓度无关。

上述直接复合过程的逆过程是电子-空穴对的产生过程，它是价带中的电子向导带中空状态的跃迁。如果价带中缺少一些电子，也就是说，存在一些空穴，则产生率就会相应地减小。同样，如果导带中有些状态已经被电子占据，当然也会影响产生率。但是，在非简并情况下，无论是价带中的空穴数与价带中状态数的比率，还是导带中的电子数与导带中状态数的比率，都是非常小的。我们可以近似地认为价带基本上是充满电子的，而导带则基本上是空的，因此产生率 G 与载流子浓度 n 和 p 无关。也就是说，在非简并的情况下，平衡状态下载流子的产生率也基本是一个常数，而且就等于热平衡时的产生率。

如上所述，我们可以得出，在热平衡时电子和空穴的复合率 R_0 应等于产生率 G_0，因此可得出产生率

$$G=G_0=\gamma n_0 p_0=\gamma n_i^2 \tag{8.58}$$

§8.11.2　净复合率和寿命

在非平衡情况下，复合率 R 和产生率 G 不再相等，所以净复合率 U 为

$$U=G-G_0=\gamma np-\gamma n_0 p_0 \tag{8.59}$$

把非平衡载流子浓度 $n=n_0+\Delta n$ 和 $p=p_0+\Delta p$ 代入上式，则在本征激发($\Delta p=\Delta n$)的情况下，我们得到净复合率为

$$U=\gamma(n_0+p_0+\Delta p)\Delta p \tag{8.60}$$

净复合率 U 代表非平衡载流子的复合率，它与非平衡载流子寿命 τ 的关系是 $U=\Delta p/\tau$。将上式与前面的比较，便可得到非平衡载流子的寿命 τ 为

$$\tau=\frac{1}{\gamma(n_0+p_0+\Delta p)} \tag{8.61}$$

在小注入条件下，即 Δp 比 n_0+p_0 小得多时，上式可近似为

$$\tau=\frac{1}{\gamma(n_0+p_0)} \tag{8.62}$$

因此，对于本征半导体，非平衡载流子的寿命为

$$\tau=\frac{1}{2\gamma n_i} \tag{8.63}$$

可见本征半导体材料的非平衡载流子寿命在一定温度下与本征载流子浓度成反比。因此，在小注入的情况下，本征半导体材料的禁带宽度越小，其非平衡载流子的 τ 越短。

对于 n 型半导体和 p 型半导体，多子与少子的数目相差很大，(8.62)式可以简化为

$$\tau_n\approx\frac{1}{\gamma n}=2\tau_i\frac{n_i}{n_0}\text{和 }\tau_p\approx\frac{1}{\gamma p}=2\tau_i\frac{n_i}{p_0} \tag{8.64}$$

式(8.64)表明，在掺杂的非本征半导体中，非平衡载流子的寿命比本征半导体的寿命短，其值与多子浓度(掺杂浓度)成反比。

在大注入情况下 Δp 远大于 n_0+p_0，此时非平衡载流子的寿命(8.57)式可近似为

$$\tau=\frac{1}{\gamma\Delta p} \tag{8.65}$$

这时，寿命随着非平衡载流子浓度而改变，因而在衰减过程中，τ 不再是常数，即衰减曲线不是单一时间常数的指数衰减曲线。

§8.11.3　复合系数

由上面的讨论可以看出，寿命的长短首先决定于复合系数。对于直接辐射复合，通过计算产生率 G_0，可由(8.60)式求出复合系数 γ 的值。

常用复合截面σ表示复合系数的大小。把电子和空穴设想成具有一定半径的刚球，截面积均为σ，那么空穴和这个假想球相碰的几率，就代表空穴和电子复合的几率。如果空穴和电子的相对运动速度为v，则单位时间内，一个电子与空穴复合的几率就是$\sigma v p$。于是，电子和空穴的复合率可以写成

$$R=\sigma v p n \tag{8.66}$$

比较前面的公式，不难看出，

$$\gamma=\sigma v \tag{8.67}$$

下表为三种常见半导体材料的电子-空穴散射截面和本征非平衡载流子寿命的数据。

表 8.1　直接辐射复合的有关数据

半导体	能隙(eV)	本征载流子浓度	散射截面	本征寿命
Si	1.1	1.4×10^{10}	10^{-22}	3h
Ge	0.65	2.4×10^{13}	10^{-21}	0.43s
InSb	0.17	11.7×10^{16}	10^{-18}	0.6×10^{-6}s

不难看出，禁带宽度越大，散射截面越小，因此寿命越长。影响非平衡载流子寿命的另外一个因素是能带类型。InSb是直接能带半导体，因此它的复合截面具有较大数值，而间接能带半导体的锗和硅却要小3～4个数量级。这是因为在Ge和Si的辐射产生、复合过程中，除了放出或吸收一个光子外，还必须同时发射或吸收一个声子，以满足准动量守恒。这种跃迁是一种二级过程，因此几率比较小。

表8.1中列出的非平衡载流子的寿命是本征材料中的直接辐射复合寿命。在Ge和Si这类间接禁带半导体中，τ要比实际材料可达到的寿命高得多。例如，纯度高、完整性好的硅单晶，其寿命也只能达到毫秒的数量级，可是τ的理论值却可达几个小时。显然，直接辐射复合在实际材料中并不是决定寿命的主要复合过程。

§8.11.4　俄歇复合

就能带-能带间的直接复合过程而论，多声子发射过程引起的无辐射跃迁的几率极小。现在讨论另一种形式的无辐射复合，即直接俄歇复合或带间俄歇复合过程的复合率。

我们先讨论俄歇过程，即图8.19中的过程(a)。在电子和空穴复合时，导带中的另一个电子被激发到更高的能级。显然，这种有两个导带电子和一个价带空穴参与的复合过程，其复合率R_{nn}应该与n、n、p成正比，即

$$R_{nn}=\gamma_A n^2 p \tag{8.68}$$

其中γ_A是这种过程的复合系数。

在热平衡情况下，复合率R_{nn0}可以写成$R_{nn}=\gamma_A n_0^2 p_0$，因此

$$R_{nn}=R_{nn0}\frac{n^2 p}{n_0^2 p_0}\quad（图8.19中的过程(a)） \tag{8.69}$$

对于图8.19中的过程(c)，表示导带中一个能量足够高的电子通过碰撞(库仑作用)产生一个电子-空穴对的过程，这种过程称为碰撞电离。在这个过程中，涉及到一个价带中的电子、一个导带中的空状态和一个导带中能量高的电子。在非简并情况下，价带基本上充满

电子，而导带基本上是空的。因此，电子-空穴对的产生率几率 G_{nn} 应该只与导带电子浓度 n 成比例，它可以表示为

$$G_{nn}=G_{nn0}\frac{n}{n_0} \quad \text{（图 8.19 中的过程(c)）} \tag{8.70}$$

式中 G_{nn0} 是热平衡情况下的产生率。

显然过程(a)和(c)是互为逆过程。因此在热平衡时，应该有 $G_{nn0}=R_{nn0}$，所以产生率 G_{nn} 可以改写为

$$G_{nn}=R_{nn0}\frac{n}{n_0} \tag{8.71}$$

因此涉及过程(a)和(c)的净复合率为

$$U_{nn}=R_{nn}-G_{nn}=R_{nn0}\frac{np-n_i^2}{n_i^2}\frac{n}{n_0}$$

与价带相碰撞引起的带间复合和产生过程，如过程(b)和(d)所示，相应的复合率和产生率分别用 R_{pp} 和 G_{pp} 来表示。与上面完全类似的分析，可以得出

$$R_{pp}=R_{pp0}\frac{np^2}{n_0p_0^2} \tag{8.73}$$

这里 R_{pp_0} 为热平衡情况下这种过程的复合率，即 $R_{pp0}=r_pn_0{p_0}^2$。式中 r_p 是这种过程的复合系数。最后可得涉及两个价带俄歇过程的净复合率为

$$U_{pp}=R_{pp}-G_{pp}=R_{pp0}\frac{np-n_i^2}{n_i^2}\frac{p}{p_0} \tag{8.74}$$

§8.12 非平衡载流子的寿命

一般情况下，涉及两个导带以及涉及两个价带状态的俄歇过程是同时存在的。因此两种带间俄歇复合过程同时存在时总的净复合率为

$$U=U_{nn}+U_{pp}=\frac{R_{nn0}np_0+R_{pp0}pn_0}{n_i^4}(np-n_i^2) \tag{8.75}$$

在上式中代入 $n=n_0+\Delta n$ 和 $p=p_0+\Delta p$，并设 $\Delta n=\Delta p$，根据寿命 τ 的定义可得

$$\tau=\frac{n_i^4}{(R_{nn0}np_0+R_{pp0}n_0p)(n_0+p_0+\Delta p)} \tag{8.76}$$

在小注入条件下，Δp 远小于 n_0+p_0，上式可简化为

$$\tau=\frac{n_i^2}{(R_{nn0}+R_{pp0})(n_0+p_0)}=\frac{1}{(r_nn_0+r_pp_0)(n_0+p_0)} \tag{8.77}$$

对于非本征半导体，τ 可近似为

$$\begin{aligned}\tau&=\frac{1}{r_nn_0^2}=\frac{n_i^2}{R_{nn0}n_0}\text{（n 型）}\\ \tau&=\frac{1}{r_pp_0^2}=\frac{n_i^2}{R_{pp0}p_0}\text{（p 型）}\end{aligned} \tag{8.78}$$

对于本征半导体，则有

$$\tau = \frac{1}{2(r+r_p)n_i^2} = \frac{n_i^2}{2(R_{nn0}+R_{pp0})} \tag{8.79}$$

从以上三式可以看出，俄歇复合的寿命与载流子浓度的平方成正比。虽然由于俄歇复合涉及两个电子和一个空穴，或两个空穴和一个电子，是一种三体过程，它们发生的几率较小。但当半导体材料中的载流子浓度较高时，该过程仍有可能起重要作用。特别是一些窄禁带半导体，例如 $Hg_{1-x}Cd_xTe$ 中，俄歇复合过程在载流子的复合过程中起着主导作用。

§8.13 通过复合中心的复合

在第 6 节中已经提到，非平衡载流子还可以通过复合中心完成复合，这是一种通过复合中心能级进行的复合过程。实验结果表明，在大多数半导体中，通过复合中心的复合往往是最重要的复合过程。

§8.13.1 通过复合中心的复合过程

我们现在来分析通过复合中心的复合过程。这里我们用 E_t 表示复合中心能级，用 N_t 和 n_t 分别表示半导体材料中复合中心的浓度和复合中心上的电子浓度。通过复合中心复合和产生的四种过程，分别如图 8.18 所示。

1. 电子的俘获过程

图 8.18 中的过程 a，是导带电子被复合中心俘获的过程。一个导带电子被复合中心俘获的几率，应该与导带电子浓度 n 以及空的复合中心浓度 N_t-n_t 成正比，所以，电子的俘获率可以表示为

$$R_n = c_n(N_t - n_t)n \tag{8.80}$$

式中 c_n 为复合中心对导带电子的俘获系数。

2. 电子的产生过程

图 8.18 中的过程 b 是过程 a 的逆过程，即电子的产生过程。在一定的温度下，每个复合中心上的电子都有一定的几率被激发到导带中的空能态中。在非简并情况下，可以认为导带基本上是空着的，因此电子的激发几率 s_n 与导带上的电子浓度无关，只由复合中心上的电子浓度决定，因此电子的产生率可以写成

$$G_n = s_n n_t \tag{8.81}$$

在热平衡情况下，复合中心从导带俘获电子以及向导带提供电子的几率是相同，即

$$s_n n_{t0} = c_n n_0 (N_t - n_{t0}) \tag{8.82}$$

这里 n_0 和 n_{t0} 分别是热平衡时导带以及复合中心上电子浓度。将热平衡时的载流子浓度即 $n=N_c e^{-(E_c-E_F)/kT}$，和 $n_t=\dfrac{N_t}{1+e^{(E_t-E_F)/kT}}$ 代入上式，我们得到

$$s_n = c_n N_c \exp\left(-\frac{E_c-E_t}{kT}\right) = c_n n_1 \tag{8.83}$$

其中 $n_1 = N_c \exp\left(-\dfrac{E_c-E_t}{kT}\right)$，刚好等于热平衡时费米能级与复合中心能级重合时导带

上的电子浓度。

利用 s_n 的表达式，产生率 G 可改写成 $G_n=s_n n_t=c_n n_1 n_t$。

3.空穴的俘获过程

图 8.18 中的过程 c 是空穴被复合中心俘获的过程，即复合中心上的电子与价带空穴的复合过程。只有已经被电子占据的复合中心能级才能从价带俘获空穴，所以每个空穴被俘获的几率与 n_t 成正比，当然俘获空穴几率也与价带上的空穴浓度有关。于是，复合中心对空穴的俘获率可写成

$$R_p=c_p n_t p \tag{8.84}$$

其中 c_p 为空穴的俘获系数。

4.空穴的产生过程

图 8.18 中的过程 d 是过程 c 的逆过程，可以看成是空穴的产生过程。价带中的电子只能激发到空着的复合中心能级上去，或者说，只有空着的复合中心能级才能向价带注入空穴。在非简并情况下，价带基本上充满电子，因此复合中心上的空状态注入到价带的几率与价带的空穴浓度无关。所以，空穴的产生率可以表示为

$$G_p=s_p(N_t-n_t) \tag{8.85}$$

在热平衡时，空穴的产生率与前面空穴的俘获率相等，即

$$s_p(N_t-n_t)=c_p p_0 n_{t0} \tag{8.86}$$

将热平衡时的 p_0 和 n_{t0} 代入，可得

$$s_n=c_p N_v \exp\left(-\frac{E_t-E_v}{kT}\right)=c_p p_1$$

其中 $p_1=N_v\exp\left(\frac{E_v-E_t}{kT}\right)$，正好等于费米能级与复合中心能级重合时的平衡空穴浓度。

利用上式，空穴的产生率可改写为 $G_p=c_p p_1(N_t-n_t)$。

最后，结合上面讨论的 a 和 b 两个过程，即电子在导带和复合中心能级之间的跃迁引起的俘获和产生过程，可以得出电子的净俘获率为

$$U_n=R_n-G_n=c_n[n(N_t-n_t)-n_1 n_t] \tag{8.87}$$

同样，过程 c 和 d 引起的空穴在价带和复合中心之间的跃迁的净俘获率为

$$U_p=R_p-G_p=c_p[pn_t-p_1(N_t-n_t)] \tag{8.88}$$

§8.13.2 通过复合中心复合的寿命

如果维持恒定的外界激发源，则经过一定时间后，各种能级上的电子或空穴的数目应该保持不变，即系统处于一个动态平衡状态。显然，对复合中心来说，要使其能级上的电子数目不变，则复合中心对电子的净俘获率必须等于对空穴的净俘获率，利用 8.87 和 8.88 两式，得

$$c_n[n(N_t-n_t)-n_1 n_t]=c_p[pn_t-p_1(N_t-n_t)] \tag{8.89}$$

由上式可解出 n_t 为

$$n_t=\frac{N_t(c_n n+c_p p_1)}{c_n(n+n_1)+c_p(p+p_1)} \tag{8.90}$$

把 n_t 代回 8.87 或 8.88 式，即可得到通过复合中心复合的电子和空穴的净复合率为

$$U=\frac{c_n c_p N_t}{c_n(n+n_1)+c_p(p+p_1)}(np-n_i^2) \tag{8.91}$$

推导过程中利用了 $n_1 p_1 = N_c \exp\left(-\frac{E_c-E_t}{kT}\right) N_v \exp\left(\frac{E_v-E_t}{kT}\right)=n_i^2$。

引入 $\tau_n=\frac{1}{c_n N_t}, \tau_p=\frac{1}{c_p N_t}$，可将(8.91)式表示为

$$U=\frac{np-n_i^2}{\tau_p(n+n_1)+\tau_n(p+p_1)} \tag{8.92}$$

不难看出，$\frac{1}{\tau_p}=c_p N_t$ 是复合中心充满电子时对空穴的俘获几率，同样 $\frac{1}{\tau_p}=c_n N_t$ 是复合中心完全空着时对电子的俘获几率。

在小注入条件下，上式可改写成

$$U=\frac{(n_0+p_0)\Delta p}{\tau_p(n_0+n_1)+\tau_n(p_0+p_1)} \tag{8.93}$$

根据非平衡载流子寿命的定义 $U=\Delta p/\tau$，我么得到

$$\tau=\tau_p \frac{n_0+n_1}{n_0+p_0}+\tau_n \frac{p_0+p_1}{n_0+p_0} \tag{8.94}$$

上式就是电子和空穴通过复合中心复合小注入时的寿命公式，有时也称为肖克莱-里德公式。

§8.13.3 寿命随费米能级的变化

现在我们在复合中心的种类及其浓度不变的情况下，讨论寿命 τ 随电子的平衡浓度 n_0、p_0 的变化情况，或者说是分析非平衡载流子寿命 τ 随费米能级 E_F 的变化。

这里我们先假设复合中心能级 E_t 在禁带的上半部，寿命 τ 随 E_F 变化的一般规律如图 8.21 所示。

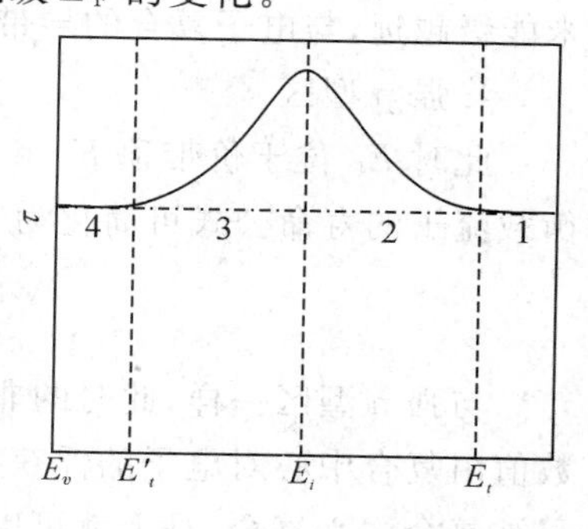

图 8.21　寿命随费米能级的变化

由式(8.94)可以看出，寿命 τ 取决于 n_0、p_0、n_1 和 p_1 的值。在 N_c、N_v、N_t 浓度确定的情况下，这四个量的大小基本上分别由各能级与费米能级之间的距离决定。当费米能级 E_F 在禁带中变化时，n_0、p_0、n_1 和 p_1 的变化很大，相互之间可以相差几个数量级，因此在式(8.94)中只需保留数值最大者，使得讨论大为简化。

为了方便起见，我们引入一个辅助能级 E'_t，它位于禁带中与 E_t 对称的位置上，见图 8.21。以下我们分四个部分讨论 τ 随 E_F 的变化。

1. 强 n 型区

此时，费米能级 E_F 在 E_t 和导带底 E_c 之间($E_t<E_F<E_c$)，n_0 比 p_0，n_1，p_1 大得多。于是，公式(8.90)可简化为

$$\tau=\tau_p=\frac{1}{c_p N_t} \tag{8.95}$$

即寿命是一个与载流子浓度无关的常数，它决定于复合中心对空穴的俘获能量。这个

结果是容易理解的，因为在导带中有大量电子存在的情况下，复合中心能级 E_t 在 E_F 之下，它基本上也充满电子。因此，空穴一旦被复合中心能级所俘获，就可以立刻与复合中心上的电子或从导带俘获的电子进行复合。

2. 弱 n 型区

此时费米能级位于本征费米能级 E_i 和 E_t 之间（$E_i<E_F<E_t$）。这时，n_0、p_0、n_1 和 p_1 四个量之中，n_1 的数值最大，而且 $n_0>p_0$，因此寿命 τ 可近似为

$$\tau=\tau_p \frac{n_1}{n_0} \tag{8.96}$$

在这种情况下，非平衡载流子的寿命与电子（多子）的浓度 n_0 成反比。因此费米能级越接近本征费米能级，即半导体材料越接近本征区，可与空穴复合的电子数目就越少，所以寿命 τ 越长。

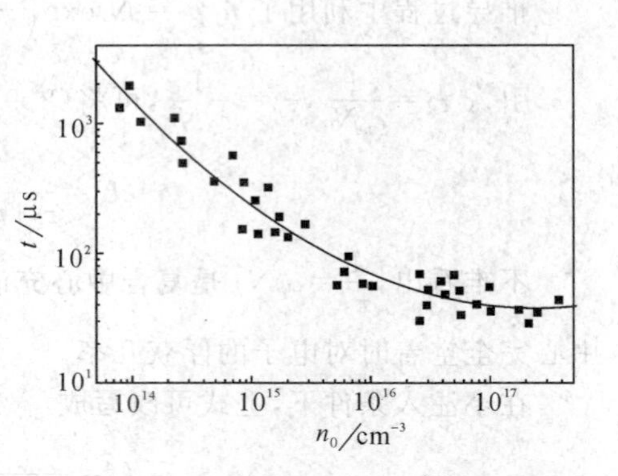

图 8.22　n 型锗寿命随电子浓度的变化

图 8.22 为 n 型锗样品中非平衡载流子寿命随导带电子浓度变化的实验曲线，它与上面得出的结论是完全一致的。

3. 弱 p 型区

此时，E_F 在 E_t' 与 E_i 之间（$E_t'<E_F<E_i$）。在这种情况下，n_0、p_0、n_1 和 p_1 四个量中，仍然是 n_1 最大，但此时材料已经转变为 p 型，因此 $p_0>n_0$，所以非平衡载流子的寿命可近似为

$$\tau=\tau_P \frac{n_1}{p_0} \tag{8.97}$$

也就是说，非平衡载流子的寿命与空穴（多子）的浓度 p_0 成反比。费米能级偏离本征费米能级越远，与电子复合的导带空穴数目越多，因此非平衡载流子的寿命越短。

4. 强 p 型区

此时 E_F 位于价带顶 E_v 和 E_t' 之间（$E_v<E_F<E_t'$），p_0 比 n_0、n_1、p_1 大得多。所以非平衡载流子的寿命公式可简化为

$$\tau=\tau_n=\frac{1}{c_n N_t} \tag{8.98}$$

与强 n 型区一样，此时的非平衡载流子的寿命又是一个与载流子浓度无关的常数，它的数值由复合中心对电子的俘获几率来决定。这是因为此时价带上存在大量的空穴，一旦电子被复合中心复合，马上就可以与价带的空穴或复合中心的空状态复合。

应该指出，通常我们所遇到的非本征半导体材料在室温下一般都可认为是属于强 n 型或强 p 型。在这种情况下，通过复合中心复合的非平衡载流子的寿命是一个常数，复合中心基本上被多子填满，因此它们对少子的俘获能力决定了非平衡载流子寿命的长短。

§8.13.4　寿命与复合中心能级位置的关系

复合中心能级 E_t 在禁带中的位置决定了它对电子和空穴的俘获能力，它对通过复合中心复合的非平衡载流子的寿命有着决定性的影响。一般来说，只有离开导带底或价带顶较

远的杂质、缺陷能级才能成为有效的复合中心。

为了简单起见，我们假设复合中心对导带电子和价带空穴的俘获系数相等，这时 τ_p 和 τ_n 也相等，令 $\tau_p=\tau_n=\tau_0$，则净复合率可改为

$$U=\frac{1}{\tau_0}\frac{np-n_i^2}{(n+p)+(n_1+p_1)} \tag{8.99}$$

将 n_1 和 p_1 代入上式，并利用本征费米能级与 E_g、N_c、N_v 之间的关系，最后我们得到

$$U=\frac{1}{\tau_0}\frac{np-n_i^2}{(n+p)+2n_1\cosh\left(\frac{E_t-E_i}{kT}\right)} \tag{8.100}$$

图 8.23 画出了双曲余弦函数 $\cosh(x)$ 这个函数的图形。容易看出，当 $x=0$ 时，即(8.100)式中的 $E_t=E_i$ 时，双曲余弦函数有极小值，此时净复合率 U 的值最大。也就是说，当复合中心的能级与本征费米能级重合时，复合中心的复合作用最强，此时非平衡载流子的寿命 τ 达到极小值。当 $E_t\neq E_i$ 时，无论 E_t 位于 E_i 的上方还是位于 E_i 的下方，它的复合作用都比较弱 0 当 E_t 离开 E_i 而偏向 E_c 时，它俘获电子的能力增加，但俘获空穴的能力却减小，但复合中心俘获一个电子以后，必须再俘获一个空穴才能完成复合。因此当 E_t 离开 E_i 而偏向 E_c 时，复合中心的复合作用是减弱的。同样当 E_t 离开 E_i 而偏向 E_v 时，它俘获空穴的能力增加，但俘获电子的能力却减小，也使得总的复合作用减弱。

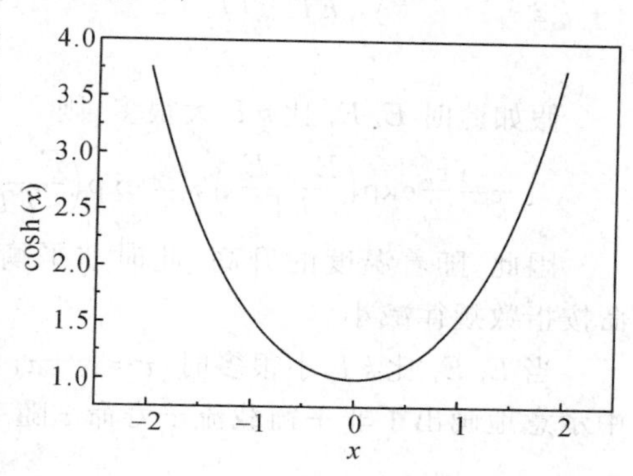

图 8.23　双曲余弦函数

§8.13.5　非平衡载流子寿命随温度的变化

对于一定的样品，当温度变化时，n_0、p_0、n_1 和 p_1 都要随之改变，从而也会引起非平衡载流子寿命的变化。下面我们假定样品是 n 型的，而且复合中心能级 E_t 在禁带的上半部。看一看非平衡载流子寿命随温度的变化。

1. 温度较低时

当温度较低时，随着温度的升高，费米能级 E_F 从导带底附近单调下降，一直到它与复合中心能级 E_t 重合。在这个温度范围内，由于 n_0 远远大于 p_0、n_1、p_1，所以

$$\tau\approx\tau_p \tag{8.101}$$

即寿命是一个常数。

2. 温度适中时

温度再升高，则 E_F 继续下降，一直到饱和电离区的上限温度位置。在此温度区内，n_0 是常数，并且 n_1 远比 n_0 大，但 n_0 又远比 p_0 大，于是公式可简化为

$$\tau\approx\tau_p\frac{n_1}{n_0}\propto\exp\left(-\frac{E_c-E_t}{kT}\right) \tag{8.102}$$

上式表明，当温度适中时，随着温度的升高，非平衡载流子的寿命基本上按指数规律增大。因此，通过测量不同温度下的非平衡载流子寿命，并根据实验数据画出 $\ln\tau$-$1/T$ 曲线，

则由其斜率可确定出复合中心能级的位置，即 E_t 相对导带底的值。

3. 高温时

若温度继续上升，则半导体材料进入本征激发区，此时 $n_0=p_0=n_i$，因此非平衡载流子的寿命公式可以写为

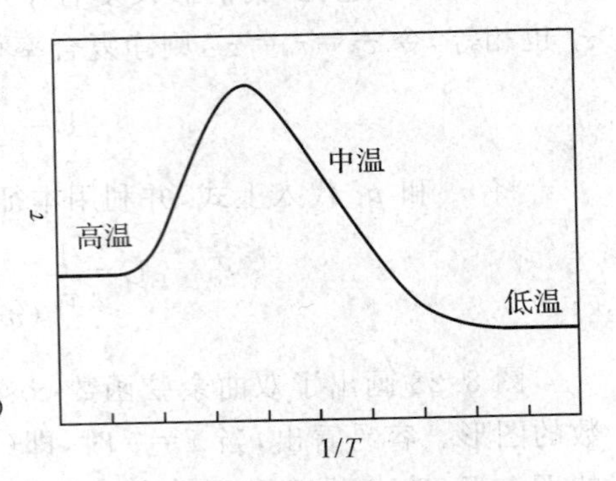

图 8.24 n 型半导体中非平衡载流子寿命随温度的变化

$$\tau=\frac{\tau_p}{2}\left(1+\frac{n_1}{n_i}\right)+\frac{\tau_n}{2}\left(1+\frac{p_1}{n_i}\right)$$

$$=\frac{\tau_p}{2}\left(1+\exp\left(\frac{E_t-E_i}{kT}\right)\right)+\frac{\tau_n}{2}\left(1+\exp\left(\frac{E_i-E_t}{kT}\right)\right) \tag{8.103}$$

假如此时 E_t-E_i 比 kT 大很多，则

$$\tau=\frac{\tau_p}{2}\exp\left(\frac{E_t-E_i}{kT}\right),\ \propto\exp\left(\frac{E_t-E_i}{kT}\right) \tag{8.104}$$

因此，随着温度的升高，此时非平衡载流子的寿命按指数规律减小。

当 E_t-E_i 比 kT 小很多时，$\tau\approx\tau_n+\tau_p$，此时非平衡载流子的寿命又是一个常数。图 8.24 中示意地画出了非平衡载流子寿命 τ 随 $1/T$ 变化情况。

§8.14 金在硅材料中的复合作用

复合中心对半导体器件往往是有害的，例如可能使得器件的漏电流增加，击穿性能变坏等。但是复合中心的存在有时也能起正面的作用，例如利用复合中心可以大大缩短非平衡载流子的寿命，使得系统很快回到平衡状态，从而使得器件的工作频率提高。所以，有时在半导体材料中有意掺入一些复合中心杂质，例如硅单晶中的金就是一个典型的例子。金在硅单晶中引入两个深能级，一个位于导带底之下 0.54eV 处，为受主性能级 E_a，另一个在价带顶之上 0.35eV 处，为施主性能级 E_d，见图 8.25。

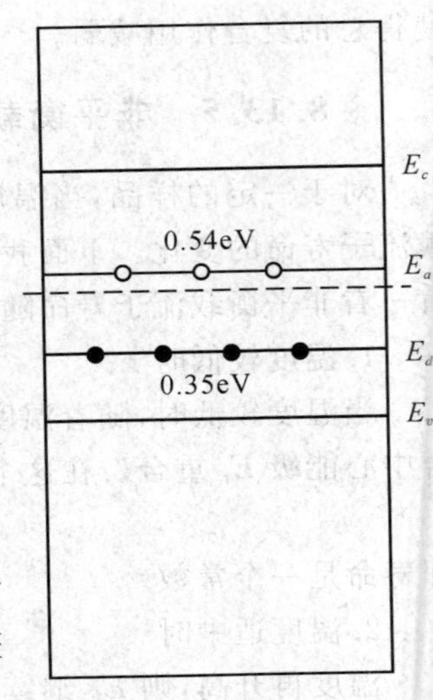

图 8.25 硅中的金能级

在 n 型硅中，由于存在浅施主杂质，金原子的受主能级可以接受一个电子，从而成为负电中心 Au^-。因为负的金离子对空穴有静电吸引作用，这使得负的金离子对空穴有很高的俘获能力，使金在 n 型硅中成为有效的复合中心。

在 p 型硅中，金原子的施主性能级可以失去电子而成为正电中心 Au^+。正的金离子对导带电子有较强的俘获能力，所以金在 p 型硅中也是有效的复合中心。因此金在硅中是一种非常有效的复合中心。

§ 8.15　陷阱效应

在半导体材料中，除了施主、受主、复合中心等杂质、缺陷能级外，还有一些杂质缺陷能级，它们可以俘获载流子，并长时间的把载流子束缚在这些能级上。这种现象称为陷阱效应。产生这种现象的原因是这种能级俘获电子和俘获空穴的能力相差太大，又离开导带或价带较远，以至于这些能级俘获了一种载流子后很难再俘获另外一种载流子而复合，也不能很快回到导带或价带，导致载流子长时间在其上面停留。俘获电子的能力远大于俘获空穴的能力的杂质缺陷能级称为电子陷阱。反过来，俘获空穴的能力远大于俘获电子的能力的杂质缺陷能级称为空穴陷阱。

一般来说，当杂质能级与平衡状态下的费米能级重合时最有利于形成陷阱。这是因为如果杂质缺陷能级太浅，被俘获的载流子容易重新发射到导带或价带，如果杂质缺陷能级太深，这些能级在平衡态时已经填满，无法继续俘获非平衡载流子。

陷阱的存在将大大延长了从非平衡态到平衡态的过程。例如在半导体材料的光电导实验中，如果存在大量的陷阱，那么光电导现象将存在很长的时间。由于被陷阱俘获的非平衡少子需要一个电荷符号相反的载流子与之保持电中性，因此使得这个非平衡载流子长时间存在，从而在光照结束后附加的光电导长久存在。假如被陷阱俘获的是电子，则

$$\Delta p = \Delta n + \Delta n_{\text{trap}} \tag{8.105}$$

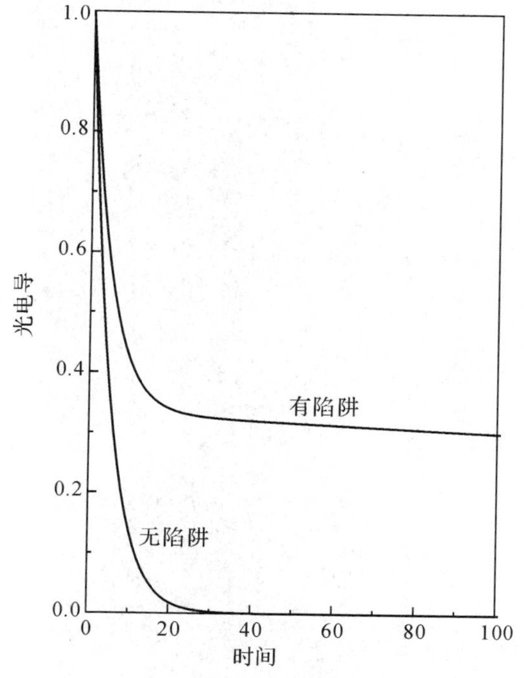

图 8.26　线性横坐标下的光电导衰减曲线

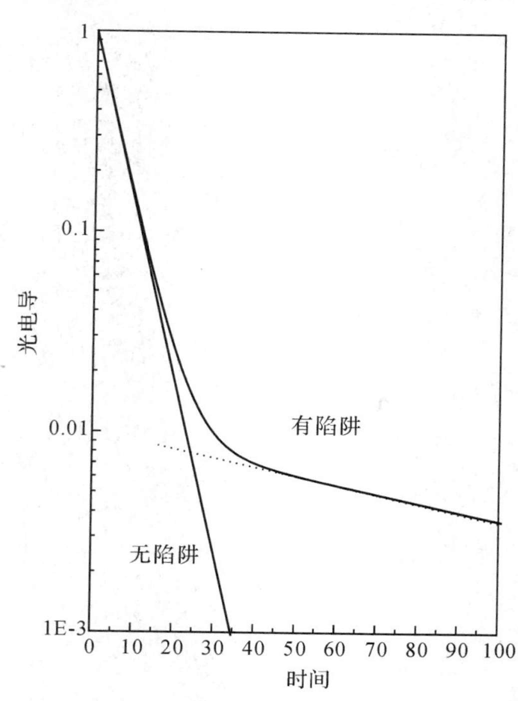

图 8.27　对数坐标下的光电导衰减曲线

式中 Δn_{trap} 为被陷阱俘获的非平衡载流子。因此

$$\Delta\sigma=e(\mu_p\Delta p+\mu_n\Delta n)=e(\mu_p+\mu_n)\Delta n+e\mu_p\Delta n_{\text{trap}} \tag{8.106}$$

上式右边的第一项对应正常的光电导，而第二项为陷阱引起的光电导。光照停止后，正常的光电导随着非平衡载流子的复合很快消失，但是右边第二项引起的附加光电导却因为电子被束缚在陷阱中，使得价带的非平衡空穴长时间存在，见图 8.26。如果把图 8.26 的纵坐标用对数坐标表示，则可以看到衰减曲线不再是一条直线，而是两条直线，分别对应两种衰减过程，见图 8.27。如果半导体中同时存在几种能级不同的陷阱，则衰减曲线将更加复杂。因此通过对光电导衰减的分析可以了解半导体中存在陷阱的情况。

第9章　半导体中的接触现象

半导体材料最终总是用来作为电子器件或光电器件使用的，它们在电路中起某些特定的作用，因此必然存在各种接触的界面，例如欧姆接触、金属-半导体接触、半导体-半导体接触、半导体—绝缘体接触、半导体-气体接触等等。所以半导体的接触现象对半导体来说是很重要的。近年来微电子技术越来越多地使用薄膜技术以及纳米技术，使得材料的表面与界面在整个器件中所占的比重越来越大，因此表面与界面问题（接触问题）显得越来越重要。

由于接触处一般涉及两种材料，而两种材料的特性在许多方面各不相同。例如两者的功函数不同；两者的晶体结构不同；两者的介电常数不同；两者的热学性能不同；两者的机械性能不同，两者的禁带宽度不同，等等。本章主要研究由于功函数不同和禁带宽度不同引起的一些现象以及这些现象的应用。

§9.1　表面态和界面态的影响

一般来说，在两种材料的界面或多或少存在晶格失配见图9.1。对于晶格常数为 a_1 和 a_2 的两种材料，晶格失配度定义为

$$2\frac{a_2-a_1}{a_2+a_1} \tag{9.1}$$

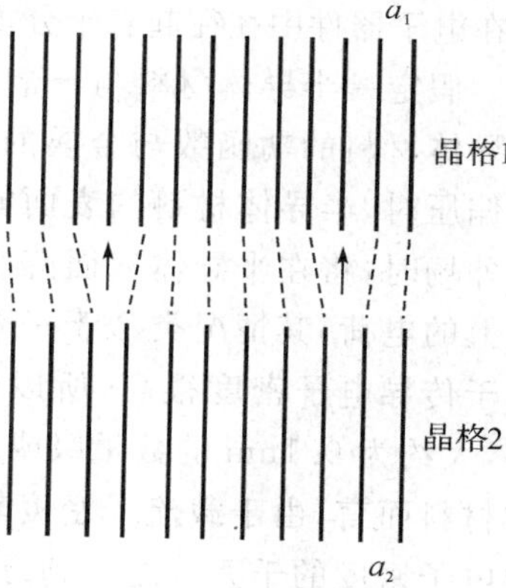

因此界面处必然有些化学键无法配对，这种未配对的键称为悬挂键。通常用界面态密度即悬挂键的密度来描述界面的情况。

a_1

晶格1

晶格2

a_2

图9.1　界面悬挂键产生示意图

可见悬挂键的密度主要由两种材料的晶格常数差、晶面取向等因素决定。例如对硅而言，若衬底为(111)面，则界面态密度 $\Delta N_s=\frac{4}{\sqrt{3}}\left[\frac{a_2^2-a_1^2}{a_1^2a_2^2}\right]$，若衬底为(110)面，则 $\Delta N_s=\frac{4}{\sqrt{2}}\left[\frac{a_2^2-a_1^2}{a_1^2a_2^2}\right]$，若衬底为(100)面，则 $\Delta N_s=4\left[\frac{a_2^2-a_1^2}{a_1^2a_2^2}\right]$。

与表面态或悬挂键对应的表面态或界面态能级称为达姆能级。若表面态密度大于 10^{13} cm^{-2}，则表面处的费米能级位于禁带的1/3处（相对价带顶），与表面态或界面态的密度无关，这个位置称为巴丁极限，见图9.2。因此当半导体与金属接触构成肖特基势垒时，往往发现势垒高度与所用金属的功函数关系不大。

表面态和界面态一般起着双重作用。对n型半导体而言，表面态起受主作用，使得表面能带向上弯曲；但对p型半导体，表面态起施主作用，使得表面能带向下弯曲。

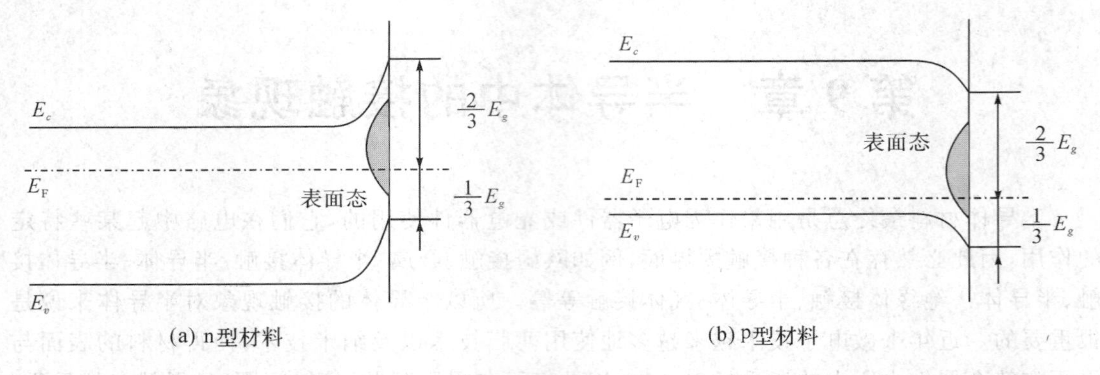

图 9.2　表面态引起的费米能级钉扎

§9.2　外电场中的半导体表面

我们知道,接触总是通过物体的表面进行的,所以表面在半导体与外界的接触中起了很大的作用。这种作用是两方面的,一方面表面态可以作为半导体材料的复合中心,缩短半导体中载流子的寿命,同时表面电荷可以引起器件表面漏电等,但另一方面半导体表面的某些特性也可以用来制造电子器件,如 MOS 器件,肖特基二极管、气体传感器等。半导体材料的表面在电子器件中往往起着十分重要的作用,因此必须弄清表面在各种情况下的变化情况。

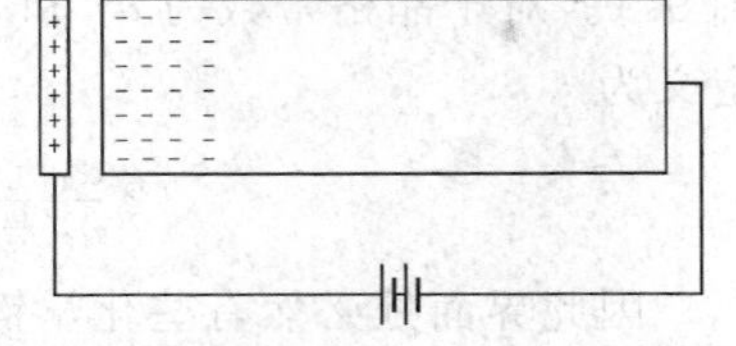

图 9.3　半导体材料-金属板

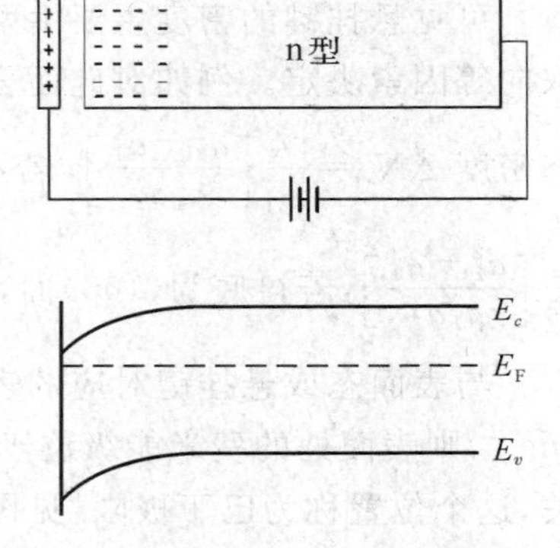

图 9.4　正偏置下 n 型半导体表面

假定一半导体材料与一金属板如图 9.3 那样放置,而且半导体材料的功函数与金属的功函数相同。那么没有施加正偏压时,半导体材料的表面能带平直,表面不带电荷。加上外场时,将在半导体表面感生出负电荷,其总量等于金属板上的电荷,其情况类似于一个平板电容器。对金属而言,由于传导电子密度很高,所以电荷集中在表面极薄的一层内,大约为 0.1nm 的数量级或 1～2 个原子层。然而对半导体材料而言,由于载流子密度较金属低得多,一般约为金属中电子密度的千万分之一到万分之一甚至更小,所以电荷分布范围相对较大,其厚度一般为 10～100nm 甚至超过 1000nm。因此半导体材料不像金属材料那样对电场具有很强的屏蔽效应,而是在靠近表面一定深度内产生一个空间电荷区。

由于空间电荷区的存在,使得半导体内部有电场存在,所以相应的产生一个电势分布。这个电势的存在将改变半导体中电子的能量。一般来说,对于大多数电子器件,金属与半导体间所加的电压大约 0.1～1V 的数量级,所以分配到相邻原子间的电压差很小。因此,空间电荷区内的电子能量的变化可以用微扰进行处理,即我们可以假定半导体的能带结构基本保持不变，但能带整体相对体内来说有一个移动。

由于半导体与金属处于电连接状态，所以两者的费米能级应该相同。由于空间电荷区的存在，能带整体有移动，而半导体及金属的费米能级又是相同的，因此对空间电荷区内的电子来说，导带底及价带顶与费米能级的位置必然发生变化。由载流子的浓度表达式可知能带与费米能级间的变化必然导致表面空间电荷区载流子浓度的变化。

以下我们以 n 型半导体为例进行讨论。首先我们假定金属-半导体之间没有接触电势，即两者的功函数相同，并假定外场很小，即 $V(x)$ 很小。对于金属板加正电压的情形，电子的电势变化为从表面至体内逐渐下降，即 $U(x)=-eV(x)$，这里 $U(x)$ 为电子的势能，$V(x)$ 为电势。所以 x 处的导带底的位置变为

$$\begin{aligned} E_c &= E_c^0 - eV(x) \\ E_v &= E_v^0 - eV(x) \end{aligned} \tag{9.2}$$

即表面导带相对体内下降见图 9.4。由于半导体表面的费米能级与体内的一致，因此表面能级下降使得导带底与费米能级的距离缩小，同时价带顶与费米能级的距离增大。因此表面处电子浓度增加而空穴浓度减少，即发生所谓的电子积累现象，相应的表面层成为积累层。

相反，如果改变金属板上所加电压的符号，即金属板相对半导体材料加负电压，则情况刚好上面的相反，见图 9.5，相应地能带变化为

$$\begin{aligned} E_c &= E_c^0 + eV(x) \\ E_v &= E_v^0 + eV(x) \end{aligned} \tag{9.3}$$

因此导带底离开费米能级距离增大，而价带顶离开费米能级的距离变小。这样导致表面附近电子浓度下降，空穴浓度增加，即表面层中电子浓度减小而形成耗尽层。注意耗尽层中的正电荷来自于电离的受主。

如果外加电压进一步增加，则表面附近的电子进一步减少，空穴浓度进一步增加。当所加的负电压超过一定值后，表面空穴的浓度甚至可以超过电子浓度，使得表面附近形成一层 p 型的薄膜，此薄层称为反型区，表示其导电型号与体内的相反，见图 9.6。

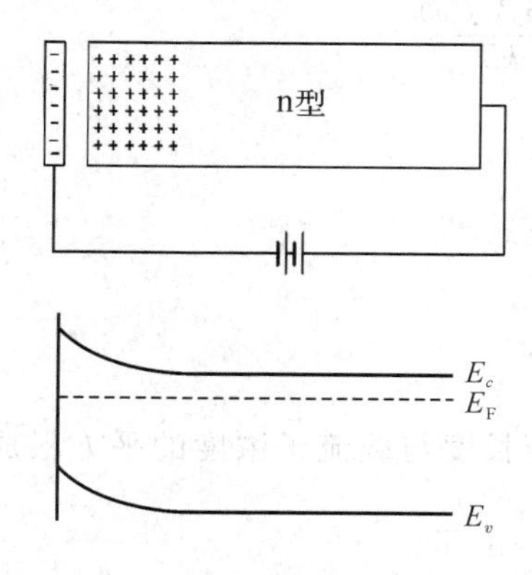

图 9.5　反偏置下 n 型半导体表面

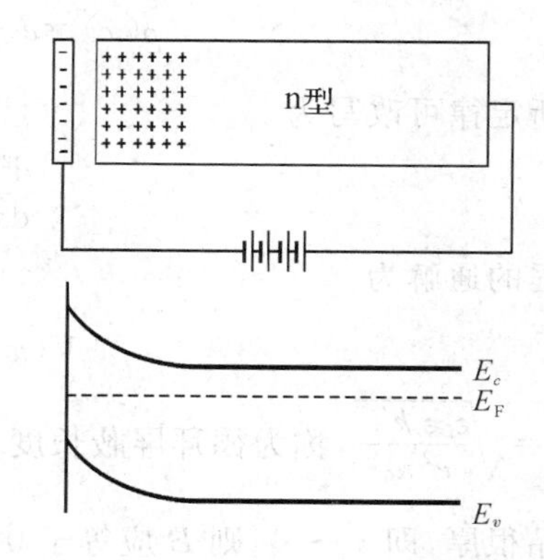

图 9.6　半导体表面产生反型层

以上是对 n 型半导体的讨论情况，对 p 型半导体可以进行完全相似的讨论，同样存在积累、耗尽、反型三种情况，但此时金属板上所加的电压的极性正好与 n 型时的相反。

§9.2.1 定量分析

以下我们进一步分析一维 n 型半导体中外电场对能带及载流子浓度的影响。为了简化，我们假定接触前金属与半导体材料的费米能级相等，即金属与半导体的功函数相等，在没有加外场时半导体表面能带没有弯曲，同时我们假定所加的外场很小。

根据电磁学中的高斯定律，我们知道电场与电荷密度之间有以下的关系式 $\nabla \cdot \Xi = \frac{\rho(r)}{\varepsilon_0 \varepsilon_r}$，$\oiint \Xi \mathrm{d}E = \frac{Q}{\varepsilon_0 \varepsilon_r}$，为了避免能带与电场强度表达上的混乱，我们在这里用 Ξ 表示电场强度。对应一维情况，利用电场与电势之间的关系可以将上式改写为

$$\frac{\mathrm{d}\Xi}{\mathrm{d}x} = \frac{\rho(r)}{\varepsilon_0 \varepsilon_r}，即\frac{\mathrm{d}^2 V}{\mathrm{d}x^2} = -\frac{\rho(r)}{\varepsilon_0 \varepsilon_r} \tag{9.4}$$

由于半导体表面存在空间电荷，因此必然存在电场，使得半导体表面的电势发生变化，导致能带的弯曲。因此空间电荷区内 x 处的电子浓度为

$$n(x) = N_c \mathrm{e}^{-\frac{E_c - E_F}{kT}} = N_c \mathrm{e}^{\frac{E_c^0 + U(x) - E_F}{kT}} = n_0 e^{-\frac{U(x)}{kT}} \tag{9.5}$$

这里 E_c^0 和 n_0 分别为半导体体内深处能带没有发生弯曲的导带底的位置及载流子浓度。

假如所加的外场很小，则 $U(x)$ 很小，上式可以展开为

$$n(x) = n_0 e^{-\frac{U(x)}{kT}} = n_0 e^{\frac{eV(x)}{kT}} \approx n_0 \left(1 + \frac{eV(x)}{kT}\right) \tag{9.6}$$

在饱和电离近似下，$n_0 \approx N_d$。

半导体材料与金属板接触并加上外场后，由于能带弯曲将导致表面附近电子的移动，即表面附近载流子的浓度发生变化。然而电离的杂质离子（电离的施主）一般是不能移动的，因此电离杂质的浓度无法改变。没有加外场时，带正电的施主离子和带负电的导带电子总体上相互抵消，半导体内部没有净电荷，即 $\rho(x)=0$。但是，当外场下载流子被排走或积累时，表面附近的电中性被破坏，空间电荷区内部将出现净电荷，其密度为

$$\rho(x) = e(n_0 - n) = -\frac{e^2 n_0 V(x)}{kT} \tag{9.7}$$

因此高斯定律可改写为

$$\frac{\mathrm{d}^2 V}{\mathrm{d}x^2} = \frac{e^2 n_0 V(x)}{\varepsilon_0 \varepsilon_r kT} \tag{9.8}$$

上面方程的通解为

$$V(x) = A\mathrm{e}^{-\frac{s}{L_D}} + Be^{\frac{x}{L_D}} \tag{9.9}$$

式中 $L_D = \sqrt{\frac{\varepsilon_0 \varepsilon_r kT}{e^2 n_0}}$，称为德拜屏蔽长度，可见德拜屏蔽长度与载流子浓度的平方根成反比。如果样品很厚，即 $x \to \infty$，则 B 应等于 0，所以 $V(x) = A\mathrm{e}^{-\frac{x}{L_D}}$。

对于金属，n 为 $10^{22} \sim 10^{23}\,\mathrm{cm}^{-3}$ 数量级，设相对介电常数为 1，则金属材料的德拜长度约为 0.1nm，即差不多一个原子层。但对于半导体材料，例如硅材料，一般来说载流子浓度要比金属的小几个数量级，例如 n 为 $10^{10} \sim 10^{19}\,\mathrm{cm}^{-3}$，而且半导体材料的介电常数一般较大，

如对硅为 11,则德拜长度要比金属的大几个数量级,涉及许多的原子层。

设在半导体表面处 $V=V_s$,而在半导体内部,电势为 0,即 x 很大时 $V=0$,所以通解公式中的 B 应等于 0,因此

$$V(x)=V_s e^{-\frac{x}{L_D}} \tag{9.10}$$

因此半导体空间电荷区内的电场强度为

$$\Xi(x)=-\frac{dV}{dx}=\frac{V_s}{L_D}e^{-\frac{x}{L_D}}=E_s e^{-\frac{x}{L_D}} \tag{9.11}$$

空间电荷区内的电荷密度为

$$\rho(x)=-\frac{e^2 n_0}{kT}V_s e^{-\frac{x}{L_D}} \tag{9.12}$$

而电子的势能为

$$U(x)=-eV_s e^{-\frac{x}{L_D}} \tag{9.13}$$

最后,我们得到空间电荷区内电子的能带为

$$E(x)=E_0-eV_s e^{-\frac{x}{L_D}} \tag{9.14}$$

上式表明在外场的作用下半导体的能带发生弯曲。对于金属板加正电压的情况,V_s 大于 0,因此 $E(x)<E_0$,即表面附近电子的能带向下弯曲。反之,如果金属板加负电压,即 V_s 小于 0,则 $E(x)>E_0$,即表面附近电子的能带向上弯曲。

对于 p 型半导体材料,推导方法完全类似,电子能带的弯曲情况也完全一样。虽然电子能带的弯曲情况相同,但表面载流子浓度的变化情况却完全相反。对于 n 型半导体材料,金属板上加正电压时表面层为积累层,而对 p 型半导体材料,金属板上加负电压时表面层为积累层。同样,当金属板上加负电压时 n 型半导体材料的表面层为耗尽层或反型层,而对 p 型半导体材料,金属板上加正电压时表面层为耗尽层或反型层。

如果所加的外场较大,那么 $n(x)\approx n_0\left(1+\dfrac{eV(x)}{kT}\right)$将不成立,另外,还得考虑能带改变导致的空穴浓度的变化,因此一般不能得到简单的解析结果,但能带弯曲的方向及趋势与我们前面的讨论还是相同的。

§9.3 金属-半导体界面

我们知道不同的体系有不同的费米能级(或功函数),但当两种功函数不同的物体 A 和 B 相互电接触时,两者构成了一个系统。达到热平衡后,两者成为一个体系,而同一体系的化学势必须相同。这就要求接触后的金属与半导体有相同的费米能级。由于费米能级代表电子的填充情况,所以费米能级的变化必定引起电荷在两个物体之间的流动。因此,接触时两者之间将有电荷流动,最后两者的费米能级达到一致。

电荷的流动导致空间电荷区的形成,假如在 A 物体表面失去电子形成正电荷区,则 B 物体表面必然获得电子形成负电荷区。空间电荷区的形成产生电场,引起界面处能带发生弯曲,宏观上表现为在两者的交界处产生接触电势差。不难证明两种物体的接触电势差等

于接触前它们的功函数之差除以电子电荷，即

$$\Delta V=\frac{W_A-W_B}{e} \tag{9.15}$$

由于接触电势差的存在，使得电子的流动受到影响。从量子力学我们知道，电子通过隧道效应越过高度为 eV_0、厚度为 d 的势垒的几率正比于 $e^{-\frac{2}{\hbar}\sqrt{2m(eV_0-E)}d}$，而金属材料内载流子浓度（电子）很高，因此屏蔽长度只有 0.1～1nm 的数量级，所以在金属一侧，电子可以通过隧穿效应顺利通过。即对金属材料来说，接触势垒对导电性能的影响可以忽略。这就是不同性质的金属导线可以混接的道理，否则电路中只能使用同一种金属材料作为导线了。但是对于半导体材料，由于其载流子浓度比金属材料的低得多，因此其屏蔽长度比金属材料的要大得多，即势垒较宽，载流子不易通过。

如果半导体的功函数比金属的小，即接触前半导体的费米能级比金属的高，则接触后电子从半导体流向金属。因此最后金属表面带负电而半导体带正电，电场方向从半导体体内指向金属，电势由表面向体内升高，相应的表面电子能带较体内的高。因此对于 n 型半导体，表面电子浓度比体内的低，所以称为耗尽层；如果接触电势差很大，则耗尽程度很高，甚至可能导致表面层的导电类型发生反转。但对 p 型半导体来说，由于表面空穴浓度比体内高，所以称为积累层。不过这里要注意，对于 n 型和 p 型半导体，表面正电荷的来源是不一样的。对于 n 型材料，正电荷来自电离了的带正电荷的施主离子，是不能移动的。而对于 p 型半导体，正电荷来自增加了的空穴浓度，是可以快速移动的。反之如果积累现象明显，则多数载流子浓度可能大大增加，导致半导体材料表面附近进入简并状态。因此，在与外界接触的半导体材料表面，有时可能存在很高的载流子浓度。

如果半导体的功函数比金属的大，则接触后电子从金属流向半导体，所以金属表面带正电，半导体表面带负电，自建电场方向为金属到半导体体内。由于半导体表面电势较体内的高，相应表面的电子能带位置较体内的低，因此对于 n 型半导体，表面电子浓度较高，为积累层，对 p 型半导体，空穴浓度较体内的低，为耗尽层，如果接触电势差很大，则耗尽程度很高，甚至可能导致表面层的导电类型发生反转。同样，这里负电荷的来源也是不同的，对于 n 型，负电荷来源于导带电子的增加，而对于 p 型，负电荷来自电离了的受主离子。

金属与半导体接触后半导体表面能带弯曲情况以及表面电荷积累情况见图 9.7 和图 9.8。图中不加圆圈的＋号和－号分别表示空穴和电子，加圆圈的＋号和－号分别表示不能移动的电离的受主和电离的施主。

(1)半导体的功函数比金属的大的情况（图 9.7）

· 接触后电子从金属流入半导体，所以金属表面带正电，半导体表面带负电。

· 自建电场方向为金属到半导体体内，因此半导体表面电势较体内的高，相应表面的电子能带较体内的低。

· 对于 n 型半导体，表面电子浓度较高，为积累层，对 p 型半导体，空穴浓度较体内的低，为耗尽层。

负电荷的来源：对于 n 型，负电荷来源于导带电子的增加，而对于 p 型，负电荷来自电离了的受主离子。

(2)半导体的功函数比金属的小的情况（图 9.8）

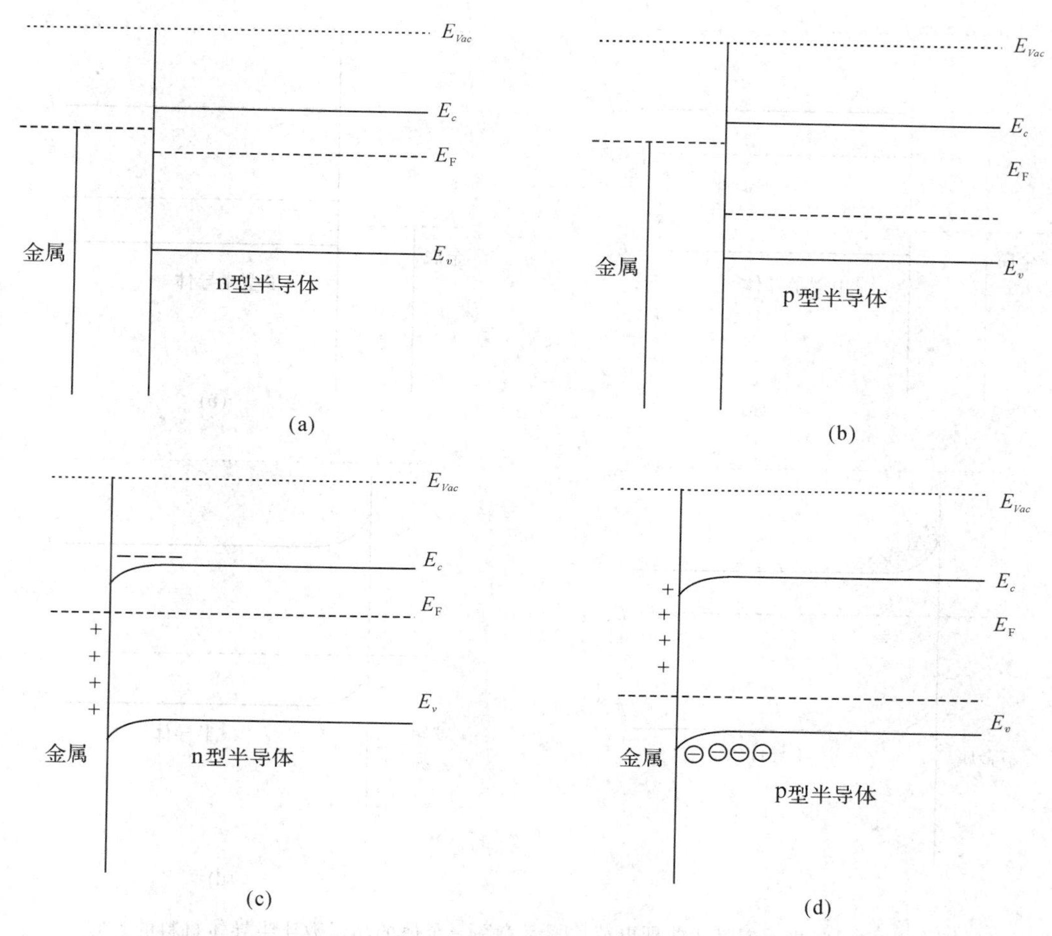

图 9.7　金-半界面能带弯曲及电荷积累示意图—金属的功函数比半导体材料的小时

·接触后电子从半导体流入金属，所以金属表面带负电，半导体表面带正电。

·自建电场方向为半导体体内指向金属，因此半导体表面电势较体内的低，相应表面的电子能带较体内的高。

·对于 n 型半导体，表面电子浓度较低，为耗尽层，对 p 型半导体，表面空穴浓度较体内的高，为积累层。

正电荷的来源：对于 n 型，正电荷来源于不能移到的电离了的施主，而对于 p 型，正电荷来自电离了的受主离子。

不难想像，对于本征半导体，金属-半导体接触使得费米能级偏离本征费米能级，因此对于本征半导体，接触总是使得表面电导率增加。对于非本征半导体材料，表面可能形成耗尽层和积累层。

§9.3.1　接触势不同引起的能带弯曲的定量分析

上面讨论了接触势为 0 而且外场很小时的情况。一般情况下，接触势并不为 0，而且往

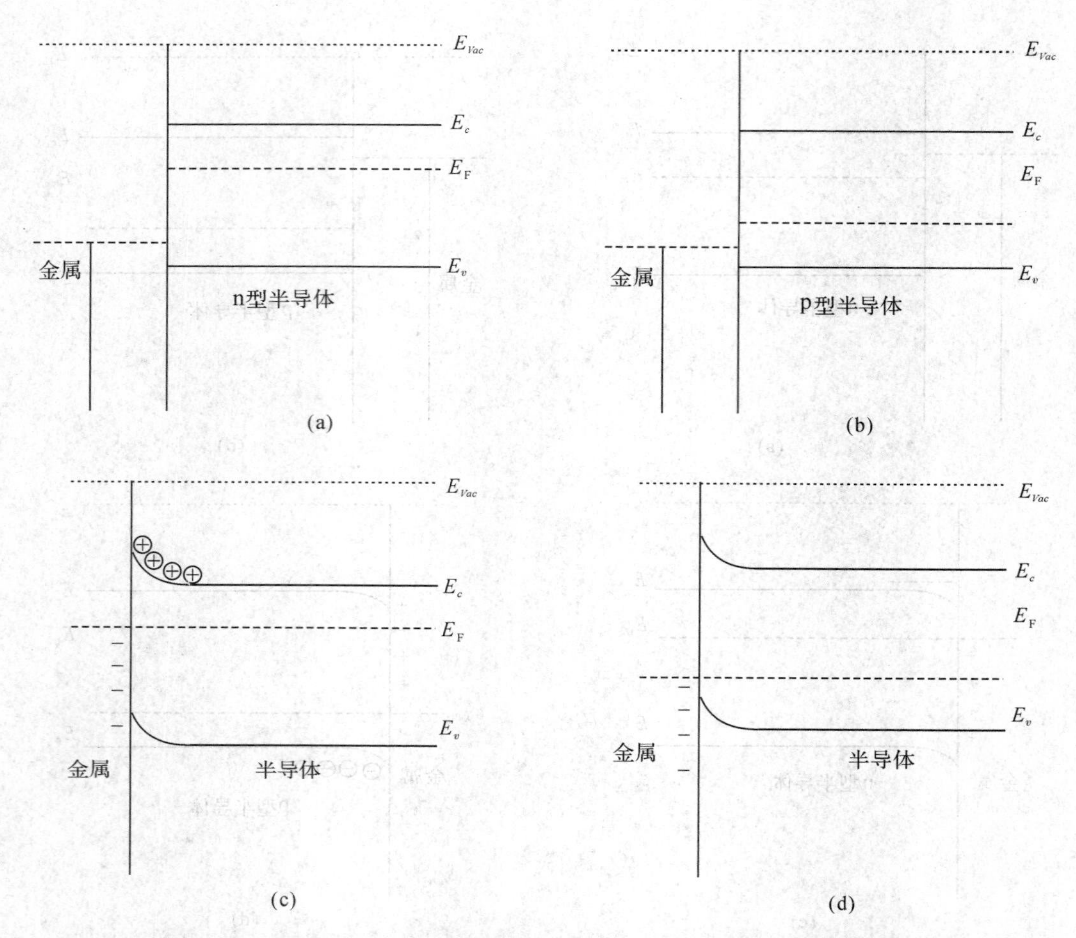

图 9.8　金-半界面能带弯曲即电荷积累示意图—金属的功函数比半导体材料的大时

往比 kT 大得多。以下仍以 n 型半导体为例讨论只有接触势差时半导体表面的情况。

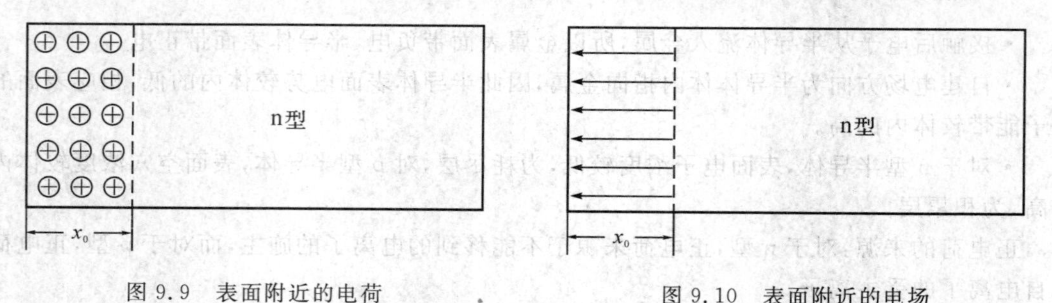

图 9.9　表面附近的电荷　　　图 9.10　表面附近的电场

在讨论这个问题前，我们先设 1）金属的功函数 W_M 大于半导体的功函数 W_S；2）电场透入半导体的深度为 x_0；3）半导体处于杂质饱和电离状态，即导带电子密度 $n_0=N_d$。在上述假设下，半导体表面附近处于耗尽层状态时，半导体表面附近的空间电荷区中可以移动的载流子的浓度很小，可以忽略，形成一个由不能移动的带正电的施主离子组成的空间电荷区，见图 9.9 和图 9.10。假定空间电荷层中的可动电荷（电子）全部被排走，则电荷密度就等于施主密度，即 $\rho(x)=N_d$，因此泊松方程变为$\frac{\mathrm{d}^2V}{\mathrm{d}x^2}=-\frac{eN_d}{\varepsilon_0\varepsilon_r}$。

此方程的解为

$$V(x)=A+B(x-x_0)-\frac{eN_d}{2\varepsilon_0\varepsilon_r}(x-x_0)^2 \tag{9.16}$$

代入边界条件 $V(x_0)=0$ 和 $V'(x_0)=E(0)=0$ 可得 $A=0, B=0$，所以

$$V(x)=-\frac{eN_d}{2\varepsilon_0\varepsilon_r}(x-x_0)^2,\quad u(x)=-eV(x)=\frac{e^2N_d}{2\varepsilon_0\varepsilon_r}(x-x_0)^2 \tag{9.17}$$

在半导体的表面处，我们有 $V(0)=-\frac{eN_d}{2\varepsilon_0\varepsilon_r}(0-x_0)^2=-\frac{W_M-W_S}{e}$。由此我们可得空间电荷层的厚度为

$$x_0=\sqrt{2\varepsilon_0\varepsilon_r(W_M-W_S)/e^2N_d} \tag{9.18}$$

在前面一节中，我们得到了德拜屏蔽长度为 $L_D=\sqrt{2\varepsilon_0\varepsilon_r kT/e^2N_d}$，所以 $x_0=\sqrt{2(W_M-W_S)/kT}L_D$。可见德拜长度反映了与热运动能等价的电压差($V=kT/e$)对应的透入深度或屏蔽长度。图 9.11 和图 9.12 示意地画出了表面附近 $V(x)$和 $u(x)$的变化情况。

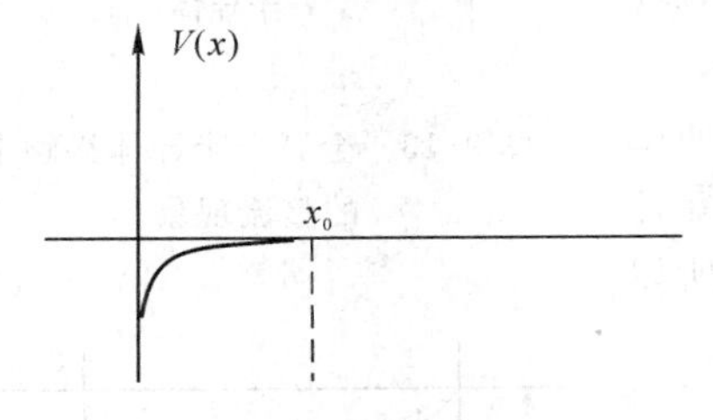

图 9.11 半导体表面的电势

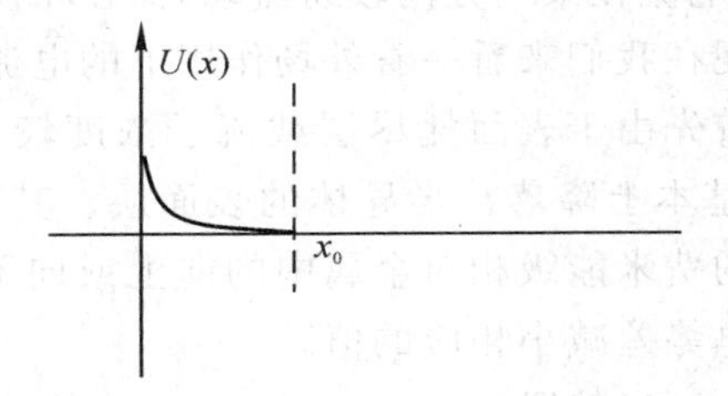

图 9.12 半导体表面的电势能

按完全相同的方法我们可以推导其他几种情况下金属-半导体材料界面的电荷、电势、能带变化情况。

外场较大时的情况

此时 $eV(x)$不再很小，因此 $n(x)\approx n_0\left(1+\frac{eV(x)}{kT}\right)$不能成立，因此情况与金属-半导体之间存在接触电势差时的相似。根据与存在接触电势差时完全相似的推导，我们可得 $V(x)=-\frac{eN_d}{2\varepsilon_0\varepsilon_r}(x-x_0)^2$，但此时 $x_0=\sqrt{2\varepsilon_0\varepsilon_r eV_0/e^2N_d}$，$V_0$ 为半导体表面处的电势值。

§9.3.2 金属-半导体接触的电容效应

从上面的讨论我们知道金属-半导体电接触时，金属表面与半导体表面带有符号相反、数量相等的电荷，其情况类似于一个平板电容器。但与平板电容器不同的是，金-半接触的电容与外加电压有关。这是因为当外加电压改变时，空间电荷区的厚度 x_0 发生变化，导致电容数值的变化。根据微分电容的定义，并利用 $V(x)=-\frac{eN_d}{2\varepsilon_0\varepsilon_r}(x-x_0)^2$，我们可得此微分电容在数值上为

$$C(x)=\left|\frac{\mathrm{d}Q}{\mathrm{d}V}\right|=\left|\frac{\mathrm{d}Q}{\mathrm{d}x}\frac{\mathrm{d}x}{\mathrm{d}V}\right|=\frac{eN_d}{\dfrac{\mathrm{d}V}{\mathrm{d}x}}=\frac{\varepsilon_0\varepsilon_r}{(x-x_0)} \tag{9.19}$$

其中 $x_0=\sqrt{2\varepsilon_0\varepsilon_r eV_0/e^2N_d}$。

因此，金属-半导体结有电荷储存效应或电容效应，而且其电容值是可以通过改变外加电压改变的。因此金属-半导体结可以用作一个容量可调的电容器。

§9.3.3 金属-半导体接触中的整流现象

从上面的讨论可知，当金属的功函数比半导体的大时，例如金属与 n 型半导体接触时，半导体材料表面附近的能带变化如图 9.13 所示。不难看出，在边界处存在阻碍电子流动的势垒，而且边界两侧的势垒高度不同。从金属到半导体及从半导体到金属运动遇到的势垒高度分别为 U_{MS} 和 U_{SM}。这样不对称的接触一般称为整流接触，即电流在某一方向较易流动，而在相反方向则很难通过。现在我们来看一看外场作用下的电流情况。

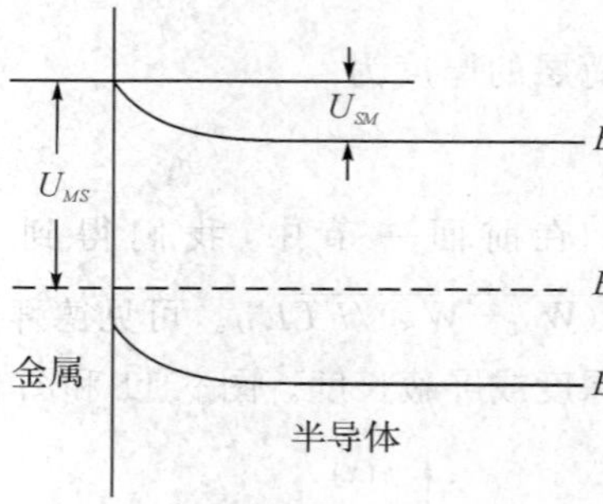

图 9.13 金属一半导体接触中的整流现象

首先由于表面耗尽层载流子浓度较小，所以外加电压 V 基本上降落在半导体的表面层。其次，由于半导体体内的费米能级相对金属中的向上或向下移动 eV，所以接触电势差减小相应的值。

1. 正向偏置

半导体与金属之间的电子流可以用热电子发射理论描述。假设电子流动方向为 X 方向，那么当金属侧加正压、半导体侧加负压时，电子从半导体流向金属的势垒高度减小，而金属流向半导体的势垒高度没有变化见图 9.14。因此电子从半导体到金属的热电子发射几率增加，但从金属流向半导体的流密度不变。

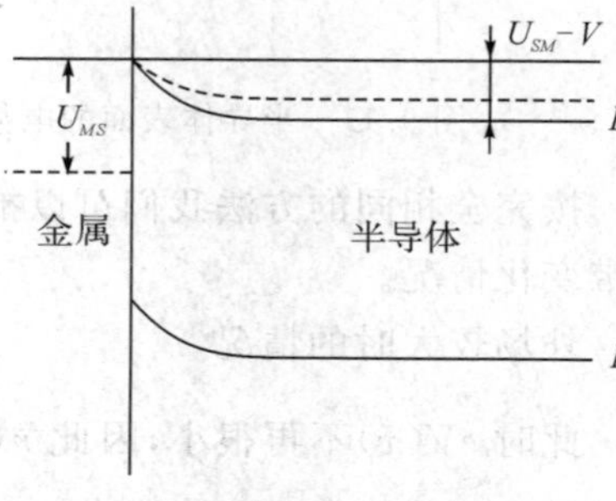

图 9.14 正偏置下势垒降低

不难看出，电子从半导体向金属运动时，能够越过势垒进入金属的电子的最小动能应该大于 U_{SM}。因此从半导体到金属的电流密度可以表示为

$$\begin{aligned}J_{sm}&=\frac{en(m^*)^{3/2}}{(2\pi kT)^{3/2}}\iint_0 \mathrm{d}v_y\mathrm{d}v_z\int_{v_{x0}} v_x\exp\left(-\frac{m^*(v_y^2+v_z^2+v_x^2)}{2kT}\right)\mathrm{d}v_x\\&=\frac{en(kT)^{1/2}}{(2\pi m^*)^{1/2}}\exp\left(-\frac{m^*v_{0x}^2}{2kT}\right)=\frac{en(kT)^{1/2}}{(2\pi m^*)^{1/2}}\exp\left(-\frac{U_{SM}}{kT}\right)\end{aligned} \tag{9.20}$$

式中 n 为载流子浓度，$v_{0x}=\sqrt{\dfrac{2U_{SM}}{m}}$。

当外加电压为 V 时，能够越过势垒的电子的最小动能应满足 $\frac{1}{2}m^*v_{0x}^2=U_{SM}-eV$，又因

为 $n=N_c\exp\left(-\frac{E_c-E_F}{kT}\right)=2\left(\frac{2\pi m^* kT}{h^2}\right)^{3/2}e^{-\frac{E_{c0}-E_F}{kT}}$，$v\propto\sqrt{T}$，代入上式就得到从半导体流向金属的电流为

$$J_{sm}=\frac{env}{(2\pi m^*)^{1/2}}\exp\left(-\frac{m^* v_{0x}^2}{2kT}\right)\propto\frac{(kT)^{1/2}(kT)^{3/2}}{(2\pi m^*)^{1/2}}e^{-\frac{U_{SM}}{kT}}e^{\frac{eV}{kT}}$$
$$=A^* T^2 e^{-\frac{U_{SM}}{kT}}e^{\left(\frac{eV}{kT}\right)}=J_{sm}^0\exp\left(\frac{eV}{kT}\right)$$

其中 J_{SM}^0 为与外加偏压 V 无关的一个系数。

由于从金属到半导体的势垒高度不随外界偏压变化，因此从金属流向半导体的电流不随外加电压变化。与上面相同的分析可得电子从金属向半导体运动时，能够越过势垒进入半导体的电子的动能应该大于 U_{MS}，但此势垒高度与外加偏压 V 无关。因此从金属到半导体的电流密度可以表示为

$$J_{sm}=J_{MS}^0$$

当外加电压等于 0 时，半导体中没有宏观电流，因此 $J_{SM}^0=J_{MS}^0=J_s$。最后我们得到流过金属-半导体界面的电流为

$$J=J_{sm}-J_{ms}=J_s e^{\frac{eV}{kT}}-J_s=J_s(e^{\frac{qV}{kT}}-1) \qquad (9.22)$$

其中 J_s 称为反向饱和电流。

也可以这样理解，即当金属加正电压，半导体加负电压时，外场方向为金属到半导体，所以与接触形成的自建电场方向相反，原先的电场被削弱，使得电子容易通过。

2. 反向偏置

如果金属侧加负压、半导体侧加正压时，电子从半导体向金属的势垒高度增大，而金属向半导体的势垒高度没有变化，如图 9.15 所示。因此电子从半导体到金属的热电子发射几率减小，但从金属流向半导体的流密度不变。

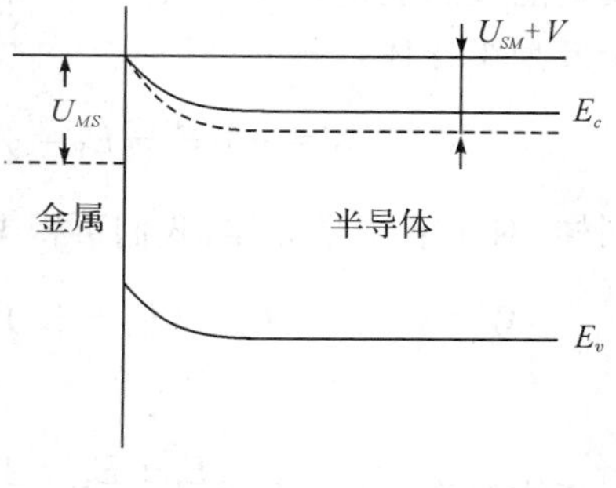

图 9.15　反偏置下势垒降低

根据完全相同的分析，我们最后得到反向偏置时，流过金属-半导体界面的反向电流为

$$J=J_s(e^{-\frac{qV}{kT}}-1) \qquad (9.23)$$

也可以从电场强度增加、减小角度进行理解，即金属加正电压，半导体加负电压时，外场方向为金属到半导体，所以与接触时形成的自建电场方向相同，因此原先的内建电场被加强，使得电子不容易通过。如果把外加电压的符号隐含在 V 中，则正、反向偏置可以用同一个公式表示，即

$$J=J_s(e^{\frac{qV}{kT}}-1) \qquad (9.24)$$

金属-半导体接触即肖特基势垒的 I-V 特性如图 9.16 所示，可见其正反向电流的大小相差是很大的，即具有整流效应或单向导电性。此特性可以广泛地应用在整流、检波、钳位、保护等电子线路中。

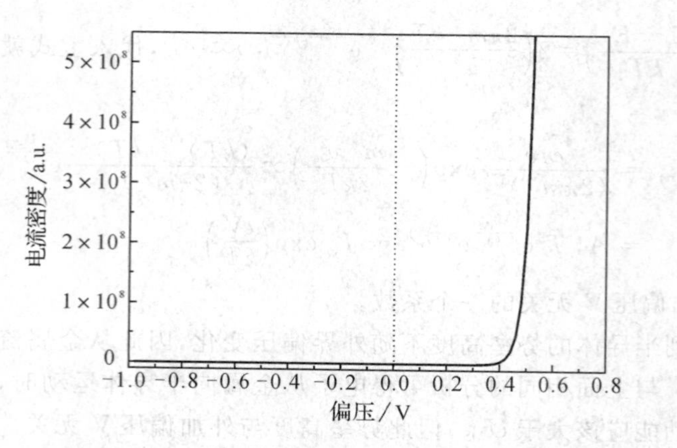

图 9.16 金属-半导体接触的 I-V 特性

§9.4 半导体材料的功函数

从前面的讨论，我们知道金-半接触的势垒高度与功函数有关。功函数是费米能级到真空能级的距离，见图 9.17。由于半导体材料的费米能级与掺杂浓度、温度等有关，因此半导体材料没有确定的费米能级。半导体材料从导带底到真空能级的能量差 $\chi=E_{Vac}-E_c$ 称为电子亲和势。因此对于 n 型半导体，

$$W=\chi+E_c-E_{\mathrm{F}}=\chi+kT\ln\frac{N_c}{n} \tag{9.25}$$

同样，对于 p 型半导体，我们可得 $W=\chi+E_c-E_{\mathrm{F}}$，即

$$W=\chi+E_c-E_v-(E_{\mathrm{F}}-E_v)=\chi+E_g-kT\ln\frac{N_v}{p} \tag{9.26}$$

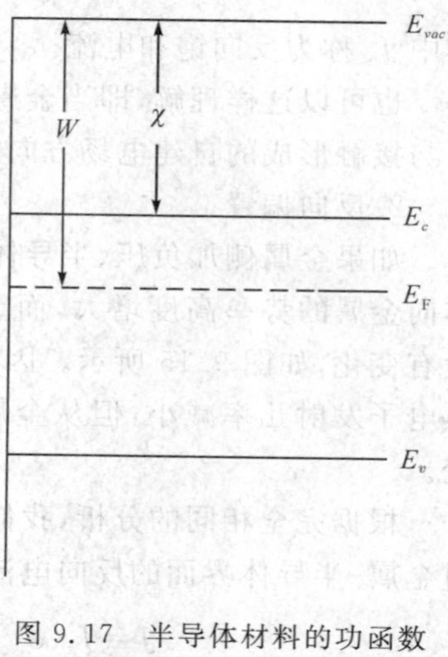

图 9.17 半导体材料的功函数

对于本征半导体，$E_{\mathrm{F}}=\dfrac{E_c+E_v}{2}+\dfrac{1}{2}kT\ln\dfrac{N_v}{N_c}$，所以

$$W=\chi+E_c-E_{\mathrm{F}}=\chi+\frac{E_g}{2}+\frac{1}{2}kT\ln\frac{N_c}{N_v} \tag{9.27}$$

§9.4.1 半导体材料电阻率的测量

对于普通的导电材料，我们习惯上用万用表或欧姆表测量它的电阻，即用二探针法测量电阻。但是从上面的分析可知，由于金属与半导体之间可能存在势垒，因此探针与半导体之间可能构成肖特基势垒，导致形成两个方向放置的二极管，见图 9.18 和图 9.19。这样放置的二极管不管如何，始终只有其中的一个处于导通状态，另一个处于反向偏置状态，因此使得测到的电阻值偏大，有时甚至偏差非常大。因此一般不能用万用表、欧姆表等测量半导体材料的电阻。

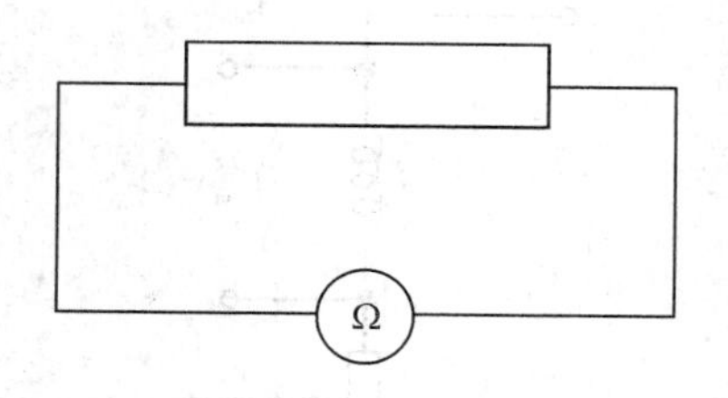

图 9.18　二探针法测电阻

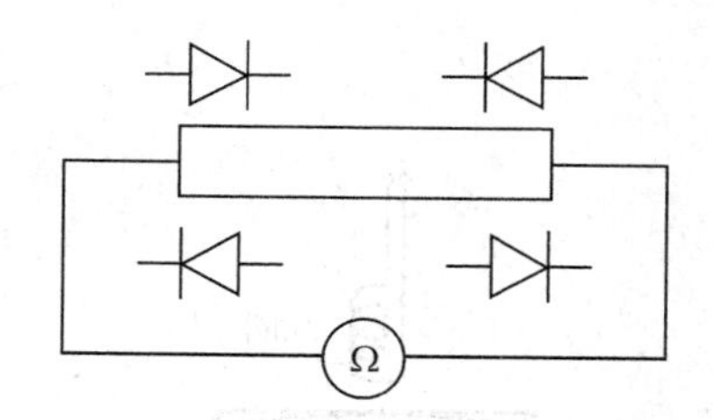

图 9.19　二探针法的等效电路

为了避免二探针法的缺点，半导体材料的电阻率一般用四探针法测量，其示意图及内部电流分布情况如图 9.20 和图 9.21 所示。在一直线上等间隔地放置的四个针尖很小的探针，外面两个之间加上较大的电压使得它们之间有电流流过，内部两个电极之间接一个输入阻抗很大的电压表。

假设探针之间的距离为 d，流过外面两个探针间的电流为 I，则半导体内部距离第一探针 x 处电流密度为 $J=\frac{I}{\text{面积}}=\frac{I}{2\pi x^2}$，因此

$$E=\frac{J}{\sigma}=\frac{I}{2\pi\sigma x^2} \tag{9.28}$$

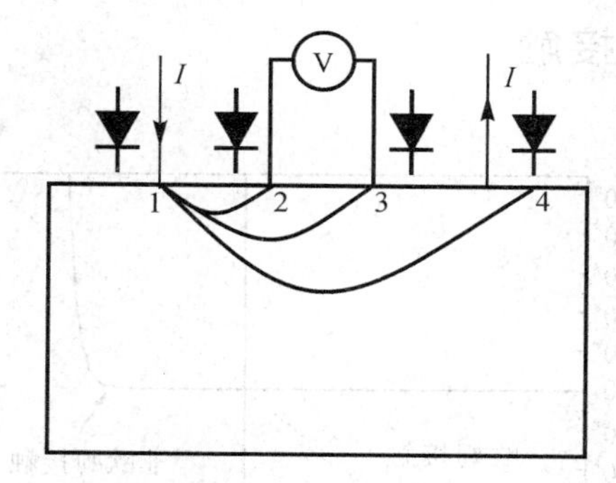

图 9.20　四探针法测电阻

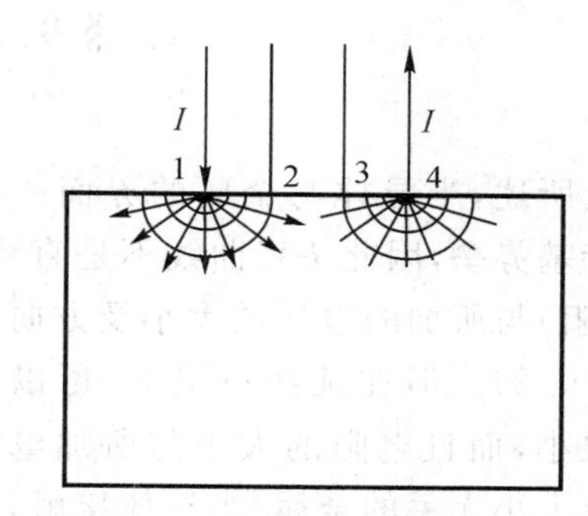

图 9.21　半导体中的电流分布情况

所以内部两个探针间的电压差为

$$V_{2,3}=\int_d^{2d}E\,\mathrm{d}x=\int_d^{2d}\frac{I}{2\pi x^2\sigma}\mathrm{d}x=-\frac{I}{2\pi x\sigma}\bigg|_d^{2d}=\frac{I}{2\pi\sigma}\left(\frac{1}{d}-\frac{1}{2d}\right)=\frac{I}{4\pi\sigma d} \tag{9.29}$$

因此，电阻率

$$\rho=4\pi l\frac{V_{2,3}}{I} \tag{9.30}$$

四探针法避免了金属之间的整流现象，因此可以测得正确的电阻率。

§9.4.2　感应法测量半导体材料的电阻

如图所示，当靠近导体或半导体表面的线圈通以交流电时，样品内部会感应出回路闭合的涡流，称为 Eddy 电流。Eddy 电流的大小及相位反过来会影响线圈的耦合负载，使得线圈的阻抗发生变化。图 9.22 所示装置的等效电路如图 9.23 所示。

图 9.22　涡流产生示意图

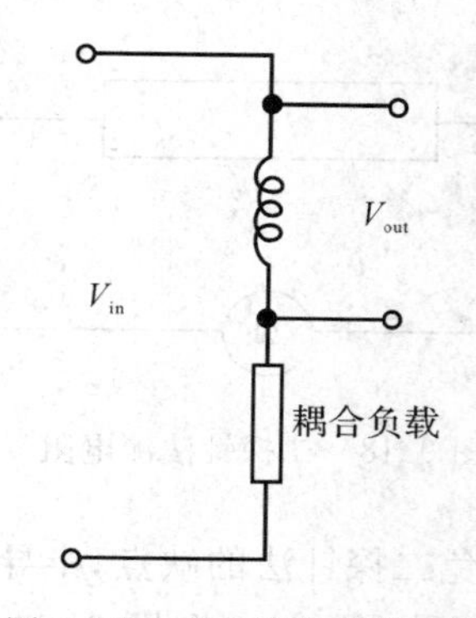

图 9.23　感应法的等效电路

通过测量线圈两端的电压，我们可以得到总电路的阻抗为

$$Z=\sqrt{X_L^2+R^2} \tag{9.31}$$

Eddy 电流与材料的电导率直接相关，电导率越大，Eddy 电流也越大，因此利用这一现象可以非接触地测量半导体材料的电导率，有利于实现电阻率测量的无损化和自动化。

§9.5　欧姆接触

如上所述，半导体与金属的界面一般存在肖特基势垒，因此 I-V 曲线不是直线，电流（电阻）与所加的电压的大小及方向有关，见图 9.24。但在某些情况下，可以获得电阻很小，而且电阻的大小与所加电流的方向及大小无关的金属-半导体接触，这种接触为欧姆接触。如果测量它的电流-电压特性，结果为一直线，则这种接触可以作为电极使用。

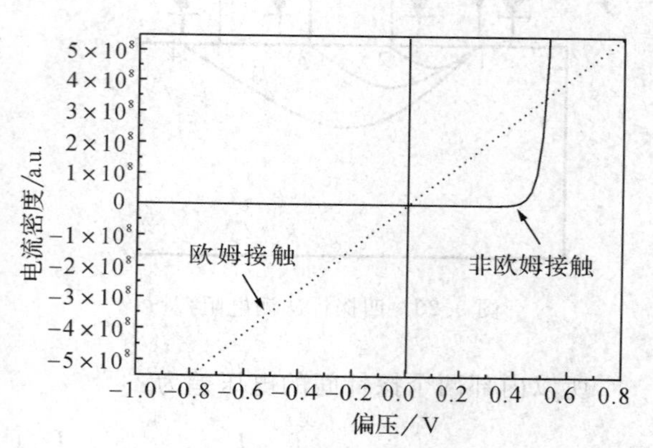

图 9.24　欧姆接触与非欧姆接触 I-V 曲线的差别

一种方法是可以利用带有积累层的金属-半导体接触作为欧姆接触，这时金属的热电子功函数应该等于半导体材料的功函数，或者比 n 型半导体的小或者比 p 型半导体的要大，如图 9.25、图 9.26 所示。在这些情况下，半导体表面为积累层。对于 n 型半导体材料，电子从金属进入 n 型半导体或从半导体进入金属的势垒很小，或是负的。同样，对于 p 型半导体材料，空穴从金属进入 p 型半导体或从半导体进入金属的势垒也很小，或是负的。但由于金属的功函数一般小于 5eV，因此能够满足以上要求的金属-半导体组合非常少，特别是对 p 型的宽禁带半导体材料而言，由于功函数很大，因此找不到合适的金属材料与之匹配形成欧姆接触。另外，半导体材料的功函数将随掺杂浓度及温度变化，因此功函数的不确定性也对选择合适的金属电极材料带来一

定的困难。还有，这种金属-半导体接触还或多或少存在少子的注入现象。因此工艺上经常通过形成金属-半导体化合物、隧道结、半导体同型结等方法获得线性 *I*-*V* 特性的欧姆接触。

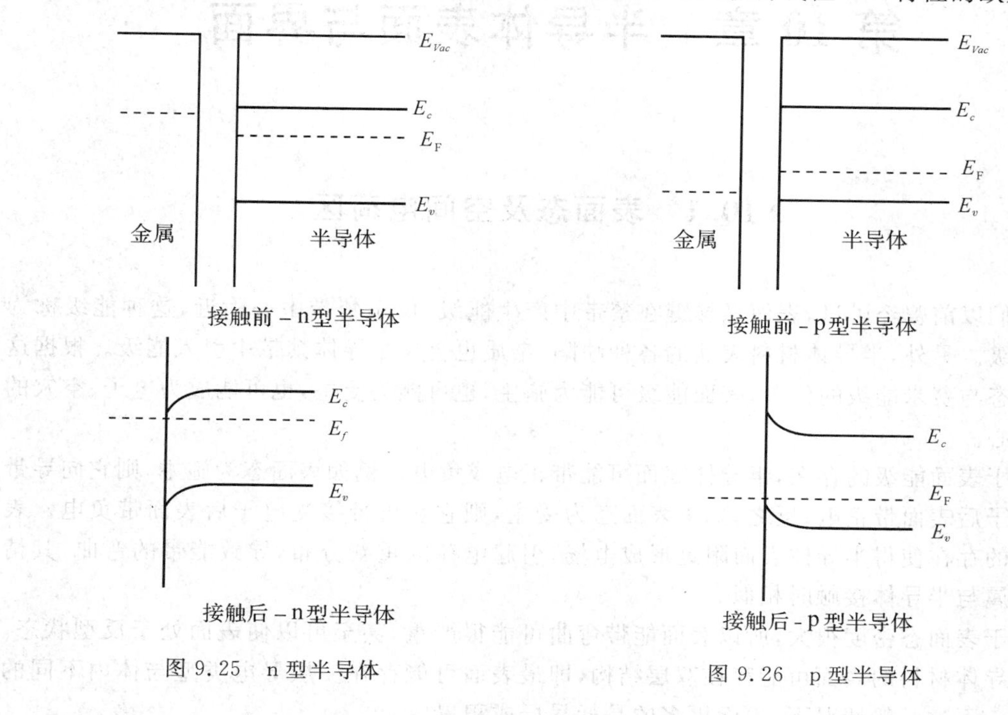

图 9.25　n 型半导体　　　　图 9.26　p 型半导体

不过，利用上述方法制备欧姆接触看起来很简单，但实际做起来是一个很复杂的技术问题，很多可以作为欧姆接触的金属常常与半导体表面的粘润性不好，加热时变成球状而附着不好，甚至脱落。有的金属可能与半导体进行化学反应，或者与空气中的氧进行反应而变成氧化物，导致性能劣化。因此，制备好的金属-半导体欧姆接触是制作电子器件的关键工艺问题之一。

第10章　半导体表面与界面

§10.1　表面态及空间电荷区

我们以前曾经讲过，表面悬挂键在禁带中产生能级，位于禁带中心附近，这种能级称为达姆能级。另外，半导体材料表面的各种缺陷、杂质也会在半导体禁带中引入能级。根据这些表面态与费米能级的位置，表面能级可能为施主，也可能为受主，也可能成为电子-空穴的复合中心。

由于表面能级的存在，半导体表面可能带正电或负电。例如表面态为施主，则它向导带提供电子后表面带正电；反之，如果表面态为受主，则它从价带接受电子后表面带负电。表面电荷的存在使得半导体表面附近形成电场，引起电荷的重新分布，导致能带的弯曲，其情形与金属与半导体接触时相似。

由于表面态密度很大，所以表面能带弯曲可能很严重，甚至可以使表面处于反型状态。因此半导体材料的表面可能存在双层结构，即最表面可能存在一层导电类型与体内不同的反型层。不过一般情况下，表面更多的是耗尽层或积累层。

§10.2　理想MOS结构的电容-电压特性

所谓MOS结构，就是指金属-氧化物-半导体结构。其基本结构如图10.1所示。为了简化讨论，我们先假定要讨论的是理想的MOS结构，即

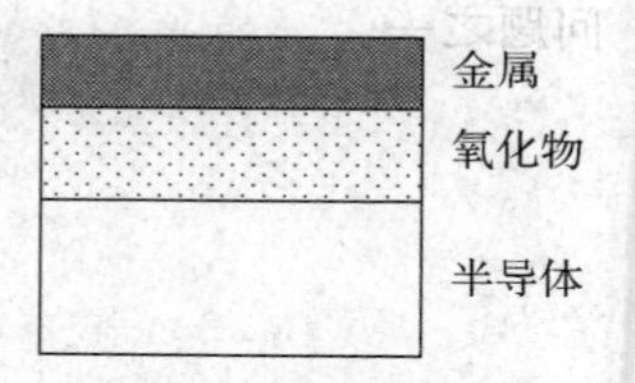

图10.1　MOS结构

- 金属的功函数与半导体的相同；
- 氧化层中没有电荷存在；
- 半导体-氧化物没有界面态；

对于这种理想的MOS结构，在没有外场时半导体的能带是平的，也没有空间电荷区。当外加偏压增加时，金属板上及半导体表面附近的空间层中的电荷都要跟着增加，但两者符号相反，因此MOS结构具有电容效应。但是，实验上发现电荷与电压之间并不存在线性关系，因此我们必须用微分电容描述MOS的电容特性。MOS的微分电容C随外加电压V的变化规律称为MOS器件的C-V特性，它是MOS器件的重要特性之

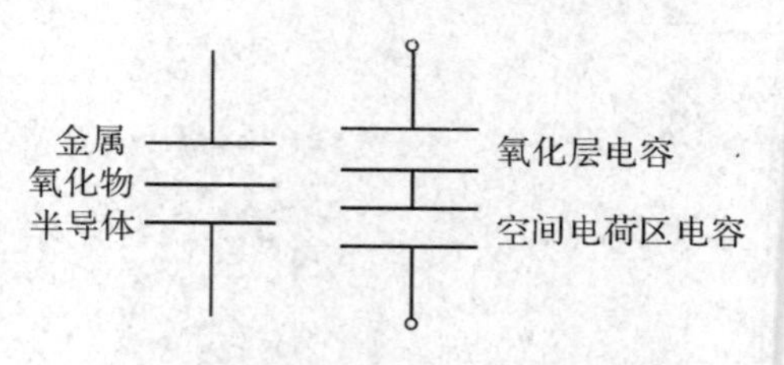

图10.2　MOS结构的等效电路

一，它严重地影响着器件的瞬态特性。

不难发现，当外加电压施加到 MOS 结构上时，外加电压可以分为两部分，一部分降落在绝缘层中（因为它是电介质），另外一部分降落在半导体的空间电荷区中，因此微分电容也可以分为两部分，即氧化物层电容和半导体表面电荷区电容，见图 10.2。因此，总微分电容等于两者的串联，即

$$\frac{1}{C}=\frac{1}{C_i}+\frac{1}{C_s} \tag{10.1}$$

这里 C、C_i、C_s 分别为总电容、绝缘层电容、表面空间电荷区电容。由于氧化物层（绝缘层）厚度及介电常数不随外加电压的变化而变化，是一个常数，其数值一般只与绝缘层的厚度及所用材料有关，即

$$C_i=\frac{\varepsilon_0\varepsilon_r}{d_i} \tag{10.2}$$

这里 ε_0、ε_r 为氧化物的介电常数，d_i 为绝缘层厚度。一般习惯将总电容用总电容与绝缘层电容的比值表示，即归一化电容

$$\frac{C}{C_i}=\frac{1}{1+C_i/C_s} \tag{10.3}$$

以下我们以 p 型半导体为例讨论 MOS 结构的电容-电压特性。

§10.2.1　积累层情况

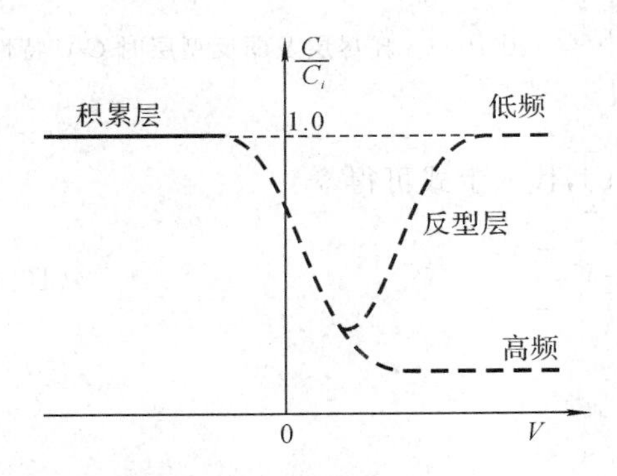

图 10.3　强积累层时的 C-V 特性

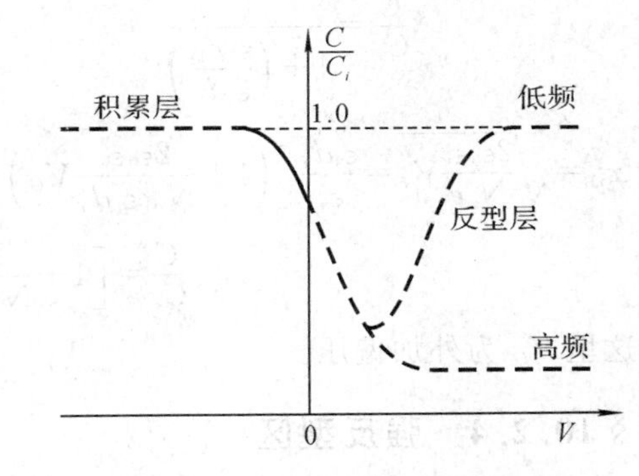

图 10.4　弱积累层时的 C-V 特性

当金属板上加上较高的负偏压时，表面能带向上弯曲，因此表面空穴浓度增加，此时只要表面势稍有变化就会使得表面的载流子浓度指数增加，即电压的微小变化可以引起半导体表面电荷很大的变化。根据微分电容的定义 $C=\frac{\mathrm{d}Q}{\mathrm{d}V}$可知，此时半导体表面对应的电容 C_s 很大，因此在电容的串联电路中可以将它忽略。即，总电容基本上由绝缘层电容 C_i 决定，并且基本保持不变。归一化电容接近 1，见图 10.3 中的实线部分。

当偏压较小时，表面能带弯曲程度减小，所以表面空穴浓度很快下降，半导体表面电容随着变小，当 C_s 小到与 C_i 可以比拟时，它对总电容的影响不能忽略，即随着负偏压绝对值的降低，总电容减小，见图 10.4 中的实线部分。

§10.2.2 平带情况

当偏压为 0 时，能带不发生弯曲，此时半导体表面的电容为 C_s，总电容为绝缘体电容与它的串联，称为平带电容。我们知道，$C_s=\varepsilon_0\varepsilon_r/L_D$，这里 L_D 为德拜长度 $L_D=\sqrt{\frac{kT\varepsilon_0\varepsilon_r}{N_a e^2}}$，所以此时的总电容为

$$\frac{C}{C_i}=\frac{1}{1+\left(\frac{\varepsilon_i L_D}{\varepsilon_s d_i}\right)} \tag{10.4}$$

§10.2.3 耗尽区与弱反型区

当金属板上所加电压大于 0 但数值较小时，半导体表面层为耗尽层或弱反型区。此时半导体表面载流子浓度很低，因为在耗尽层近似下，空间电荷区的厚度随外场的增加而增加，所以半导体表面的电容 C_s 持续降低，总电容也因此降低，见图 10.5 的实线部分。当外加正偏压很大时，半导体表面的电容甚至比绝缘层电容还小很多，因此总电容最后基本上由它决定。所以当正偏压很高时，总电容为

$$\frac{C}{C_i}=\frac{1}{1+\left(\frac{\varepsilon_i x_D}{\varepsilon_s d_i}\right)} \tag{10.5}$$

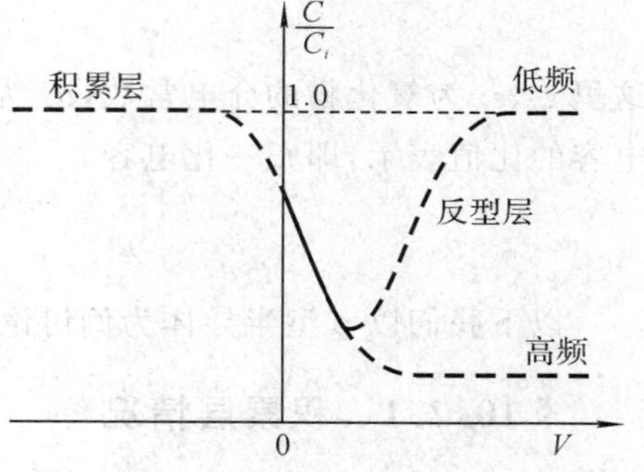

图 10.5 耗尽层及弱反型层时 C-V 特性

其中 $x_D=\sqrt{\frac{2\varepsilon_0\varepsilon_r}{N_a e}V_s}=\frac{\varepsilon_s d_i}{\varepsilon_i}\left[\left(1+\frac{2\varepsilon_0\varepsilon_i^2}{N_a e\varepsilon_s d_i^2}V_G\right)^{1/2}-1\right]$，代入上式可得

$$\frac{C}{C_i}=\left[1+\frac{2\varepsilon_0\varepsilon_i^2}{N_a e\varepsilon_s d_i^2}V_G\right]^{-1/2} \tag{10.6}$$

这里 V_G 为外加偏压。

§10.2.4 强反型区

当外加正偏压很高时，半导体表面进入反型区，此时半导体表面的少数载流子浓度很高，但导电类型与体内的相反。反型区与体内之间还有一个耗尽区，所以总电荷由反型区的电荷及耗尽区的电荷共同决定。对于积累区及耗尽区，空间电荷区中电荷的变化主要通过多子的流动实现，它的速度主要由材料的介弛豫时间决定，一般来说跟得上外场的变化。但对于反型区，由于电子在半导体内部是少子，所以反型层中少子的增减是通过电子-空穴对的产生与复合实现的。

由于电子-空穴对的产生与复合需要一定的时间，对硅单晶来说，一般为几十纳秒到几百微秒，如果外加电压的频率较低，则少子浓度的变化跟得上外场的变化。反之，如果外场频率太高，则少子的浓度变化跟不上外场的变化节奏。因此对于低频外场，由于反型层中少子(电子)的浓度较高，半导体表面电荷密度随外场的变化指数变化，所以 $C_s\gg C_i$。因此低

频时，半导体表面处于反型层时MOS结构的总电容主要由绝缘层电容决定，见图10.6的实线部分的上分支。

反之，如果外场频率很高以至少子的产生与复合速度跟不上外场的变化，即反型层的电荷基本不随外场的变化而变化，则反型层在高频下对总电容几乎没有贡献，但反型层与半导体体内之间的耗尽层中的多子浓度跟得上外场的变化。因此，此时半导体的电容主要由绝缘层电容和耗尽层电容决定，所以总电容的变化类似于没有反型层时的情况，即随着外场的增加耗尽层增加，耗尽层电容减小，从而导致总电容减小。当外场增加到一定程度使得表面形成强反型层后，反型层中的电子浓度很高以致完全屏蔽了外场的影响，此时耗尽层的厚度不再变化，其宽度达到一个极大值，总电容达到一个极小值。所以，对于强反型层，MOS结构的 C-V 特性分成两支，见图10.6中的实线部分的下分支。

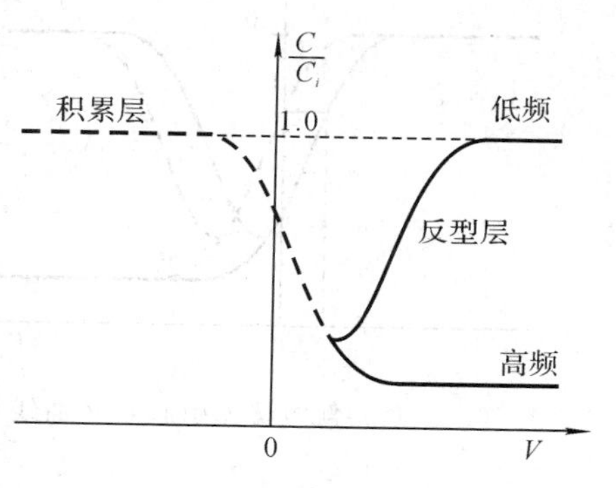

图10.6　强反型层时的 C-V 特性

§10.2.5　实际MOS的 C-V 特性

以上我们分析了理想MOS的 C-V 特性。在有关理想MOS结构 C-V 特性的讨论中，我们假定了金属与半导体的功函数相同，氧化层中无固定电荷和可动电荷，以及氧化层与半导体之间不存在界面态。但在实际器件中这些都是不可避免的。这些因素都能在半导体表面产生附加电场从而影响MOS结构的 C-V 关系。不过，通过比较实际器件的 C-V 特性与理想MOS结构 C-V 特性之间的差别，也可以帮助我们了解诸如金属-半导体之间的功函数差、绝缘层中的电荷、半导体-绝缘层间的界面态等信息。实际上，MOS结构的 C-V 特性是研究半导体表面的有力工具。下面，我们对以上因素对MOS结构的 C-V 特性的影响进行简单的分析。

1. 金属-半导体接触电势差

仍假定半导体为p型半导体，而且其功函数大于金属的功函数(例如铝)，则它们之间的接触电势差小于0，即半导体侧的电位比金属侧的低。如果将它们连通，则电子将从金属流向半导体材料，导致金属带正电，半导体表面带负电。这相当于在金属上加了一个正偏压，电场方向由金属指向半导体材料的体内。

通过简单的分析可知此时半导体的表面势大于0，因此能带向下弯曲。要使得能带重新变直，必须在金属板上加一个负电压，以抵消接触势差的影响，此电压称为平带电压，即 $V_{FB}=V_{MS}$。因此当在MOS结构上加上外场时，其中一部分将用于抵消接触电势差引起的内建电场的影响，或者说外加电压 V 实际加在半导体上的有效电压只有 $V-V_{MS}$。从 C-V 曲线上看，相当于 C-V 曲线沿横坐标向左平移了 V_{MS} 见图10.7。因此从 C-V 实验曲线中测出此平移值，即可了解金属-半导体之间的接触势差。一般来说，金属的功函数为已知，那么我们可以通过测量平带电压确定半导体材料的功函数。知道了半导体材料的功函数后，可由功函数推算出半导体材料的费米能级，由此可获得半导体材料的掺杂浓度情况。

如果半导体仍为p型半导体，而且其功函数小于金属的功函数，即它们之间的接触电势

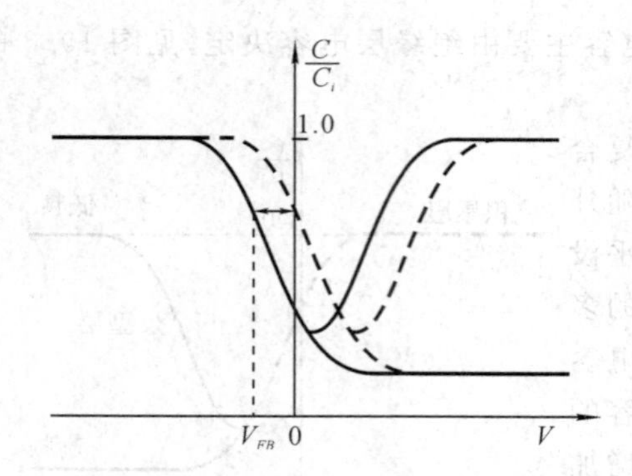

图 10.7　负接触电势差引起 C-V 曲线平移

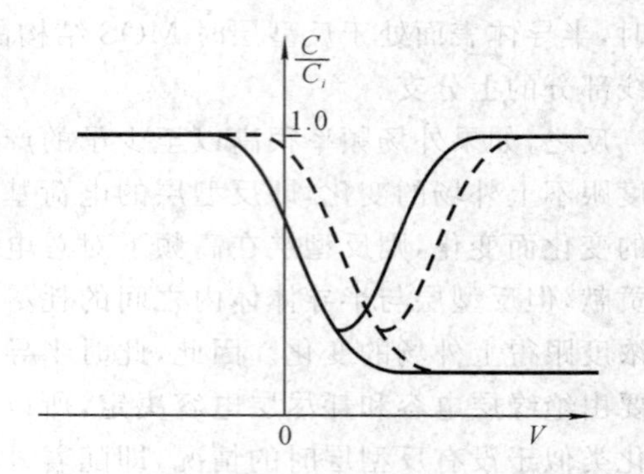

图 10.8　正接触电势差引起 C-V 曲线平移

差大于 0，那么，我们可以推论 MOS 结构的 C-V 特性将向右平移 V_{MS}，如图 10.8 所示。

由上面的讨论可知，由于金属材料与半导体材料之间的功函数不同，MOS 结构的 C-V 特性可能向左或向右移动。

2. 氧化层中电荷的影响

除了金属与半导体材料之间的功函数差引起 C-V 曲线移动外，实际 MOS 结构的 C-V 曲线还会因为绝缘层存在的固定的或可动的电荷而移动。这些电荷包括点缺陷和杂质离子。对于二氧化硅，这些电荷往往是正的，例如氧空位、碱金属离子等。由于氧化层中电荷的存在，即使金属板上不加偏压，也会在半导体表面感应出符号相反的电荷，使得半导体表面能带弯曲。为了使半导体表面能带回到平直状态，金属板上要加上一个与氧化层中电荷符号相反的电压，以使绝缘层中电荷发出的电力线全部终止于金属板上而对半导体表面不产生影响。这个电压也叫平带电压。可以证明，无论是 p 型半导体还是 n 型半导体，绝缘层中的正电荷均使 C-V 曲线向左平移，其移动情况与接触电势差引起的曲线移动类似。

不过，氧化层中的电荷引起的 C-V 曲线移动情况比接触电势差略微复杂一些。这是因为氧化层中的电荷可能不是均匀地分布在氧化层中，有的电荷在电场的作用下甚至可以移动。

显然，当电荷集中在金属与氧化层交界处时，氧化层中的电荷对平带电压的影响最小。反之，当电荷集中在氧化层与半导体材料的交界处时，氧化层中的电荷对平带电压的影响最大。因此，如果氧化层中有可动电荷（碱金属离子）的存在，则平带电压与它们所处的位置有关。实验上可以通过温度-偏压处理，使氧化层中的电荷迁移到指定的位置，并测量出迁移前后平带电压的变化，由此确定氧化层中的可动电荷的密度与分布情况。

从以上讨论可知，即使在没有施加外场的情况下，MOS 结构中半导体材料的表面能带也可能已经弯曲，即可能已经处于耗尽状态甚至反型状态。对于这种 MOS 结构，我们称为耗尽型 MOS 结构。对于接近理想状态的 MOS 结构，我们称为增强型 MOS 结构。

MOS 结构实际上可以作为一个电容可调的电容器使用。通过改变施加在 MOS 结构上的电压，我们可以在一定范围内调节它的容量。由于 MOS 结构很容易制作，因此集成电路器件工艺中也经常利用 MOS 结构替代一般的电容器，使器件的尺寸大大缩小，可靠性提高，成本降低。当然，MOS 结构不但可以作为电容器，甚至更多地应用在信号放大、图像采集、存储器等方面，应用非常广泛。

§ 10.3 半导体-气体界面

当半导体材料的表面暴露在外部气氛中时，气体分子可以通过物理吸附和化学吸附两种方式，吸附在半导体材料的表面。如果是氧化性气体，如氧气，则半导体倾向于失去电子。反之，若吸附的是还原性气体，则半导体表面倾向于得到电子。因此当气体分子与半导体表面接触时，会有电荷流动，其情况与半导体材料与金属接触时十分类似。利用这一特性，半导体材料可以用来作为气体传感器。

我们知道，当两种原子结合时，原子之间电荷的流动多少与两种原子的电负性强弱有关。如果两种原子的电负性相差大，则电荷流动就多，反之，若两种原子的电负性相差小，则电荷流动就少。假如气体分子(原子)对应的电负性为 χ_1，半导体材料原子对应的电负性为 χ_2，则根据泡利的电负性理论，两者之间一对原子间的电荷转移量为

$$\Delta Q=1-e^{\frac{(\chi_1-\chi_2)}{4}} \tag{10.7}$$

例如氧原子的电负性为 3.5，硅原子的电负性为 1.8，当氧原子与硅原子接触时，它们之间的电荷转移量为 0.48 个电子电荷，即有 0.48 个电子电荷从硅原子转移到氧原子上。

以下我们假定所研究的半导体材料为 n 型，并且半导体表面没有表面态，也没有其他杂质、缺陷引起的能级，即半导体表面是理想半导体。

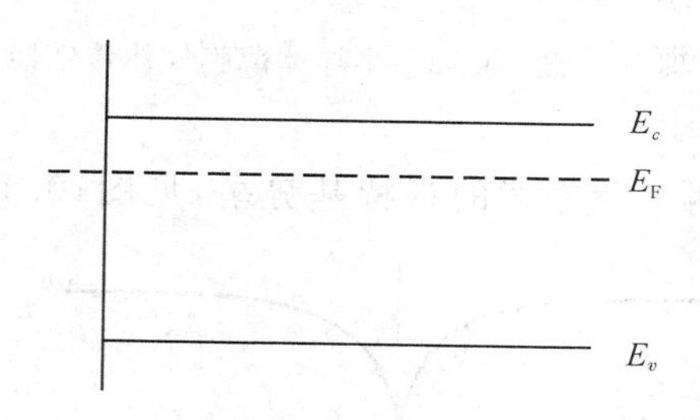

图 10.9　没有吸附气体时半导体表面的能带

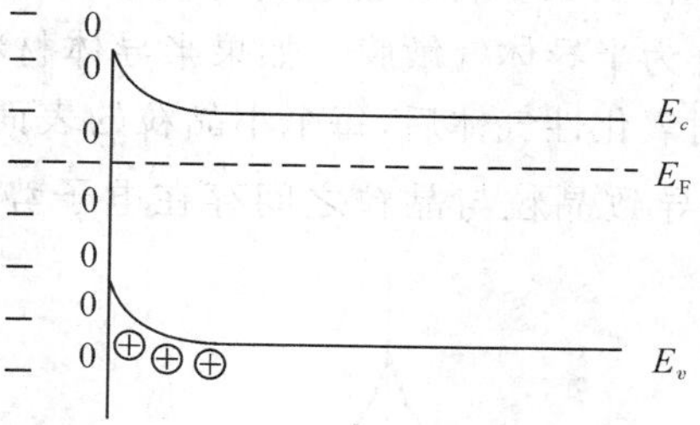

图 10.10　吸附氧化性气体后半导体表面的能带

由于气体吸附导致电荷从半导体表面转移到吸附在表面的气体分子中，或者从气体分子转移到半导体表面，因此吸附气体后半导体表面可能带正电或负电，这使半导体表面附近形成电场，导致能带的弯曲。吸附氧化性气体前后半导体表面的能带变化情况，如图 10.9、图 10.10 所示。

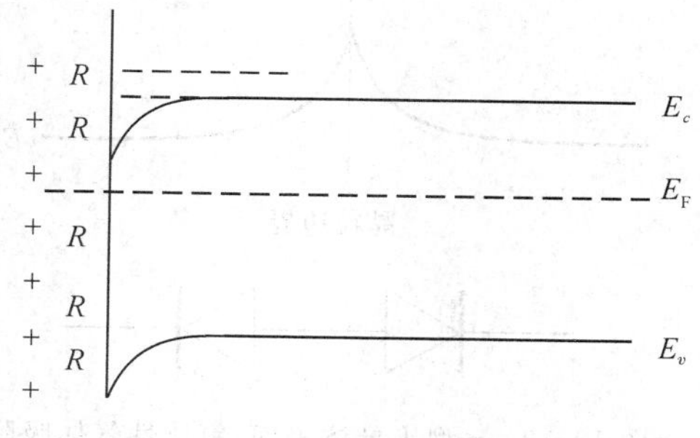

图 10.11　吸附还原性气体后半导体表面的能带

由于气体在表面的吸附量大，密度高，所以半导体表面因吸附气体导致的能带弯曲可能很严重。对 n 型半导体的能带，吸附了大量氧化性气体后可以使费米能级处于本征费米能级以下，从而使表面处于反型状态。因此，吸附气体后的半导体表面也可能存在双层结构，即最表面的

反型层与较内部的耗尽层。

如果吸附的是还原性气体，则半导体材料表面因为获得电子使得能带向下弯曲，见图10.11。对n型半导体材料而言，表面是积累层。

§10.3.1 气敏传感器

利用半导体材料吸附气体后表面能带弯曲这个性质，可以制作半导体气体传感器。目前常用的半导体气体传感器大多采用耐高温的氧化物半导体材料制作，例如二氧化锡，氧化锌等。由于氧化物半导体中往往存在浓度很高的本征点缺陷，如金属间隙原子、氧空位等，因此氧化物半导体材料大多是n型的。对于n型材料，由于费米能级相对较高，因此与气体接触时易于失去电子。一般情况下，放置于空气中的半导体材料表面容易吸附空气中的氧分子而失去电子，载流子浓度降低，表面能带向上弯曲。半导体表面因部分电子转移到氧分子上而形成一层缺少电子的耗尽层，使得载流子浓度降低，即半导体材料表面的电阻变大。因此，通过测量半导体材料表面电阻的变化可以探测气体的吸附情况。

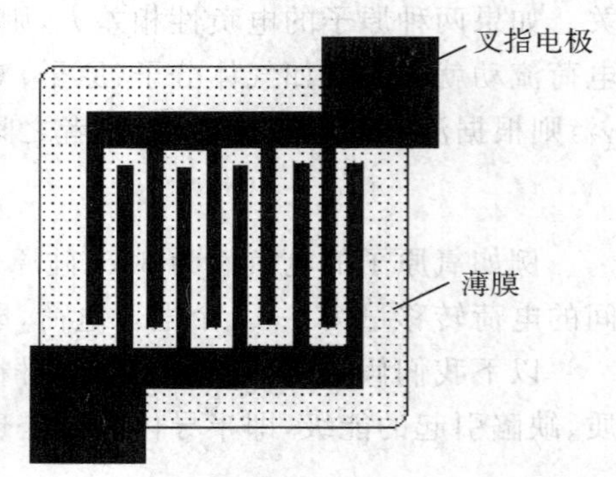

图10.12 半导体薄膜气体传感器

1. 多晶半导体气敏传感器

一般情况下，为了增大吸附气体的表面积，半导体气敏材料往往做成薄膜状结构，上面制有叉指电极，见图10.12。图中黑色部分为金属叉指状电极，阴影部分为半导体气敏膜。如果半导体材料为n型，那么吸附氧化性气体后，每个小晶粒的表面能带都向上弯曲，导致晶粒与晶粒之间存在电子势垒，类似两个背靠背的肖特基势垒，见图10.13和10.14。由于势垒的存在，电子在晶粒之间的流动受到很大的抑制，如果此时测量其电阻率，可以发现材料的电阻率增大。相反，如果吸附的为还原性气体，那么半导体表面得到电子，表面能带向下弯曲，表面电子浓度增加，因此材料的电阻率降低。

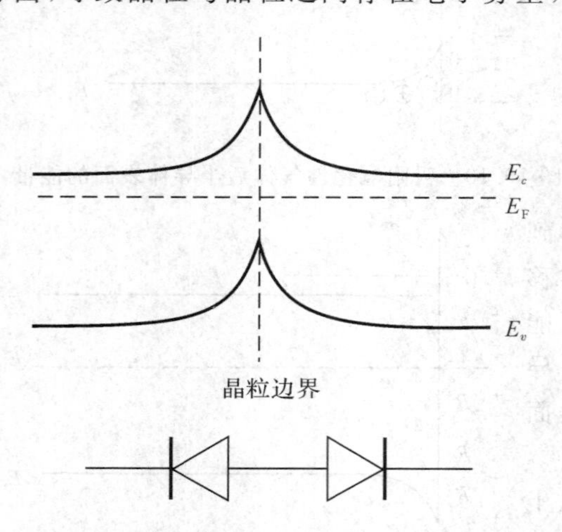

图10.13 n型半导体表面，氧化性气体吸附

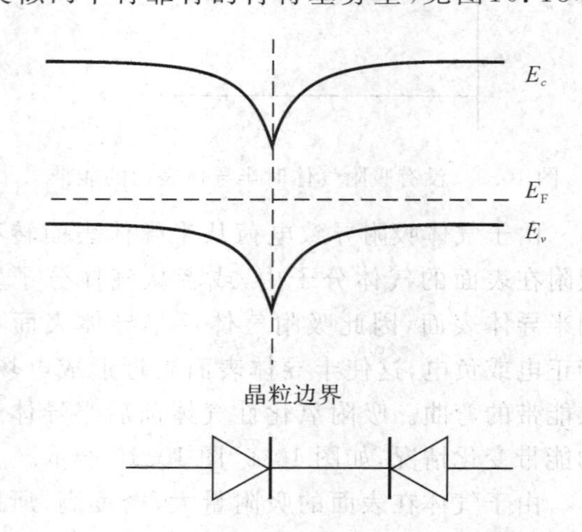

图10.14 p型半导体，还原性气体吸附

按同样的分析，我们不难得到 p 型多晶半导体作为气敏材料时电荷转移、能带弯曲、载流子浓度变化、电阻率变化等情况。

比如半导体表面吸附氧分子后，表面发生如下的反应：

$$O_2+2e^-\rightarrow 2O^- \tag{10.8}$$

反应结果是氧分子得到电子转变为氧离子，半导体表面缺少电子形成耗尽层。随后当某种还原性气体 R 吸附到已经吸附了氧以后并处于较高温的半导体材料表面时（室温～450℃），氧离子转而从该还原性气体获取电子，与还原性气体发生化学反应生成氧化物，同时把原先从半导体材料表面获得的部分电子释放回到半导体材料内部，即

$$R+2O^-\rightarrow RO_2+e^-(\rightarrow 半导体) \tag{10.9}$$

因此，半导体材料表面耗尽层厚度变小，势垒高度降低，即半导体材料的电阻减小。如果用欧姆表测量叉指电极两端的电阻，可发现气体吸附前后电阻率的变化。

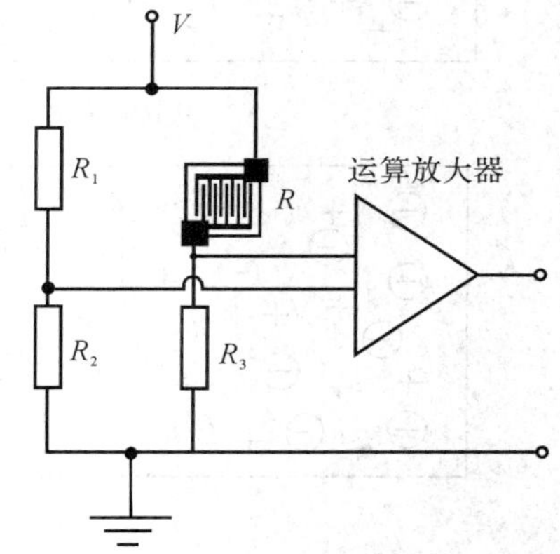

图 10.15　半导体气体传感器电路

如果把传感器以电桥形式连接，并加上放大线路，那么传感器的灵敏度会更高，图 10.15 为一种实用的线路。

为了进一步提高气敏灵敏度，往往在氧化物半导体中加入一些催化剂，催化剂的加入大大增强待测气体与氧的反应能力，使得气敏传感器对特定气体的敏感度大大提高。

§10.4　半导体 p-n 结

在前面一章中，我们介绍了金属-半导体界面。在这一章中，我们要分析 n 型半导体和 p 型半导体接触时出现的一些现象及其应用。

当掺有不同类型杂质的 p 型半导体和 n 型半导体接触时，由于接触面两边载流子的类型和载流子的浓度不同，p 区的空穴（多子）向 n 区扩散，同样 n 区的电子（多子）也会扩散进入 p 区，使得 p 区靠近界面的一侧空穴浓度减小，n 区靠近界面的一侧的电子浓度减小。所以界面附近几乎没有可以移动的载流子，只有电离了的施主和受主，具体情况如图 10.16 所示。最后在 n 区产生正的空间电荷，p 区产生负的空间电荷。这些空间电荷在界面附近形成一个自建电场，电场的方向从 n 区指向 p 区。在此电场的作用下，载流子将发生漂移运动，其方向正好与扩散流相反。内建电场使得进入 n 区的部分空穴（少子）返回 p 区，进入 p 区的部分电子（少子）返回 n 区。最后扩散流和漂移流达到平衡态，总体上不再有载流子的宏观流动。

实际生产中，为了形成 p-n 结，可以在半导体材料的不同区域分别掺入施主和受主杂质，或在某一导电类型的衬底上再扩散另外一种类型的杂质。例如在 p 型衬底上通过表面扩散施主，使得表面附近成为 n 型而形成 n-p 结；或在 n 型衬底上通过表面扩散受主，使得表面成为 p 型而形成 p-n 结。工艺上也可通过离子注入等方法进行有选择的掺杂，在局部形成 p-n 结。

如果p-n区结两边没有外场，那么整个系统的费米能级应该相同。但空间电荷区的存在

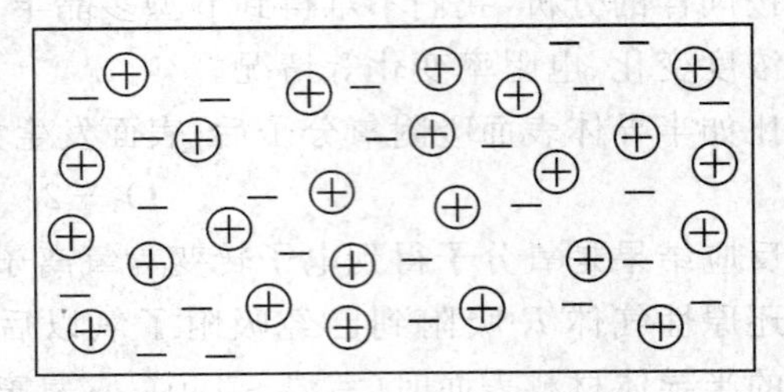

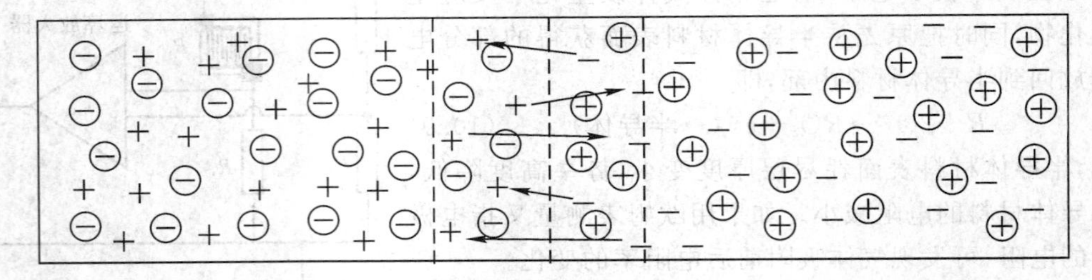

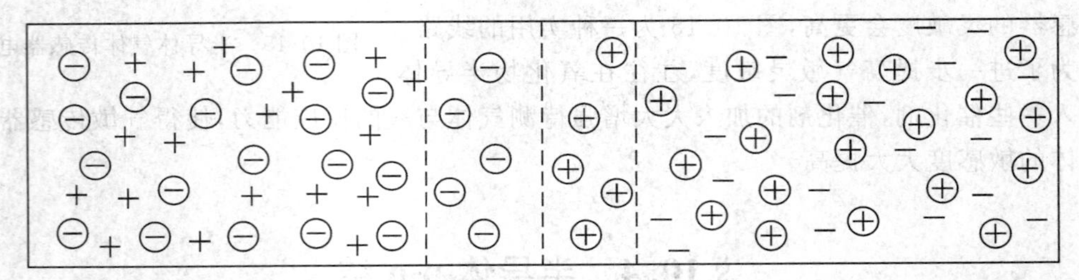

图 10.16　不同导电类型半导体材料接触前后电荷分布情况

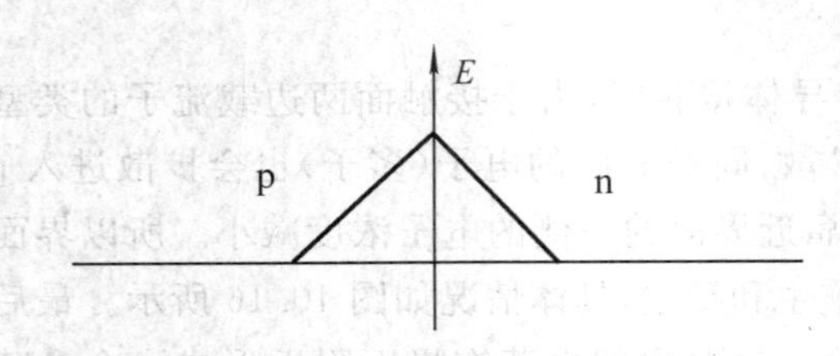

图 10.17　p-n 结界面两边的电场强度

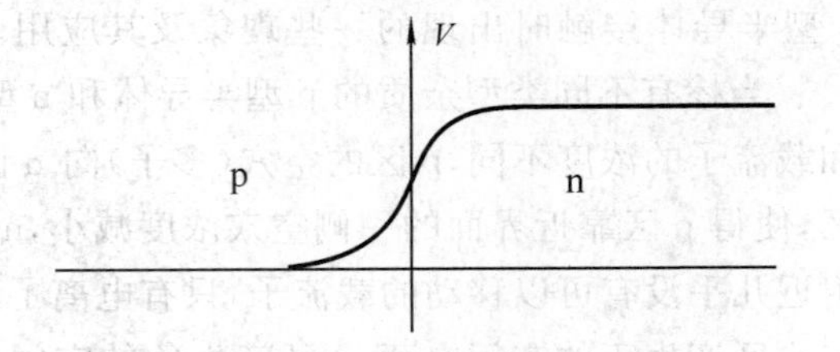

图 10.18　p-n 结界面两边的电势

将使界面附近存在内建电场，导致 p-n 结区附近存在电势差，最终导致能带发生弯曲，见图 10.19。

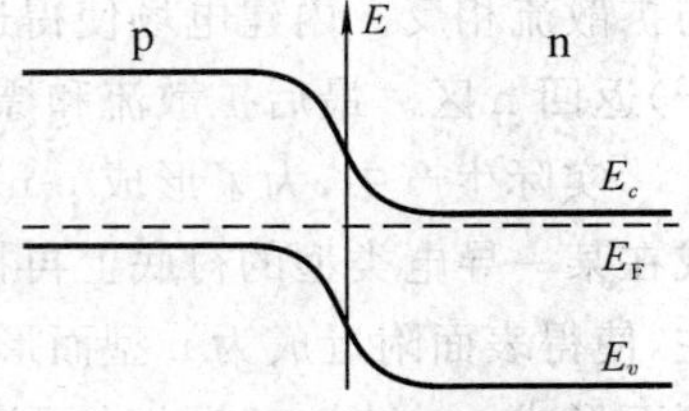

图 10.19　p-n 结界面两边的能带

从图 10.19 不难看出，多子渡过 p-n 结时必须克服高度为 eV_0 的势垒，而少子渡过 p-n 结受内建电场的控制。在热平衡态时，多子扩散电流密度 J_{Pp} 和 J_{Nn} 之和与少子漂移电流密度 J_{Np} 和 J_{Pn} 之和正好抵消，因此通过 p-n 结的总电流等于零。

§10.4.1 接触电势差-势垒高度和宽度

假设 W_n 为 n 型半导体的热电子功函数，W_p 为 p 型半导体的热电子功函数，则在热平衡条件下，p-n 结两边的势垒高度为原先两边的费米能级差，即功函数差，因此势垒高度为

$$\begin{aligned} eV_0 &= W_p - W_n = (\chi - E_c - E_{fp}) - (\chi - E_c - E_{fn}) \\ &= E_{fn} - E_{fp} = (E_c - kT\ln\frac{N_c}{n_n}) - (E_v + kT\ln\frac{N_v}{p_p}) \\ &= E_g - kT\ln\frac{N_c N_v}{n_n p_p} \end{aligned} \tag{10.10}$$

式中 n_N 和 p_p 分别表示 n 区的电子浓度和 p 区的空穴浓度。假定 p 区和 n 区均处于杂质饱和电离状态，则上式可改写为

$$eV_0 = E_g - kT\ln\frac{N_c N_v}{N_d N_c} \tag{10.11}$$

考虑到 $n_i^2 = N_c N_v e^{-E_g/kT}$，上式可写为

$$eV_0 = kT\ln\frac{N_d N_a}{n_i^2} \tag{10.12}$$

可见两边的掺杂浓度越高，势垒高度越大。对非简并半导体势垒高度 eV_0 的最大值为 E_g。

根据 V_0 表达式，还可以得到 p-n 结两边电子和空穴的浓度之比分别为

$$p_n = p_p e^{-eV_0/kT}, n_P = n_n e^{-eV_0/kT} \tag{10.13}$$

假定 p 区和 n 区的空间电荷区宽度分别为 X_p、X_n，则整个空间电荷区宽度为

$$X_0 = |X_n| + |X_p|$$

在 $-X_p < x < 0$ 区，负电荷由电离的受主杂质(即从价带获得一个电子后的受主)浓度决定，即 $\rho = -eN_a^- = -ep_p$。

因此由高斯定律(或泊松方程)可得 $\frac{d^2V}{dx^2} = \frac{Q}{\varepsilon_r \varepsilon_0} = \frac{ep_p}{\varepsilon_r \varepsilon_0}$。

另一方面，在 $0 < x < X_n$ 区，正电荷由电离的施主杂质(失去一个电子后的施主)浓度决定，即 $\rho = eN_d^+ = en_n$。因而这个区的泊松方程式为 $\frac{d^2V}{dx^2} = -\frac{en_n}{\varepsilon_r \varepsilon_n}$。

上述两个方程的解分别为 $V(x) = A + Bx + cx^2$。代入边界条件 $V(-x_P) = 0$，$\left.\frac{dV}{dx}\right|_{x=-x_p} = 0$，以及 $V(x_n) = V_0$ 和 $\left.\frac{dV}{dx}\right|_{x=x_n} = 0$，可以得到的 p 区和 n 区的泊松方程的解分别为

$$V_p = \frac{ep_P 2}{\varepsilon_0 \varepsilon_r}(x + x_p)^2 \qquad (-x_p < x < 0) \tag{10.14}$$

$$V_p = \frac{ep_p}{2\varepsilon_0 \varepsilon_r}(x + x_P)^2 \qquad (0 < x < x_n) \tag{10.15}$$

另外，由于 p-n 结两边是同一种材料，因此在 $x=0$ 处，电势和它的导数也是连续的。所以

$$V_p(0) = V_n(0) = 0, \left.\frac{dV_p}{dx}\right|_{x=0} = \left.\frac{dV_n}{dx}\right|_{x=0} = 0$$

因此 $V_0-\frac{en_n}{2\varepsilon_0\varepsilon_r}x_n^2=\frac{ep_p}{2\varepsilon_0\varepsilon_r}x_p^2$，即

$$V_0=\frac{ep_p}{2\varepsilon_0\varepsilon_r}x_p^2+\frac{en_n}{2\varepsilon_0\varepsilon_r}x_n^2 \tag{10.16}$$

由于材料总体上并没有净电荷，因此 p-n 结两边的电荷总量相等，符号相反，即总电荷为 0，即 $n_N x_n=p_P x_P$。所以我们有

$$\frac{x_n}{x_0}=\frac{p_p}{n_n+p_p},\frac{x_P}{x_0}=\frac{n_n}{p_P+n_n}, \tag{10.17}$$

其中 x_0 为空间电荷区的总宽度。

利用这些条件，我们可以求出势垒高度为

$$V_0=\frac{e}{2\varepsilon_r\varepsilon_0}(n_n x_n^2+p_p x_p^2)=\frac{e}{2\varepsilon_r\varepsilon_0}x_0^2\frac{n_n p_p}{n_n+p_p} \tag{10.18}$$

最后，我们得到 p-n 结空间电荷层的总长度为

$$x_0=\sqrt{\frac{2\varepsilon_0\varepsilon_r}{e}V_0\ \frac{n_n+p_p}{n_n p_p}} \tag{10.19}$$

从上面的讨论可以看出，n 区和 p 区掺杂浓度越高，空间电荷区宽度越小。当一个区的掺杂浓度比另一个高很多时，两边的空间电荷区宽度不同。不少 p-n 结两边的掺杂浓度是不同的，而且可能相差几个数量级。假如 $n_n=10^{16}\,\text{cm}^{-3}$，$p_p=10^{18}\,\text{cm}^{-3}$，则 $x_n=\frac{p_p}{n_n+p_p}x_0\approx x_0$，$x_p=\frac{n_n}{p_p+n_n}x_0\approx 0.01x_0$，所以两边很不对称。这样的 p-n 结称为单边结。

单边结近似下，高掺杂区的电压降 $V_P(0)=\frac{ep_P}{2\varepsilon_0\varepsilon_r}x_P^2$ 远远小于低掺杂区的电压降 $V_n(x_n)=V_0$，即电势主要降落在低掺杂区。同样，能带弯曲也主要降落在低掺杂区，见图 10.20 和图 10.21。

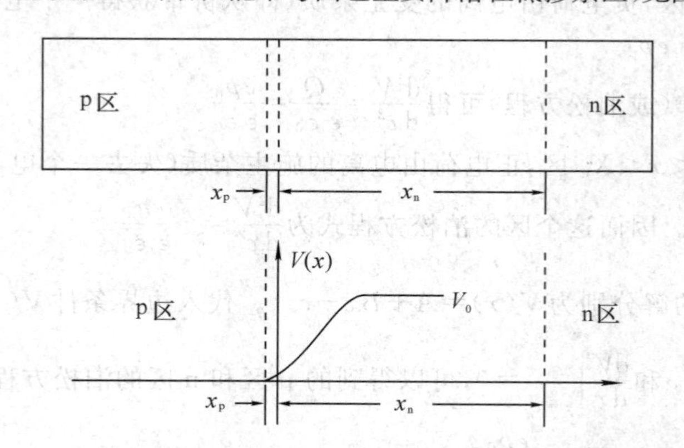

图 10.20　p-n 结两边掺杂浓度不同时电势降落情况

从图 10.22 和图 10.23 可以看出，由于能带弯曲，空间电荷区中的费米能级与导带或价带的距离比半导体材料内部的远，因此 p-n 结中的载流子浓度相对半导体材料的其他部分要小得多，所以结区的电阻比半导体其他部分大得多。也可以说，p-n 结被夹在电阻率相对较低的两个电阻之间。因此当有外加电压加在p-n结的两端时，电压基本上降落在电阻率高的空间电荷区上。

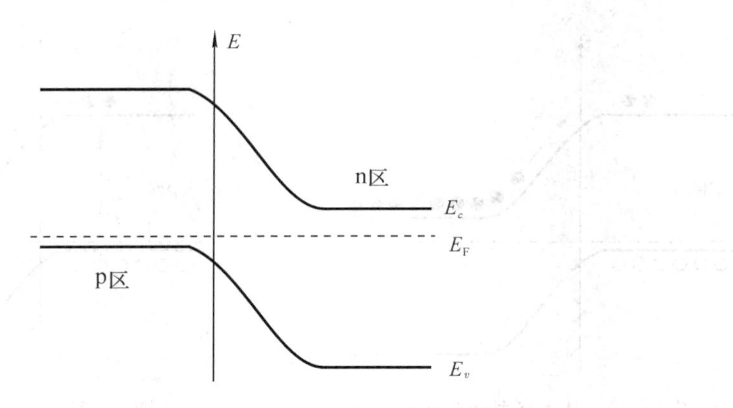

图 10.21　p-n 结两边掺杂浓度不同时能带弯曲情况

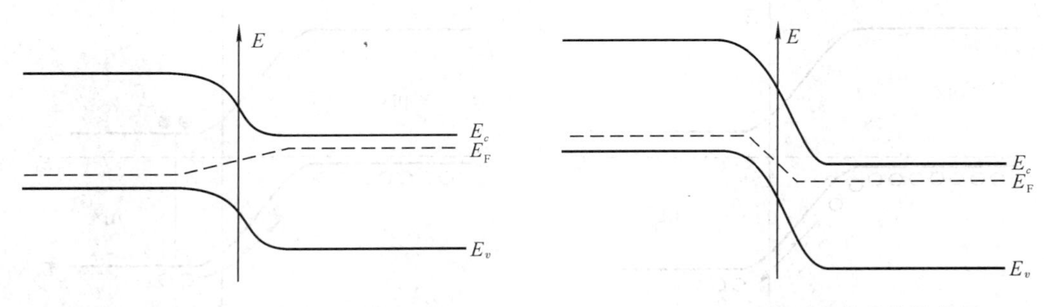

图 10.22　p-n 结正向偏置时的能带图　　图 10.23　p-n 结反向偏置的能带图

当 p-n 结两端加上电压时，如果 p 区接正，n 区接负，则 p-n 势垒高度降低，称为正向偏置，反之，如果 p 区接负，n 区接正，则 p-n 势垒高度增加，称为反向偏置。

§10.4.2　p-n 结的整流现象

如前面所述，由于 p-n 结空间电荷区的载流子浓度很低，因此当 p-n 结两端加上电压时，电压主要降落在空间电荷区两边。在以下的讨论中，我们假定外加电压 100% 降落在空间电荷区，而其他区域的电压降可以忽略。

按照金属-半导体接触相似的讨论，我们可以得到外加电压下流过半导体 p-n 结的电流。我们定义四个电流，即 J_{npe}、J_{nph}、$J_{p\text{-}ne}$ 和 J_{pph}，分别表示从 n 区到 p 区的电子电流，从 n 区到 p 区的空穴电流，从 p 区到 n 区的电子电流，以及从 p 区到 n 区的空穴电流，具体情况见图 10.24～10.27。

没有外场时，电子从 n 区向 p 区运动时，需要克服高度为 eV_0 的势垒，而电子从 p 区向 n 区运动时，由于 n 区的价带已经全部充满，所以从 p 区来的电子只能进入 n 区的导带，即先要跃迁到导带，然后才能从导带进入 n 区，因此需要克服高度为 E_g 的势垒。同样，空穴从 p 区向 n 区运动时，需要克服高度为 eV_0 的势垒。由于 n 区本身几乎没有空穴的存在，空穴从 n 区向 p 区运动时，首先要在 n 区产生空穴，即电子先要跃迁到导带，然后才能从价带以空穴的形式进入 n 区，因此需要克服高度为 E_g 的势垒。

如果对p-n结施加正偏置，电压为V，则势垒高度降低eV，同时耗尽层厚度变小。用

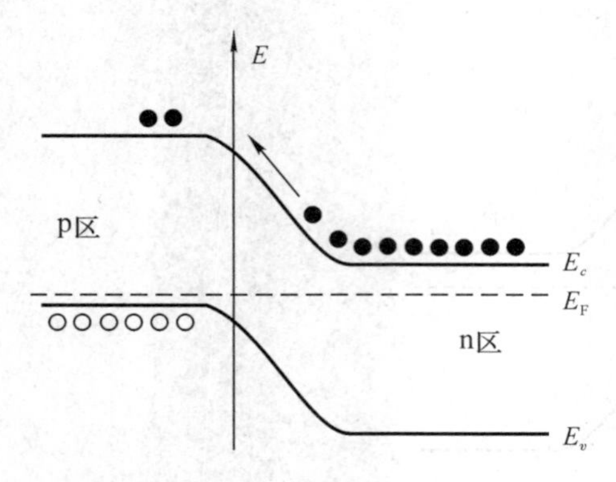

图 10.24　从 n 区到 p 区的电子流

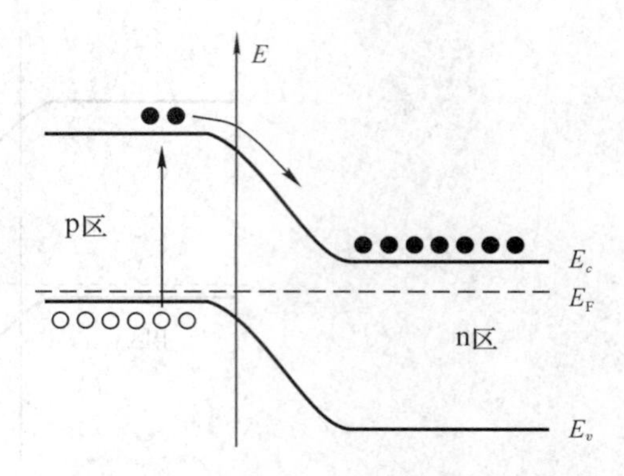

图 10.25　从 p 区到 n 区的电子流

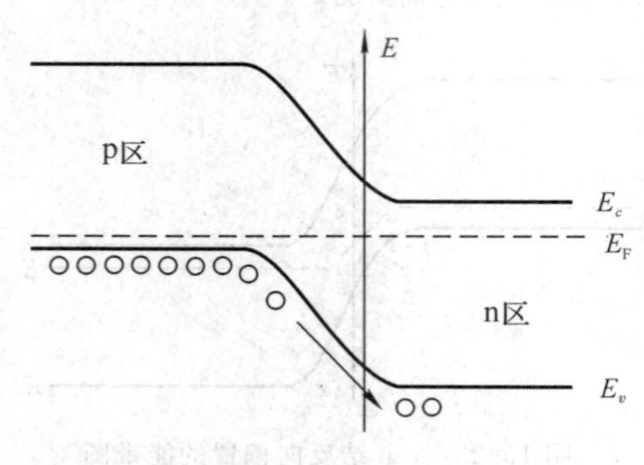

图 10.26　从 p 区到 n 区的空穴流

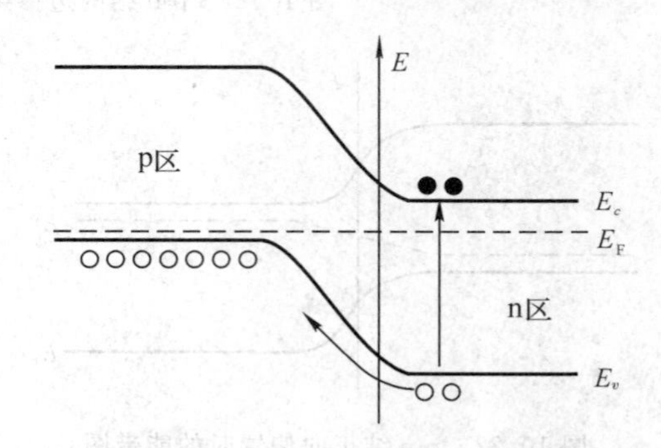

图 10.27　从 n 区到 p 区的空穴流

V_0-V代替空间电荷区公式中的 V_0 即可得到这个宽度，即正向偏置下空间电荷区的厚度为

$$x=\sqrt{\frac{2\varepsilon_0\varepsilon_r}{e}(V_0-V)\frac{n_n+p_p}{n_n p_p}} \tag{10.20}$$

势垒高度同时也相应降低为 $e(V_0-V)$。

空间电荷区势垒高度的降低导致从 n 区向 p 区的电子流及从 p 区向 n 区的空穴流的增加，即多数载流子流的增加。但是从 n 区向 p 区的空穴流以及从 p 区向 n 区的电子流由于受固定势垒高度(禁带宽度)的限制，与外加偏压基本无关，因此通过 p-n 结的少数载流子流基本上不变。总体结果是多子流大于少子流，导致 p-n 结上有净流过电流(正向电流)。这个电流等于多子电流和少子电流之差。方向从 p 区指向 n 区。

由于正向偏置，有比平衡态情况下更多的 n 区电子通过 p-n 结进入 p 区，在 p 区靠近 p-n 结的附近区域形成过剩的少子 Δn。同样，有比平衡态情况下更多的 p 区空穴通过 p-n 结进入 n 区，在 n 区靠近 p-n 结的附近区域形成过剩的少子 Δp。因此，在正向偏置下，p-n 结两边的电子和空穴浓度提高了 $\Delta n=\Delta p$，见图 10.28。不过，只要经过极短时间，这个空间电荷就能与所在区域的来自体内深处的多子进行补偿。对 p-n 结进行正偏置实现 p-n 结边界区域载流子数过剩的现象称为少子的注入现象。如果外电压 V 不是很大，则过剩载流子只存在于 p-n 结附近几个扩散长度之内。为了满足电中性条件，p-n 结附近多子数量也相应地增加，这些多子来自于远离 p-n 结的区域，最终通过外电路提供。在正向偏置下，少子电流(产生电流)基本不变，而且数量远比多子流少，因此可不必考虑。

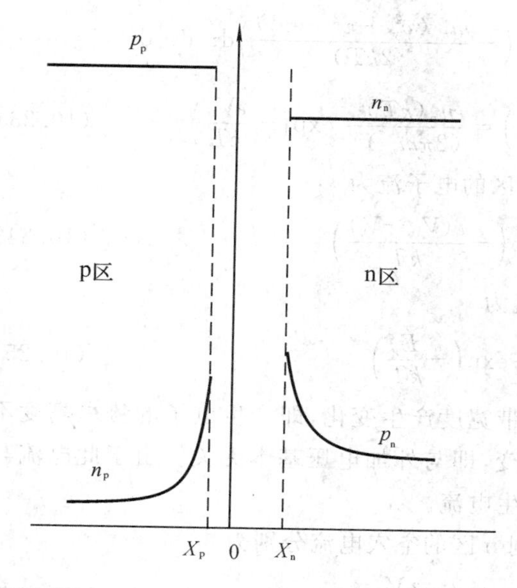

图 10.28　p-n 结正向偏置时的少子分布

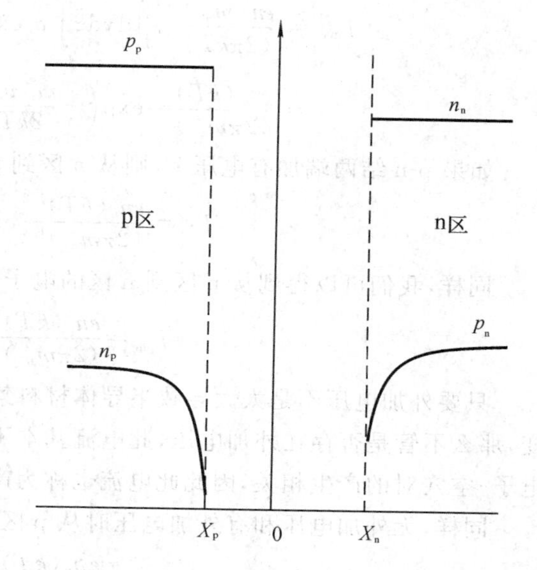

图 10.29　p-n 结反向偏置时的少子分布

利用 $p_n = p_p e^{-eV_0/kT}$，$n_p = n_n e^{-eV_0/kT}$，我们有 $p(x_N) = p_p e^{-e(V_0-V)/kT} = p_n e^{eV/kT}$。因此，在 $X = X_n$ 处的 n 区中过剩空穴浓度为 $\Delta p(x_n) = p - p_n = p_n(e^{eV/kT} - 1)$。

在 p 区也产生类似的情况，从 n 区向 p 区注入电子，从 $x = -X_p$ 处被注入的过剩电子浓度为

$$\Delta n(-x_p) = n_p(e^{eV/kT} - 1) \tag{10.21}$$

从上面的式子可以看出，随着 p-n 结正偏压增加，少子注入流增加很快，因而导致通过 p-n 结的正向电流迅速增加。

反之，如果在 p-n 结施加反向偏压，即 p 区接负极，n 区接正极则势垒提高 eV，空间电荷层厚度增加。在用 $V_0 + V$ 代替 V，可以求出反偏压时的空间电荷区厚度

$$x = \sqrt{\frac{2\varepsilon_0 \varepsilon_r}{e}(V_0 + V)\frac{n_n + p_p}{n_n p_p}} \tag{10.22}$$

随着反偏压的增加，能够越过势垒的多子减少。因此，p-n 结接触层中的少子浓度比平衡态时减少。为了满足电中性条件，p-n 结附近多子的数量也相应地减少，这种现象称为载流子的抽出，见图 10.29。p 区过剩电子浓度的表达式与正向偏置时相同，只要把 V 改成 $-V$ 即可，即 $\Delta n(-x_p) = n_p(e^{-eV/kT} - 1)$。因此，在反偏压下通过 p-n 结的多子流比平衡态时的多子流要小得多，而且比少子流（产生电流）也小得多。少子电流（产生电流）则实际上没有变化，因此通过 p-n 结的从 n 区指向 p 区的反向总电流随着反偏压的增加，除起始阶段外，基本没有太大的变化。

§10.4.3　基于热电子发射的二极管 *I-V* 特性推导

按照与金属-半导体接触完全相似的推导，我们可以得到从 n 区到 p 区的电子电流为

$$J_{\mathrm{npe}} = \frac{en(m_n^*)^{3/2}}{(2\pi kT)^{3/2}}\iint_0 \mathrm{d}y\mathrm{d}z\int_{v_{x0}} v_x \exp\left(-\frac{m_n^*(v_y^2+v_z^2+v_x^2)}{2kT}\right)\mathrm{d}v_x\mathrm{d}v_y\mathrm{d}v_z$$

$$= \frac{en_{\mathrm{n}}(kT)^{1/2}}{(2\pi m_{\mathrm{n}}^*)^{1/2}}\exp\left(-\frac{m_n^* v_{0x}^2}{2kT}\right) = \frac{en_{\mathrm{n}}(kT)^{1/2}}{(2\pi m_{\mathrm{n}}^*)^{1/2}}\exp\left(-\frac{eV_0}{kT}\right) \tag{10.23}$$

如果 p-n 结两端加有电压 V，则从 n 区到 p 区的电子流为

$$J_{\mathrm{npe}} = \frac{en_{\mathrm{n}}(kT)^{1/2}}{(2\pi m_{\mathrm{n}}^*)^{1/2}}\exp\left(-\frac{e(V_0-V)}{kT}\right) \tag{10.24}$$

同样，我们可以得到从 p 区到 n 区的电子流为

$$J_{\mathrm{pne}} = \frac{en_{\mathrm{p}}(kT)^{1/2}}{(2\pi m_{\mathrm{n}}^*)^{1/2}}\exp\left(-\frac{E_g}{kT}\right) \tag{10.25}$$

只要外加电压不是太大导致半导体材料禁带宽度产生变化，即产生电子的势垒高度不变，那么不管是否存在外加电压，此电流基本不变，即与外加电压基本无关。由于此电流与电子-空穴对的产生相关，因此此电流也称为产生电流。

同样，无外加电压和有外加电压时从 p 区到 n 区的空穴电流分别为

$$J_{\mathrm{pnh}} = \frac{ep_{\mathrm{p}}(kT)^{1/2}}{(2\pi m_{\mathrm{p}}^*)^{1/2}}\exp\left(-\frac{eV_0}{kT}\right) \tag{10.26}$$

$$J_{\mathrm{pnh}} = \frac{ep_{\mathrm{p}}(kT)^{1/2}}{(2\pi m_{\mathrm{p}}^*)^{1/2}}\exp\left(-\frac{e(V_0-V)}{kT}\right) \tag{10.27}$$

而从 n 区到 p 区的空穴电流，则不管是否存在外加电压均为

$$J_{\mathrm{nph}} = \frac{ep_{\mathrm{n}}(kT)^{1/2}}{(2\pi m_{\mathrm{p}}^*)^{1/2}}\exp\left(-\frac{E_g}{kT}\right)$$

所以，总的正向电流(从 p 区到 n 区)为

$$J_F = J_{\mathrm{npe}} + J_{\mathrm{pnh}} = \left[\frac{n_{\mathrm{n}}}{\sqrt{m_{\mathrm{n}}^*}} + \frac{p_{\mathrm{p}}}{\sqrt{m_{\mathrm{p}}^*}}\right]\frac{e(kT)^{1/2}}{(2\pi)^{1/2}}\exp\left(-\frac{e(V_0-V)}{kT}\right) \tag{10.29}$$

总的反向电流(从 n 区到 p 区)为

$$J_B = J_{\mathrm{pne}} + J_{\mathrm{nph}} = \left[\frac{n_{\mathrm{p}}}{\sqrt{m_{\mathrm{n}}^*}} + \frac{p_{\mathrm{n}}}{\sqrt{m_{\mathrm{p}}^*}}\right]\frac{e(kT)^{1/2}}{(2\pi)^{1/2}}\exp\left(-\frac{E_g}{kT}\right) \tag{10.30}$$

因此，外加偏压为 V 时，流过 p-n 结的总电流为

$$J = J_F - J_B = \left[\left(\frac{n_{\mathrm{n}}}{\sqrt{m_{\mathrm{n}}^*}} + \frac{p_{\mathrm{p}}}{\sqrt{m_{\mathrm{p}}^*}}\right)\mathrm{e}^{-\frac{e(V_0-V)}{kT}} - \left(\frac{n_{\mathrm{p}}}{\sqrt{m_{\mathrm{n}}^*}} + \frac{p_{\mathrm{n}}}{\sqrt{m_{\mathrm{p}}^*}}\right)\mathrm{e}^{-\frac{E_g}{kT}}\right]\frac{e(kT)^{1/2}}{(2\pi)^{1/2}} \tag{10.31}$$

由于没有施加偏压时，p-n 结内部没有宏观电流流动，因此 $J \to 0$，所以此时的总电流为 0，即 $0 = \left[\left(\frac{n_{\mathrm{n}}}{\sqrt{m_{\mathrm{n}}^*}} + \frac{p_{\mathrm{p}}}{\sqrt{m_{\mathrm{p}}^*}}\right)\mathrm{e}^{-\frac{qV_0}{kT}} - \left(\frac{n_{\mathrm{p}}}{\sqrt{m_{\mathrm{n}}^*}} + \frac{p_{\mathrm{n}}}{\sqrt{m_{\mathrm{p}}^*}}\right)\mathrm{e}^{-\frac{E_g}{kT}}\right]\frac{e(kT)^{1/2}}{(2\pi)^{1/2}}$。

因此我们可得

$$\frac{\dfrac{n_{\mathrm{n}}}{\sqrt{m_{\mathrm{n}}^*}} + \dfrac{p_{\mathrm{p}}}{\sqrt{m_{\mathrm{p}}^*}}}{\dfrac{n_{\mathrm{p}}}{\sqrt{m_{\mathrm{n}}^*}} + \dfrac{p_{\mathrm{n}}}{\sqrt{m_{\mathrm{p}}^*}}}\mathrm{e}^{-\frac{eV_0}{kT}} = \mathrm{e}^{-\frac{E_g}{kT}} \tag{10.32}$$

将上式代回总电流公式，我们得到流过 p-n 结的电流为

$$J=[e^{\frac{eV}{kT}}-1]\left(\frac{n_p}{\sqrt{m_n^*}}+\frac{p_n}{\sqrt{m_p^*}}\right)\frac{e(kT)^{1/2}}{(2\pi)^{1/2}}e^{-\frac{E_g}{kT}}=[e^{\frac{eV}{kT}}-1]\left(\frac{n_n}{\sqrt{m_n^*}}+\frac{p_p}{\sqrt{m_p^*}}\right)\frac{e(kT)^{1/2}}{(2\pi)^{1/2}}e^{-\frac{eV_0}{kT}} \tag{10.33}$$

最后，我们得到流过 p-n 结的总电流的表达为

$$J=J_s(e^{\frac{eV}{kT}}-1) \tag{10.34}$$

其中

$$J_s=\left(\frac{n_n}{\sqrt{m_n^*}}+\frac{p_p}{\sqrt{m_p^*}}\right)\frac{e(kT)^{1/2}}{(2\pi)^{1/2}}e^{-\frac{eV_0}{kT}} \tag{10.35}$$

$$J_s=\left(\frac{n_p}{\sqrt{m_n^*}}+\frac{p_n}{\sqrt{m_p^*}}\right)\frac{e(kT)^{1/2}}{(2\pi)^{1/2}}e^{-\frac{E_g}{kT}} \tag{10.36}$$

这个方程与金属-半导体接触在形式上完全相同，其 I-V 曲线也与金-半接触相似，见图 10.30。

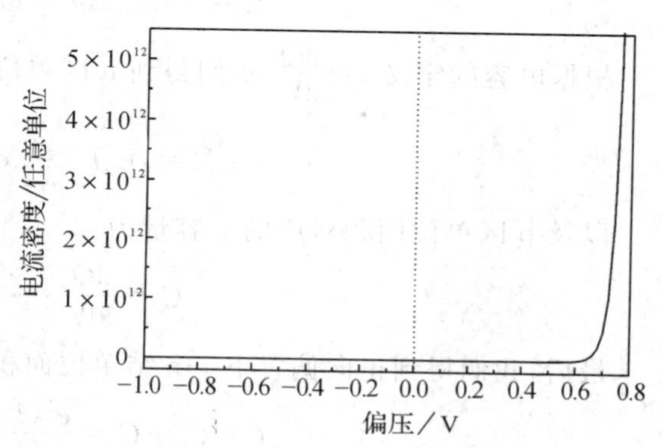

图 10.30 p-n 结的 I-V 曲线

比较肖特基势垒（金-半接触）与 p-n 结，我们发现两者有非常相似的 I-V 特性，但是两者具有本质上的差别。首先，p-n 结与肖特基势垒的结构不同。金-半接触两边一边是金属，一边是半导体，是一种纯粹的单边结，结两边的材料在性质上有很大的区别。其次，肖特基势垒中只涉及一种载流子，即多数载流子（电子），没有涉及少数载流子的产生与复合，因此一般工作频率较高，而 p-n 结主要通过少数载流子注入、抽出、产生、复合、扩散等机制进行工作，一般只适合在较低频率下工作。还有，肖特基势垒一般较同类半导体材料构成的 p-n 结的势垒较低，因此它的工作电压及耐压均低，而 p-n 结的工作电压较高，而且耐压可以很高。

§10.4.4 p-n 结的电容特性

1. 扩散电容

当 p-n 结正向偏置时，在 p-n 结区附近几个扩散长度区域内有非平衡载流子的积累。偏压大小的变化导致非平衡载流子浓度的变化，即电荷的变化，因此具有电容的特点。这种在外场下因载流子浓度变化引起的电容称为扩散电容。

我们知道，在边界处，载流子浓度可表示为

$$\Delta p(x_n)=p_n(e^{eV/kT}-1) \tag{10.37}$$

$$\Delta n(-x_p)=n_p(e^{eV/kT}-1) \tag{10.38}$$

令 $\Delta p(x_n)=\Delta p_0$，$\Delta n(-x_p)=\Delta n_0$，则离开边界距离 x 处的非平衡载流子浓度分别为

$\Delta p(x)=\Delta p_0 \mathrm{e}^{-(x-x_n)/L_p}$ 和 $\Delta n(x)=\Delta n_0 \mathrm{e}^{-(x-x_p)/L_n}$。因此 n 区边界附近积累的总的空穴数为

$$\Delta P_n = \int_{x_n}^{\infty} \Delta p(x)\mathrm{d}x = \int_{x_{pn}}^{\infty} \Delta n_0 \mathrm{e}^{-(x-x_n)/L_p}\mathrm{d}x = L_p \Delta p_0 \tag{10.39}$$

同样 p 区边界附近积累的总的电子数为

$$\Delta N_p = \int_{x_p}^{\infty} \Delta n(x)\mathrm{d}x = \int_{x_p}^{\infty} \Delta n_0 \mathrm{e}^{-(x-x_n)/L_n}\mathrm{d}x = L_n \Delta n_0 \tag{10.40}$$

所以两边积累的电荷数分别为 $Q_n=eL_p\Delta p_0$（n 区）和 $Q_p=-eL_n\Delta n_0$（p 区），即 n 区积累的电荷数为

$$Q_n=eL_p\Delta p_0=eL_p p_n(\mathrm{e}^{eV/kT}-1) \tag{10.41}$$

p 区积累的电荷数为

$$Q_p=-eL_n\Delta n_0=eL_n n_p(\mathrm{e}^{eV/kT}-1) \tag{10.42}$$

根据电容的定义 $c=\dfrac{\mathrm{d}Q}{\mathrm{d}V}$，我们得到 n 区单位面积对应的电容量为：

$$C_n=\frac{\mathrm{d}Q_n}{\mathrm{d}V}=eL_pP_n\frac{e}{kT}\mathrm{e}^{eV/kT}=\frac{e^2L_pP_n}{kT}\mathrm{e}^{eV/kT} \tag{10.43}$$

以及 p 区单位面积对应的电容量为

$$C_p=\frac{\mathrm{d}Q_p}{\mathrm{d}V}=\frac{e^2L_nn_p}{kT}\mathrm{e}^{eV/kT} \tag{10.44}$$

最后，我们得到正向偏置下 p-n 结单位面积的扩散电容为

$$C=C_n+C_p=\frac{e^2(L_nn_p+L_pp_n)}{kT}\mathrm{e}^{eV/kT} \tag{10.45}$$

2. 势垒电容

p-n 结除了正向偏置下的扩散电容外，在反向偏置下也存在电容效应，即势垒电容，它是因为空间电荷区宽度变化造成的。

我们知道，反向偏置下空间电荷区的宽度为

$$x=\sqrt{\frac{2\varepsilon_0\varepsilon_r}{e}(V_0+V)\frac{n_n+p_p}{n_np_p}} \tag{10.46}$$

当电压变化时，空间电荷区的宽度也将发生变化，即

$$\mathrm{d}x=\frac{1}{2}\sqrt{\frac{2\varepsilon_0\varepsilon_r}{e(V_0+V)}\frac{n_n+p_p}{n_np_p}}\mathrm{d}V \tag{10.47}$$

因为 $x_n=\dfrac{p_p}{n_n+p_p}x_0$，$x_p=\dfrac{n_n\mathrm{N}}{p_p+n_n}x_0$，所以当电压改变 dV 时 n 区和 p 区的空间电荷区的宽度变化为

$$\mathrm{d}x_n=\frac{1}{2}\sqrt{\frac{2\varepsilon_0\varepsilon_r}{e(V_0+V)}\frac{n_n+p_p}{n_np_p}}\frac{P_p}{n_n+p_p}\mathrm{d}V=\frac{1}{2}\sqrt{\frac{2\varepsilon_0\varepsilon_r}{e(V_0+V)}\frac{p_p}{n_n(n_n+p_p)}}\mathrm{d}V \tag{10.48}$$

$$\mathrm{d}x_p=\frac{1}{2}\sqrt{\frac{2\varepsilon_0\varepsilon_r}{e(V_0+V)}\frac{n_n+p_p}{n_np_p}}\frac{n_n}{n_n+p_p}\mathrm{d}V=\frac{1}{2}\sqrt{\frac{2\varepsilon_0\varepsilon_r}{e(V_0+V)}\frac{n_n}{p_p(n_n+p_p)}}\mathrm{d}V \tag{10.49}$$

因此，我们得到当电压改变 dV 时 n 区和 p 区的空间电荷区的电荷变化为

$$dQ_{\mathrm{n}}=\frac{1}{2}\sqrt{\frac{2\varepsilon_0\varepsilon_r}{e(V_0+V)}\frac{p_{\mathrm{p}}}{n_{\mathrm{n}}(n_{\mathrm{n}}+p_{\mathrm{p}})}}N_d\,dV=\frac{1}{2}\sqrt{\frac{2\varepsilon_0\varepsilon_r}{e(V_0+V)}\frac{n_{\mathrm{n}}p_{\mathrm{p}}}{n_{\mathrm{n}}+p_{\mathrm{p}}}}\,dV \qquad (10.50)$$

$$dQ_{\mathrm{p}}=\frac{1}{2}\sqrt{\frac{2\varepsilon_0\varepsilon_r}{e((V_0+V))}\frac{n_{\mathrm{n}}}{p_{\mathrm{p}}(n_{\mathrm{n}}+p_{\mathrm{p}})}}N_a\,dV=\frac{1}{2}\sqrt{\frac{2\varepsilon_0\varepsilon_r}{e(V_0+V)}\frac{n_{\mathrm{n}}p_{\mathrm{p}}}{n_{\mathrm{n}}+p_{\mathrm{p}}}}\,dV \qquad (10.51)。$$

不难看出，两边的电荷的变化量是相同的。以上讨论中我们假定半导体材料处于饱和电离区。

最后，我们得到 p-n 结单位面积对应的势垒电容为

$$C=\frac{dQ_{\mathrm{n}}}{dV}=\frac{1}{2}\sqrt{\frac{2\varepsilon_0\varepsilon_r}{e(V_0+V)}\frac{n_{\mathrm{n}}p_{\mathrm{p}}}{n_{\mathrm{n}}+p_{\mathrm{p}}}} \qquad (10.52)$$

一种利用改变偏压改变 p-n 结的电容特性的二极管称为变容二极管，目前已经被广泛地应用在数字化的调谐电路中。右图为一个半导体收音机用的变容二极管的电容-反向偏压特性曲线。

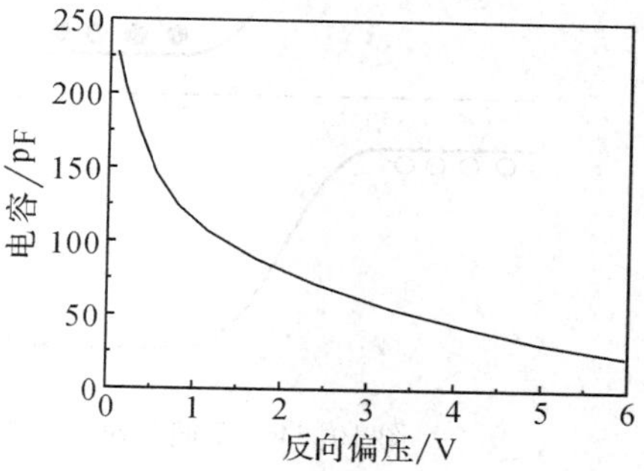

图 10.31 一个变容二极管道 C-V 特性

§ 10.4.5 p-n 结的击穿

如前所说，当 p-n 结反向偏置时，流过 p-n 结的电流很小。但是实验上发现，当反向电压达到某个值时，反向电流会突然增加如图 10.32 所示。此时如果不采取适当的措施，则 p-n 结就会损坏。

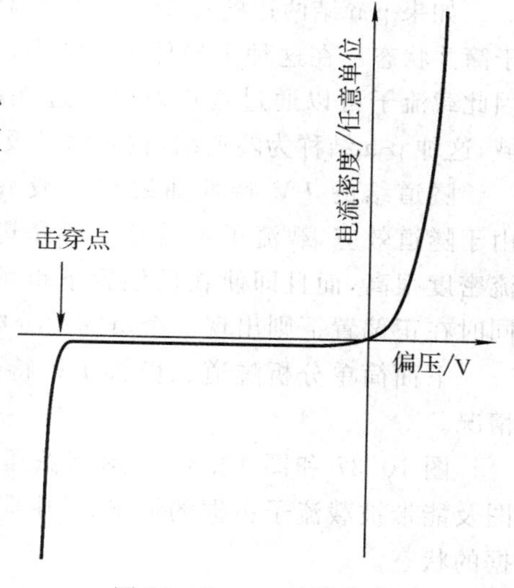

图 10.32 p-n 结的击穿

引起 p-n 结击穿的机制主要有两个。其中之一是雪崩击穿，即当反向偏压很大时，载流子在外场的作用下加速，获得足够的能量后与晶格原子发生碰撞从而将电子从价带激发到导带，产生电子空穴对，导致电流增加。这些新产生的电子空穴对在电场的作用下也可被加速，再与晶格原子碰撞，产生更多的电子空穴对，如此不断继续下去，最后使得反向电流在很短的时间内变得很大，见图 10.33。对空间电荷区比较宽的 p-n 结(轻掺杂)，这种击穿容易发生。

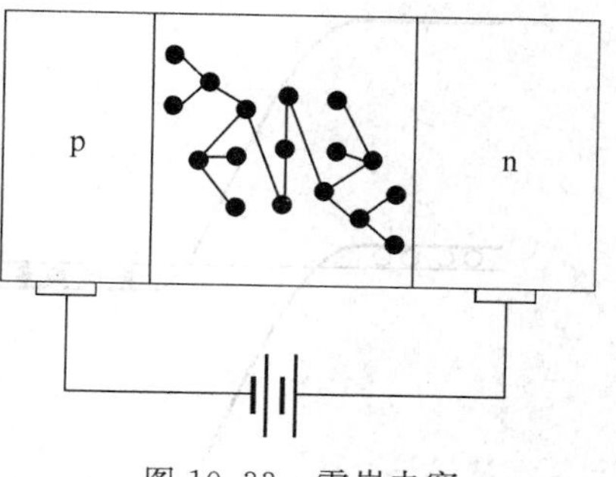

图 10.33 雪崩击穿

另一种 p-n 击穿机制为隧道击穿。对空间电荷区比较窄的重掺杂 p-n 结，当反向电压很大时，可以发生 p 区的价带与 n 区的导带发生重叠，使得 n 区的电子可以通过隧道效应到达 p 区，因而电流密度很大。图 10.34 和图 10.35 分别给出了无偏压和在有反向偏压下 p-n 结两边的能带图以及隧道击穿情况。

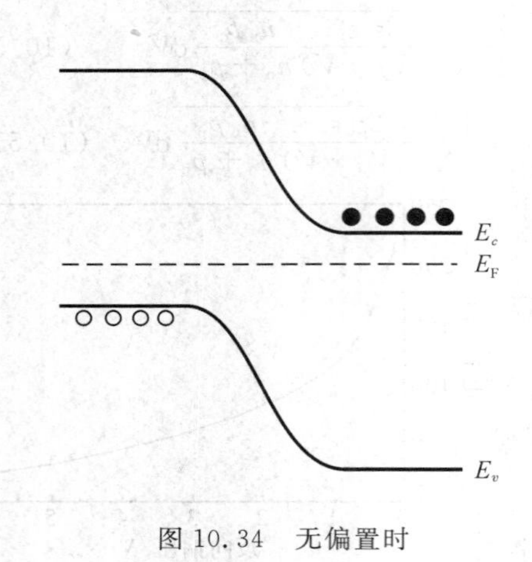

图 10.34　无偏置时

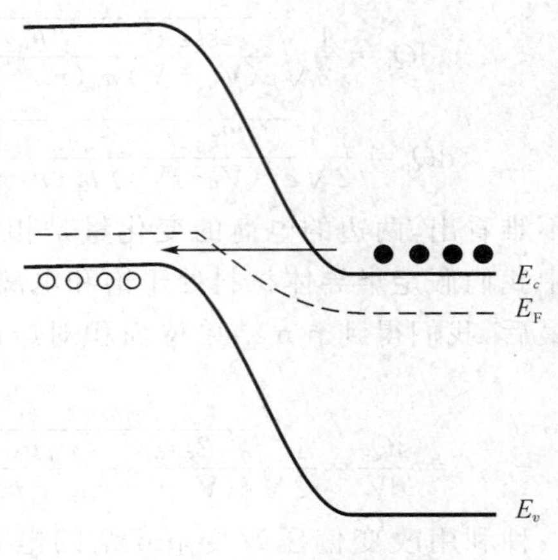

图 10.35　反向偏置时

§10.4.6　隧道二极管

如果 p-n 结两边的掺杂浓度都很高，则 p 区和 n 区都处于简并状态。在这种半导体 p-n 结中，p-n 结区厚度非常薄，因此载流子可以通过隧道效应穿过耗尽区直接进入对方区域，这种 p-n 结称为隧道结，相应的二极管称为隧道二极管。

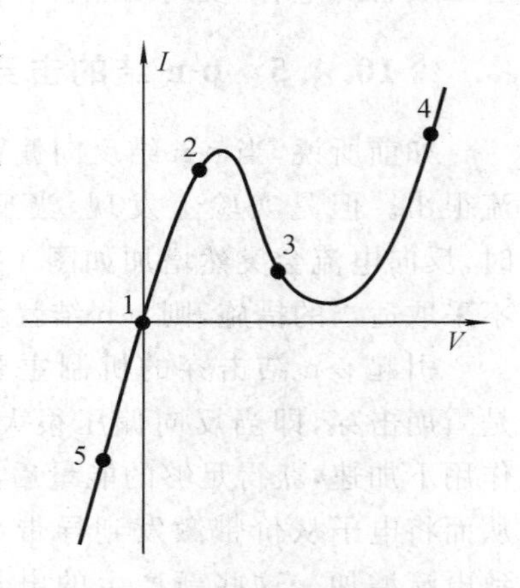

图 10.36　隧道二极管的 *I-V*

隧道结的 *I-V* 特性曲线与一般 p-n 结有很大的区别。由于隧道效应，载流子不需越过势垒进入对方区域，因此电流密度很高，而且即使在反偏置下也可观察到电流的急增，同时在正偏置下则出现一个负的微分电阻区，见图 10.36。

下面简单分析隧道二极管 *I-V* 特性的各个部分的电流情况。

图 10.37 和图 10.38 表示零偏压时隧道 p-n 结的能带图及能带被载流子占据的情况，其中阴影部分表示被电子占据的状态。

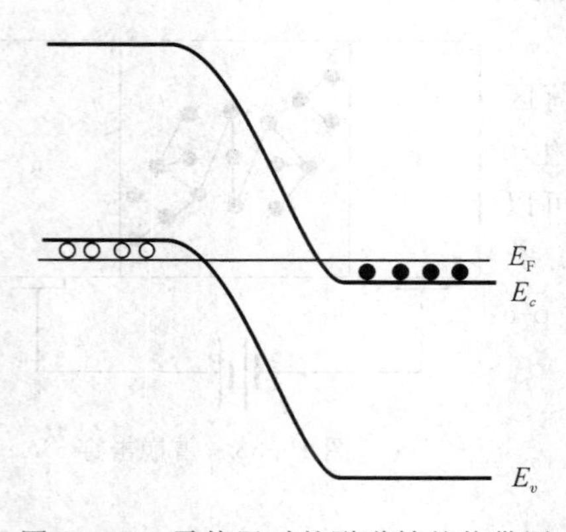

图 10.37　零偏置时的隧道结的能带图

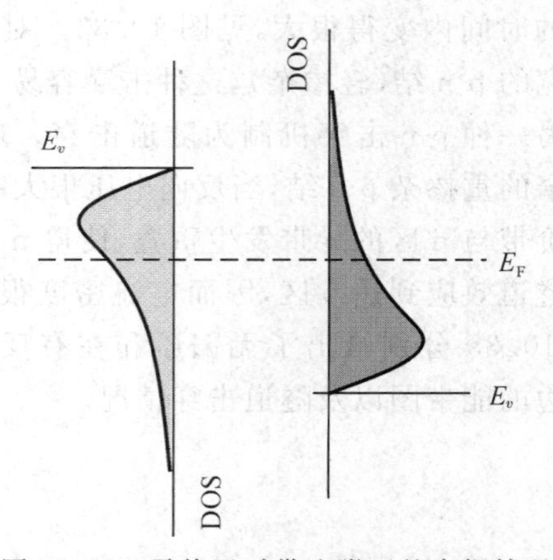

图 10.38　零偏置时带边附近的占据情况

可见，p-n 结两边存在能带重叠。但由于没有偏压，两个方向的电流密度相同，因此总体上没有宏观电流产生。这一点对应图 10.36 所示的 I-V 曲线中的 1 点。

当在 p-n 结两端施加不大的正偏压时，从图 10.39 和图 10.40 可以看出，由于 n 区占据状态的极大值与 p 区空状态的极大值接近，因此从 n 区通过隧道效应穿过势垒到达 p 区的电子数增加，所以正向电流随偏压而增加。当两边的占据状态极大值相互靠得很近时，电流达到极大值，这一点对应于I-V曲线中的 2 点附近。

当继续提高正偏压时，能带的重叠程度开始下降。因此，流过 p-n 结的隧道电流下降。当两者完全分开时，即 n 区的 E_c 和 p 区的 E_v 一致时，电流达到一个极小值，这一点对应于I-V曲线中的 3 点。

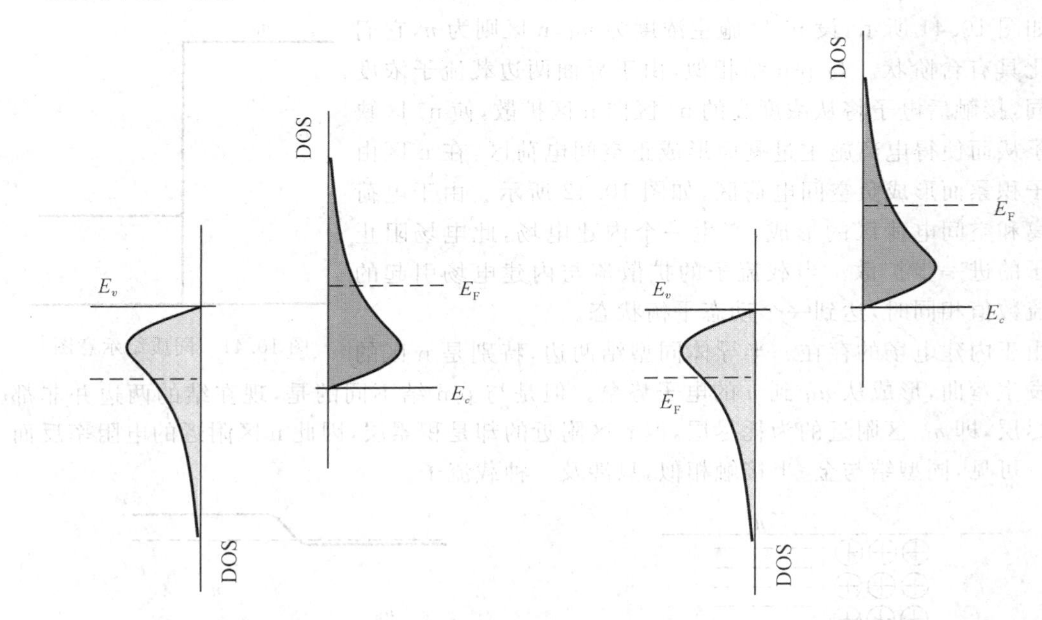

图 10.39　电流极大值附近的带边占据情况　　　　图 10.40　恢复为正常 p-n 结时的占据情况

然而，正偏压的继续升高，由于 p-n 结势垒高度的下降，因而能够克服势垒的多子扩散电流将增加。这时流过隧道 p-n 结的正向电流则按普通 p-n 结的正向电流规律增加，即符合$J=J_s(e^{eV/kT}-1)$的规律。这对应于 I-V 曲线电流极小值后开始增加的部分，例如 4 点就是这样的情况。

假如隧道 p-n 结反偏置，即 p 区接负、n 区接正，则由于 n 区的能带相对于 p 区的能带下降，因而从 p 区向 n 区的电子数迅速增加，导致电流增加，例如 I-V 曲线中的第 5 点就是这样的情况。

从隧道二极管的 I-V 曲线可以看出，从正向偏置时电流的极大值到极小值这个区间内，曲线的斜率是负的，即$\frac{dI}{dV}<0$，因此这个区间内的电阻 $R=\frac{dV}{dI}<0$，此即负的微分电阻现象。

由于负微分电阻的存在，隧道二极管可作为信号发生器中的振荡器。由于隧道结是依多数载流子工作的，它的介电弛豫时间很短，为 $10^{-13}-10^{-12}$ 秒的数量级，因此工作频率很高，可作为超高频信号发生器，或作为快速开关器件。

§10.4.7 同型结

上面讲的 p-n 结是由材料相同但导电类型不同的两个部分构成的，具有单向导电、压控电容等特性，应用范围很广。实际器件中还有一种界面也很有用，它也由同种材料构成，不过界面两边掺有同种杂质，但掺杂浓度不同，其中一边为重掺区，另一边为普通掺杂区。这样的界面有 n^+-n 和 p^+-p 两种，因此称为同型结。同型结在制作器件的电极方面具有很重要的意义。

下面以窄 n^+-n 结为例分析理想的同型结的 I-V 特性。

如图 10.41 所示，设 n^+ 区施主浓度为 n_H，n 区则为 n，它们的变化具有台阶状。与 p-n 结相似，由于界面两边载流子浓度的不同，接触后电子将从浓度高的 n^+ 区向 n 区扩散，使 n^+ 区缺少电子从而使得电离施主过剩而形成正空间电荷区，在 n 区由于电子积累而形成负空间电荷区，如图 10.42 所示。由于电荷的分离和空间电荷区的形成，产生一个内建电场，此电场阻止载流子的进一步扩散。当载流子的扩散流与内建电场引起的漂移流数值相同时，达到一个动态平衡状态。

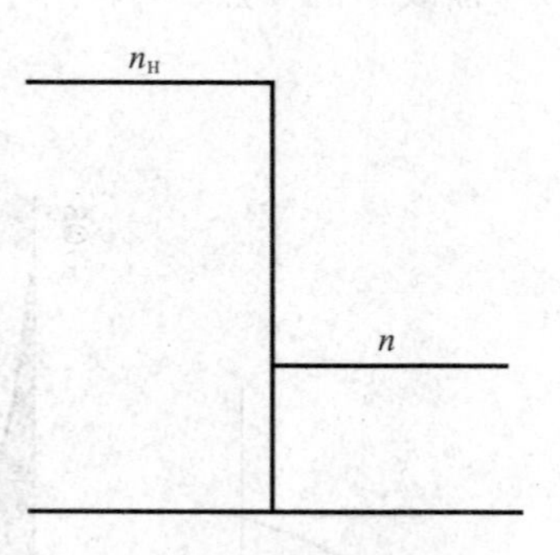

图 10.41 同质结示意图

由于内建电场的存在。半导体同型结两边，特别是 n 区的能带发生弯曲，形成从 n_H 到 n 的电子势垒。但是与 p-n 结不同的是，现在结的两边并非都是耗尽层，即 n_H 区附近的为耗尽层，但 n 区附近的却是积累层，因此 n 区附近的电阻率反而降低。可见，同型结与金-半接触相似，只涉及一种载流子。

图 10.42 同质结的空间电荷区　　图 10.43 同质结的能带弯曲

利用平衡时结两边的费米能级相同的特点，按照与 p-n 结完全相似的讨论，我们可以得出同型结两边的势垒高度为

$$V_0 = -\frac{E_{cH} - E_c}{kT} = \frac{kT}{e}\ln\frac{n_H}{n} \tag{10.53}$$

一般 n_H 比 n 高几个数量级，因此势垒高度 V_0 一般为几个 kT。假如温度为 300K，则当 $n_H/n=100$ 即两边的掺杂浓度相差 100 倍时，$V_0=6.91kT=0.12\text{eV}$。

原则上说，与 p-n 结一样，当 n 区加正电压，n^+ 区加负电压时，外电场的方向与空间电荷自建电场的方向相反，因此势垒高度下降。当 n 区为负 n^+ 区为正时，外场与内建电场的方向一致，势垒高度提高。我们可以仿照 p-n 结 I-V 曲线的推导，得到偏压 V 时流过同型结的电流密度为

$$J = J_s\left(e^{\frac{eV}{kT}} - 1\right) \tag{10.54}$$

在金-半接触这一章中，我们曾经提到，由于可供选择的与半导体材料匹配的金属材料不多，因此制作好的欧姆接触是半导体材料与器件工艺中的一个难题，但是利用同型结可以实现欧姆接触。利用同型结在 p-n 结两边制作欧姆接触的示意图见图 10.44。实际上这是一种 $M/n^+/n\text{-}p/p^+/M$ 结构，其中 p-n 部分是一个 p-n 结，起单向导电作用，其余都是为了实现欧姆接触所添加的。下面我们来分析为什么利用一种金属就可使得 p-n 结两边都实现欧姆接触。

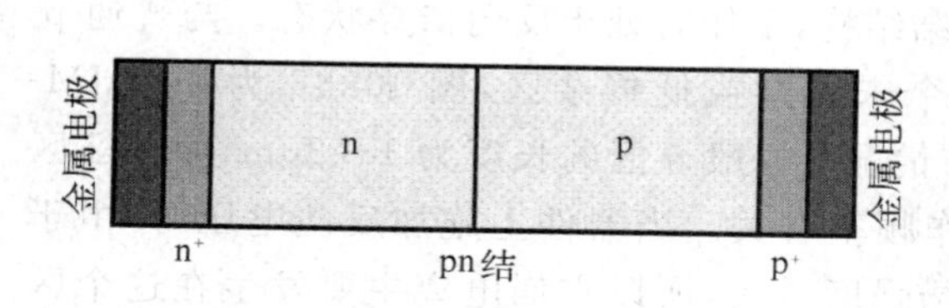

图 10.44 $M/n^+/n\text{-}p/p^+/M$ 结构示意图

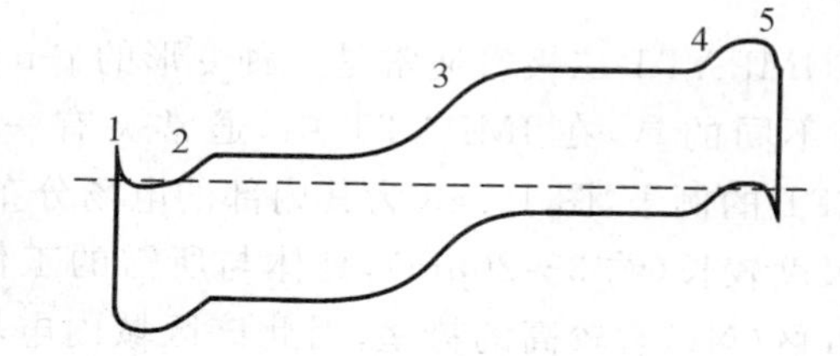

图 10.45 $M/n^+/n\text{-}p/p^+/M$ 结构能带弯曲情况

我们发现，图 10.44 所示的结构中有以下 5 个势垒，如图 10.45 所示：

1. 金属-n^+之间的势垒；
2. n^+-n 之间的势垒；
3. n-p 之间的势垒；
4. p-p^+之间的势垒；
5. p^+-金属之间的势垒。

首先，由于半导体重掺，因此其中的空间电荷层厚度很薄，所以载流子可以通过隧道效应穿过 1、5 两个势垒，因此这两个结的电阻很小。其次，我们分析两个同型结的情况。由于轻掺区边界处为积累层，而重掺区的空间电荷区很薄，加之同型结的势垒高度小，因此 n^+-n 和 p-p^+结的电阻相对也较小。所以外加电压基本上绝大部分都降落在电阻很大的中间 p-n 结的空间电荷区上。或者说，在这里，金-半接触和同型结上降落的电压降是很小的。

如果降落在同型结上的电压只占外加电压的很小一部分，那么 *I-V* 曲线可以展开，即

$$J=J_s(e^{\frac{eV}{kT}}-1)\approx J_s\frac{eV}{kT},\propto V \qquad (10.55)$$

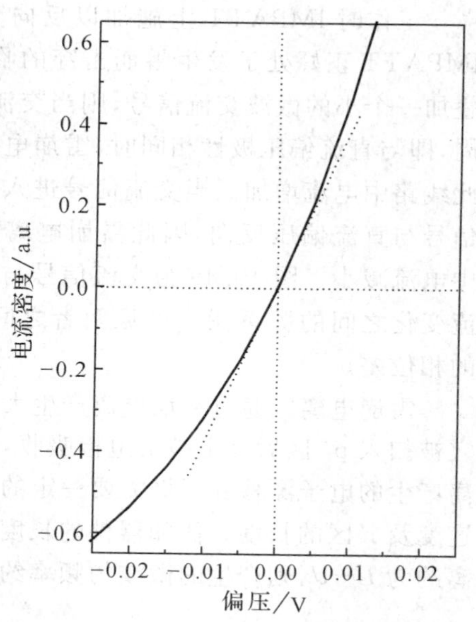

图 10.46 小偏压时同型结的 *I-V* 特性

可见当压降很小时，同型结具有线性的 *I-V* 特性，即欧姆特性。图 10.46 为偏压很小时同型结的 *I-V* 特性曲线，可见当偏压很小时，不管偏压的极性如何，同型结的 *I-V* 特性接近线性关系，即接近欧姆定律，因此可以用作欧姆电极。

§10.5 碰撞电离雪崩渡越时间二极管(IMPATT)

碰撞电离雪崩渡越时间二极管(IMPATT)是一种高效的半导体微波功率器件,工作频率可高达250GHz,连续波功率输出高达几十毫瓦至几瓦,因此被广泛地应用在微波器件中。

IMPATT二极管通常是一种变形的p-n结结构,工作时处于反向击穿状态。与普通p-n结不同的是,在IMPATT中,通常夹有一个未掺杂或低掺杂区,图10.47为一个IMPATT的例子,图10.48为其内部的电场分布情况。一般n区的长度为1~2μm,而本征区的尺度较长(约3~20μm),具体与所需的工作频率有关。当器件上施加反向电压时,由于p^+n区(N1)有较高的势垒,因此该区域内电场强度最大,所以雪崩电离主要发生在这个区中,因此称该区域为IMPATT的雪崩电离区或注入区。长度较长的N2区用于电子的漂移,所以称为漂移区。

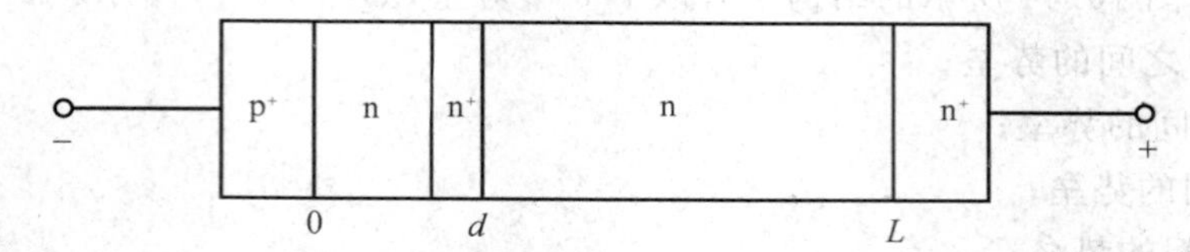

图10.47 一种IMPATT二极管的结构示意图

工作时IMPATT上施加以反向直流电压,使得IMPATT正好处于发生雪崩击穿的临界点。此时若叠加一个小的微波交流信号,则当交流信号处于正半周,即与直流偏压极性相同时,雪崩电离迅速增加,因此线路中电流增加。当交流信号进入负半周时,交流信号与直流偏压反向,因此雪崩电离过程停止,线路中电流减小。图10.49为交流信号与IMPATT中电流变化之间的关系图。可见两者之间存在半个周期的相位差。

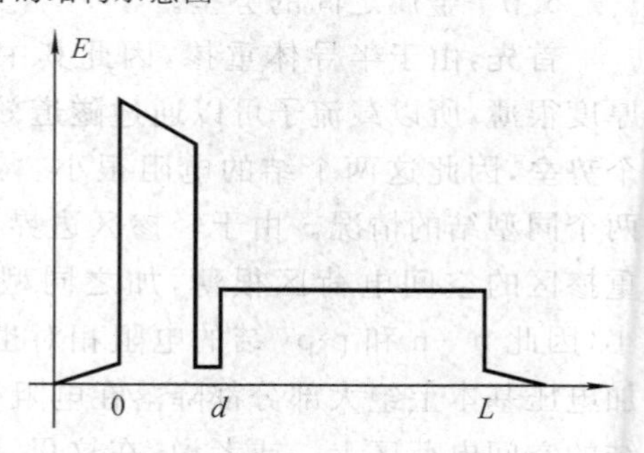

图10.49 IMPATT二极管内的电场分布

雪崩电离区通过雪崩电离产生大量电子空穴对,由于击穿区域十分靠近P^+区,因此空穴被扫入p^+区后马上被负电极吸收,而电子被扫入n区。由于n区长度较长,因此雪崩电离产生的电子漂移到正极需要一定的时间。不难理解,器件的工作频率取决于电子的漂移速度及n区的长度。假如器件的长度为L,雪崩电离发生区的厚度为d,即它离开正极的距离约为$L-d$,则产生的微波的频率约为

$$f=\frac{V_s}{2(L-d)} \tag{10.56}$$

这里V_s为电子的饱和漂移速度。对硅而言,V_s为10^7cm/s,假如$L=6\mu$m,$d=1\mu$m,则工作频率为10GHz。为了维持稳定的振荡,设计时必须使电子从雪崩电离区到正极的时间正好等于输入交流信号的频率。

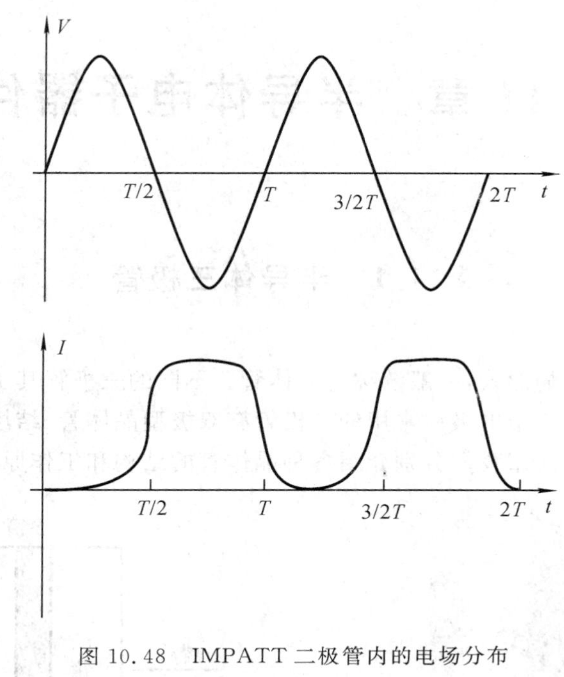

图 10.48　IMPATT 二极管内的电场分布

上:交流信号

下:IMPATT 电流

§10.5.1　p-n 结的应用

根据以上几节的讨论,我们发现 p-n 结有许多特性,因此可以广泛地应用在电子器件及线路的设计中。它可应用在整流、检波、变容、稳压、振荡、测温、电路保护、欧姆接触、变阻器、测温、发光、发电、光探测器等许多方面。以下为 p-n 结的常用功能与特性之间的关系。

表 10.1　p-n 结的功能小节

功　能	特　性
整流和检波	单向导通
测温度和辐射	I-T 关系
稳压	反向击穿
高频振荡	隧道二极管
发光	电子-空穴复合
数字调谐	电容-电压特性
测光强和辐射	光伏特性
信号放大	三极管、JFET
功率控制	可控硅
钳位与保护	I-V 正向特性、反向击穿
电路隔离	p-n-p、n-p-n 结构
欧姆接触	同型结

以上不少功能我们将再后面进一步讨论。不过 p-n 结还有不少应用,我们不再在本书里面一一列举。

第 11 章 半导体电子器件

§11.1 半导体三极管

三极管有几种不同的形式，一般统称为晶体管。不同的三极管其工作原理也各不相同，但有一个共同点就是有三个电极。常用的三极管有双极型晶体管、结场型晶体管、场效应晶体管和晶闸管等。以下几章我们分别介绍各种晶体管的结构和工作原理。

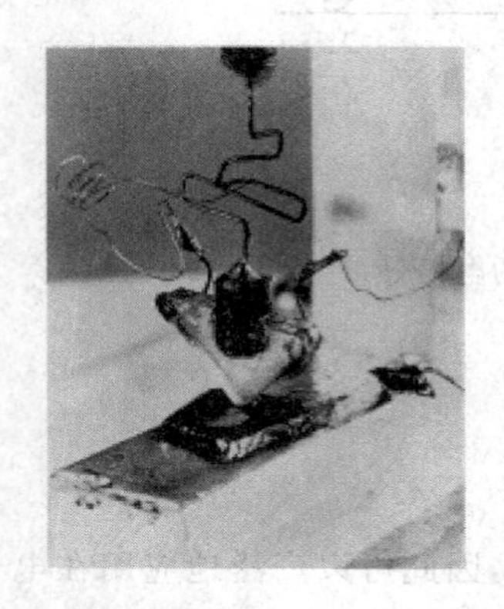

图 11.1 最早的晶体管

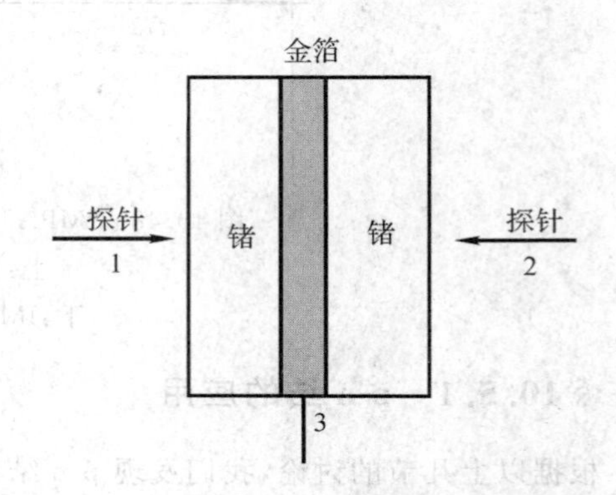

图 11.2 图 11.1 所示晶体管的示意图

最早的晶体管是双极型晶体管，它是贝尔实验室的研究人员 Walter Brattain、Robert Gibney 和 John Bardeen 于 1947 年在研究电子在半导体硅表面的行为以及为什么不能进行信号放大时偶然发现的。当时 Walter Brattain 为了避免实验时不断沉积的水汽对半导体表面性能的影响，他把半导体材料放进了水里，此时他发现了较大的信号放大现象。后经 Robert Gibney 和 John Bardeen 的共同努力，利用锗替换硅，并用另一个金箔条绕在锗上取代液体，制成了第一个全固态半导体晶体管。它由两个金属探针、一块锗晶体、一个金箔条组成，见图 11.1 和图 11.2。

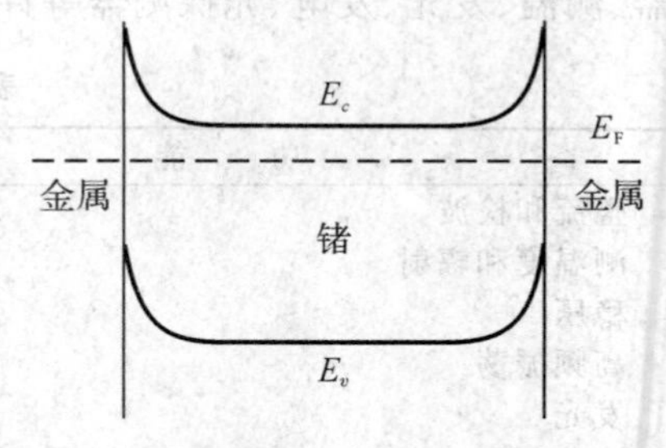

图 11.3 第一个锗三极管的能带结构示意图

假如锗单晶为 n 型的，而且它的功函数小于金属的功函数，那么金与锗之间就构成肖特基势垒。

图 11.2 所示晶体管的能带结构如图 11.3 所示。根据我们已经学过的知识，我们知道这个器件实际上由两个肖特基二极管（探针-锗）反向放置构成，中间的金箔条就是基极，因此整个器件总共有三个电极，所以称为三极管。

那么，上面所示的三极管为什么能够起到信号的放大作用呢？这就是我们在本章要研究的内容。

目前的三极管的结构与第一个锗三极管的有所不同。两个金属探针分别被两个导电类型与中间材料不同的半导体取代。如果中间的半导体为 n 型的，那么，边上的两个半导体就是 p 型的，反之，如果中间的半导体为 p 型的，那么，边上的两个半导体就是 n 型的。图 11.4—图 11.7 为这两种结构的三极管的示意图以及它们的能带情况。根据两种三极管的结构，图 11.4所示的三极管称为 p-n-p 型三极管，图 11.5 所示的三极管称为 n-p-n 型三极管。

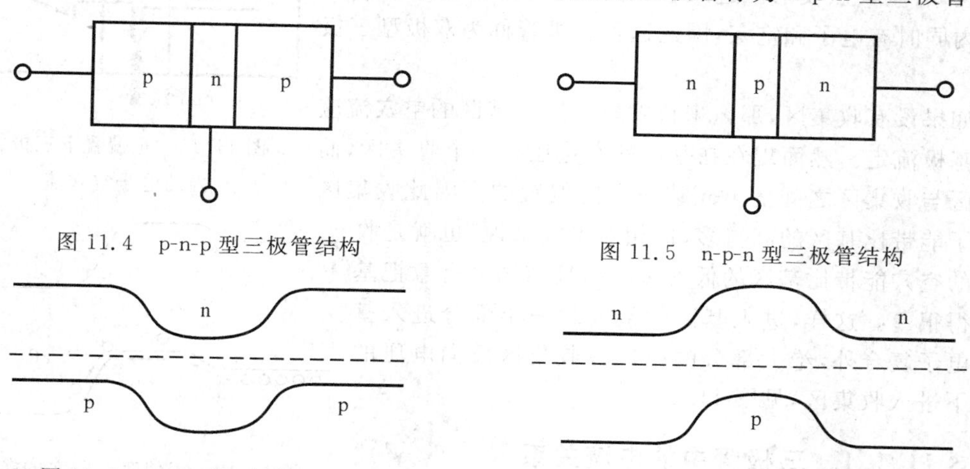

图 11.4　p-n-p 型三极管结构　　图 11.5　n-p-n 型三极管结构

图 11.6　p-n-p 型三极管的能带　　图 11.7　n-p-n 型三极管的能带

三极管的三个极分别称为发射极、基极和收集结（或集电极），即图左边的电极称为发射极，中间的电极称为基极，右边的电极称为收集结。相应的三个区域称为发射区、基区和收集区。双极型晶体管的电路符号见图 11.8 和图 11.9 所示。

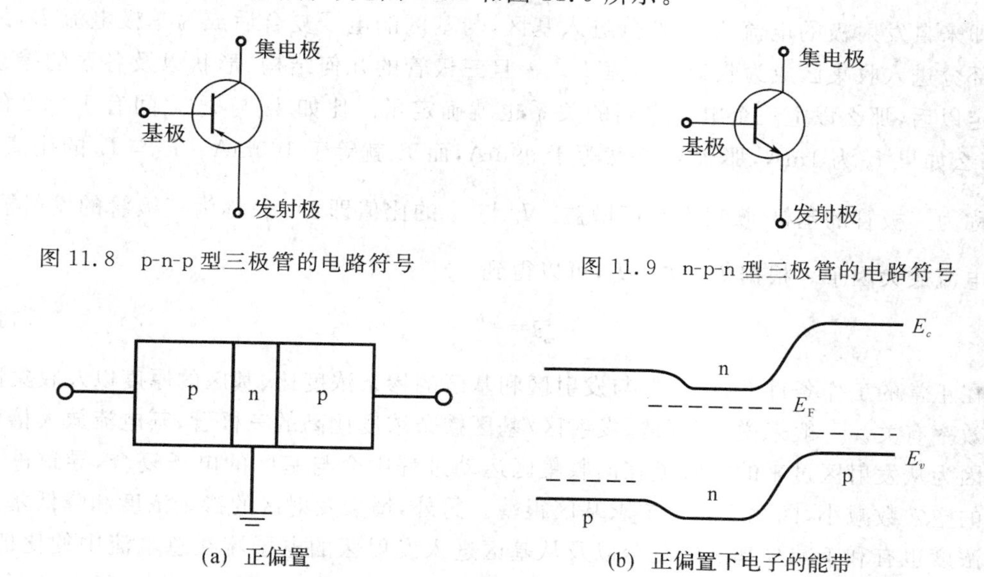

图 11.8　p-n-p 型三极管的电路符号　　图 11.9　n-p-n 型三极管的电路符号

(a) 正偏置　　(b) 正偏置下电子的能带

图 11.10　正偏置及正偏置下电子的能带

以下我们以 p-n-p 三极管为例，分析它的工作原理。

首先，要使三极管正常工作，各个电极的极性及偏置电压应如图 11.10(a)所示，即发射极与基极对应的这个 p-n 结正偏，基极与收集结之间的 p-n 结反偏。在这样的偏置下，三极管内的能带如图 11.10(b)所示。

由于发射极与基极之间的 p-n 结正偏，因此它们之间的势垒降低，有正向电流流过此 p-n 结，即有电子从基区进入发射区，有空穴从发射区进入基区见图 11.11。由于这种三极管内同时有电子和空穴，因此这种三极管称为双极型三极管。

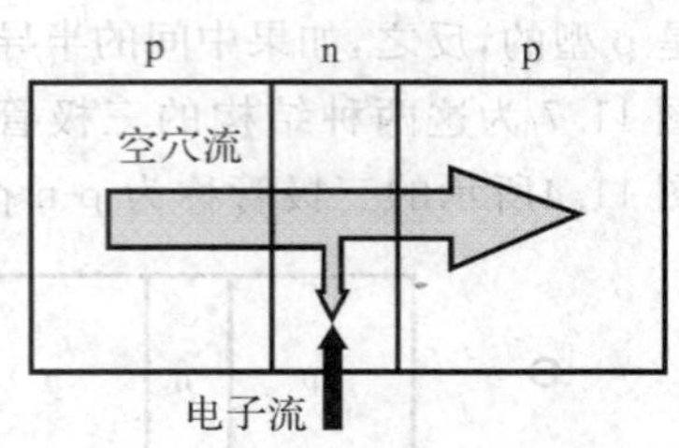

图 11.11　正偏置下三极管内的电子空穴流

如果没有收集区，那么来自发射区进入基区的空穴流应该从基极流走。然而现在在基区的右边还有一个收集区，而且基区与收集区之间的 p-n 结是反向偏置的。因此收集区的电子能带比基区的高得多，但相对空穴来说，也就是收集区的空穴能带比基区的低得多。而且结构上有意把基区做得很薄。这样，进入基区的空穴除一小部分进入基极与电子复合外，绝大部分的空穴在收集区反向电压的作用下进入收集区，见图 11.12。

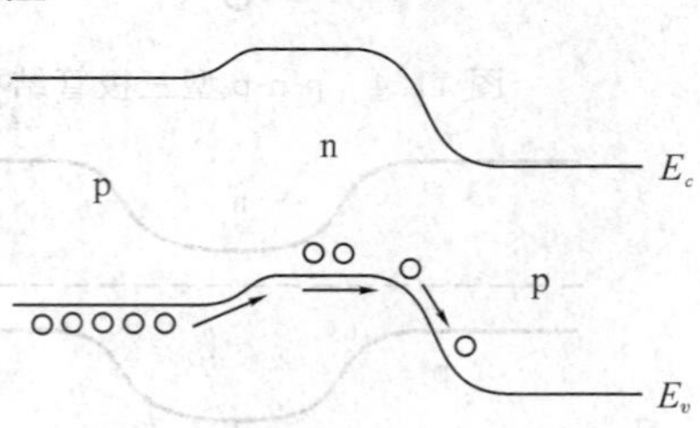

图 11.12　正偏置下空穴的能带

§11.1.1　三极管中的电流关系

从上面的分析不难看出，对于正向偏置的三极管，发射极电流、基极电流和收集极电流之间有如下的关系，即

$$I_e = I_b + I_c \tag{11.1}$$

即来自发射极的电流 I_e 一部分进入基区，与基区的电子复合后成为基极电流 I_b，另外绝大部分进入收集区成为收集极电流 I_c。一旦三极管的几何结构、形状以及各区的掺杂浓度确定以后，那么以上三个电流之间的关系也就确定了。比如 I_b 与 I_c 之间有 1∶99 的关系，那么如果 I_b 为 1mA，那么 I_c 必然等于 99mA，而 I_e 就等于 100mA。I_c 与 I_b 的比值即 $\beta = \frac{I_c}{I_b}$ 称为三极管的基极-收集极电流增益。I_c 与 I_e 的比值即 $\alpha = \frac{I_c}{I_e}$ 称为三极管的发射极-收集极电流放大因子。根据 $I_e = I_b + I_c$，可以得到

$$\beta = \frac{\alpha}{1-\alpha} \tag{11.2}$$

在正常的工作条件下，它主要与发射区和基区的掺杂浓度比、基区的厚度以及收集区的收集效率有关。一般来说，基区薄、发射区/基区掺杂浓度比高的三极管，其电流放大倍数也高。因为从发射区过来的空穴流在向收集区运动过程中会与基区的电子复合，导致进入收集区的空穴数减小，因此工艺上要求基区很薄。另外，增大发射区的掺杂浓度和降低基区的掺杂浓度也有利于减少基区的复合以及从基区进入发射区的电子流在总电流中的比值，从而提高三极管的电流增益。然而基区的掺杂浓度也不能太低，否则基区的电阻太高而导致三极管性能的劣化。对于发射区，由于受固溶度等因素的影响，掺杂浓度也不可能很高。因

此，一般的同质双极型三极管的电流增益在1～1000的数量级内。不过，利用异质结技术，可以把三极管的电流放大倍数提高到10^6的数量级。有关异质结方面的知识将在后面的章节中讨论。

§11.1.2 三极管的放大作用

三极管的放大作用主要是利用了三极管中三个电流之间的相对固定的关系。实际应用中有不同的连接方法，如共基极法，共发射极法，以及共集电极法，见图11.13。但不管如何变化，有一点是共同的，就是说，要使得三极管有放大作用，发射极一基极的p-n结必须正向偏置，基极一集电极p-n结必须反向偏置。

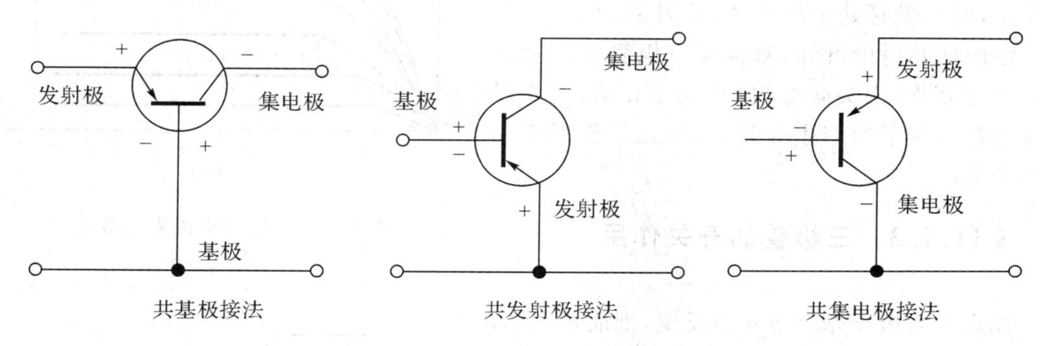

图11.13　三极管的三种常用接法

下面我们简单分析共发射极接法时的信号放大情况。

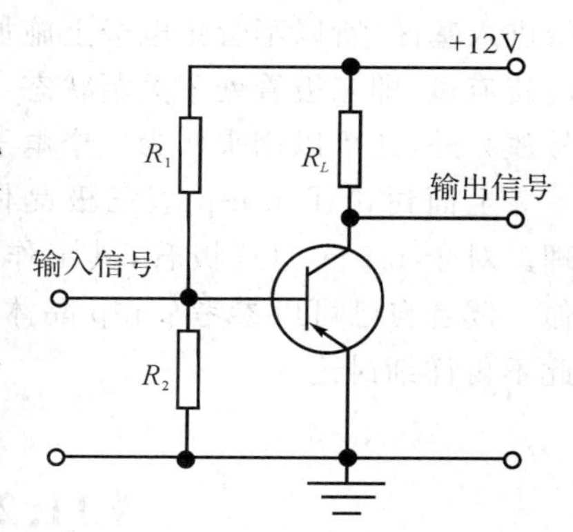

图11.14　共发射极接法时的信号放大

如图11.14所示，信号从基极输入。由于一般来说信号的幅值较小，直接加在基极上不一定能够使得发射极一基极这个p-n结导通。另外，输入信号可能有正有负，如果输入为正，会使得发射极一基极p-n结反偏。因此要预先在基极上加上一个偏置电压，这由R_1、R_2的分压提供。有了这个偏置后，可以解决信号偏小或信号极性反转时发射区一基区p-n结不能导通的问题。

当有信号输入时，信号电压的变化使得流过发射区一基区p-n的电流发生变化。假如信号引起基极电流变化为1mA，那么由于I_b与I_c之间确定的关系，流过集电极的电流将变化βmA，导致负载电阻R_L两端的电压降发生变化。由于发射区一基区p-n结为正向偏置，因此较小的电压变化就可导致较大的电流变化，即$\frac{\mathrm{d}I}{\mathrm{d}V}=I_s\frac{e}{kT}\mathrm{e}^{ev/kT}$很大，或者说它的微分电阻较小。但外电路中的$R_L$可以取得很大，因此$R_L$两端的电压变化可以很大，这样就实现了信号的放大，同时实现了电流放大到电压放大的转换工作。假如集电极一基极之间的输入电阻为r_{be}，那么当输入信号改变ΔV_i时，输出信号改变量为

$$\Delta V_o=-\Delta I_c R_L\approx\beta\Delta I_b R_L=\beta\frac{R_L}{r_{bc}}\Delta V_i \tag{11.3}$$

由于 β 一般为 100 的数量级，$\frac{R_L}{r_{be}}$ 也可达到几个数量级，因此可以把信号放大很多倍。

一般来说，只要集电极电压足够大，以致能够吸引来自发射极的绝大部分空穴流，那么集电极电压对集电极电流的影响不是很大。但是如果集电极电压太小，那么由于集电极没有能力把从发射区进入基区的空穴吸引过来，导致集电极电流下降。因此，一般要选择足够大的集电极电压，达到可以使得集电极电流基本不随集电极变化为止，即三极管处于放大区，见图 11.15。

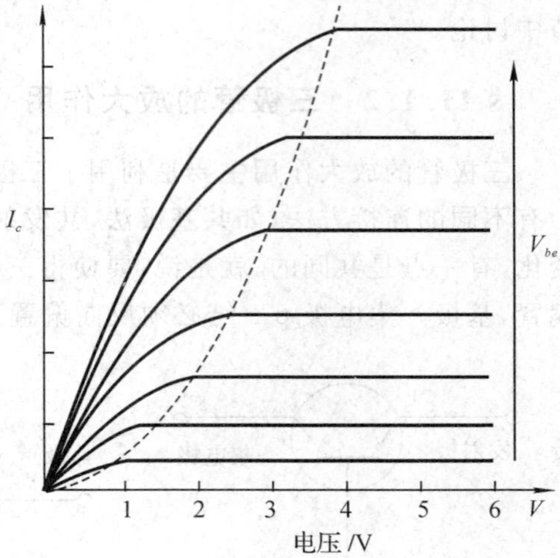

图 11.15　V_C 对电流影响不大

由前面的讨论可知，双极型三极管实际上是有两个背靠背(或头碰头)放置的 p-n 结，工作时涉及少数载流子的产生与复合，所以工作频率一般不能太高。

§11.1.3　三极管的开关作用

如果发射极一基极 p-n 结反偏，则能带图如图 11.16 所示。由于势垒高度增加，发射区的空穴无法越过此 p-n 结进入基区，所以不管集电极上施加多少电压，都不会有电流流过，即三极管处于关断状态。因此，三极管除了信号放大外，还可以用来作为一个电子开关使用。

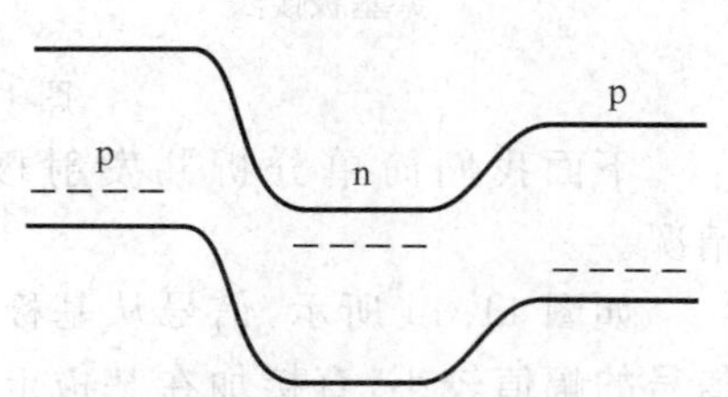

图 11.16　发射区一基区的 p-n 结反偏时的能带

上面讨论了 p-n-p 型三极晶体管的结构和工作原理。对于 n-p-n 型三极管，其工作原理与 p-n-p 型的相似。读者自己可以参考 p-n-p 晶体管自行分析。我们在此不再详细讨论。

§11.2　结场型晶体管-JFET

上面介绍了双极型晶体管的结构及工作原理。我们发现虽然它能够放大信号，但存在输入阻抗小、放大倍数低、工作频率相对较低等缺点。那么是否有其他方法可以使得晶体管的性能得到改善呢？下面我们要介绍一种新的三极晶体管-结场型晶体管(JFET)。

结场型晶体管的结构如图 11.17 和图 11.18 所示。根据材料导电类型的不同，上述两种结场型晶体管分别称为 n 沟道和 p 沟道。图中 S 称为源极，D 称为漏极，G 称为栅极。其中 S、D 与半导体之间为欧姆接触，而 G 与半导体材料之间为肖特基接触。它们在电子线路中的符号如图 11.19 和图 11.20 所示。

以下以 p 沟道为例来分析它的工作原理。

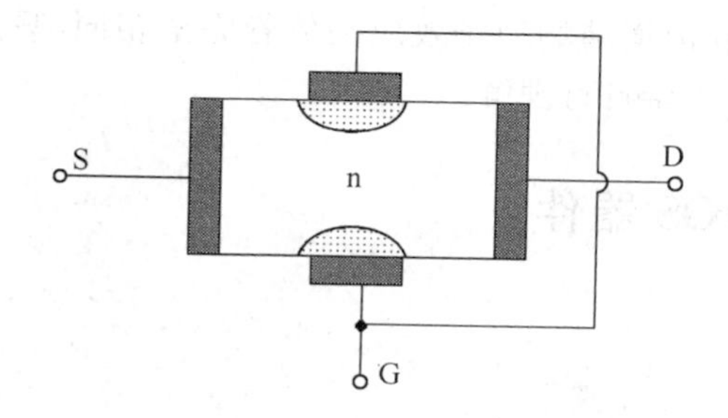

图 11.17　n 沟道 JFET

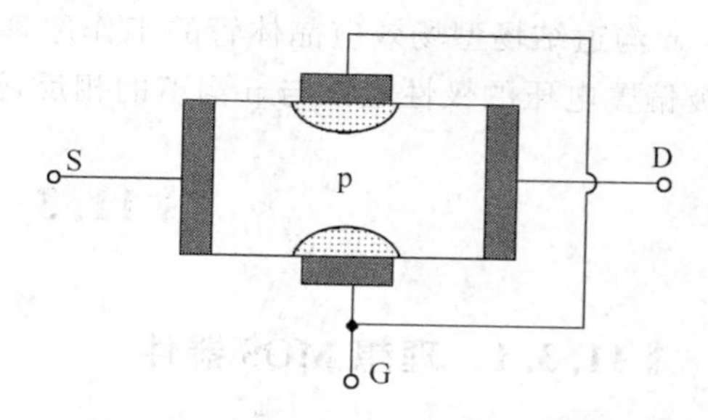

图 11.18　p 沟道 JFET

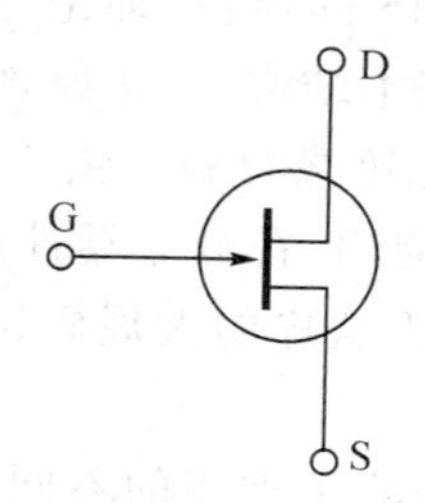

图 11.19　n 沟道 JFET 的符号

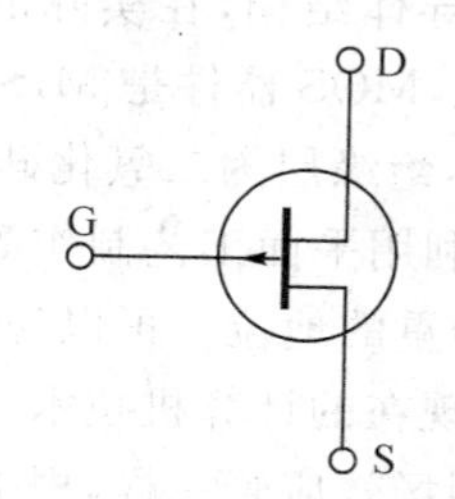

图 11.20　p 沟道 JFET 的符号

如图 11.21 所示，由于栅极 G 与半导体之间为肖特基接触，因此栅极下面一个小区域内的半导体的载流子浓度及能带可能与体内深处的不同。对于 p 沟道，一般在栅级上施加一个正偏置电压 E_2，使得栅极下的半导体表面处于耗尽状态，这样就使得电流通过时的截面变小，从而 SD 之间的电阻变大。

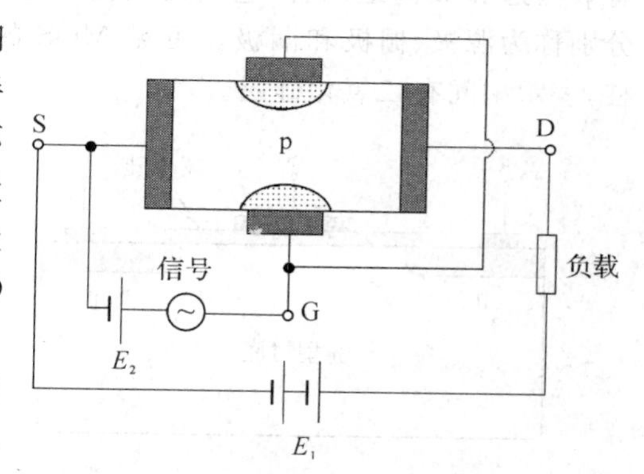

图 11.21　p 沟道 JFET 的工作原理

如果此时在 E_2 上叠加一个小信号，那么该小信号的加入将改变栅极下半导体表面的耗尽层的宽度，即信号的加入将导致 SD 间截面的变化，即电流的变化。反映在负载上，即负载上的电压发生变化。若信号与 E_1 极性相同，则耗尽层变宽，通道变小，负载上的电压降低，反之，若信号与 E_1 极性相反，则耗尽层变窄，通道变大，负载上的电压增大，由此实现信号放大的目的。

由于 E_1 可以很大，因此用 JFET 可以获得很高的放大倍数。另外，如果选取的金属比较合适，即在没有施加偏压 E_2 时，栅极下的半导体表面已经处于耗尽状态，那么 E_2 有时可以省略。与双极型晶体管比较，结场型晶体管的信号输入端处于反偏状态，输入电流为肖特基势垒的反向饱和电流。反偏肖特基势垒有个特点，即不管电压如何，反向饱和电流基本不变，即 $\frac{\mathrm{d}I}{\mathrm{d}V}=I_s\frac{e}{kT}\mathrm{e}^{-eV/kT}\approx 0$，因此微分电阻趋于无穷大，即输入阻抗很高。另外，结场型晶体管中工作的是单一的多数载流子，因此工作频率也很高。结场型晶体管在多个性能上都比双极型晶体管具有优势。

n 沟道结场型场效应晶体管的工作原理与 p 沟道结场型场效应晶体管完全相同，只是栅极偏置电压的极性应该与 p 沟道的相反，读者不难自行理解。

§11.3 MOS 器件

§11.3.1 理想 MOS 器件

MOS 器件也是使用最广的电子器件之一，于 1966 年提出。所谓 MOS 结构，就是指金属-氧化物-半导体结构，在实际的器件中，还有一类称为 MIS 的器件，即绝缘体-半导体器件。严格来说，MOS 器件是 MIS 器件的一个特例，两者的基本结构、工作原理完全相同，只是在 MOS 中，绝缘层为二氧化硅，而在 MIS 中，可能是其他绝缘材料。由于 MOS 具有结构简单、可以利用平面工艺制作等等特点，因而得到广泛的应用，在分立器件和集成电路中均占有举足轻重的地位。可以说没有 MOS 电路，就没有今天这样的大规模、超大规模集成电路，就没有现在的计算机技术。

与结场型场效应管一样，根据衬底导电类型即工作区载流子类型的不同，MOS 器件也有 p 沟道和 n 沟道两种，它们的结构及电路符号分别为图 11.22 至图 11.25，其中 S、G、D 分别称为源极、栅极和漏极。可见 MOS 的电路符号与 JFET 的很相似，但栅极变为两条杠，表示中间有二氧化硅层。

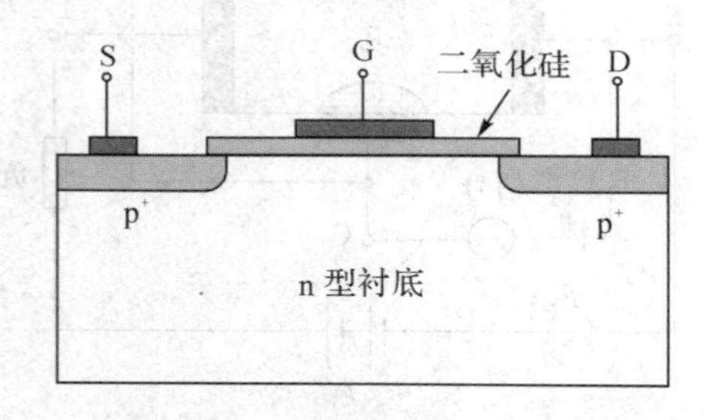

图 11.22 p 沟道 MOS 的结构

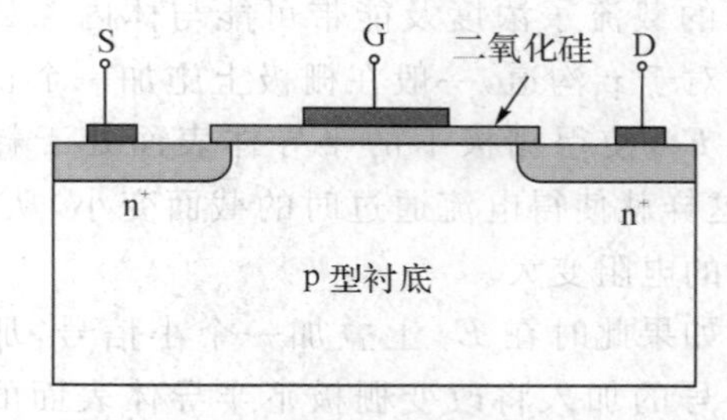

图 11.23 n 沟道 MOS 的结构

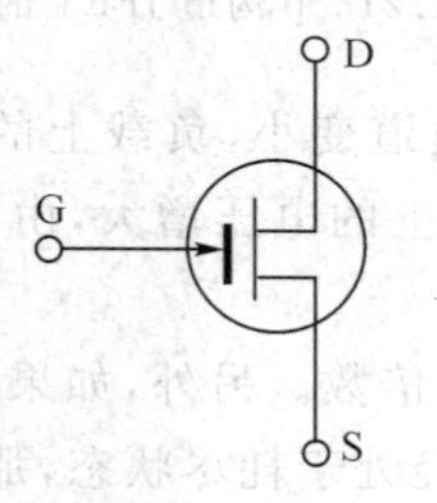

图 11.24 p 沟道 MOS 的电路符号

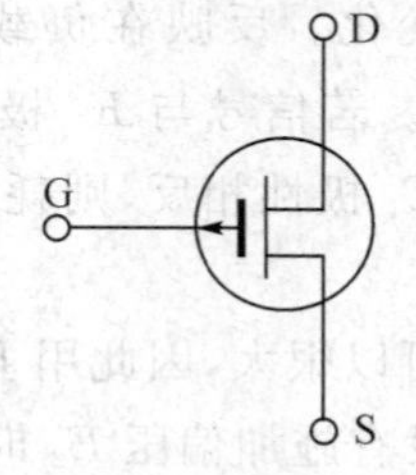

图 11.25 n 沟道 MOS 的电路符号

如图 11.22 和图 11.23 所示，MOS 器件是一种平面器件，因此可以通过使用掩模、光刻、离子注入、扩散、薄膜沉积等技术，在硅片上同时制作许多结构完全相同的器件，因此生产效率非常高，单元成本很低。例如一个 128M 的内存条中，每个芯片中大约有 1～10 亿个 MOS 单元，而这样一条内存条在 2004 年的售价只要 100 元左右，也就是说，一亿个 MOS 单元只售 10～100 元。这可能是世界上可以论数量购买的东西的最低价了。

在以下的讨论中，我们假定研究的为理想的 MOS 器件，即

- 金属电极的功函数与半导体的相同；
- 氧化层中没有电荷存在；
- 半导体表面没有表面态或界面态存在。

对于这种理想的 MOS 结构，在没有外场时半导体的能带是平的，表面附近没有空间电荷区。当栅极上外加偏压时，半导体表面产生空间电荷区，相应地在金属板上感应出符号相反的等量电荷。当栅极上的偏压变化时，半导体表面附近的空间层中的电荷也要跟着增加。

以下我们以 n 沟道 MOS 为例分析 MOS 晶体管的工作原理。

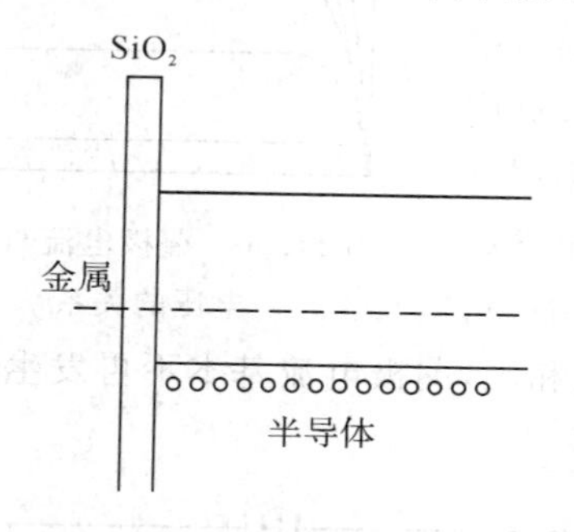

图 11.26 栅极上没有偏置电压时的能带情况

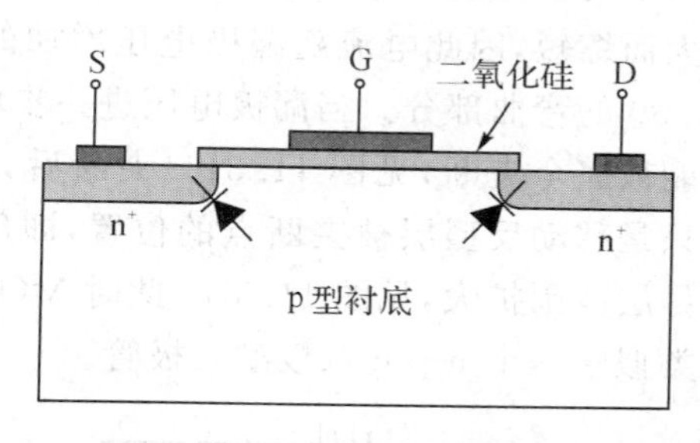

图 11.27 栅极上没有偏置电压时的情况

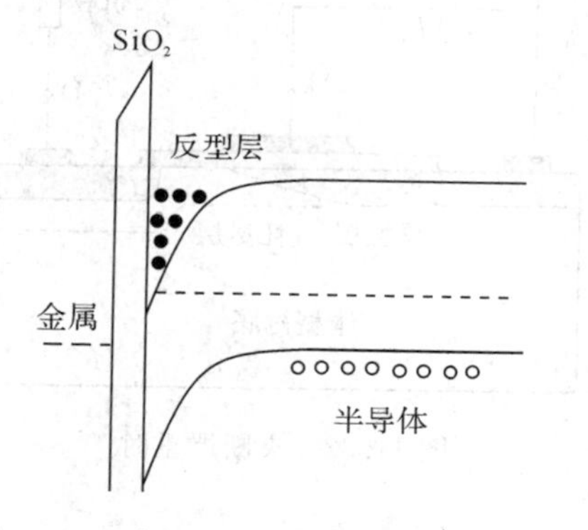

图 11.28 栅极上有正电压时的能带情况

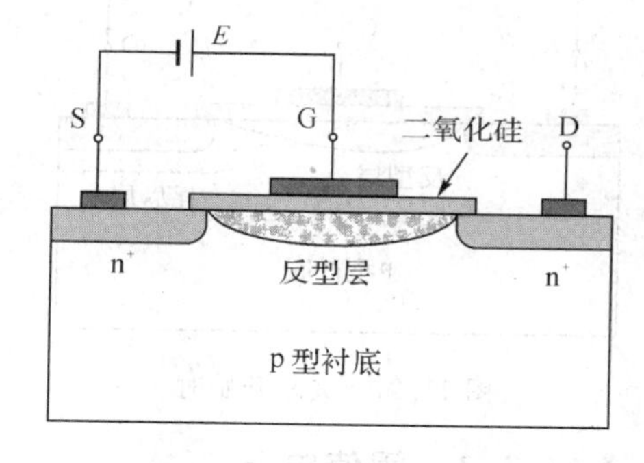

图 11.29 栅极上有正电压时的情况

从 MOS 的结构图可以看出，未加偏压时，能带平直，源极 S 与漏极 D 中间相当于是两个背靠背的 p-n 结，因此源-漏之间的电阻很大，电流无法通过，见图 11.26 和图 11.27。当栅极上加上正偏压时，栅极下半导体表面附近的空穴被排走，形成耗尽层。如果栅极上的正偏压足够大，那么，在栅极下面的 p 型半导体表面可形成反型层，甚至强反型层。当反型层形成并与 S、D 极下的两个 n^+ 区连通后，原先存在的两个背靠背的 p-n 结消失，因此 S、D 之间的电阻减小。如果在 S、D 之间串联负载及电源，那么流过负载的电流将增大。此时只要栅极电压有很小的变化，即可使源-漏间电流发生很大的变化，见图 11.28 和图 11.29。可见，流过负载的电流可以通过控制栅极电压进行控制，而栅极本身没有电流流过，因此这也是一种电压的控制器件。实际使用时，需要把信号源与栅极偏置电源串接，这里栅极偏置电源提供偏置，使得栅极下面的半导体表面产生反型层。

§11.3.2 漏极电压的影响

当源极与漏极之间施加图 11.31 所示的电压及负载时，漏极附近区域将产生耗尽层。如果漏极电压不大，耗尽层对反型层的影响不大，那么反型层的作用就像一个固定电阻。此时漏极电流随漏极电压增加而增加，即图 11.30 的偏压较小时的电流上升部分。

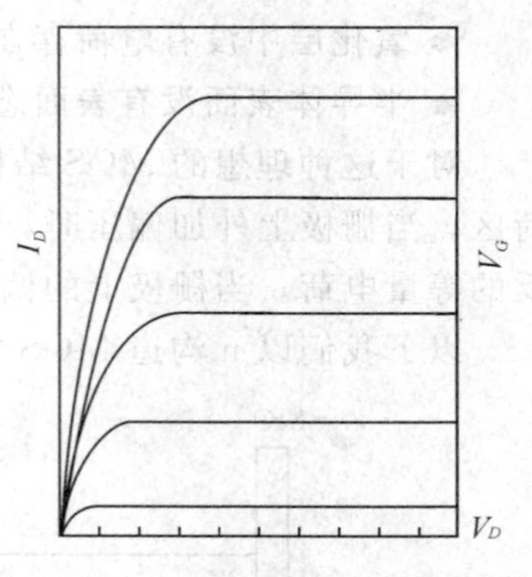

图 11.30　漏极电流与漏极电压的关系

但如果漏极电压过大，则漏极附近产生的耗尽层会影响到栅极下的反型层导电沟道，此时沟道长度因为耗尽层范围的扩大而缩短，因此电流随漏极电压增加的速度减小，对应图 11.30 的弯曲部分。当漏极电压进一步增大时，反型层甚至可能被完全夹断，见图 11.31。夹断后，漏极电压的继续增加只是移动反型层被夹断点的位置，即反型层长度缩短，但耗尽层范围扩大，见图 11.32。此时 MOS 工作在饱和区，漏极电流基本不再发生变化，其情形类似于一个 n-p-n 双极型三极管。

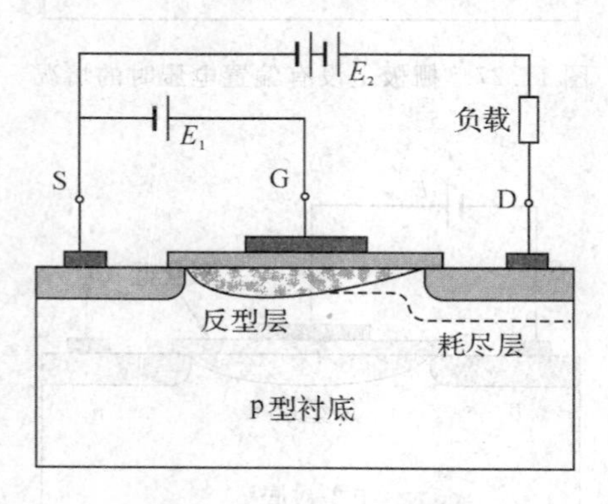

图 11.31　夹断开始时

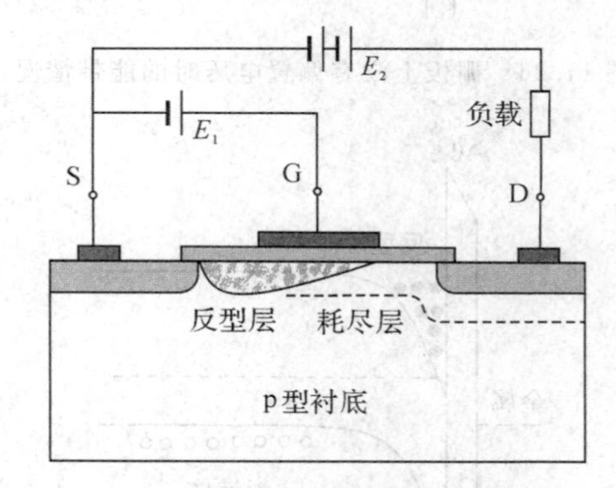

图 11.32　夹断严重时

§11.3.3 阈值电压

对大多数 MOS，事先都应该在栅极上施加偏压（阈值电压）使其栅极下面的半导体进入反型状态，即常关型 MOS，也称增强型 MOS。但是如果二氧化硅层中存在正电荷，则在未加栅极偏压时半导体表面已经处于反型状态，此时可以不加栅极偏压。若要使这样的 MOS 器件彻底关断，则应该在栅极上施加负的电压阈值电压，以抵消二氧化硅层中正电荷的影响，此种 MOS 为常开型 MOS，称为耗尽型 MOS。这一种类型的 MOS 的电压-电流特性分别见图 11.33 和图 11.34。

以上我们以 n 沟道 MOS 为例，分析了 MOS 器件的工作原理。可以看出，MOS 器件与双极型晶体管和结场型场效应晶体管具有相似的电流-电压特性及开关特性。从电流看，结场型场效应管虽然比起双极型晶体管的电流小，但仍需从信号源吸取肖特基结反向饱和电流大小的电流。而 MOS 晶体管由于栅极下面是绝缘的二氧化硅，原则上说，MOS 器件不从信号源吸取任何电流，即MOS器件有非常高的输入阻抗。不过MOS器件有两个缺点，

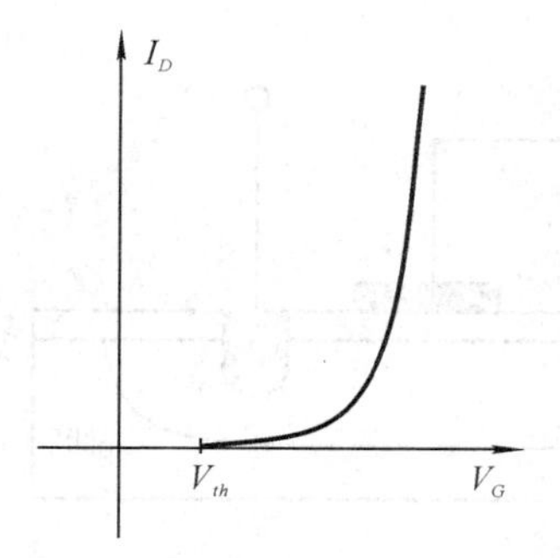

图 11.33 增强型 MOS 的漏极电流-栅极电压曲线

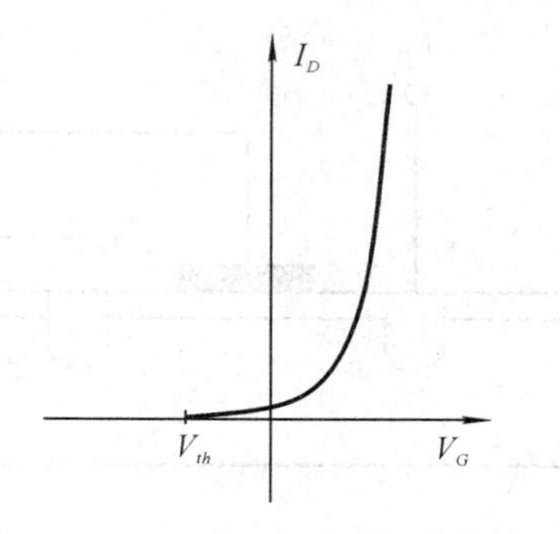

图 11.34 耗尽型 MOS 的漏极电流-栅极电压曲线

其中之一是易被击穿。由于二氧化硅层一般很薄，器件容易被静电击穿，因此接触 MOS 器件时要特别注意静电。其二是工作频率较低，这是因为 MOS 是通过调节反型层的厚度改变电流大小的，而反型层的产生需要时间，因此工作频率一般难以很高。

§11.4 CMOS 反相器

CMOS(complementary MOS)反相器由一个增强型 p 沟道 MOS 晶体管和一个增强型 n 沟道 MOS 晶体管串连组成，具有功耗小、噪声低的特点。增强型 p 沟道 MOS 晶体管和一个增强型 n 沟道 MOS 晶体管在功能上互补，因此这种结构称为互补型 MOS 器件，即 CMOS 器件，见图 11.35。

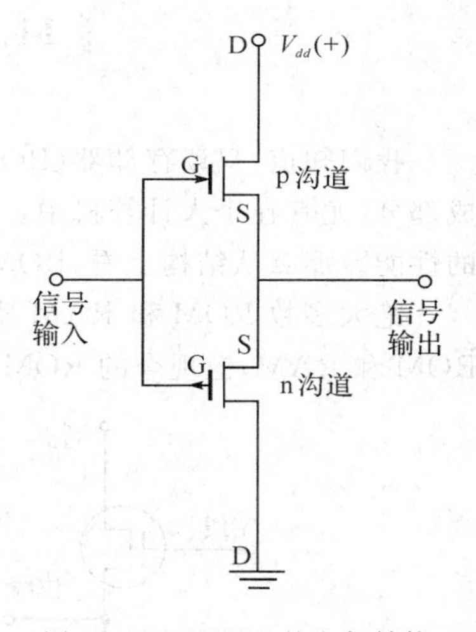

图 11.35 CMOS 的电气结构

在 CMOS 中，两个 MOS 共有栅极及漏极，即栅极与栅极相连，漏极与漏极相连。其中栅极作为信号输入端，漏极为信号输出端。

图 11.36 为 CMOS 器件的结构示意图。它由两个 MOS 制作在同一个硅片上。由于衬底为 n 型，而制作 n 沟道 MOS 需要 p 型衬底，因此 n 沟道 MOS 对应的区域应预先掺杂形成较深的 p 型区，以便形成制作 n 沟道 MOS 所需的 p 型衬底。这种工艺对现代的集成电路技术来说是不难的。

由于两个 MOS 均为增强型，需要一个阈值电压使得 MOS 导通。所以当输入较小的正电压时，图 11.35 中下面的 n 沟道 MOS 截止，源极与地之间的电阻很大。但是上面这个 p 沟道 MOS 是导通的，所以它的源极与漏极之间的电阻较小。因此此时 CMOS 的输出端电压接近 V_{dd}，处于导通状态。当输入电压增加到或超过下面 n 型沟道 MOS 的阈值电压时，n 沟道 MOS 导通。同时，上面 p 沟道 MOS 也因栅极加上了较大的正向电压而截止。因此下面 n 沟道 MOS 的源极 S 与地之间的电阻很小，而上面 p 沟道 MOS 的源极 S 与漏极 D 之间处于高阻状态。所以 CMOS 的输出接近地电位，即 CMOS 处于截止状态。

综合上面两种情况，当输入为低电平时，CMOS 的输出为高电平，反之，当输入为高电平时，CMOS 的输出为低电平，因此 CMOS 可以作为一个开关或反相器使用。对于 CMOS

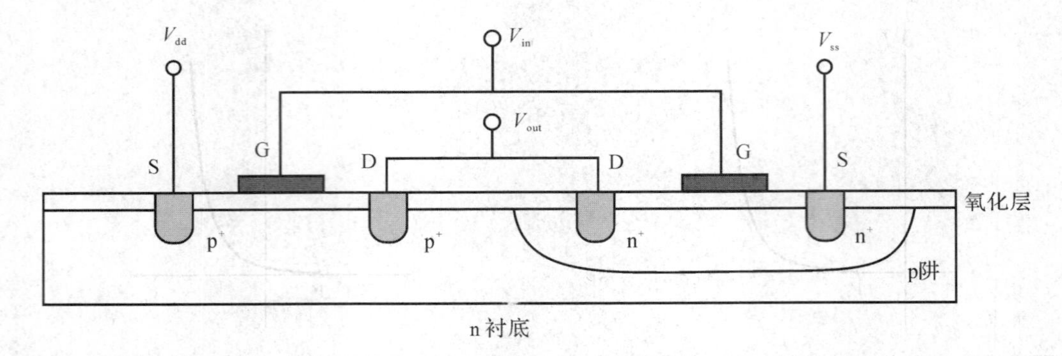

图 11.36　CMOS的结构

来说，不管输入电压为多少，总是只有一个 MOS 导通，而另一个处于截止状态，因此它的工作电流极小，接近 p-n 结的反向饱和电流。由于 CMOS 所需的功耗极微，所以被大量应用在集成电路设计中。而双极型三极管、JFET 和 MOS 晶体管虽然也能起到开关的作用，但总有一个状态需要较大的电流维持，因此功耗较大。

§11.5　由 MOS 组成的存储器

我们知道，只读存储器(ROM)、随机存储器(RAM)是计算机及其他智能产品的主要组成部分，尤其在个人计算机中。ROM 和 RAM 的容量和速度在很大程度上决定了一台电脑的性能。那么从结构上看，ROM 和 RAM 是怎样具有储存信号的能力的？

绝大多数 ROM 和 RAM 实际上也是由 MOS 器件构成的。虽然也曾用二极管构成 ROM 和 RAM，但现今的 ROM 和 RAM 基本上都建立在 MOS 基础之上的。

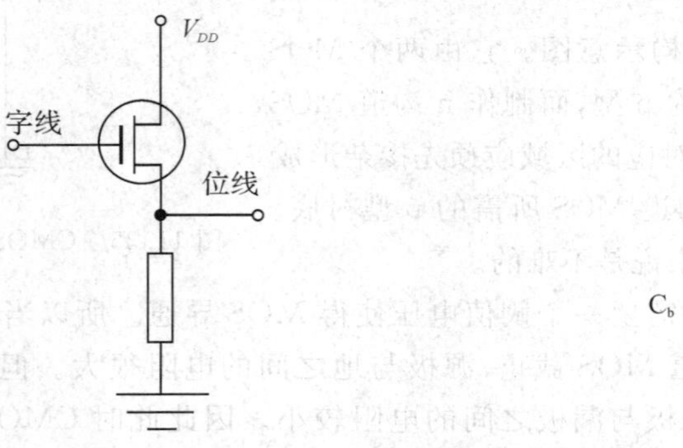

图 11.37　RAM

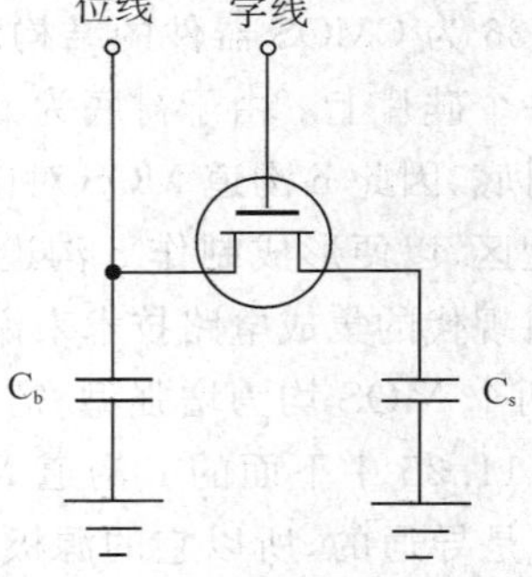

图 11.38　DRAM

图 11.37 和图 11.38 分别为由 MOS 器件构成的 RAM 和 DRAM 的结构示意图，图中假设 MOS 为 n 沟道 MOS。先看左边，从左边可以看出，当字线电平为高时，MOS 晶体管导通，因此位线为高电平，即输出 1。当字线电平为低时，MOS 晶体管截止，因此位线为低电平，即输出 0。但这样的存储器有一个很大的缺点，就是电源必须时刻不断地通着，即使是非常短暂的失电，存储的信息马上就会丢失。这样的设计的另一个缺点也显而易见，因为

电流必须一直保留着，线路的功耗较大。对于一条内存条，其中有数以亿计的 MOS 管，因此节约电力的消耗是十分重要的。那么结构上如何改进以降低功耗并能在短暂的断电时仍能保持信息呢？动态存储器可以部分解决这个问题。图 11.38 所示的为一个动态存储器 DRAM 的示意图，它由一个 MOS 管和两个电容组成。实际上它是由三个 MOS 结构构成的，其中的两个作为电容使用，即 MOS 电容，其原理已经在前面的章节中讨论过，不再在这里重复。

图 11.39 为它的工作时序图。例如当需要写入 1 时，信息位线置高电平代表 1，位线电容 C_b 充电。C_b 充满后，再把字线也置高电平，当栅极电压超过 MOS 的阈值电压时（图中虚线），MOS 管导通，存储电容 C_s 通过 MOS 管的沟道充电。充电完成后，即使把字线、位线上的电压都去掉，由于 MOS 管处于截止状态，C_s 上的电荷也不会流失，即断电后 C_s 仍可以保留信息。因此 DRAM 可以节省功耗。不过储存在 C_s 上的电荷总存在泄漏（p-n 结反向饱和电流），因此经过一定时间还需要对信息进行刷新。

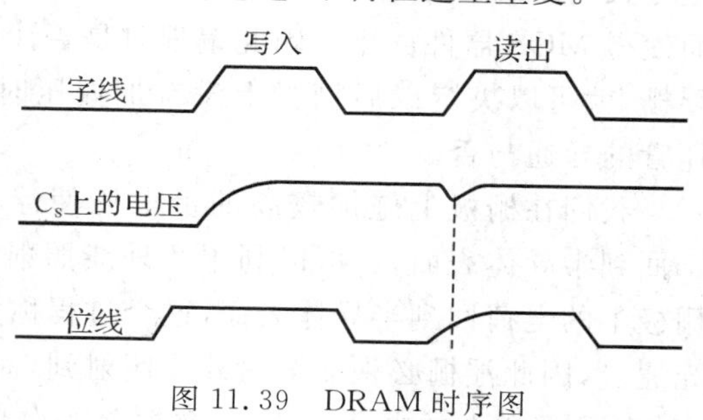

图 11.39　DRAM 时序图

当需要读出时，只要把字线置高电平，此时 MOS 管导通，储存信息的 C_s 通过 MOS 管向 C_b 充电。如果原先储存在 C_s 中的是高电平，则 C_b 的电平将升高，反之 C_b 仍保持低电平。信息通过位线写入 C_s 后，读的过程可以不止一次，直到 C_s 上的信息完全消失为止，因此可以进一步节省电力。

DRAM 虽然从一定程度上解决了断电时信息的保留问题及降低了功耗，但是还没有从根本上解决这两个问题。那么怎样彻底解决呢？非挥发性存储器的提出解决了这个难题。浮动栅极 MOS 是一种常见的非挥发性存储器，其结构如图 11.40 所示，电路符号如图 11.41 所示，与 MOS 相比，多了一条虚线以表示浮栅。

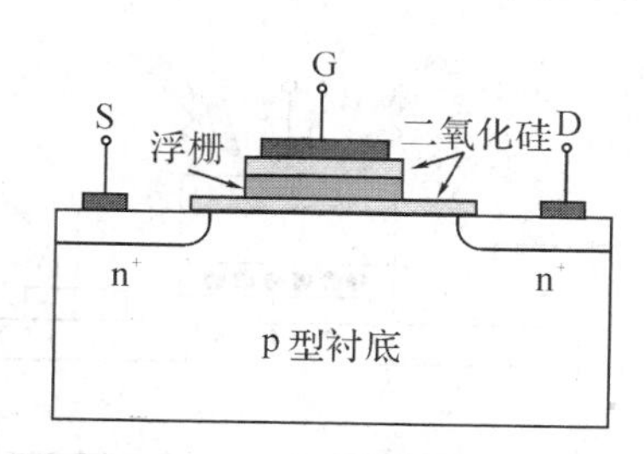

图 11.40　浮动栅极 MOS 结构示意图

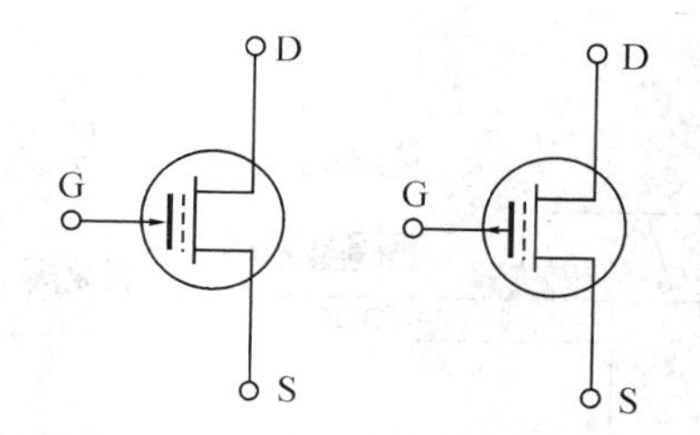

图 11.41　浮动栅极 MOS 电路符号

可见，与普通的 MOS 结构相比，浮栅 MOS 多了一个夹在两层二氧化硅之间的栅极。此栅极与器件的其他部分没有任何电连接，因此称为浮栅 MOS。

现在我们来分析浮栅 MOS 作为非挥发性存储器的工作原理。

假设为耗尽型 n 沟道 MOS，即栅极下的半导体表面已经有电子积累，即 MOS 在栅极上没有施加偏压前已经导通。我们另外假定没有写入信息前，浮栅上没有电荷。当栅极上相对 S 施加一个较大的正电压时，半导体表面的电子在较大的电场作用下通过隧道效应越过浮栅与半导体之间的势垒（约 3.2eV）进入到浮栅，见图 11.42，此过程称为编程。当栅极上的电压去掉后，由于浮栅和上面的控制栅与半导体表面没有接触，因此原先进入浮栅的电子被束缚在二氧化硅构成的势阱内无法逃逸。如果没有外界电、光、热等因素的激发，浮栅上的电荷可以保留几年甚至更长的时间。由于浮栅在编程时有负电荷进入，因而使得 MOS 器件截止。因此编程时是否让电子进入浮栅，就可以决定以后栅极上没有加偏压时 MOS 晶体管的导通与否。

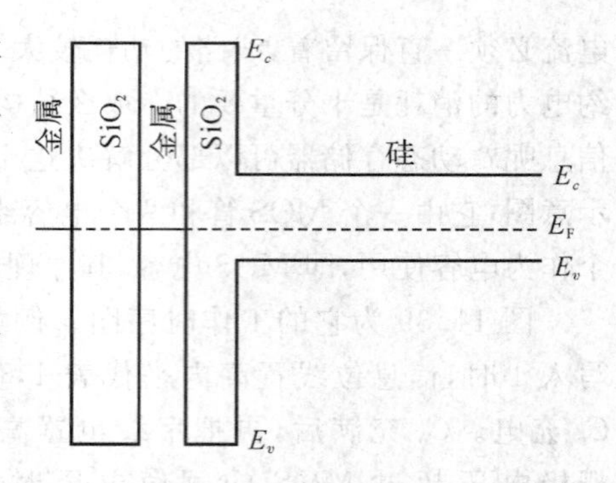

图 11.42　被束缚势阱中的电子

我们在栅极上施加较高的负电压使浮栅上的电子回到半导体表面，也可以利用紫外线照射的办法让栅极上的电荷回到半导体表面，这个过程称为信息的擦除过程。紫外线擦除时需要让紫外光通过，因此浮栅必须能被紫外线照射到，而且紫外线照射面积较大，因此一次可以擦除许多 MOS 浮栅上的电荷。相反，电擦除一次只能擦除一个 MOS 或者一条线上 MOS 浮栅上的电荷，速度较慢，但有可以单独擦除某个位的优点。图 11.43 至图 11.46 示意地画出 MOS 存储器中信号的写入和擦除过程。

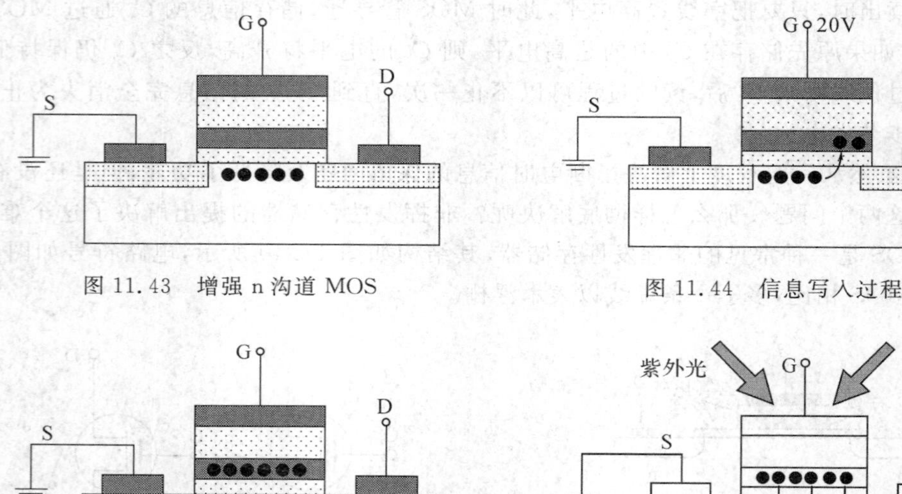

图 11.43　增强 n 沟道 MOS

图 11.44　信息写入过程

图 11.45　信息长久保持

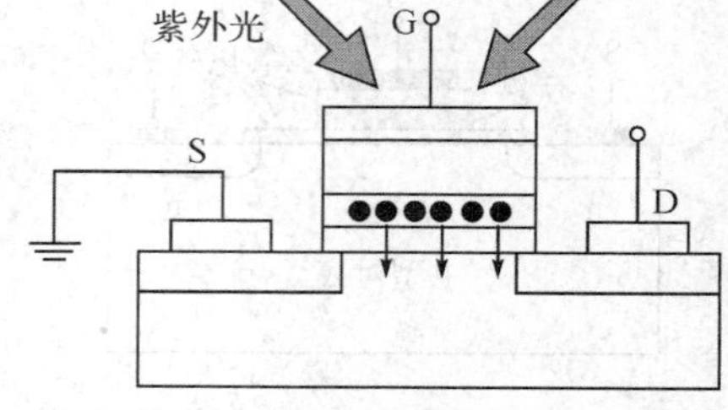

图 11.46　信息擦除过程

§ 11.6　电荷耦合器件(CCD)

电荷耦合器件也是一种基于 MOS 的固体成像器件，现已被广泛地应用在摄影、摄像领域。它通过电荷的耦合和转移而不是电流或电压将信号逐级转移出去，因此叫电荷耦合器件。图 11.47 为简化的一维三相驱动的 CCD 结构示意图，每个栅极下表示一个 MOS 器件，其中每个像素有三个 MOS 基本单元构成，分别为 A、B、C。工作时通过控制各像素 MOS 对应的栅极上的电压，即可依次将信号转移出去。

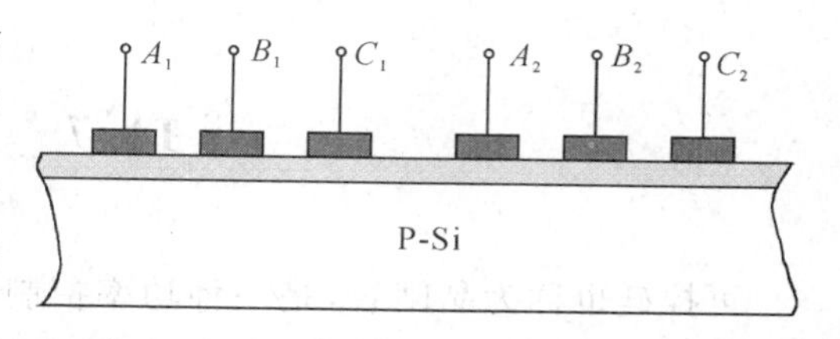

图 11.47 简化的 CCD 结构示意图

用于 CCD 的 MOS 晶体管也为耗尽型 n 沟道 MOS 晶体管，即栅极未加电压时半导体靠近二氧化硅的界面附近存在耗尽层，而且处于深度耗尽状态。对于 n 沟道 MOS，衬底为 p 型半导体，因此处于耗尽状态的 MOS 在二氧化硅-半导体界面处能带向下弯曲，形成一个电子势阱，可以俘获电子。

为简化讨论，我们下面以方势阱近似代替栅极下的耗尽区，来讨论 CCD 中的电荷转移过程。在方势阱近似下，CCD 中的一个像素可以近似为图 11.48 所示。

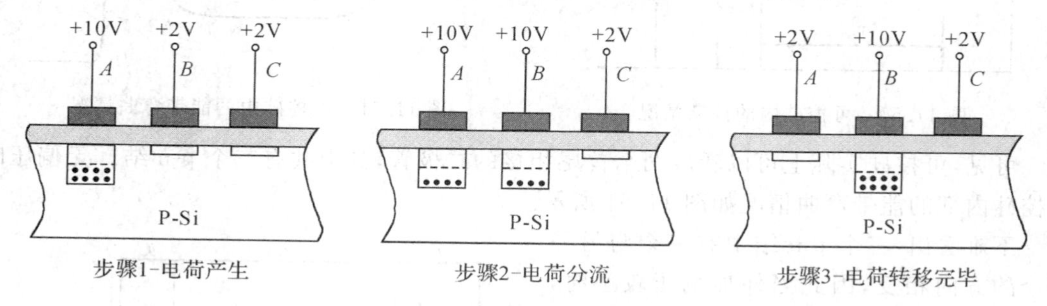

图 11.48 CCD 中信号传输示意图

假定开始时 A 单元的栅极上加有较大的正偏压（+10V），B、C 上面加较小的电压（+2V），仅仅维持 B、C 下面的半导体界面为弱耗尽层。那么当有光照射到该像素的三个 MOS 上时，绝缘层下半导体内产生的电子一空穴对在空间电荷区电场的作用下分离，电子进入 A 单元下面最深的势阱。虽然 B、C 下面也有势阱，但因为势阱很浅，加上各 MOS 之间距离很小，可以通过隧道效应进入 A 下面的势阱中，因此最后光照产生的电子全部进入 A 下面 MOS 的势阱中。

此时如果在 B 单元的栅极上也加上+10V 的电压，那么，B 下面的势阱深度加深。由于 A、B 靠得很近，因此部分电子将从 A 分流到 B。最后减小 A 单元栅极上的电压，则 A、B 中的电子将全部转移到 B 中，这样就实现了电子从 A 到 B 的转移。按照相同的方法，我们可以将 B 中的电荷转移到 C 中，依次类推，我们可以逐个将各像素中的电荷向右方向转移。这样每次转移一位，即可把 CCD 阵列中所有的信息转移出去。由于 CCD 每次只转移一个数据位，因此外围线路相对比较简单，不过处理速度相对较慢。

不难发现，CCD 除了可以用来记录光图像外，经过适当的改进还可以作为数据存储器存储图像和数据。不过本节仅对 CCD 中的电荷转移过程进行简单的描述，更详细的内容请参考其他专门描述 CCD 的书籍或文献。

§ 11.7 可控硅器件

可控硅也称为晶闸管，是一种功率控制器件。它的结构如图 11.49 所示，内部掺杂情况如图 11.50所示。

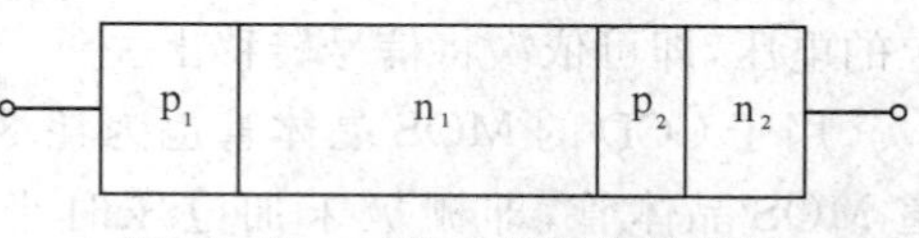

图 11.49 可控硅的结构示意图

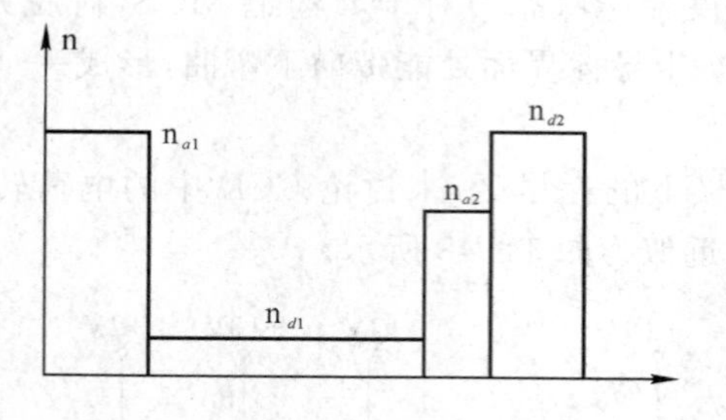

图 11.50 可控硅内的掺杂情况

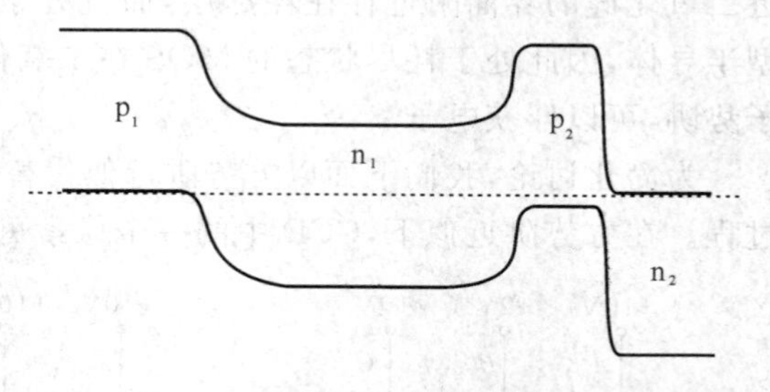

图 11.51 可控硅内的能带弯曲情况

可见，可控硅实际上可以看成两个首尾相接的二极管，其中共有三个 p-n 结。无偏压时可控硅内部的能带弯曲情况如图 11.51 所示。

不难看出，三个 p-n 结中有一个与另外两个的方向相反，因此当外加偏压较小时，不管外场的方向如何，可控硅均不能导通。

我们也可以把可控硅器件想像成两个三极管的组合，见图 11.52。上面的三极管为 p-n-p 型的，而下面的三极管为 n-p-n 型的。其中 p-n-p 型三极管的基极与 n-p-n 的集电极相连，p-n-p 型三极管的集电极与 n-p-n 的基极相连。

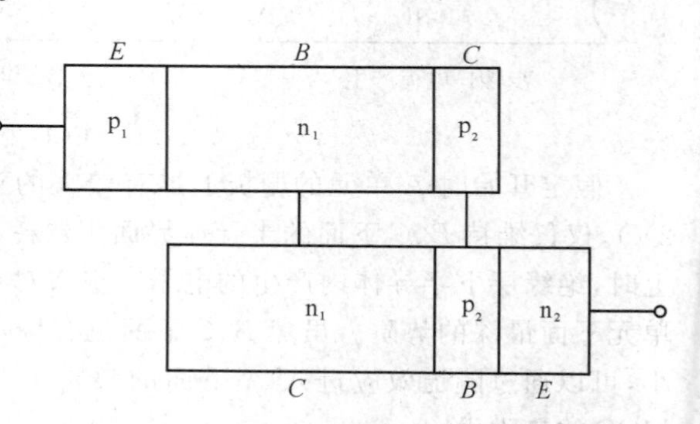

图 11.52 可控硅的三极管等效结构示意图

虽然这样的结构原则上可以作为电流控制器件工作，但是实际的可控硅器件往往是一个三端器件，即在 P_2 区域中另外引出一个电极作为栅极。有了这个栅极，可控硅器件的工作点可以调节。它的等效电路图可以用图 11.53 表示。其中 p_1 对应的极称为阳极 A，n_2 对应的极称为阴极 K。

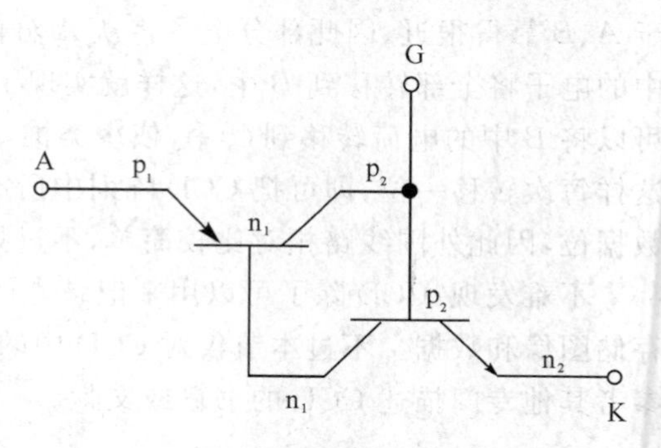

图 11.53 可控硅的三极管等效电路示意图

图 11.54 为可控硅器件工作时的简化电路图。从图 11.54 可以看出，如果阳极接电池的负极，阴极接电池的正极，那么可控硅中的三个 p-n 结中有两个反偏，因此不管栅极电压是正还是

负，可控硅器件均不导通。

从线路图上看，此时三极管 Q_1 截止，即图 11.54 左边所示。反之，如果阳极接正电压，阴极接负电压，而且此时栅极 G 上加一个高于阴极的电压，则三极管 Q_2 导通，从而引起 Q_1 的导通。可控硅一旦导通，负载电阻上有很大的电流通过。此时如果撤掉栅极 G 上的电压，由于 Q_1、Q_2 具有互锁特性，可控硅仍然保持导通状态，除非不断减小阳极电压，或者不断增加回路电阻使得电流减小直至器件关断。

可控硅的 I-V 特性如图 11.55 所示。可见随着阳极电压的增加，存在一个阈值电压，当阳极电压高于这个电压时，可控硅导通，器件两端的压降迅速降低，同时通过的电流迅速增加。另外，我们发现阈值电压与流过栅极的电流有关，栅极电流越大，则阈值电压越小。

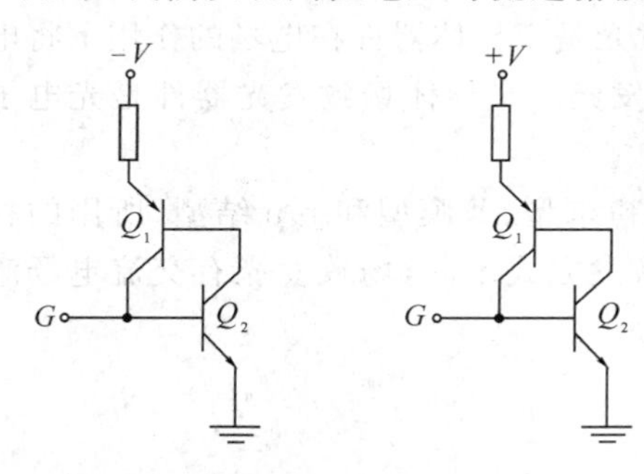

图 11.54　可控硅的三极管的线路图

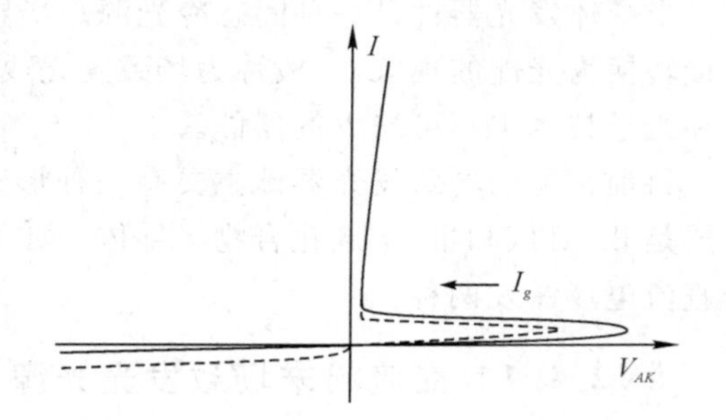

图 11.55　可控硅的 I-V 特性以及与栅极电流的关系

如果把可控硅两端接上交流电，那么可控硅两端的电压将受到栅极电流的控制。栅极电流越大，可控硅导通的时间越长，即负载上获得功率输出的时间越长。反之，如栅极电流越小，则可控硅导通的时间越短，则负载上获得功率输出的时间越短。因此只要控制栅极电流，即可控制负载获得的功率大小。具体情况见图 11.56。

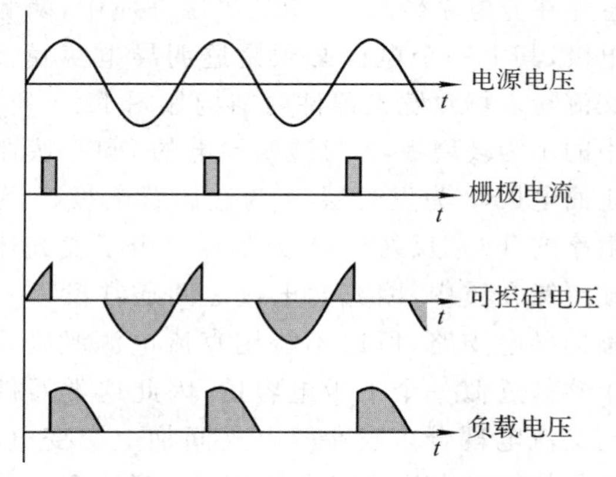

图 11.56　可控硅调节功率示意图

上面所示的可控硅只利用了电源的正半周。如果要利用正反两个半周，则可以把两个可控硅反向并联起来使用。由于栅极电流一般很小（mA 数量级），但流过可控硅的电流却可以很大，所以利用可控硅可以控制功率很大的负载。但是由于可控硅的存在使得电源的波形发生变化，因此对其他电路可能会有干扰。

第12章 半导体光电器件

§12.1 固态发光源

半导体发光器件是一种固态冷光源。半导体发光是半导体器件在电场的作用下将电能直接转换为光能的现象，一般称为场致发光或电致发光。半导体场致发光器件是光电子技术和光子技术中不可缺少的器件。

目前常见的场致发光器件主要有三种形态，即粉末型、薄膜型和 p-n 结型，所用的材料主要是Ⅱ-Ⅵ族和Ⅲ-Ⅴ族化合物半导体。如果按激发方式不同，场致发光有交流电场激发和直流电场激发两种。

§12.1.1 交流粉末场致发光光源

在交流发光器件中，发光材料（例如 ZnS:Cu）悬浮在介电系数高、透明的绝缘介质中，两侧装有电极，其中一个电极必须是透明导电薄膜。普通交流粉末场致发光器件的结构如图12.1所示，其中的1为玻璃板，2为透明导电的 SnO_2 膜制作的正面电极，3为发光层，4为金属背电极，5为高折射率的 TiO_2 反射层，6为基板。由于发光体悬浮在绝缘介质中，因此两电极之间通常没有一条完整的导电支路，所以不能用直流电源激励。但整个器件近似一个平板电容器，因此这类器件可以与交流电耦合。当在两电极间加上交变电场时，半导体粉末中的载流子从交变电场中吸收能量而放出光子，实现电-光转换，产生场致发光。

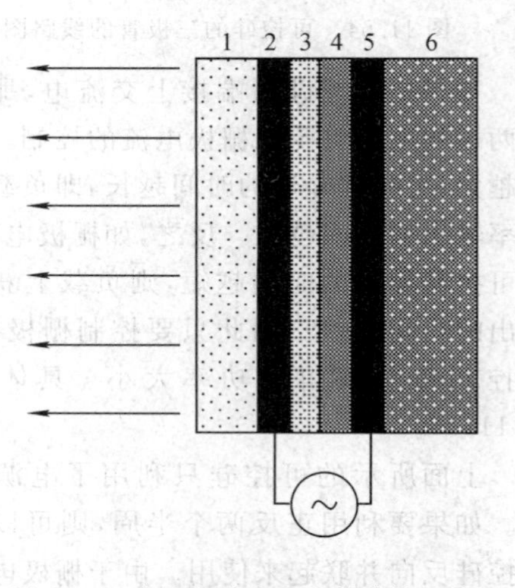

图12.1 交流电致发光器件结构示意图

交流场致发光光源的亮度 I 与所加的交流电压幅度和频率有关。在较低频率下，亮度随频率线性增加，但当频率达到一定值后，亮度不再继续增加。对同一种发光材料，一般来说，外加电压越高，则达到发光饱和值的频率也越高。若固定交流电的频率，则亮度与电压的经验公式为 $I=I_0\exp\left(-\left(\frac{V_0}{V}\right)^{1/2}\right)$。除电压外，电源的频率对发光的颜色也有影响。另外，场致发光的余晖极短，电压一去掉，发光马上停止。

粉末场致发光光源在近几年得到多方面的应用和发展，目前场致发光有蓝、绿、黄、红等各种颜色。与其他光源相比，粉末场致发光光源有许多优点，例如可以固体化、平板化、体积小、安装方便；可以通过光刻、电极掩蔽镀膜等方法，制成任意形状的发光图案，因此发光面积与形状几乎不受任何限制；它是一种无红外辐射的冷光源，安全性好，而且具有视角大、光线柔和、寿命长、功耗低等优点。另外，发光控制方便、开关速度快。当然粉末场致发光光源也存在一些缺点，如驱动电压高（通常需上百伏）、老化相对较快等等。

§12.1.2 直流粉末场致发光光源

直流粉末场致发光光源的结构与交流粉末场致发光光源类似，其结构如图12.2所示。这里发光材料间的介质是导电的，包裹在发光材料外面，因此可以通过直流电激发。它的激发情况也与交流场致发光不同，直流场致发光中载流子吸收的能量正比于通过发光体的传导电流与实际施加在发光体上电压的乘积。为了输入电流，要求发光体与电极之间有良好的电接触。因此，直流粉末场致发光器件工作时有电流流过发光体颗粒。

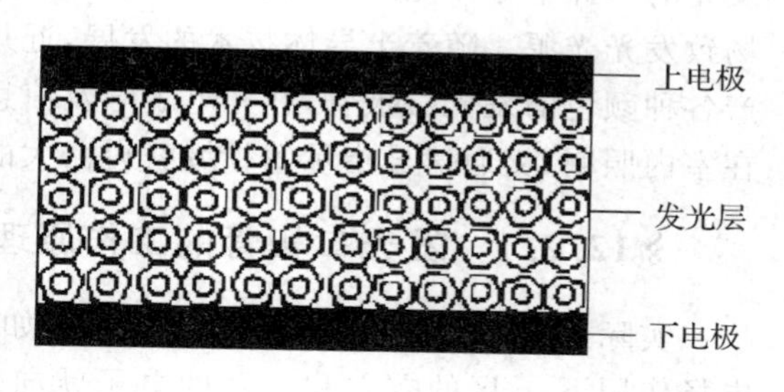

图12.2 直流电致发光器件结构示意图

与交流场致发光器件相比，直流粉末场致发光光源的亮度较高，工作电压较低，可在100V左右的直流电压下工作。它的制造工艺也很简单，成本低，外部驱动比交流场致发光更加方便。不过原则上说，直流粉末场致发光器件也可用交流驱动。

§12.1.3 薄膜场致发光光源

将上述固体发光器件制成薄膜的形式，就是薄膜场致发光器件，见图12.3。薄膜场致发光光源与粉末场致发光光源在形式上极其相似，发光层也是夹在两个平板电极之间，但发光层的厚度很薄。两个电极中，至少有一个是透明的或半透明的，如透明导电玻璃等。当在两电极上加电压时，薄膜发光通过它透射出来。

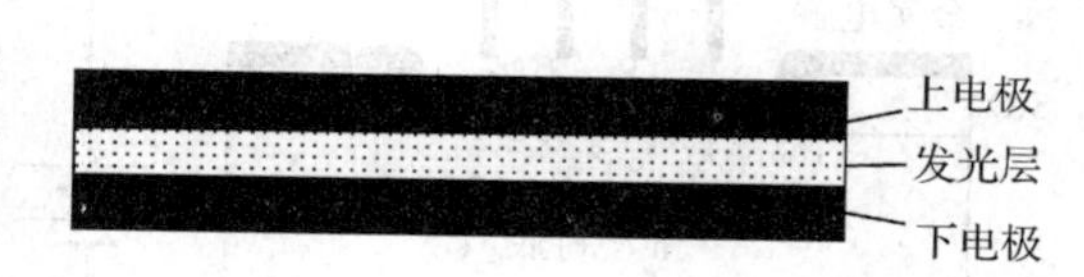

图12.3 薄膜场致发光器件

但是，薄膜场致发光层和粉末场致发光层在结构上有本质的不同。薄膜发光层的突出特点是没有介质，它仅仅由半导体发光体（如掺Mn的ZnS多晶）彼此连接而成，而粉末发光器件中的发光层通常要用有机介质将发光粉末粘结在一起。因此薄膜发光体可与电极直接接触，因而可获得低压直流场致发光。由于发光膜很薄（厚度约1μm左右），最低工作电压可降至几伏至十几伏。

不难看出，薄膜场致发光器件既可用直流驱动，也可用交流驱动。薄膜场致发光由于薄膜的厚度很薄，颗粒细且均匀，因此可以有很高的分辨率和高的对比度。直流薄膜发光器件的另一个优点是驱动电压低，可直接用集成电路进行驱动。

§12.2 发光二极管

发光二极管是利用电场在p、n结区注入少数载流子后与p、n区中的多子复合而产生发光的一种半导体光源。由于是利用载流子注入而发光，因此这种发光二极管也称注入式场致发光光源。随着半导体技术的发展，近几年发光二极管器件发展很快，目前已经可以生产各种颜色的发光二极管，在光电子学及信息处理技术中起着越来越重要的作用，并有可能在室内照明、交通信号指示等领域获得巨大的应用。

§12.2.1 发光二极管的工作原理

实际上发光二极管就是一个p-n结。如图12.4和12.5所示，当加上正向偏压时，在外电场作用下，p区的空穴和n区的电子就向对方运动，构成少数载流子的注入，从而在p-n结附近引起导带电子和价带空穴的复合。复合时多余的能量会以热能、光能或部分热能和部分光能的形式辐射出来。对于直接带隙半导体材料，特别是Ⅲ-Ⅴ族化合物半导体，如GaAs、GaP和$GaAs_{1-x}P_x$等，复合能主要以光能的形式释放。

为了输出光能，发光二极管的电极中的一个必须是透明的。一般采用图12.4所示的方式，把p区或n区暴露出来，使得发出的光可以传输出来。

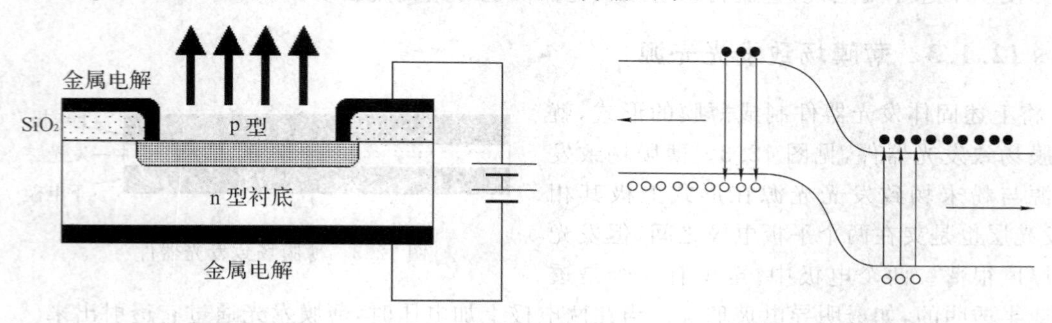

图12.4 发光二极管的结构示意图　　图12.5 发光二极管的工作原理

§12.2.2 发光二极管的特性参数

发光器件的效率就是输出能量和输入能量之比值，一般常用光效率来表征。不过发光二极管一般用量子效率来表示。

我们知道，二极管的发光是在正向偏置下p-n结中注入少数载流子后复合引起的，但问题是注入的少子不见得都能与多子复合而发光，还可通过隧道效应和其他形式流走。只有复合的部分可以光的形式放出能量，但即使复合，也不能保证百分之一百地把能量以光的形式释放，多余的能量还可以转化为热能或通过俄歇过程等形式释放。能量以光的形式释放时称为辐射复合，反之称为无辐射复合。

描述发光能量在整个能量释放过程中所占比例的量就是所谓的内量子效率。一般来说，对许多Ⅲ-Ⅴ族半导体材料来说，内量子效率几乎可以达到100%。但问题是发射出的光并不能全部到达器件外面。作为一种实际的发光器件,重要的是最终它能向外界发射出多少光能。表征发光二极管这一性能的参数就是外量子效率。

影响发光二极管外量子效率的主要原因是半导体材料的折射率较高,因此全内反射角很小,易于发生全内反射。全内反射就是光从折射率大的介质向折射率小的介质传输时,如入射角超过某一值,则入射光被全部反射回折射率高的介质中。全内反射角由下式定义:

$$\theta=\sin^{-1}\frac{n_1}{n_2},\text{其中 } n_2>n_1 \tag{12.1}$$

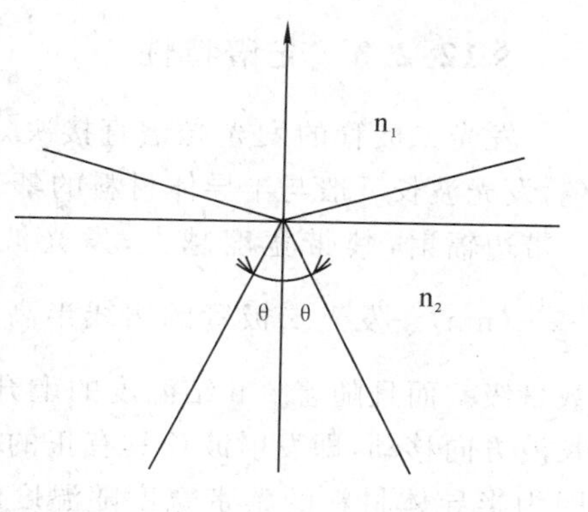

图 12.6 全内反射示意图

例如 GaAs 的折射率为 3.6,因此其全内反射的临界角只有 16.6 度。所以大部分发射出来的光都以大于全内反射临界角的角度到达半导体材料与空气界面而被反射回去,只有与界面法线成 16.6 度角的圆锥体内的光可以透过界面发射出来,因此光能因为全内反射损失很大。为了减少全反射损失,通常采用两种方法:一是把半导体材料与空气的交界面做成半球形,以便让绝大部分的光线从小于临界角的方向射出表面,如图 12.7 所示。但是,这种方法制造困难、价格昂贵,只有在大功率器件中偶尔采用。另一种方法就是把 p-n 结密封在透明的折射率介于空气和半导体材料之间的塑料中。这种结构与半导体空气界面相比,光能输出可以增大几倍。如果把塑料做成半球形,那么光能损失可进一步减少,见图 12.8。这就是为什么高亮度发光二极管的外形都是半球形的原因。

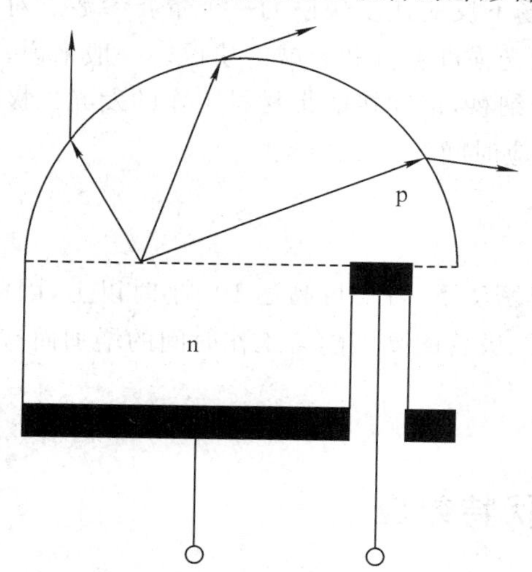

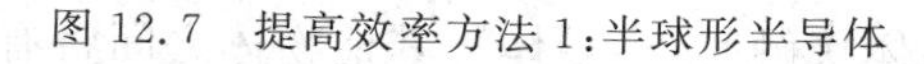
图 12.7 提高效率方法 1:半球形半导体

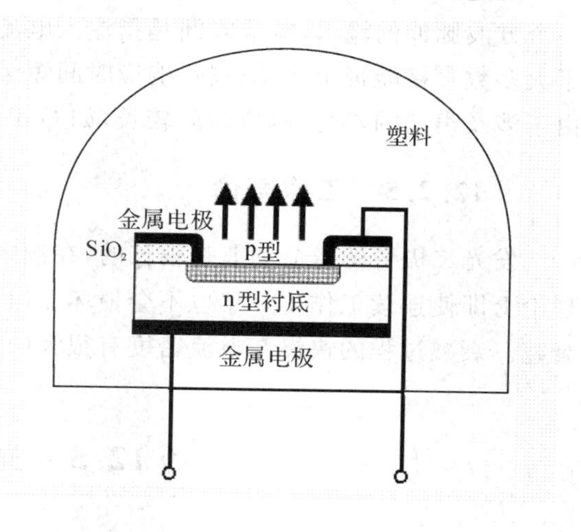

图 12.8 提高效率方法 2:半球形塑料封装

发光二极管的电流-电压特性和普通的二极管基本一样,发光强度与电流密度近似成正比。不过发光二极管的发光强度还强烈地依赖于工作温度。当环境温度较高或工作电流过大时,由于热损耗,发光强度不再继续随着电流成比例增加,导致出现热饱和现象以致损坏器件。

§12.2.3 光谱特性

发光二极管的发光光谱直接决定着它的发光颜色，发光波长一般与半导体材料的禁带宽度对应。对于带边辐射，禁带宽度越大，发光波长越短，即 $\lambda=\frac{1240}{E_g}(\mathrm{nm})$。发光二极管的谱线半高宽约为 10nm 的数量级。而且随着 p-n 结温度的上升，发光波长将向长波方向移动，即发射波长具有正的温度系数。这是因为半导体材料的禁带宽度随温度的增加而减小的缘故，即

$$E_g(T)=E(0)-\frac{AT^2}{T+B} \tag{12.2}$$

其中 A 和 B 为待定的参数。

图 12.9 为半导体 LED 的发光光谱图。与半导体激光器 LD 相比，半导体 LED 的光谱范围还显得较大，但与普通的自然光相比，从 LED 发出的光已经可以认为是单色光了。

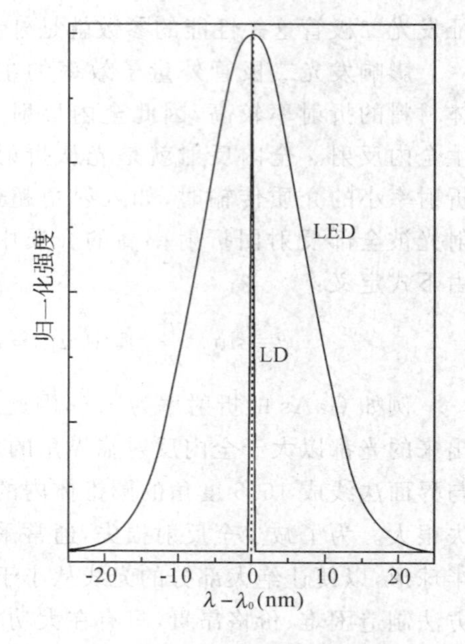

图 12.9 半导体发光二极管的光谱图

§12.2.4 响应时间

发光二极管的响应时间就是衡量它在脉冲电场下反应速度快慢的一个重要参数。对于一个方波脉冲的输入，响应时间是指注入电流后发光强度上升和衰减的快慢。一般来说，对于大多数直接能带半导体材料，响应时间短至几个纳秒，但间接能带材料制作的发光二极管由于涉及声子的参与，响应时间较长，如 GaP 的响应时间约为 100ns。

§12.2.5 工作寿命

发光二极管的寿命一般是很长的，在额定电流密度下，寿命可高达 10^6 小时以上，因此，理论上即使连续工作 100 年也不会损坏。但发光二极管的亮度随着工作时间的增加而有所衰减。衰减过程的快慢与电流密度有很大的关系。

§12.3 光生伏特效应

我们知道，当半导体与另一费米能级不同的物体接触时，半导体与其他物体之间将有电荷转移，导致界面附近内建电场或势垒的产生。我们已经知道半导体－半导体、金属－半导体界面有势垒存在，实际上液体－半导体、气体－半导体材料之间也可能存在势垒。若用波长小于半导体材料禁带宽度对应波长的光照射界面，并用导线把两边连接起来，可以发现回路中有电流流过，这种由于光照引起的电流称为光生电流。如果在开路的情况下，则界面两

边有电压差存在，此电压差就是光生电压。这种由于内建电场引起的光电效应，称为光生伏特效应。利用这种效应能直接把光能转换成电能，例如太阳能电池，光探测器等。本节以半导体 p-n 结为例介绍这种效应。至于其他类型的界面，其光生伏特效应的基本原理与 p-n 结的光生伏特效应是相同的。

§12.3.1 p-n 结中光生伏特效应的物理过程

如图 12.10 所示，当能量大于禁带宽度的光子照射 p-n 结上时，如果 p-n 结较薄，则光激发引起的本征跃迁导致在 p-n 结的耗尽区及 p-n结区附近产生电子一空穴对。由于在p-n结区有内建电场，因此产生的电子-空穴对在内建电场的作用下被分离，分别进入 p 区(光生空穴)和 n 区(光生电子)。导致 n 区边界处出现电子的积累，p 区边界处出现空穴的积累。如果p-n结的外电路没有连通，即处于开路状态，那么上述电荷积累将导致p-n结两端形成电势差，p 区为正，n 区为负，相当于在它的两端加上正向电压，因此势垒高度降低。如果在光照的同时把p-n的两端串接上负载，则负载上就会有电流通过，这时的p-n结相当于一个以光为源的光电池，在其内部形成由 n 区流向 p 区的光生电流。

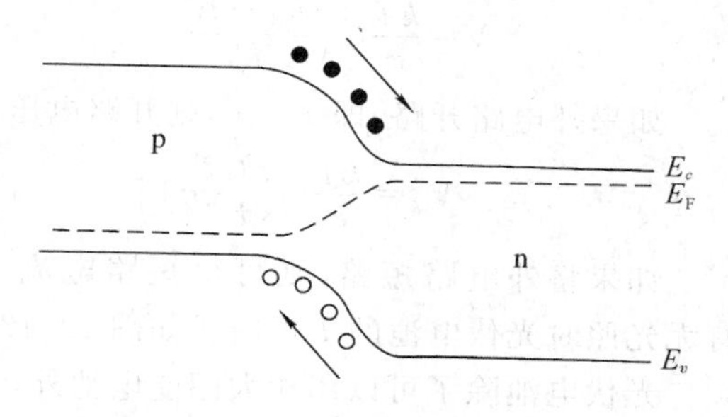

图 12.10 p-n 结光伏效应示意图

§12.3.2 光伏电池的电流电压特性

由于光照时势垒高度降低，因此相当于在 p-n 结上施加了一个正向偏置电压，对应的正向电流为 I_F。假定光强不变，则光生电流的强度 I_{ph} 也不变。设负载电流为 I_L，则从图 12.11 可以看出

$$I_F = I_{ph} - I_L \tag{12.3}$$

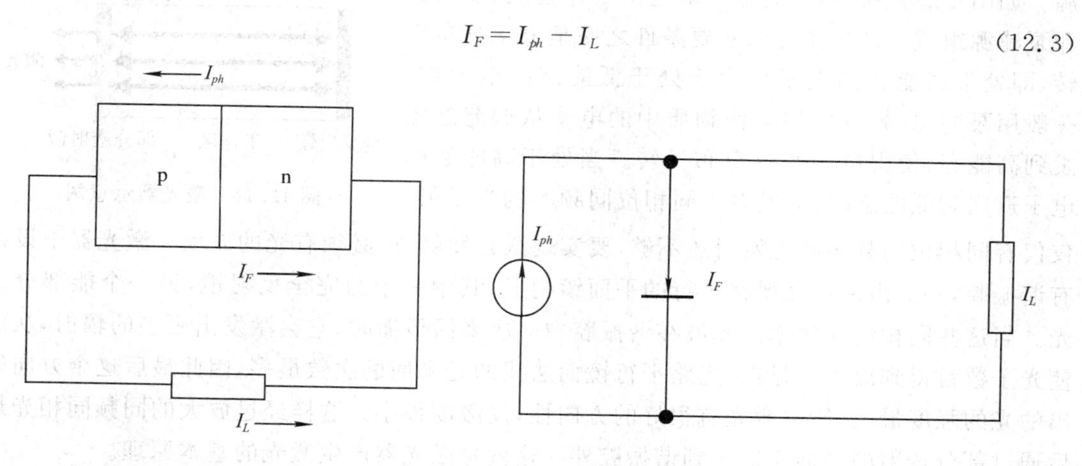

图 12.11 光伏电池中的电流关系

图 12.12 光伏电池的等效电路

因为 $I_F = I_s[\exp(eV/kT) - 1]$，所以流过负载的电流为

$$I_L = I_{ph} - I_s[\exp(eV/kT) - 1] \tag{12.4}$$

它的等效电路图如图 12.12 所示。

从上面电流的表达式可得光电池的伏安特性为

$$V = \frac{kT}{e}\ln\left(\frac{I_{ph} - I_L}{I_s} + 1\right) \tag{12.5}$$

如果外电路开路，即 $I_L = 0$，则开路电压为

$$V_{oc} = \frac{kT}{e}\ln\left(\frac{I_L}{I_s} + 1\right) \tag{12.6}$$

如果将外电路短路，则可得短路电流 $I_{SC} = I_{ph}$。有无光照时光伏电池的 I-V 曲线如图 12.13 所示。

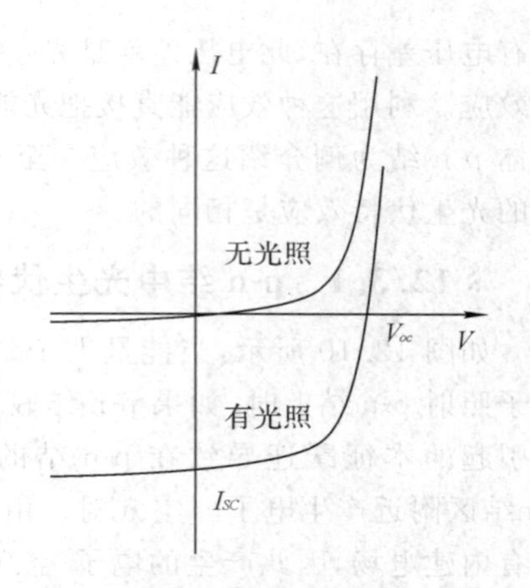

图 12.13　光伏电池的 I-V 特性

光伏电池除了可以用作太阳能电池外，还可用来测量光强。由于 $I_{SC} = I_{ph} \propto$ 光强，因此测量流过反向偏置的光伏电池的电流即可确定入射光的相对强度。这种光伏电池一般称为光敏二极管。

§12.4　半导体激光器

§12.4.1　激光器的工作原理

我们知道，激光是一种高单色性、高亮度、相干的光源。如图 12.14 所示，激光器一般是由工作物质、谐振腔和泵浦源组成。产生激光的必要条件之一是电子分布反转，即处于高能态的电子数大于处于低能态的电子数。一般用泵浦源（光、电）将工作物质中的电子从低能态激发到高能态，使得电子数的分布反转。当处于高能态的电子返回到低能态时，会发射出同相位同频率的光发射。仅仅有同相位同频率的光发射还不够，要实现激光发射，还必须有光的放大。激光器中设计有谐振腔，一般由两反光严格平行的平面镜构成，其中一个为完全反射镜，另一个能部分透光。当这些同相位同频率的光波在谐振腔中多次来回传播时，它会激发出更多的辐射，从而使光子数目得到放大。显然，光路平行镜面法线的光来回的次数最多，因此最后这个方向发出的光的强度最大，所以激光有很好的方向性，发散度很小。这样经过放大的同频同相光最后通过部分透射的平面镜输出到谐振腔外。这就是激光器产生激光的基本原理。

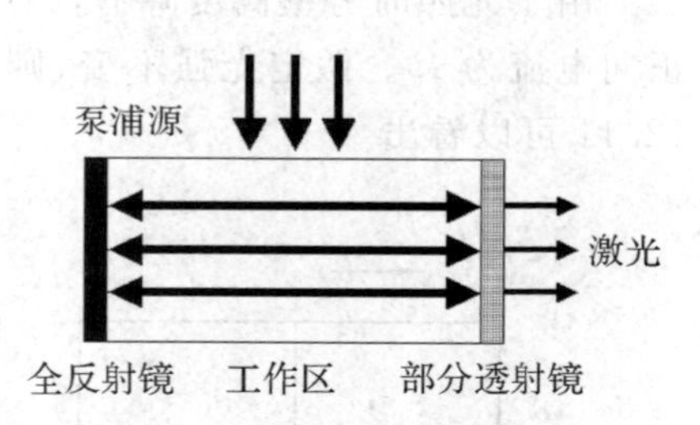

图 12.14　激光器示意图

§12.4.2　半导体激光器

20 世纪 60 年代，研究人员从正向偏置的 GaAs 的 p-n 结以及 $GaAs_{1-x}P_x$ 混晶的 p-n 结中分别获得了波长 810nm 和 710nm 的激光输出。由于要使得电子数分布反转，需要的电

流很大，因此早期的 p-n 结激光器需要通过液氮冷却。

半导体激光器的工作物质是半导体材料，它的原理与前面讨论过的发光二极管完全相同，这里工作物质就是 p-n 结，正向偏置时在 p-n 结附近发生电子数反转，见图 12.15。图 12.16 为砷化镓同质结二极管激光器的结构示意图。由于半导体材料的折射率一般较大，因此反射系数较大，所以两个与 p-n 结平面垂直的解理面即构成相互严格平行的谐振腔。为了提高反射率，其中的一个解理面上可以沉积一层高反射率的薄膜。当 p-n 结正向注入很大的电流时，n 区中大量的电子越过势垒进入 p 区，导致 p 区靠近 p-n 结附近区域内电子数目的反转。电子从导带跃迁到价带时发出激光。

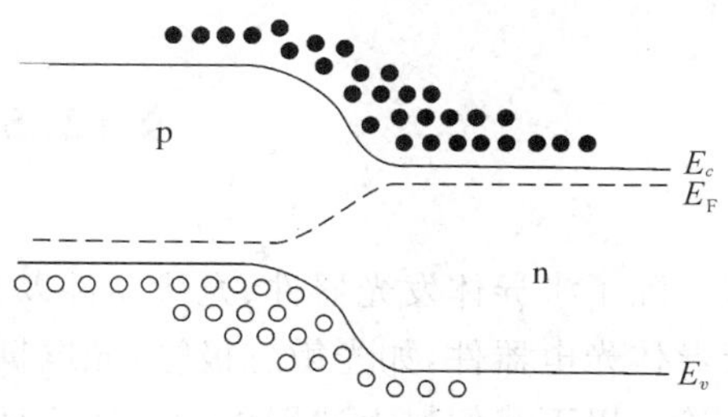

图 12.15 p-n 结正偏时的电子数反转

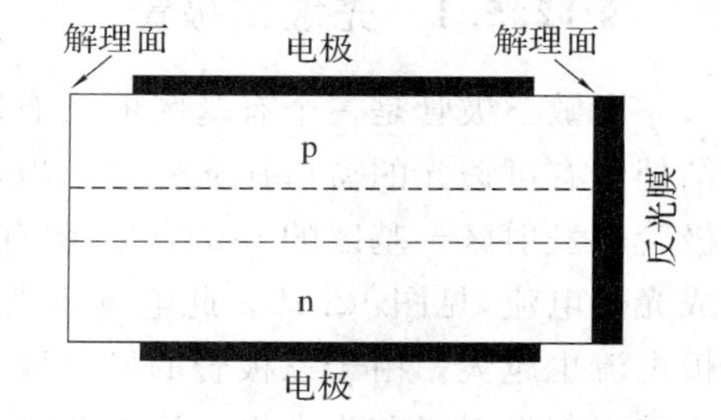

图 12.16 p-n 结激光器示意图

可见，普通的半导体激光器与发光二极管基本上是相同的，两者的主要差别是半导体激光器中有解理面形成的谐振腔。由于激光是受激发射，发出的光同频、同相，加上谐振腔的存在使得从半导体激光器发出的光的波长分布比半导体发光二极管发出的光的波长分布要小得多，见图 12.9 的 LD。

另外，如前面所述，要实现电子数的反转，输入电流要很高。当电流较小时，只有普通的光输出，这时它就是一个发光二极管。当电流达到某一值时，开始发射出激光，此电流值称为激光器的阈值电流，它表示半导体激光器产生激光输出所需的最小注入电流。阈值电流密度是衡量半导体激光器性能的重要参数之一，其数值与所用的半导体材料、制作工艺、器件结构、工作温度等因素密切相关。由于异质 p-n 结及量子阱、超晶格等的应用，目前半导体激光器的阈值已经很小，只要 mA 级甚至更小的工作电流就可以使半导体激光器发出很强的激光。图 12.17为一个实际半导体激光器的光功率—电流特性，可见当温度为 0℃、25℃和 50℃时，阈值电流分别为 38、42 和 53mA。

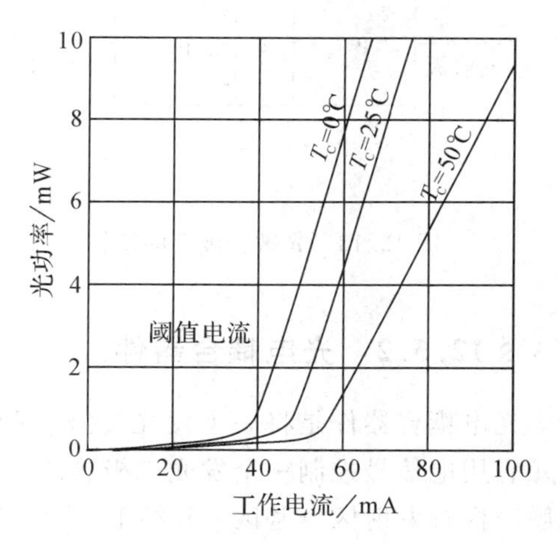

图 12.17 一个 p-n 结激光器的光功率特性

半导体激光器体积小、重量轻、效率高，光谱窄，寿命长，因此已经广泛地应用在光通信、光学测量、自动控制等方面，是最有前途的辐射源之一。

§12.5 其他光电器件

除了半导体发光器件、光伏器件以及我们前面讨论过的光电导现象外，还有其他形式的半导体光电器件，如光敏三极管，光电耦合器件，光波导，光存储，光放大，光调制，光逻辑器件等。以下我们对上述器件的工作原理进行简单的叙述。

§12.5.1 光敏三极管

光敏三极管是一个有基区但没有基极的三极管，如图 12.18 所示。发射区一基区 p-n 结处留有可透光的窗口让光通过。当光子能量大于半导体材料禁带宽度的光照射到光敏三极管的发射区一基区的 p-n 结时，就有电子一空穴对产生，在该 p-n 结内建电场的作用下形成光生电流，见图 12.19。此电流相当于普通双极型三极管的基极电流。光照强度越强，基极电流也越大。由于三极管的发射极电流与基极电流有确定的关系，因此基极电流的变化必然引起发射极和集电极电流的变化。因此光敏三极管可以通过光照强度控制流过三极管负载上的电流。

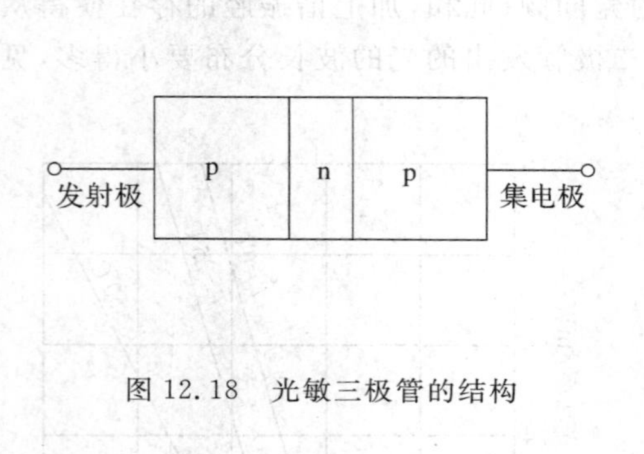

图 12.18 光敏三极管的结构

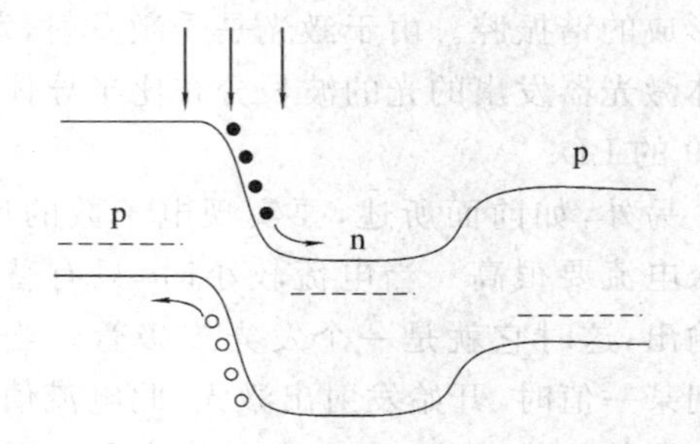

图 12.19 光敏三极管的结构

§12.5.2 光电耦合器件

光电耦合器件是将一个发光二极管和无基极的光敏三极管组合在一起的光电转换器件。它用电信号控制一个发光二极管的发光强度，同时把此发光二极管发射出的光照射到光敏三极管发射区一基区 p-n 结上，这样既可实现两个电器单元之间的电隔离，又可以控制流过三极管的电流。图 12.20 虚线框内的器件组合为光电耦合器件，可见输入端和输出端在电路上是隔离的。

§12.5.3 半导体电一光调制器

根据 Drude 模型，半导体材料的折射率和吸收系数的改变与载流子浓度的变化之间有以下的关系：

$$\Delta n = -\frac{e^2\lambda^2}{8\pi^2\varepsilon_0 c^2 n}\left(\frac{\Delta N_n}{m_{dn}^*}+\frac{\Delta N_p}{m_{dp}^*}\right) \tag{12.7}$$

$$\Delta\alpha=\frac{e^3\lambda^2}{4\pi^2\varepsilon_0 c^3 n}\left(\frac{\Delta N_n}{m_{dn}^{*2}\mu_n}+\frac{\Delta N_p}{m_{dp}^{*2}\mu_p}\right)\quad(12.8)$$

其中 n 为折射率，ΔN_n 和 ΔN_p 分别为电子和空穴浓度的变化量，即非平衡载流子浓度，m_{dn}^* 和 m_{dp}^* 分别为电子和空穴的电导率有效质量。因此如果通过改变偏压使得半导体材料中的载流子浓度发生变化，就可以使得半导体材料的折射率和吸收系数发生变化，从而改变光的反射和吸收，最终导致输出光强变化。

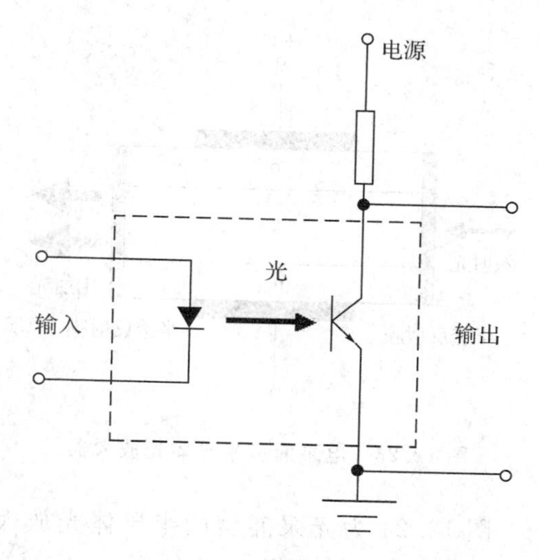

图 12.20　光电耦合器件示意图

半导体电一光调制器的形式有很多种，但工作原理基本相同。图 12.21 为一种 MOS 型电一光调制器的结构图。其中 n^- 层为光通道。由于光通道上下均为掺杂浓度较高的重掺硅，因此折射率较轻掺的光通道层小，所以在 n^--n^+ 界面容易发生全反射，使得光波被限制在 n^- 层。再加上重掺的栅极对光的限制，因此光只能在 n^- 层的中间传播。这样中间的 n^- 层和两边的重掺层就构成一个光波导，见图 12.22。

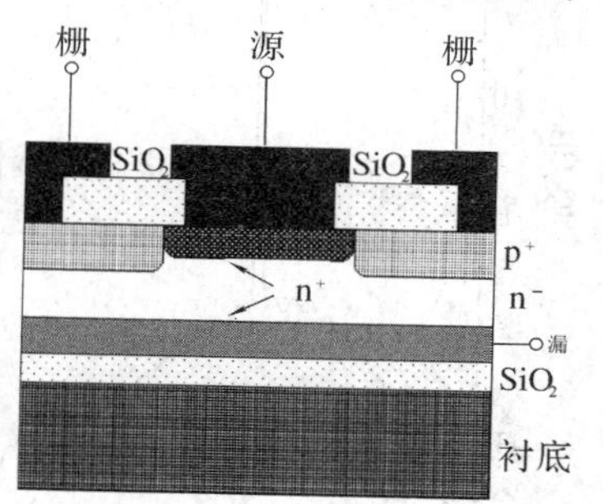

图 12.21　一种 MOS 型电一光调制器

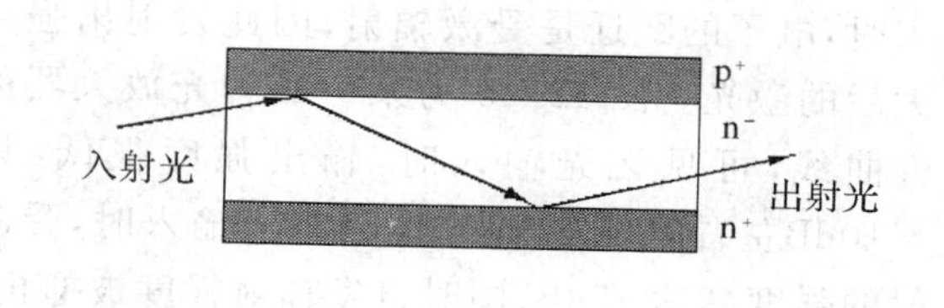

图 12.22　光在光波导内传输示意图

当栅极上的偏置电压变化时，栅极下面的载流子浓度发生变化，导致折射率和吸收系数的变化。因此光通道的尺寸及 n^- 层界面的反射率发生变化，使得输出的光强度发生变化。这样就可以通过调制电压信号来调制光强，使得对光强的控制变得很容易，速度也很快，因此半导体电一光调制器已经被广泛的应用在光通讯中。

§12.5.4　半导体光放大器结构

半导体光放大器也是一种主要的光通讯器件。利用它可以把输入的微弱的激光进行无信号损失的放大，即保持入射光的频率、位相不变，使得光信号进行长距离的传输。

半导体光放大器有多种形式，但基本形式只有两种，即电泵浦和光泵浦。图 12.23 为电泵浦型的，它实际上是一个 pIn 型二极管。当 p-n 结处于正向偏置时，p-n 结区附近有过剩的少子，过剩的少子与多子复合而发射出光子。如果没有入射光，则这种光的发射是随机的。当有位相固定、频率确定的入射光入射时，这种光发射过程就转变为受激光发射，即激光发射，因此光强度大大增强。

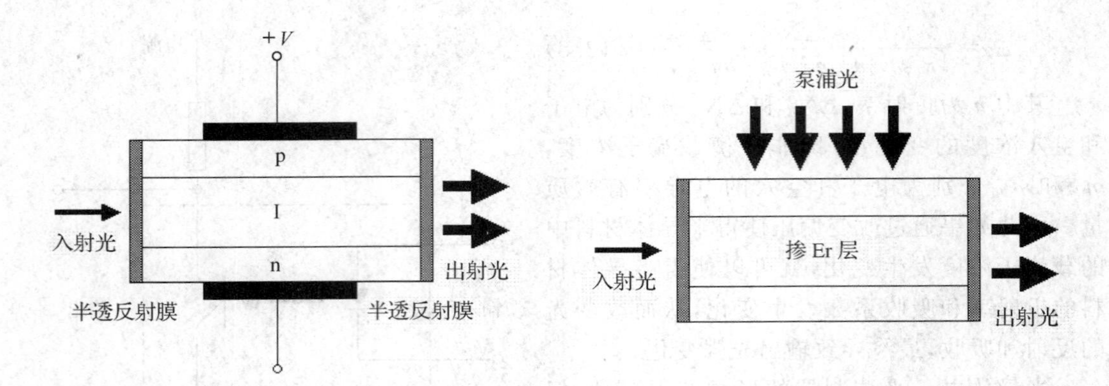

图 12.23　电泵浦型半导体光放大器　　　图 12.24　光泵浦型半导体光放大器

图 12.24 为光泵浦型的半导体光放大器，与前者不同的仅仅在于此时工作区不一定是 p-n 结，它可以是掺有稀土或其他发光中心的半导体材料。外部泵浦光的作用是预先把电子从低能态激发到高能态。同样，如果没有入射激光，电子从高能级回到低能级时发射出普通光。但当有激光输入时，电子的跃迁是受激辐射，因此发射出强度放大后的激光。图 12.25 为某一品牌光放大器的特性曲线，可见无光输入时，输出强度很低，只有 −10dB左右的自发辐射，但当有光输入时，受激辐射的强度高达 25dB，同时自发辐射强度被抑止。

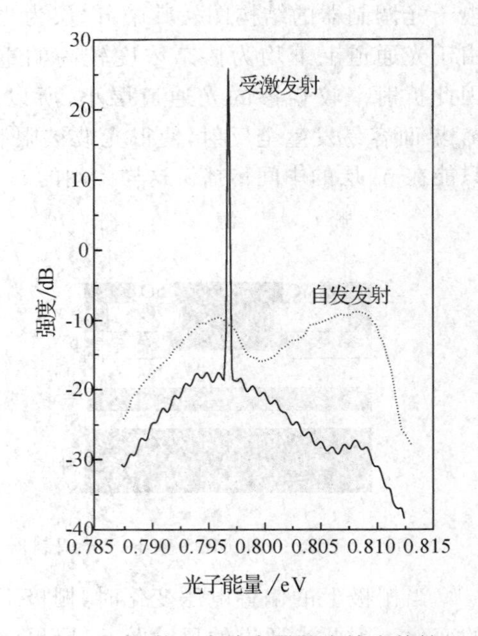

图 12.25　某一光放大器的光输出特性

第 13 章 异质结、量子阱和超晶格

随着半导体材料、微电子以及光电子技术的不断发展，目前越来越多的器件并不是利用半导体的体材料制作的，而是利用半导体外延技术制作的半导体薄膜材料制作的。虽然目前大多数电子器件是用锗、硅、砷化镓等材料的同质 p-n 结构成，但是不少光电器件却需要利用两种不同的材料构成的异质界面才能更好、更有效的工作。半导体激光器就是一个很好的例子，在半导体激光器中利用了基于两种甚至两种以上的半导体材料构成的量子阱和超晶格，使得激光器的阈值大为降低，发光强度大大提高。

§ 13.1 异质结

两种不同的半导体材料结合在一起，其交界处称为异质结。从导电类型看，存在两种类型的异质结，即异型异质结（p-n 型）和同型异质结（n-n 或 p-p）。一般把禁带宽度小的材料写在前面，并把禁带宽度小的材料的导电类型用小写字母表示，例如 n-Ge/N-Si 和 nGe/p-GaAs 分别表示 n 型 Ge 和 n 型 Si 构成的同型异质结和由 n 型 Ge 和 p 型砷化镓构成的异型异质结。

从能带的相对位置上看，异质结可以分为Ⅰ、Ⅰ′、Ⅱ型三种异质结。在Ⅰ型异质结中，禁带宽度小的窄带半导体材料的导带底和价带顶均处于宽带半导体材料的禁带内，见图 13.1。Ⅰ′型异质结的两种材料的禁带相互交错，即一种材料的导带底位于另一种材料的禁带内，而价带顶则低于另一材料的价带顶，见图 13.2。Ⅱ型异质结的两种半导体材料的禁带完全错开，即一种材料的导带底和价带顶均低于另一种材料的价带底，见下图 13.3。

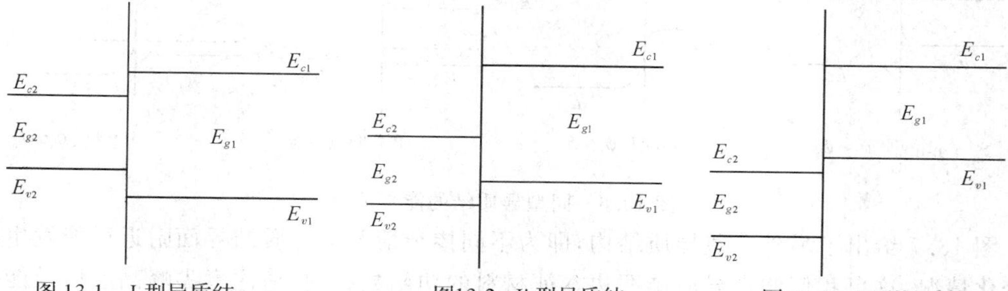

图 13.1 Ⅰ型异质结　　图13.2 Ⅰ' 型异质结　　图 13.3 Ⅱ型异质结

在下面的介绍中，异质结中两种材料的禁带宽度差、导带底差、价带顶差分别用 ΔE_g、ΔE_c、ΔE_v 表示。同时我们假定异质结的界面是突变结，并假定两种材料的界面不存在界面态。

与同质 p-n 结类似，当两种材料接触在一起形成异质结时，异质结两边的费米能级要趋于一致，因此将引起电荷的流动，导致在界面附近形成空间电荷区以及相应的内建电场。内

建电场的产生引起界面附近电势的变化，最终导致异质结两边能带的弯曲。但是由于结两边的材料不同，因此结两边材料的介电常数一般也不相同，所以异质结的情况与同质结的不完全相同。例如在异质结的界面处电通量是连续的，但场强度一般是不连续，即边界条件为 $\varepsilon_1 E_1 = \varepsilon_2 E_2$。假如 $\varepsilon_1 > \varepsilon_2$，则异质结两边空间电荷中的电场强度的变化如图 13.4 所示。由于界面处电场强度不连续，导致界面处的电势的突变，见图 13.5。

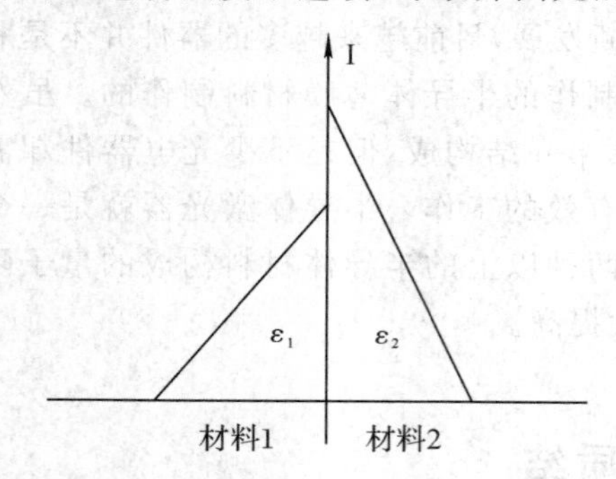

图 13.4　异质结界面处的电场强度

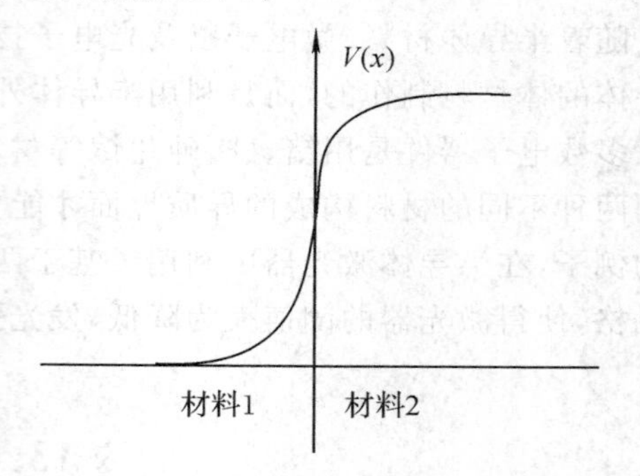

图 13.5　异质结界面处的电势

由于电势的不连续以及禁带宽度的不一致，我们将发现异质结界面附近的能带可以产生突变、尖峰、下陷等与同质结不同的情况。能带上的这些尖峰、下陷和不连续将严重影响载流子的运动，使得异质结具有一些同质结所没有的特点。充分利用这些特点，可以制作出性能优异的电子器件和光电器件。

§13.1.1　几种常见的异型异质结

图 13.6 为不同功函数组合的理想的同型异质结界面可能的能带变化情况，请注意尖峰的位置、高度以及能带不连续随功函数的变化。

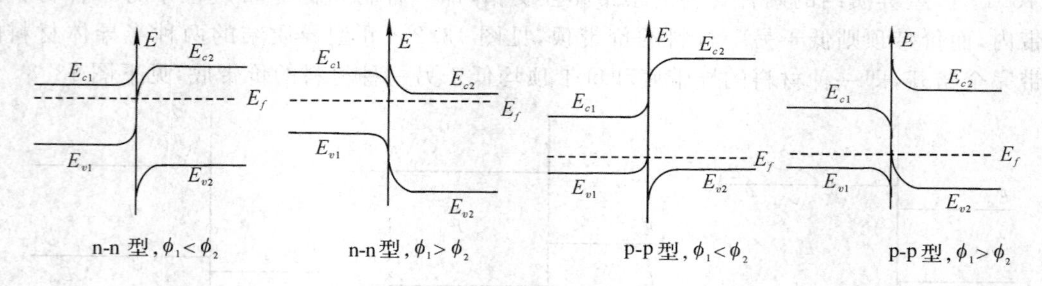

图 13.6　同型异质结的能带情况

图 13.7 给出了另外一些异质结构，即为不同掺杂情况下异质结界面附近可能发生的能带变化情况，这里我们假定异质结两边本征材料的功函数相同，请注意尖峰高度以及能带不连续程度随掺杂浓度及导电类型的变化。

总的来说，以上各种情况下的能带变化情况与金属一半导体接触以及同质 p-n 结相似，我们不再在此详细讨论。原则上说，只要知道了接触后电荷的流动方向以及两边的掺杂情况（载流子浓度）即可大致判断能带弯曲的程度、弯曲方向、尖峰、下陷以及不连续。在后面的讨论中，我们将看到，正是以上这些能带上出现的尖峰、下陷以及突变，使得异质结具有一

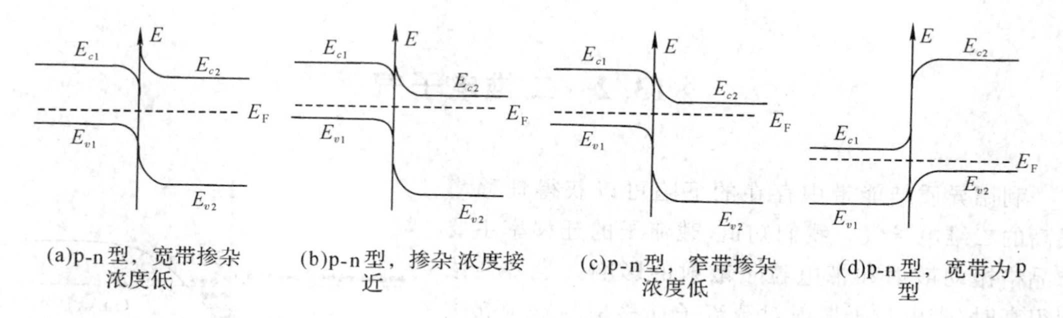

图 13.7　同型异质结的能带情况

些非常优异的性质。

以下以 p-n 型而且窄带重掺、宽带轻掺异质结为例进行简单的分析。从图 13.8 可以看出，当电子从 n 型的宽带向 p 型窄带运动时，电子将受到尖峰势垒的阻挡，这与普通的同质 p-n 结是相同的，但是当电子从 p 型的窄带向 n 型的宽带运动时，由于尖峰的存在，而且如果尖峰的高度高于窄带的导带底，那么电子的运动也可能受到阻碍。如果尖峰的高度较低，低于窄带的导带底，则电子从 n 区向 p 区反向运动时不会受到尖峰的影响，这种尖峰势垒称为负反向势垒，它的存在基本上不影响 p-n 结的电流—电压特性。然而，如果 p-n 型异质结的宽带区掺杂浓度较低，那么尖峰的高度完全可能高出窄带的导带底，使得从 n 区向 p 区运动的电子受到阻碍，使得 p-n 结的电流—电压特性发生变化，这种能够阻碍电子反向运动的势垒称为正反向势垒。

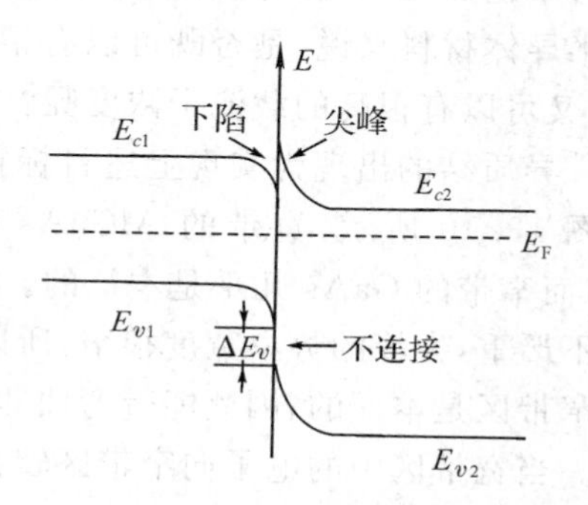

图 13.8　能带上存在的尖峰、下陷以及不连续

另外，我们从以上这些能带图中可以看出，窄异质结中，电子势垒与空穴势垒是不相同的，或不对称的，即电子运动时遇到的势垒高度与空穴遇到的势垒高度是不一样，这样可能导致异质结中电子流和空穴流在数量上存在很大的差异。利用这样现象可以制作异质结晶体管，避免少子注入到发射区，因而提高晶体管的放大倍数。

负反向势垒的 I-V 特性与同质 p-n 结的 I-V 特性基本相同，而正反向势垒的 I-V 特性与同质 p-n 有较大的差异。在外加电压 V 下流过异质结的电流可表示为 $J=J_s(e^{\frac{qV_2}{kT}}-e^{-\frac{qV_1}{kT}})$，其中 V_1 和 V_2 分别为降落在窄带区和宽带区的电势，两者之和为 V。正负反向势垒下的 I-V 特性曲线如图 13.9 所示。

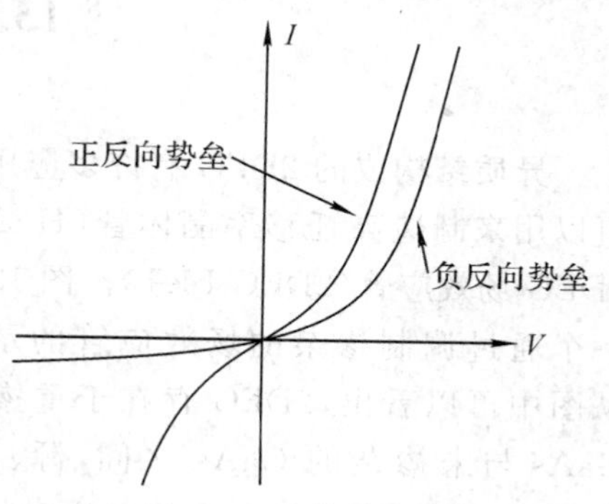

图 13.9　正负反向势垒下的 I-V 特性

§13.2　二维电子气

利用异质结能带中存在的下陷可以获得迁移率很高的二维电子气。我们知道，载流子的迁移率主要受晶格振动散射和带电粒子散射的影响。当掺杂浓度很高时，带电粒子散射对载流子迁移率的影响起主导作用。因此一般情况下，掺杂浓度越高，载流子的迁移率越低，最终使得器件的工作速度降低。那么对于半导体材料来说，是否既可以有很高的载流子迁移率，又可以有很高的载流子浓度呢？

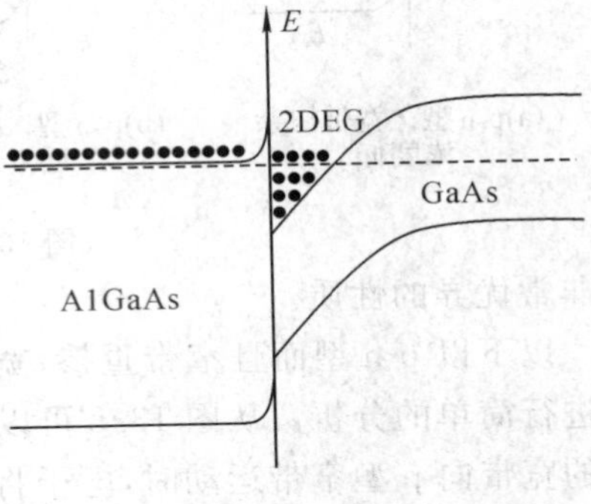

图 13.10　Np 异质结中的二维电子气

异质结的出现为实现上述目标提供了一种途径。如图 13.10 所示，宽带的 AlGaAs 中掺有大量的施主，而窄带的 GaAs 几乎是本征的。当二者结合在一起时，宽带区由于掺杂浓度高，能带弯曲不严重，尖峰的势垒宽度很窄，所以电子可以通过隧道效应从宽带重掺区进入窄带区。由于窄带区是本征的，因此能带弯曲非常严重，导致在窄带区靠近异质结的地方出现能带的下陷。当宽带区中的电子向窄带区转移时，窄带界面区附近的下陷相当于一个电子势阱，所以从宽带区过来的电子聚集在这个势阱中而具有很高的载流子浓度。可见，尽管这个窄带下陷区有很高的载流子浓度，但本身却没有掺杂。因此势阱中的载流子受到的电离杂质散射很小，所以迁移率很高，实现了既有高的载流子浓度，同时又有高的迁移率的要求。这样局限在势阱中的电子称为二维电子气，简写为 2DEG。在半导体技术中称这种方法为调制掺杂。

§13.3　异质结的应用

异质结构成的 2DEG 有许多应用，例如可以用来制造高迁移率晶体管（HEMT）或 2DEG 场效应管（2DEG-FET）。图 13.11 为一个通过调制掺杂的场效应管的示意图。从图中可以看出，2DEG 存在于重掺的 AlGaAs 与未掺杂的 GaAs 之间，源、漏极与 2DEG 连通。当栅极上施加电压时，将影响栅极下面 2DEG 中的载流子浓度。由于 2DEG 中的载流子是由重掺的 AlGaAs 提供的，而不像 MOSFET 中那样是通过电场激发产生的，因此载流子的浓度改变速度很快。另外，由于 2DEG 位于未掺杂的 GaAs 中，因此载流子的迁移率很高。以上两个因素使得 MODFET 可以有很高的工作频率。

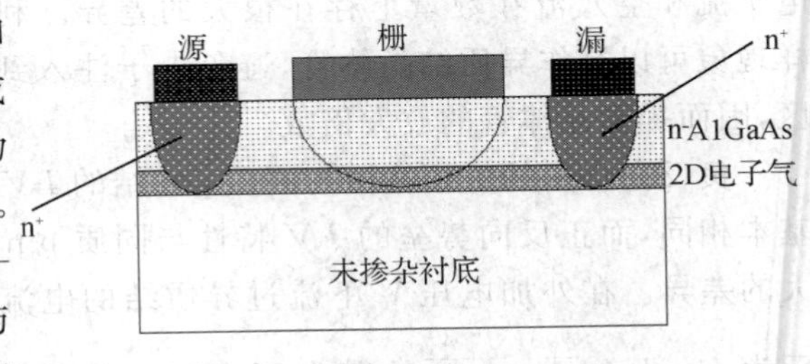

图 13.11　调制掺杂场效应管示意图

§13.3.1 HBT 晶体管

在讨论三极管时，我们知道要提高三极管的电流放大倍数，则要求基区注入到发射区的少子电流要小，基区的掺杂浓度比发射区的小得多。但是简单地减少基区的掺杂浓度会使得基区电阻增加，而增加发射区的掺杂又受到固溶度、最高可掺杂量等因素的限制。因此实际的 BJT 三极管的电流放大倍数最高一般只有几百倍。但是通过异质结构，可以轻易抑止发射区少子的注入，实现很高的放大倍数。

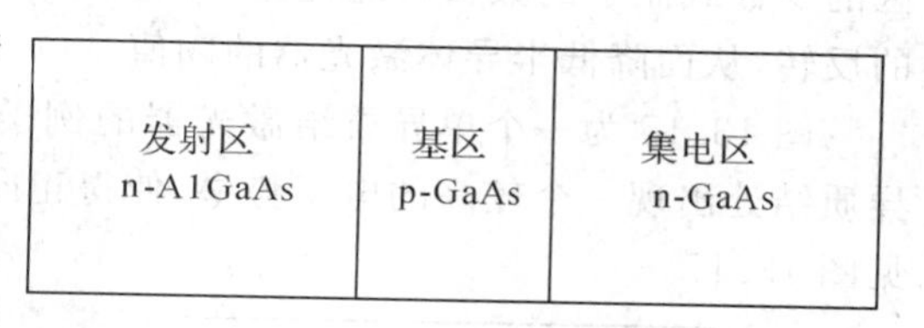

图 13.12　一种异质结双极晶体管的结构

异质结双极晶体管(HBT)利用异质结中电子势垒与空穴势垒高度的差异，实现对空穴注入的抑制，从而降低发射区的空穴注入，提高电流放大倍数，注入比可达 10^6 以上。

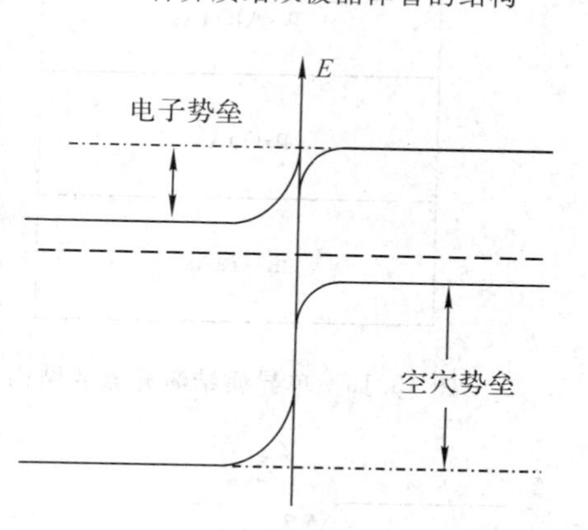

图 13.13　图 13.12 所示 HBT 的发射极-基极 p-n 结

图 13.12 为一个异质结双极型晶体管结构的能带示意图，图 13.13 为它的发射极－基极 n-p 结。可以看出，空穴从 p 区向 n 区的势垒高度明显高于电子从 n 区向 p 区的势垒，而在普通的 p-n 结中，电子势垒与空穴势垒的高度是相同的。因此当在如图所示的异质 p-n 结上加上外场时，流过 n-p 结的电子流密度将远远高于空穴流密度，这样就解决了普通 BJT 晶体管中载流子注入比不能做得很高的难题，使得电流放大倍数大大提高。

§13.3.2 异质结光电二极管

我们知道，利用 p-n 结的光伏特性可以制作光探测器，它实际上是一个光电池。那么利用异质结做 p-n 结光探测器是否也像 HBT 一样有好处呢？

答案也是肯定的。我们知道，如果光激发产生的载流子很快就被复合掉，那么，我们在实验上就很难测量它的光生电流。但如果我们利用图 13.14 所示的异质结把 p-n 结处产生的电子和空穴从空间上分开，那么电子－空穴之间的复合几率可以大大减小，载流子的存在时间可以大大延长，使得信号增大。这样的设计还有一个好处是由于光是从宽带侧入射的，因此在到达 p-n 结时光强度损失很小，这样也有利于使信号增大。

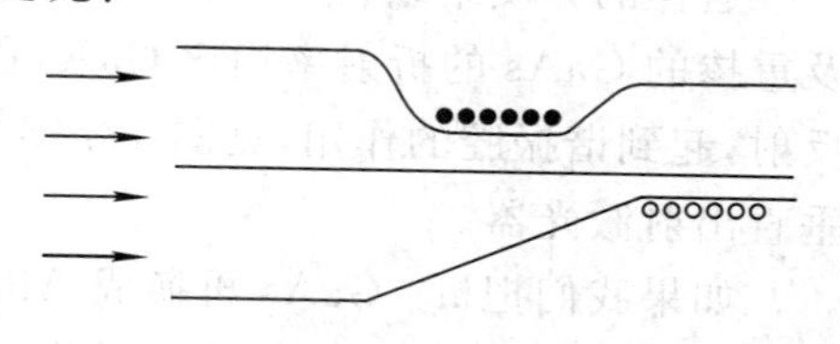
图 13.14　异质结光电二极管

§13.3.3 异质结激光器

在 p-n 结这一节中我们发现利用 p-n 结可以制作激光器，但是用普通 p-n 结制作的激光器要在很高的注入电流下才能实现可以发射出激光所需的粒子数反转这个条件。

然而，异质结中存在着超注入这一特殊的现象，即在电场的作用下，注入到异质结某一区的少数载流子的数目可能比该区的多子数目还要多。这样就可以比较容易地实现粒子数的反转，从而降低半导体激光器的阈值。

图 13.15 为一个单异质结激光器的例子。从图 13.16 所示的能带图可以看出，在 p-n 异质结处出现一个较高的电子势垒，使得正向偏置时 p-GaAs 导带上的电子浓度得到提高，见图 13.17。

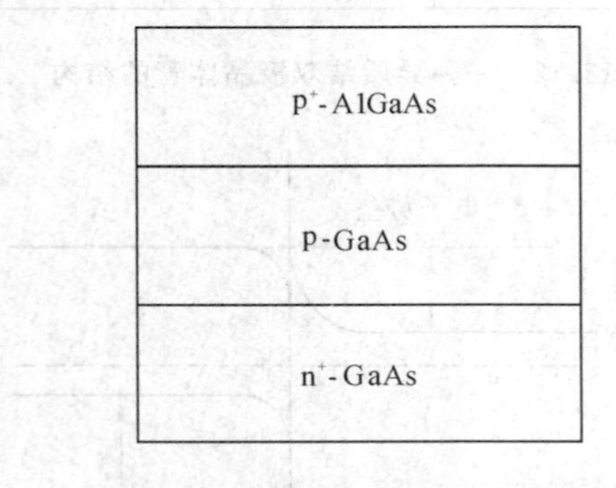

图 13.15　单异质结激光器的结构

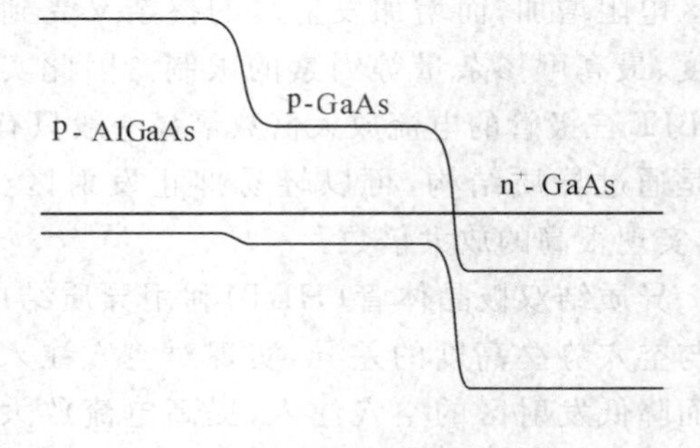

图 13.16　零偏压时单异质结激光器的能带

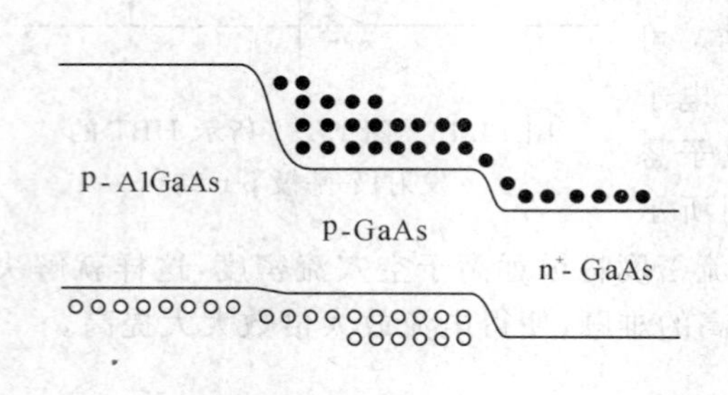

图 13.17　正偏压下单异质结激光器的能带

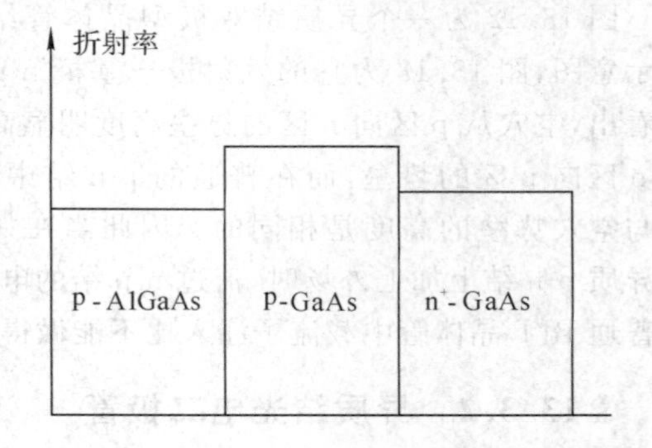

图 13.18　单异质结激光器内的折射率变化

这样的异质结结构不单使得粒子数反转变得比较容易，而且因为宽禁带的 AlGaAs 以及重掺的 GaAs 的折射率均比 GaAs 的小，因此激光可以在上下两折射率较高的层间多次反射，起到谐振腔的作用，见图 13.18。所以这种激光器发出的光可以垂直 p-n 结出射，即垂直出射激光器。

如果我们把 n^+-GaAs 再换成 AlGaAs 来限制空穴，使得工作区 GaAs 价带的空穴浓度也增加，那么粒子数反转就比单异质结激光器更容易。图 13.19 为一个双异质结激光器的示意图。从图 13.20 所示的能带图上可以看出，两个异质结分别构成电子势垒和空穴势垒，因而使得中间 GaAs 层中的导带电子和价带空穴的浓度都得到很大的提高，所以发射激光所需的粒子数反转这个必要条件在很低的注入电流下就可以实现。至于折射率的变化情况与单异质结激光器时类似，同样可以构成谐振腔。

§13.3.4　实空间转移晶体管

在讲述载流子的迁移率时，我们提到了耿氏效应及它在微波发生器中的应用。在耿氏

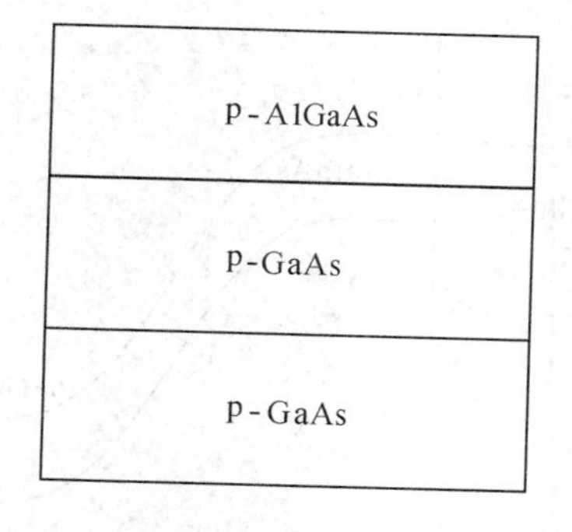

图 13.19　双异质结激光器的结构

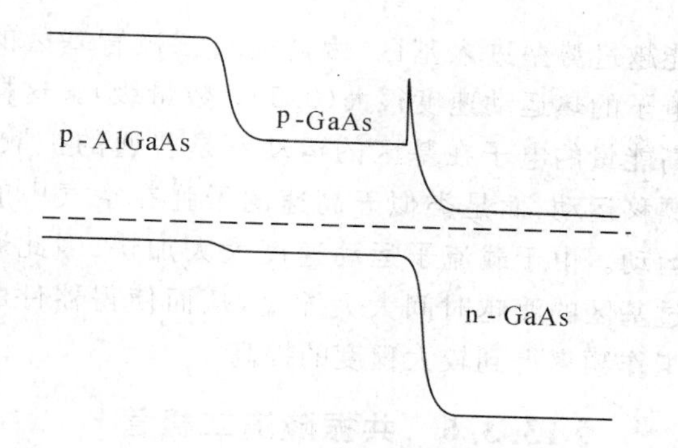

图 13.20　零偏压时双异质结激光器的能带

效应中，电子在外场的作用下在两个有效质量不同的导带能谷之间转移，导致电流发生周期性的振荡。从砷化镓的能带图不难看出，耿氏效应对应的是电子在k空间不同位置间转移。

实际上，利用电子在能量不同的实空间中进行转移也能获得高频振荡，见图 13.21，图 13.22 为一实例的示意图。在图 13.22 所示的结构中，禁带宽度较小的 GaAs 层中没有掺杂，而禁带宽度较大的 n-AlGaAs 掺有施主杂质。由于 GaAs 的导带较 n-AlGaAs 的低，因此宽禁带 n-AlGaAs 中的电子将进入 GaAs，这与前面所述的调制掺杂类似。

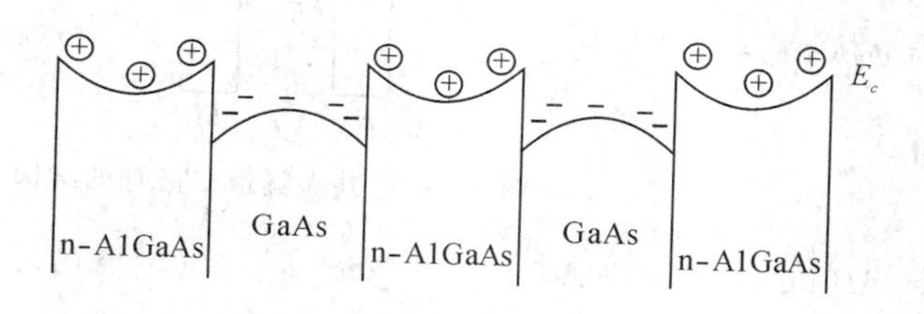

图 13.21　实空间转移晶体管的能带

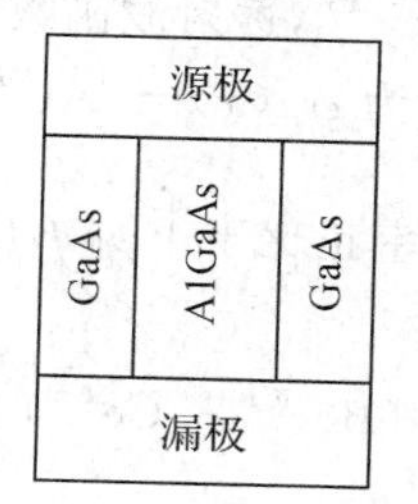

图 13.22　实空间转移晶体管的结构

当加上外场时，由于载流子主要集中在 GaAs 层中，因此电流主要通过 GaAs 层流过。当外加电场的强度较强时，GaAs 层中的载流子从外场得到的能量大于它转移给晶格的能量，因此将有部分电子被"加热"进入能量较高的 n-AlGaAs 的导带中。如果 GaAs 与 n-AlGaAs 的迁移率相差较大，那么就会产生类似于耿氏效应的电流振荡现象。

但与耿氏效应不同的是，现在电子的转移是在实空间的不同位置进行的。该器件的 *I-V* 特性见图 13.23。

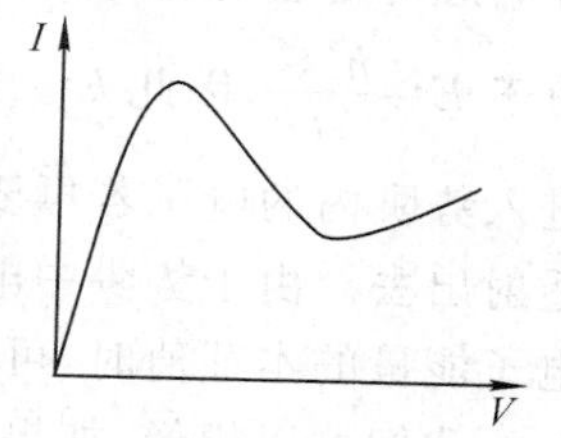

图 13.23　实空间转移晶体管的 *I-V* 特性

§13.3.5　热电子异质结晶体管

在 BJT 晶体管中，电子通过基区所需的时间在很大程度上决定了三极管工作频率。因此加大载流子在基区的速度将有利于提高双极型晶体管的工作速度。

一个利用热电子工作的 BJT 型晶体管的能带图如图 13.24 所示。与普通的 BJT 晶体管不同的是，其中的发射区采用了禁带宽度较大的材料，因此在发射区与基区的交界处形成一个电子势垒。由于此势垒的存在，发射区中只有热运动能量大于这个势垒高度的电子才能越过势垒进入基区，因此流过三极管基区的电子的热运动速度很大(0.5eV 数量级)。这样高能量的电子在基区的运动不是普通的扩散、漂移运动，而是类似于高速的子弹在空气中的运动。由于载流子运动速度大大加快，因此通过基区的渡越时间大大缩短，从而使得器件的工作频率得到较大程度的提高。

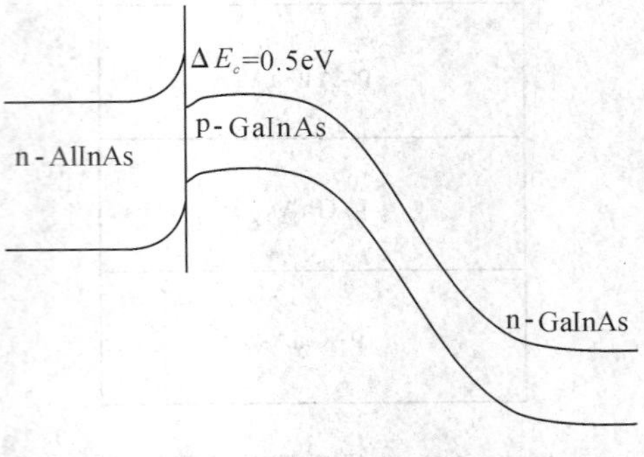

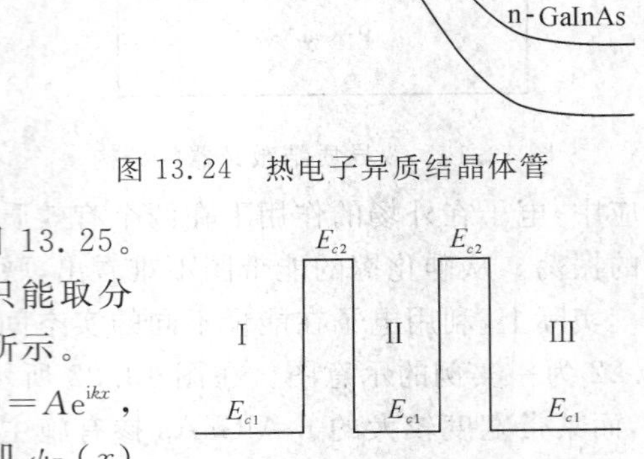

图 13.24　热电子异质结晶体管

§13.3.6　共振隧道二极管

共振隧道二极管(RTD)是由两种禁带宽度不同的材料交替生长构成的势阱结构，见图 13.25。根据量子力学，我们知道在势阱中电子的能量只能取分立能级，即能量值为 $E_1, E_2, E_3, \cdots$，如图 13.26 所示。

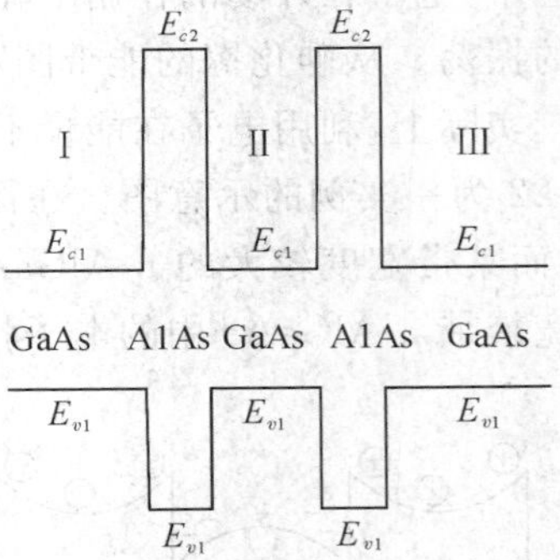

图 13.25　共振隧道二极管的结构

假定入射电子的波函数为平面波，即 $\psi_{\mathrm{I}}(x)=Ae^{ikx}$，势阱中的电子的波函数为平面波函数的组合，即 $\psi_{\mathrm{II}}(x)=Be^{ik'x}+Ce^{-ik'x}$，透射波函数为 $\psi_{\mathrm{III}}(x)=De^{ikx}$。则当一个电子的初态为 $\psi_{\mathrm{I}}(x)=Ae^{ikx}$、终态为 $\psi_{\mathrm{II}}(x)=Be^{ik'x}+Ce^{-ik'x}$ 的几率正比于 $\int_{-\infty}^{\infty}\psi_{\mathrm{II}}^{*}\psi_{I}(x)\mathrm{d}x$，即

$$P\propto\int_{-x}^{\infty}(Be^{-ik'x}+Ce^{ik'x})Ae^{ikx}\,\mathrm{d}x=AB\int_{-x}^{\infty}e^{i(k-k')x}\,\mathrm{d}x+AC\int_{-\infty}^{\infty}e^{i(k+k')x}\,\mathrm{d}x \tag{13.1}$$

上式积分号中的结果我们已经非常熟悉，即积分号内的值正比于 δ 函数。因此要使这种始态与终态的组合几率不为 0，则入射波的波函数与势阱内的波函数必须满足 $k=\pm k'$。由于 $E=\frac{\hbar^2k^2}{2m}$，因此 $k=\pm k'$ 就是要求入射波的能量等于势阱中电子能量的本征值。同样，进入势阱内的电子若再要透射到势阱的右边，则只有能量等于势阱中电子的能量的波才能透射出去。由于势阱中电子的能量是只能取分立的值，因此，当入射电子的能量等于势阱内电子能量的本征值时，可以观测到非常大的透射强度振荡现象。

我们可以想像，如果入射电子的能量从零开始增加，则开始时透射过来的电子数接近 0。当入射电子的能量与势阱中电子的基态的能量本征值接近时，透射过来的电子数目迅速增加，当入射电子的能量等于势阱中电子的基态的能量本征值时，透射系数达到极大值。此后如果入射电子的能量继续增大，则由于入射电子的能量超过了势阱中电子的基态本征能量，所以透射几率迅速下降。当入射电子的能量继续增加以致接近势阱中电子的第一激发态的能量本征值时，透射几率又一次上升，但超过这一能量值后，透射几率又迅速下降。因此随着入射电子能量的变化，可以观测到非常强烈的透射电流强度的上升、下降现象，见图 13.27。反映在电流一电压特性曲线中，就是存在微分负电阻区。

由于 RTD 二极管具有很小的寄生电容效应，因此工作频率很高，截至频率高达 THz (约 10^{12} Hz)。

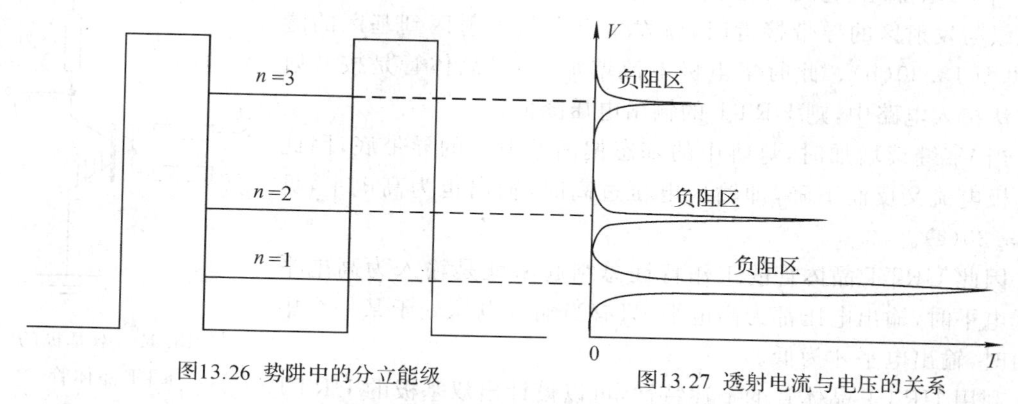

图13.26 势阱中的分立能级　　图13.27 透射电流与电压的关系

§13.3.7 共振隧道晶体管(URTT)

利用异质结和量子阱结构，有时可以大大简化电子器件的内部结构。例如，传统的器件设计中，为了实现异或门这样的逻辑功能，需要不少的晶体管。但是利用量子阱结构中的隧道效应，则只要一个 URTT 器件就可以了。

URTT 晶体管的结构如图 13.28 所示。与普通 BJT 晶体管不同的是，其发射区插入了一个类似上面所述的共振隧道二极管的量子阱，它的能带图如图 13.29 所示。

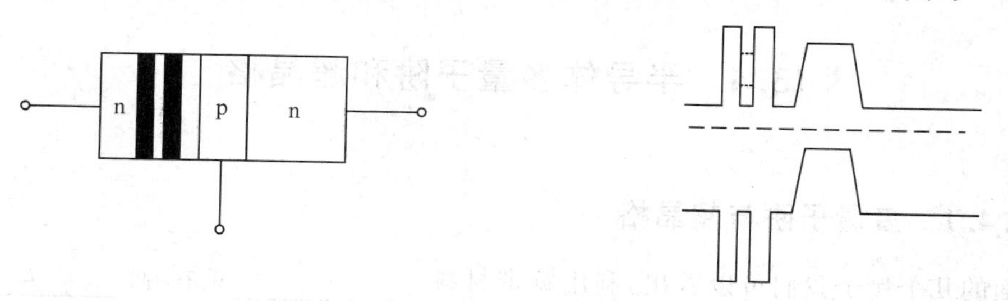

图 13.28 URTT 晶体管的结构示意图　　图 13.29 URTT 晶体管的能带

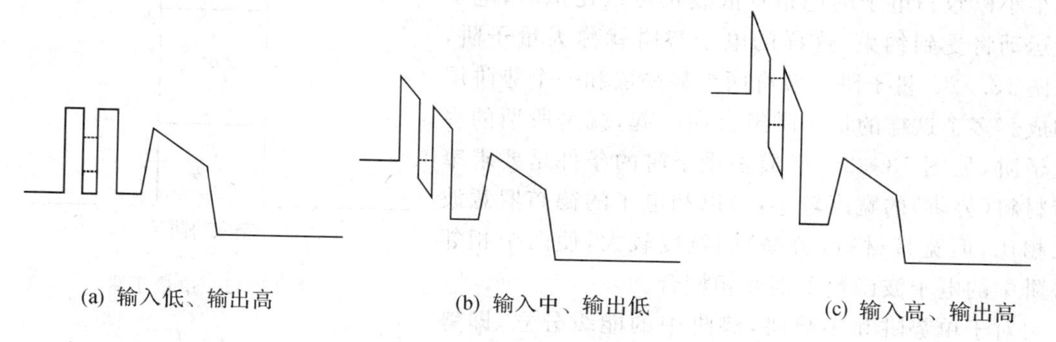

(a) 输入低、输出高　　(b) 输入中、输出低　　(c) 输入高、输出高

图 13.30 URTT 晶体管的工作状态

URTT 的工作原理如图 13.30 所示。当基极一反射极之间没有加偏压时，即 $V_{be}=0$ 时，URTT 晶体管的能带图如图 13.30 中的(a)所示。此时发射区的电子无法通过势垒进入基区，因此流过 URTT 晶体管发射极和集电极的电流很小。

当V_{be}增加时，电流缓慢增加，但当V_{be}增加到势阱中电子的基态能级与发射区的导带接近时，就发生电子从发射区到基区的隧穿，见图13.30(b)。此时集电极电流增加，如果晶体管是按共射极方法接入电路中，则URTT的输出电压降低。

当V_{be}继续增加时，势阱中的基态偏离发射区的导带底，因此集电极电流又反而下降，即输入电压过高时，输出也为高电平，见图13.30(c)。

因此URTT晶体管的工作特性总结起来就是输入为高电平或低电平时，输出电压都为高电平，只有当输入电压处于某一个中间值时，输出电平才为低。

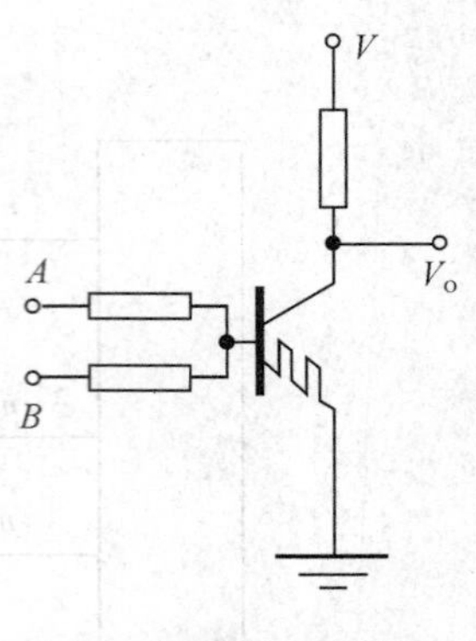

图13.31 双基极的URTT晶体管

利用URTT晶体管的上述特性，可以设计出双基极的URTT晶体管，使它具有异或门的功能，见图13.31。即当A和B均为低电平时，URTT处于图13.30(a)所示的状态，URTT晶体管截止，因此输出为高电平。当A和B均为高电平时，由于A、B之和的电压太大，URTT处于图13.30(c)所示的状态，因此输出也为高电平。只有当A、B中一个是高水平、一个是低电平时，URTT晶体管处于图13.30(b)所示的状态，此时晶体管导通，输出为低电平，即符合异或门的真值表。

可见利用URTT晶体管，使得异或门的设计变得十分简单。

§13.4 半导体多量子阱和超晶格

§13.4.1 多量子阱与超晶格

从上面的几个例子我们可以看出，利用宽带材料和窄带材料可以构成电子势阱。如果这种势阱的宽度很小以致与电子的德布罗依波长可以比拟时，电子的运动将受到约束，这样的电子势阱就称为量子阱，见图13.32。量子阱一般有两个势垒层和一个势阱层构成。多个这样的量子阱组合在一起，就是所谓的多量子阱，见图13.33。形成多量子阱的条件是要求窄带材料(势阱)的宽度较小，可以和电子的德布罗意波长相比，但宽带材料(势垒)的宽度较大，使两个相邻势阱中的电子波函数不能互相耦合。

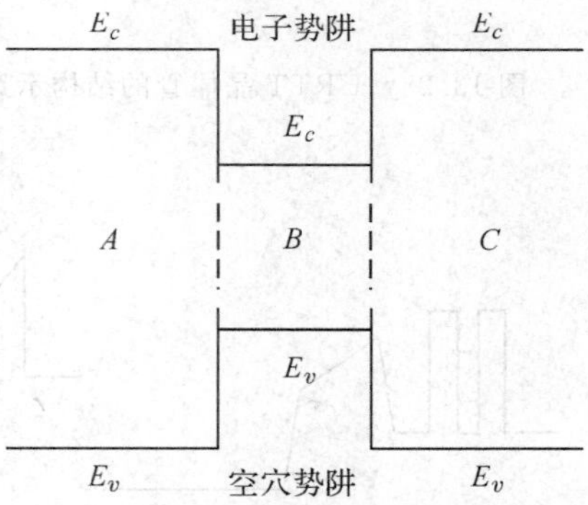

图13.32 单量子阱

对于单势阱和多势阱，势阱中的能级分立，即势阱中的电子(或空穴)在垂直于势阱平面方向的能量不再连续，只能取一系列分立的值，它们和势阱的宽度、势阱的深度以及电子和空穴的有效质量有关。但是在一维势阱中，电子和空穴在平行于势阱的方向上的运动仍然是自由的。

如果多量子阱的数目很多(几十个以上)，势垒层的厚度很薄，而且势垒的高度、势阱深

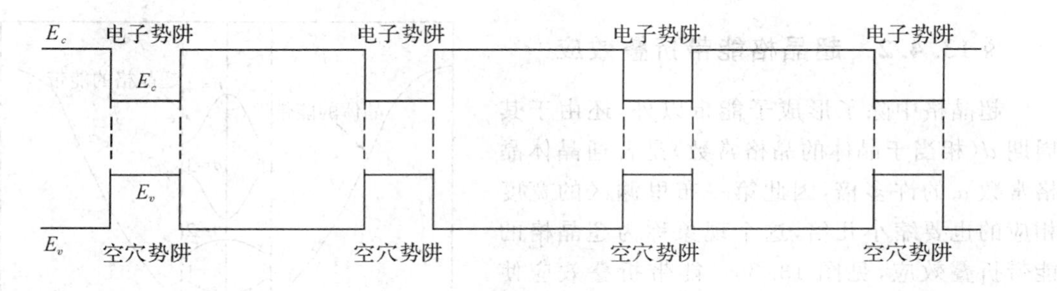

图 13.33 多单量子阱

度以及势垒层与势阱层的宽度都具有周期性，即一个势阱层和一个势垒层构成一个周期，则称这样的结构为超晶格，见图 13.34。超晶格的概念分别由江崎(Esaki)和 R. Tsu 于 1969 年提出。由于势垒层厚度较薄，因此超晶格里不同势阱中的电子是相互影响的。

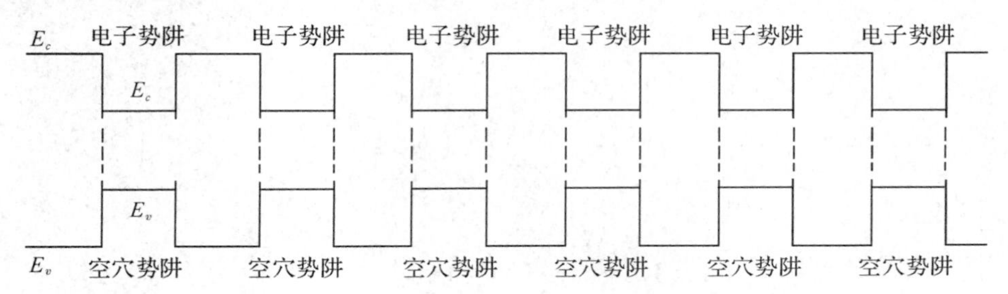

图 13.34 超晶格

由于超晶格中不同势阱中的电子相互关联，而同一状态只能容许一个电子占据，因此超晶格中电子的能级不再是分立的，而是形成子能带结构，即超晶格中的电子(或空穴)在垂直于超晶格平面方向的能量形成子能带结构，只能取一系列分段连续的值。但是在一维超晶格中，电子和空穴在平行于超晶格平面方向上的运动仍然是自由的。

量子阱和超晶格除了可以利用异质结制作外，还可以通过在同一材料的不同区域中掺不同导电类型的杂质形成，例如两个 p 型区夹一个 n 型区就构成一个电子势阱，见图 13.35。

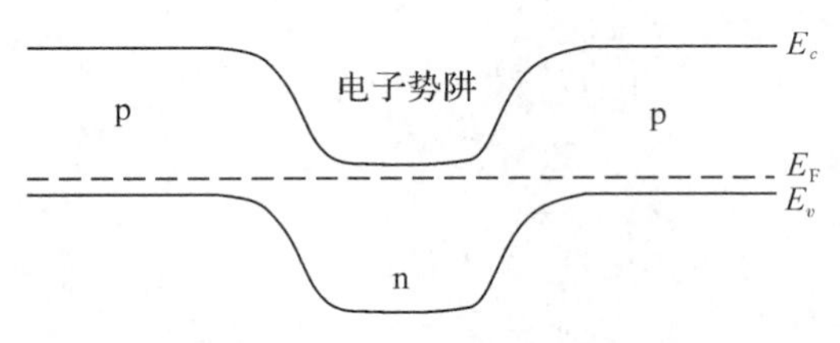

图 13.35 掺杂调制量子阱

许多这样的量子阱周期性地组合在一起就是调制掺杂超晶格。不过目前所说的超晶格大多是指利用异质结构成的。

§ 13.4.2 超晶格能带折叠效应

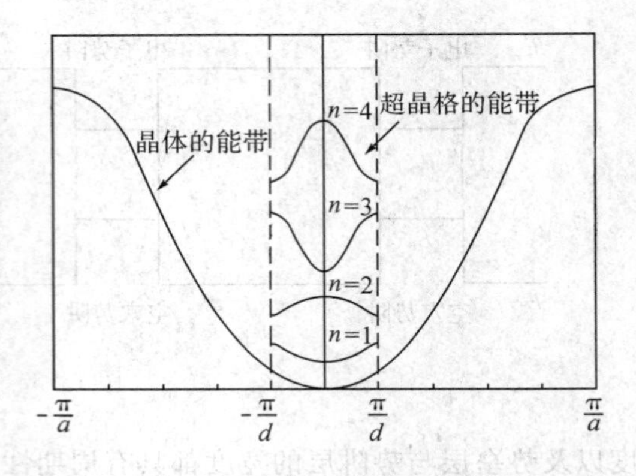

图 13.36 超晶格能带折叠效应

超晶格中除了形成子能带以外，还由于其周期 d(相当于晶体的晶格常数)是普通晶体晶格常数 a 的许多倍，因此第一布里渊区的宽度相应的也要缩小几倍，这个现象称为超晶格的能带折叠效应，见图 13.36。能带折叠效应使得电子波矢可取值范围减小，因此对于间接能带半导体材料，有利于提高发光效率。

第 14 章　低维系统中电子的状态

§ 14.1　2D 系统

§ 14.1.1　2D 系统的电子的能量和状态密度

设想一个由宽带材料－窄带材料－宽带材料构成的理想Ⅰ型异质结构，并且假定可以忽略界面上的能带弯曲，则窄带材料区中的电子和空穴分别处在导带和价带的势阱之中。这样载流子的运动可以分解为两个部分，即势阱平面内的运动和垂直势阱平面的运动。在势阱平面这个 2D 平面内，电子的运动是自由的，这样的电子称为二维电子气，即 2DEG。但是在垂直势阱平面的方向，电子的运动受到约束，我们在后面的讨论中将此方向定义为 Z 轴。

根据我们在第一章所述的量子力学理论，对 Z 方向的运动可以用量子力学中的方势阱理论进行近似分析。假如载流子的能量与势阱深度相比很小，则我们可以用无限深方势阱来近似地处理 2DEG。我们知道，对于处于无限深方势阱中的粒子，其能量只能取一系列分立的能量本征值。假定势阱的宽度为 L_z，则波函数的解为 $\psi(x)=2A\sin kx$，能量本征值为 $E_{z,n}=\dfrac{n^2\hbar^2\pi^2}{2m^*L_z^2}=\dfrac{n^2h^2}{2m^*L_z^2}$，波矢 $k=\dfrac{2n\pi}{L_z}$，其中 n 为正整数。

不过电子在势阱平面内即 X-Y 平面内的运动并未受到约束，因此电子在 2D 势阱内运动时的总能量为

$$E=E_{z,n}+E(x,y)=\frac{n^2h^2}{2m^*L_z^2}+\frac{\hbar^2k_x^2}{2m^*}+\frac{\hbar^2k_y^2}{2m^*} \tag{14.1}$$

对于原先处于同一连续能带内的载流子，由于在 X-Y 方向的能量还是连续的，因此在平行于势阱的平面内，电子的能量与波矢关系仍然是抛物线，但对应每一个 n 值，抛物线的图形整体发生移动，即原先的导带和价带分裂为一系列的能带，见图 14.1。另外，等能面也从原先的旋转椭球转变为一系列的双曲面。至于状态密度，我们可以想像，由于 Z 方向运动的电子的能量只能取分立值，因此电子的状态密度肯定是不连续的。

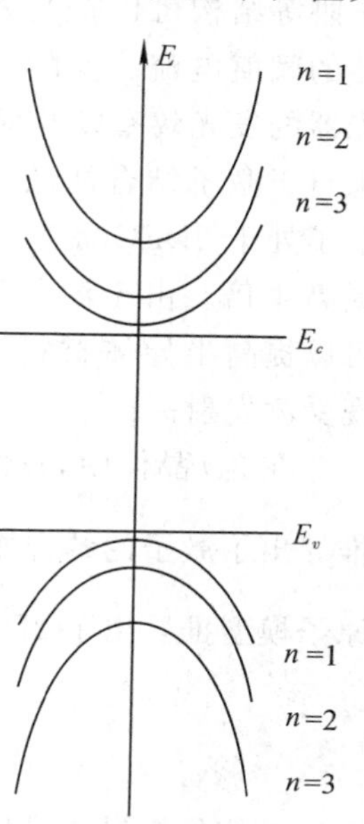

图 14.1　量子阱中电子的能量

§ 14.1.2　2D 系统的状态密度

我们可以采用与 3D 状态密度相同的方法推导出 2DEG 中电子的状态密度，即通过 k 空间来求能量空间的状态密度。在讨论

中我们只要把 3D 时倒空间中的体积转化为面积即可。

首先，对于 2DEG，k 空间中的状态数正比于它在 k 空间所占的面积，每个状态所占的面积为 $\frac{(2\pi)^2}{L_x L_y}$，这里 L_x、L_y 分别为势阱平面在 X-Y 方向的长度。因此对于图 14.2 阴影部分所示的圆环状面积对应的状态数等于

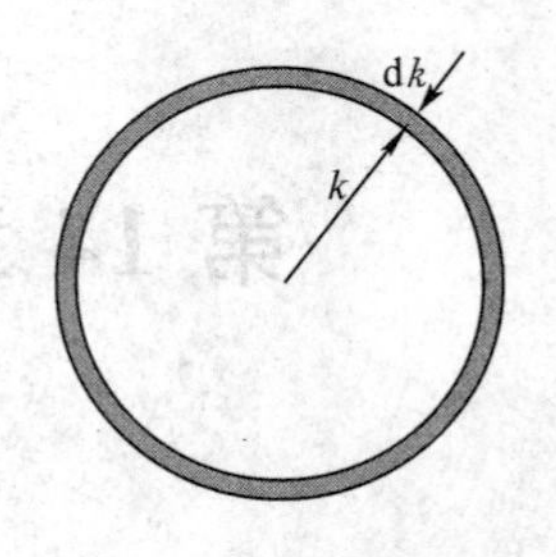

图 14.2 倒空间中的面积元

$$2\pi k\mathrm{d}k/\frac{(2\pi)^2}{L_x L_y}=\frac{k\mathrm{d}k}{2\pi}L_x L_y \tag{14.2}$$

所以单位实空间中对应的状态数为 $\frac{k\mathrm{d}k}{2\pi}$。

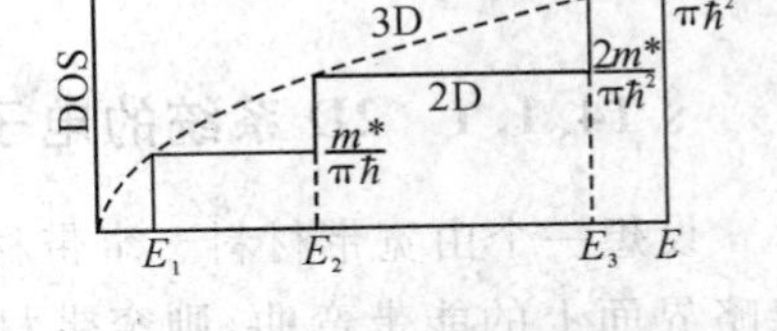

图 14.3 2DEG 中电子的状态密度

把上式转换成能量空间，并考虑电子的自旋，则可得到能量空间中此圆环状面积对应的状态数为

$$\rho_{2\mathrm{D}}\mathrm{d}E=2\times\frac{k\mathrm{d}k}{2\pi}=\frac{2m^*}{2\pi\hbar^2}\mathrm{d}\frac{\hbar^2k^2}{2m^*}=\frac{m^*}{\pi\hbar^2}\mathrm{d}E \tag{14.3}$$

所以，$\rho_{2\mathrm{D}}(E)=\frac{m^*}{\pi\hbar^2}$，即电子在平行于势阱的平面内运动时，其状态密度为一常数。因此当电子的能量变化时，2DEG 中电子的状态密度是台阶状的，即每经过一个能量本征值，状态密度即增加 $\frac{m^*}{\pi\hbar^2}$，见图 14.3。

§14.1.3 2DEG 中激子的能量

在异质结这一节中，我们知道利用异质结、量子阱等结构可以提高发光效率，降低半导体激光器的阈值电流。实际上，量子阱对提高半导体激光器的发光效率以及降低阈值电流的贡献还可能来自于激子结合能的提高，即当半导体材料中的电子处于 2DEG 状态时，相应的激子基态能量会提高 4 倍。由于激子结合能的提高，利用 2DEG 可以提高半导体材料激子的热稳定性，有利于实现受激发射。

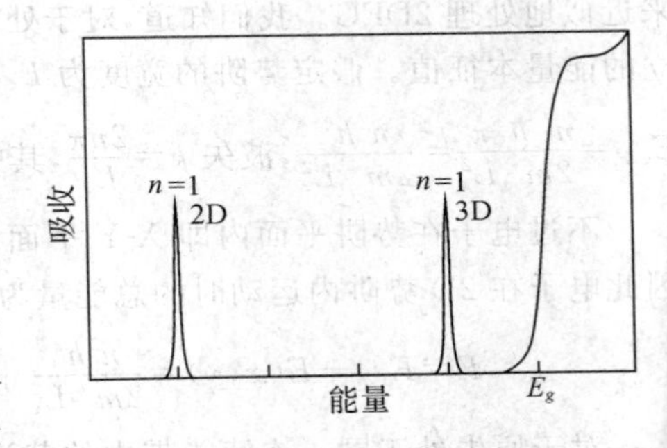

图 14.4 2DEG 中的激子的结合能与 3D 的比较

在 3D 晶体中，我们利用 3D 的类氢原子模型推导出了激子的结合能，即 $E_{3\mathrm{D}}=-\frac{13.6}{\varepsilon_r^2 n^2}(\mathrm{eV})$。在 2DEG，中，我们同样可以利用 2D 的类氢原子模型推导出了 2D 激子的结合能，即

$$E_{2\mathrm{D}}=-\frac{13.6}{\varepsilon_r^2\left(n-\frac{1}{2}\right)^2}(\mathrm{eV}) \tag{14.4}$$

具体的推导工作比较复杂，我们不在这里详细叙述。从中不难看出，对于同样的半导体材料，2DEG 中激子的结合能是 3D 时的 4 倍。当把半导体材料做成量子阱中的势阱材料后，如果厚度足够薄，则激子的结合能将是体材料时的 4 倍。图 14.4 为 2DEG 中的激子吸

收峰相对吸收边位置的示意图，图中还画出了 3D 材料中激子吸收峰的位置。

§14.1.4 2DEG 的吸收光谱

如前面所述，处于 2DEG 中的电子处于分立的能级中，即导带和价带均分立成一系列分立的能级，各能级对应的状态密度相同，因此电子跃迁时就呈现出台阶状光谱的特征，而且吸收峰对应的能量比 3D 的带边吸收要高，见图 14.5。

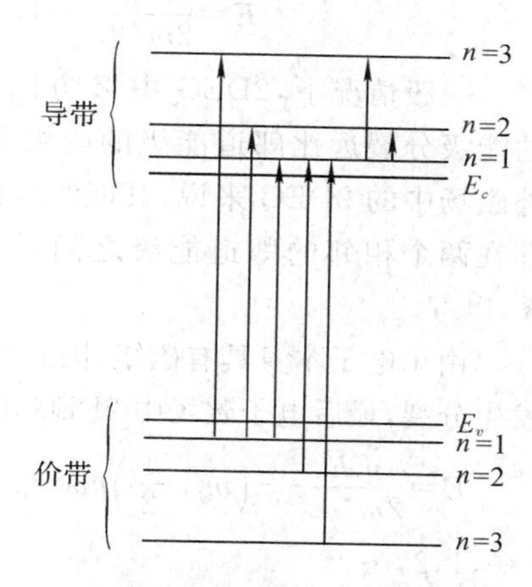

图 14.5 2DEG 中电子的跃迁过程

电子除了从价带至导带的本征跃迁外，也能在同一能带不同的分立能级之间跃迁，这些跃迁对应的光子能量很小，对应中、远红光波段，因此量子阱材料在红外光电器件中具有非常大的应用前景。

另外，由于实际的势阱总是具有一定的厚度，因此实际的 2DEG 系统的吸收谱从整体上看还具有 3D 系统的一些特征，例如台阶并不严格水平，而是有些倾斜。另外，由于激子的结合能增加，原先体材料中不显著的激子吸收在 2DEG 中可能变得比较明显，因此在 2DEG 的吸收谱中往往可以观测到比较明显的激子吸收峰。例如图 14.6 中台阶附近的尖锐的吸收峰就是由于激子吸收引起的。

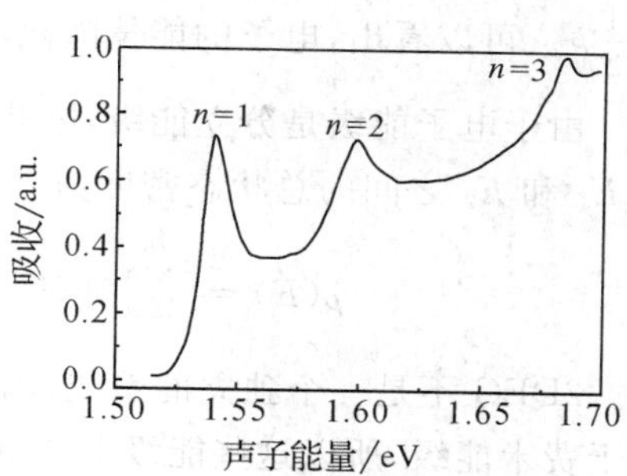

图 14.6 一个实际量子阱结构的吸收光谱

§14.1.5 量子霍耳效应

与量子阱或 2DEG 相关的一个非常有名的物理现象就是量子霍耳效应。量子霍耳效应是 litzing 首先发现的，于 1985 年获得诺贝尔物理学奖。量子霍耳效应是一个对基本常数的测定有重大意义的量子效应，它为电阻建立了一个新的自然基准，也为精确测定普朗克常数和电子电荷提供了新的实验手段。

我们知道电子在 2DEG 中运动时，在与势阱平面垂直的方向上电子的运动受到约束，因而在垂直势阱平面的方向(Z)其能带退化为分立的能级。但是，电子在平行势阱的平面内的能带并没有分立，即(X-Y)平面内运动的电子的能带没有退化为分立能级，所以电子的能量 $E=E_{z,n}+E(x,y)=\frac{n^2h^2}{2m^*L_z^2}+\frac{\hbar^2k_x^2}{2m^*}+\frac{\hbar^2k_y^2}{2m^*}$实际上还是连续的。

另外，在半导体的磁光效应中，我们发现处于磁场中的电子将在垂直于磁场的平面内作回旋运动，回转频率为 $\omega=\frac{eB}{m^*}$，其能带退化为分立的能级(郎道能级)，即

$$E=E_z+\left(n+\frac{1}{2}\right)\hbar\omega,\quad n=0,1,2,\cdots$$

与 2DEG 时的情形不同，这种能带退化为分立能级只发生在与势阱平面平行的平面内。如果利用量子阱把垂直于势阱平面方向(Z)运动的电子的能带退化为分立能级，同时

用磁场把平行于量子阱平面(X-Y)的电子的能带也退化为分立能级,那么磁场下的 2DEG 中的电子的能带将完全退化为分立的能级,即

$$E=\frac{n^2h^2}{2m^*L_z^2}+\left(m+\frac{1}{2}\right)\hbar\omega,\quad n=1,2,\cdots,m=0,1,2,\cdots \tag{14.6}$$

一般情况下,2DEG 中 Z 方向的量子约束效应产生的能级分裂远比郎道能级的能级分裂大,因此对于处于外磁场中的 2DEG 来说,其能级可以看作是完全分立的,即在两个相邻的郎道能级之间,没有电子能级存在,如图 14.7。

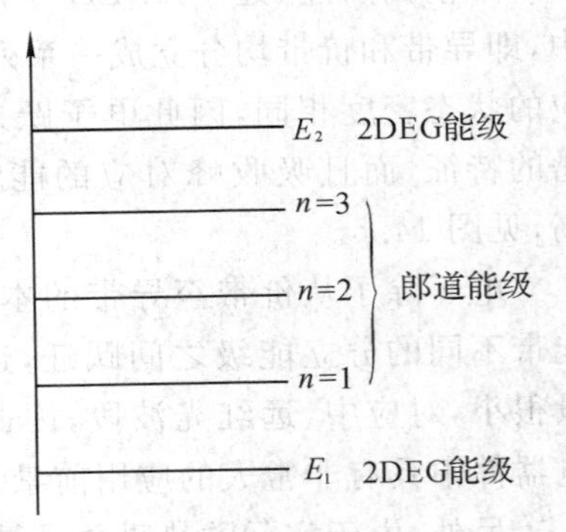

图 14.7 简化的电子能级

由于电子本身具有磁矩,因此电子的能级在磁场下会发生分裂,最后电子磁场中 2DEG 电子的能级应改写为:

$$E=\frac{n^2h^2}{2m^*L_z^2}+\left(m+\frac{1}{2}\right)\hbar\omega+g\mu_B SB,\quad n=1,2,\cdots,m=0,1,2,\cdots$$

这里 g 为精细结构因子,S 为电子的自旋角动量,即 $\pm\frac{1}{2}\hbar$。可以看出,电子的能量随磁场强度的增加而增加。

由于电子能级是分立能级,因此电子的状态密度应该是一系列 δ 函数之和,因此能量处于 E_1 和 E_2 之间的总状态密度为

$$\rho(E)=\sum_{m_1}^{m_2}\delta\left[E-\left(\frac{n^2h^2}{2m^*L_z^2}+\left(m+\frac{1}{2}\right)\hbar\omega+g\mu_B SB\right)\right] \tag{14.8}$$

2DEG 不是一个独立的系统,因此对于那些位于费米能级之上的郎道能级,由于其能量高于费米能级,所以这些能级上的电子将从 2DEG 流到外面的线路中,或者说,只有费米能级以下的那些郎道能级上的电子参与导电过程。所以,电导率应该来自于能量 $E\leqslant E_{\mathrm{F}}$ 的那些能级的贡献,即满足

$$E_{\mathrm{F}}-\left[\frac{n^2h^2}{2m^*L_z^2}+\left(m+\frac{1}{2}\right)\hbar\omega+g\mu_B SB\right] \tag{14.9}$$

从上式不难看出,当磁场强度 B 增加时,m 的数值必须减少,即参与导电的郎道能级数目减少,因此 2DEG 中载流子的数目减少,即电导率将随外磁场的增加而减小,或者说电阻率将随着磁场强度的增加而增加。图 14.8 示意地画出了磁场强度变化对参与导电的状态数目的变化影响情况。

当磁场强度改变时,若费米能级正好处于两个郎道能级之间时,则满足 δ 函数参数 $E-\left(\frac{n^2h^2}{2m^*L_z^2}+\left(m+\frac{1}{2}\right)\hbar\omega+g\mu_B SB\right)=0$ 的状态数 m 不发生变化,此时没有电子流入或流出 2DEG,因此电阻率值或为 0(外场方向),或相对稳定(横向方向),即不发生变化。注意这里的电导率和电阻率并非我们熟悉的标量,而是一个张量,因此电阻的分量为 0 并不意味着对应的电流为无穷大,即对于电导率和电阻率张量,我们有

$$\sigma_{xx}=\frac{\rho_{xx}}{\rho_{xx}^2+\rho_{xy}^2},\sigma_{xx}=\frac{\rho_{xy}}{\rho_{xx}^2+\rho_{xy}^2} \tag{14.10}$$

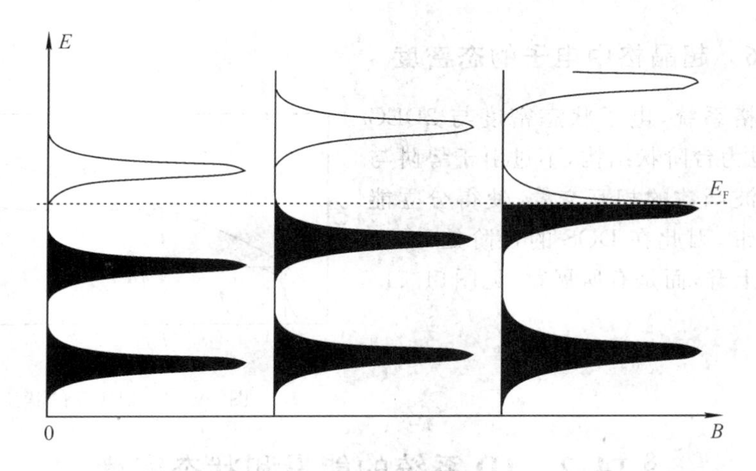

图 14.8　磁场变化时费米能级的变化以及参与导电的状态数目减少

综上所述，对于处于外磁场中的 2DEG 半导体结构，其电阻值总的来说是随着磁场强度的增加而增加的。如果测量的是外电场方向的电阻率分量，那么电阻率分量（ρ_{xx}）呈现一系列高度随外磁场强度增加而增加的峰。如果测量的是横向电阻率分量（ρ_{xy}），那么电阻率分量也随磁场强度的增加而增加，但两个朗道能级之间（某一磁场间隔）的电阻率分量不变，即电阻率分量－磁场强度曲线中有平台出现。这个现象就称为量子霍耳效应。

图 14.9 为测量 2DEG 中电子的量子霍耳效应的示意图，图 14.10 为 2DEG 的电阻率分量随磁场强度的变化。

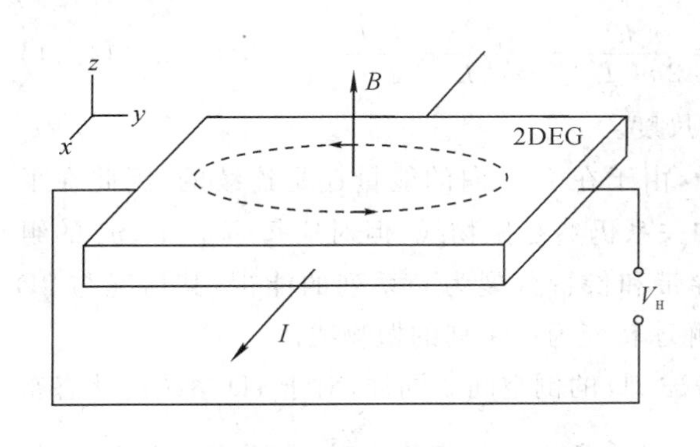

图 14.9　量子霍耳效应示意图

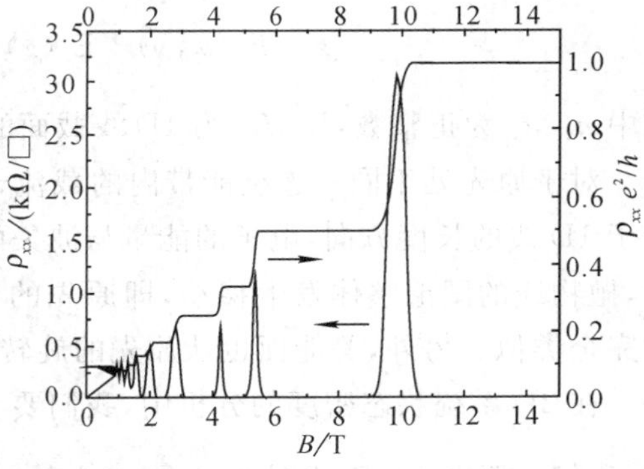

图 14.10　2DEG 的电阻率随磁场强度的变化

进一步的分析表明，电导率的变化值只能是$\frac{e^2}{h}$的整数倍，这样就可以利用量子霍耳效应精确地测量出$\frac{e^2}{h}$的值。由于电导率的变化率$\frac{e^2}{h}$只与基本物理常数有关，因此可以作为电阻标准使用。

虽然目前量子霍耳效应只能在很低的温度以及很高的磁场强度下才能观测到，但量子霍耳效应潜在的应用前景却已经被研究人员所广泛认识。

§14.1.6　超晶格中电子的态密度

对于超晶格系统，电子状态密度与 2DEG 与相似之处，也为台阶状结构，不过由于势阱与势阱之间电子波函数的相互交叠，使得分立能级展宽为子能带，因此在 DOS 的台阶处，态密度不再是垂直上升，而是有所展宽，见图14.11。

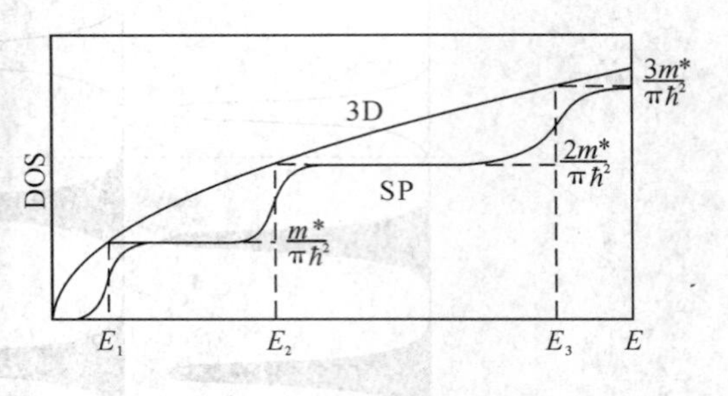

图 14.11　2DEG 的状态密度

§14.2　1D 系统的能量和状态密度

前面我们分析了 2DEG 中电子的能量和状态密度。那么，电子在维度更低的 1D(纳米线)和 0D(纳米点)系统中运动时，它的能量本征值和状态密度又是怎样的呢？

与讨论量子阱中电子的状态时的情况类似，在 1D 系统中运动时，电子的运动可以分成两个部分，即长度方向(Z)和横截面(XY)方向的运动。与 2D 时的情况不同，现在电子在 Z 方向的运动是自由的，没有受到约束，但 XY 方向的运动受到限制。假定 1D 线的截面为矩形，则电子在 1D 线内运动时的总能量为

$$E=E_n(x,y)+E_z(z)=\frac{n_x^2h^2}{2m^*L_x^2}+\frac{n_x^2h^2}{2m^*L_y^2}+\frac{\hbar^2k_z^2}{2m^*} \tag{14.11}$$

式中 n_x、n_y 为正整数，L_x、L_y 为 1D 线截面的尺度。

对于原先处于同一连续能带内的载流子，由于在 Z 方向的能量还是连续的，因此在平行于 1D 线的长度方向，电子的能量与波矢的关系仍然是抛物线，但对应每一个 n_x、n_y 的组合，抛物线的图形整体发生移动，即原先的导带和价带分裂为一系列的能带，其情况与 2D 时完全类似。另外，等能面也从原先的旋转椭球转变为一系列的抛物线。

在 2D 系统状态密度的分析中，我们要考虑 2D 的倒空间。同样，对于 1D 系统的状态密度，我们也要考虑 1D 的倒空间。k 空间中一个状态所占的长度积为$\frac{2\pi}{L_z}$，因此位于波矢 $\boldsymbol{k}$、长度为 $\mathrm{d}k$ 范围内的状态数为$\frac{\mathrm{d}k}{2\pi/L_z}=\frac{L_z}{2\pi}\mathrm{d}k$，式中 L_z 为 1D 线的长度。这样单位长度 $\mathrm{d}k$ 范围内的状态数为

$$\rho(k)\mathrm{d}k=\frac{1}{2\pi}\mathrm{d}k \tag{14.12}$$。

把上述表达式用能量空间表示，并考虑到电子的自旋，我们得到能量在 E 与 $E+\mathrm{d}E$ 之间的状态数为

$$\rho_{1D}(E)\mathrm{d}E=2\times\frac{1}{2\pi}\mathrm{d}k=\frac{1}{\pi}\mathrm{d}\sqrt{\frac{2m^*E}{\hbar^2}}=\frac{1}{\pi\hbar}\sqrt{\frac{2m^*}{E}}\mathrm{d}E \tag{14.13}$$

$$\rho_{1D}(E)=\frac{1}{\pi\hbar}\sqrt{\frac{2m^*}{E}}\propto\frac{1}{\sqrt{E}} \tag{14.14}$$

与讨论 2D 时一样，这里的能量 E 是相对于某个能级 E_n 的，因此上式可以改写为

$$\rho_{1D}(E)=\frac{1}{\pi\hbar}\sqrt{\frac{2m^*}{E-E_n}} \tag{14.15}$$

因此，1D 系统中电子的状态密度正比于 $1/\sqrt{E-E_n}$。图 14.12 为理想 1D 线中电子状态密度的示意图，图 14.13 为一个实际 1D 系统的状态密度。在实际的 DOS 中，我们可以看到分立能级及每个分立能级附近与 $1/\sqrt{E-E_n}$ 成正比的 1D 线的 DOS。另外，从图中也可以看到 3D 效应的存在，这是因为实际 1D 系统的截面积不可能等于 0。

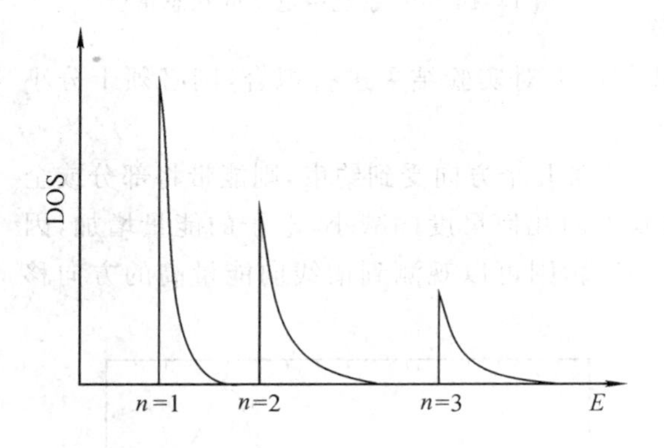

图 14.12　1D 线中电子状态密度

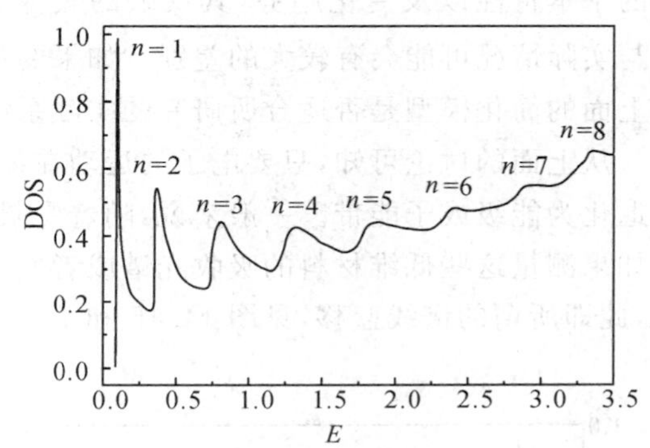

图 14.13　一个实际 1D 系统的状态密度

§ 14.3　0D 系统中电子的能量和状态密度

所谓 0D 系统，就是电子的运动在三个方向都受到约束的系统，例如尺度很小的纳米点就是这样的一个系统。参照前面 2D 和 1D 的分析，我们不难得出电子在这样的系统中运动时能带完全分裂。假定 0D 系统为长方体，则在其中的电子的能量为

$$E=E_n(x,y,z)=\frac{n_x^2h^2}{2m^*L_x^2}+\frac{n_x^2h^2}{2m^*L_y^2}+\frac{n_z^2h^2}{2m^*L_z^2} \tag{14.16}$$

式中 L_x、L_y、L_z 为 0D 点在三个方向的尺度。

如果 0D 点为球形，则

$$E_n=\frac{n^2h^2}{2m^*d^2} \tag{14.17}$$

其中 d 为 0D 粒子的直径。

其态密度如图 14.14 所示。由于电子只能处于分立能态，因此 0D 系统中电子 DOS 为 δ 函数，即 0D 系统中的 DOS 为 $\rho_{0D}(E)=\delta(E-E_n)$，即当电子的能量等于 0D 点中电子的能量本征值时，DOS 不为 0，其余地方均为 0。实际情况比较复杂，一般 DOS 中出现一系列有

一定宽度而且高度有限的峰。

更加全面的分析还需考虑 0D 系统中电子和空穴的相互作用，这样要对电子的在 0D 系统中的能级进行修正，最后

$$E_n=\frac{n^2h^2}{2m^*d^2}-\frac{1.786e^2}{\varepsilon_r d^2}+0.284\frac{m^*e^4}{2\varepsilon_0^2\varepsilon_r^2\hbar^2} \tag{14.18}$$

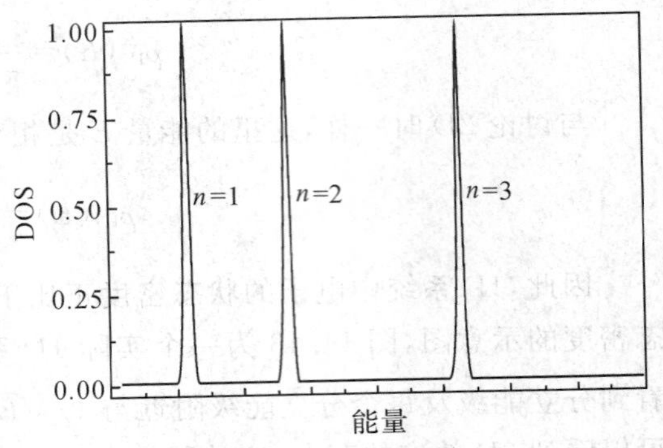

图 14.14 0D 系统中电子的状态密度

以上关于 2D、1D 和 0D 中电子状态密度和电子能量的讨论是建立在近自由电子和平面波近似等简化模型上的，仅仅反映了电子在系统中的基本特性以及变化趋势，其反映的具体数值与实际情况可能会有较大的差别。如果要从数值上对实验结果进行拟合，则必须十分小心上面的简化模型是否适合所研究的实际系统。

从上面的讨论可知，只要电子的运动在某个或某几个方向受到约束，则能带将部分或全部退化为能级或子能带。一般来说，随着受限制方向几何尺度的减小，电子的能量增加，因此如果测量这些低维材料的吸收光谱或者发射光谱，则可以观测到谱线向能量高的方向移动，此即所谓的谱线蓝移，见图 14.15 和 14.16。

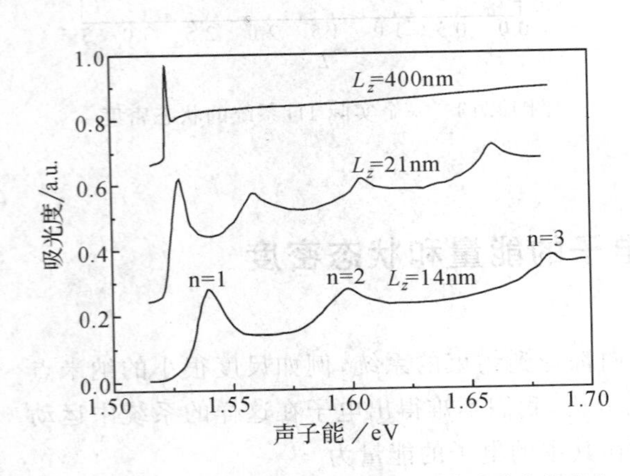

图 14.15 一个量子阱结构的吸收光谱随阱宽的变化

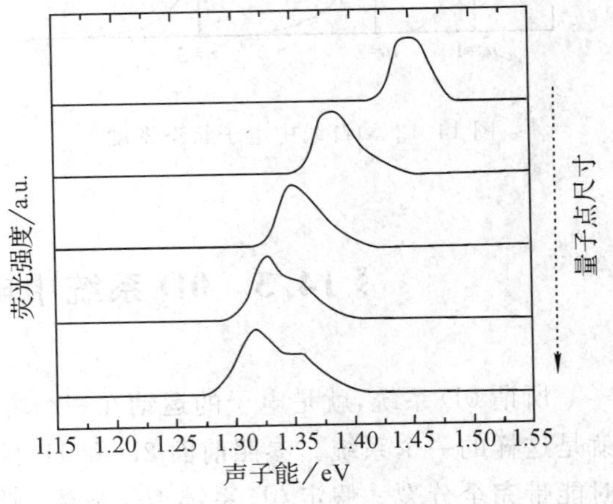

图 14.16 典型的低维(0D)系统的荧光光谱

§ 14.4 低维中的其他物理现象

在前面的几节中，我们简单介绍了低维系统中电子的能量和状态密度与低维结构的形状及尺寸的关系；低维系统中电子能量的不连续特性和低维系统中吸收谱发生蓝移的特性等等。实际上，对于低维系统，还有不少与体材料不同的特性，下面介绍几种纳米粒子中存在的一些现象，例如小尺寸效应，表面效应，量子隧道效应，库仑阻塞与量子隧穿效应以及介电限域效应等等。

§14.4.1 量子约束效应

量子约束效应就是指当电子被束缚于尺度与电子的德布罗依波长相当的空间范围内时，其准连续的能带将在 k 空间的一个或几个方向退化为分立能级，这种能级分立造成电子在跃迁时吸收或发出的光子能量的增加，即蓝移现象。前面有关 2D、1D、0D 中能量及状态密度的讨论已经解释了量子约束效应的起因，我们不再在这里重复。

§14.4.2 久保(Kubo)理论与库仑阻塞

久保认为，要从超微颗粒中取走或注入一个电子是十分困难的。假如一个直径为 d 的粒子，它本身有一个电子，从静电能考虑，可得出从中取走一个电子需要的能量为

$$W \propto \frac{e^2}{4\pi\varepsilon_0\varepsilon_r d} \gg kT \tag{14.19}$$

因此，粒子越小，从它内部取出或放入一个电子所需的能量越大。例如从一个直径为 1mm、带有一个电荷、相对介电常数为 1 的颗粒中取走一个电子需要的能量为 1μeV 的数量级。若粒子的直径减小为 10nm，则从中取走或放入一个电子所需的能量为 0.1eV 的数量级。若粒子的直径进一步缩小到 1nm，则从中取走或放入一个电子所需的能量为 1eV 的数量级。可见当粒子的尺寸很小时，取出或放入一个电子所需克服的能量大大增加。

也可以从电容的角度考虑这个问题。从静电学可知，假如一个电容器的电容为 C，所带的电荷为 q，这电容、电荷、静电能之间有以下的关系：

$$Q = CU, E = \frac{Q^2}{2C} = \frac{1}{2}CU^2 \tag{14.20}$$

因此向一个电容量为 C 的电容器充入电荷量为 e 的电荷时所需的能量为 $\frac{e^2}{2C}$。若 C 很大，则充入一个电子电荷所需的能量很小，即电子几乎可以连续充入到电容器内。但对于一个独立的小体系，例如纳米点，由于纳米颗粒对应的电容量 C 很小，因此充入一个电子所需的能量较大，此能量称为库仑阻塞能 $\frac{e^2}{2C}$。如果从电压上考虑，就是使电子从一个量子点转移到另一个量子点，必须加上大于 $\frac{e}{C}$ 的电压，此现象称为纳米粒子的库仑阻塞现象。

由于室温下的 kT 约为 26meV，很小，因此纳米系统内的电子不能轻易跑到纳米粒子外面，所以粒子内电子的数目非常稳定。图 14.17 为一个以纳米晶体为栅极的 MOSFET 的示意图。与普通的 MOSFET 不同，这种纳米 MOSFET 的栅极中包裹了一些半导体纳米颗粒。当加在栅极上的负偏压足够高时，电子可以通过隧道效应从氧化层进入沟道区，引起纳米点上电势的变化，即引起栅极电压的变化，因而使得流经源极－漏极的电流变化。

这种 MOSFET 的漏极电流与栅极电压的关系与普通 MOSFET 的不同，它的漏极电流不是随栅极电压的增加单调变化的，而出现一系列的峰值。这是因为当栅极电压从 0 增加时，开始阶段纳米粒子内的电子没有足够的能量，因此跑不出来，所以漏极电流增加很小。当栅极电压高到一定程度时，开始有一个电子跑出来，使得纳米粒子带电，导致栅极电压突变，因而漏极电流迅速增加。但一旦这个电子跑出来后，再要从这个粒子中拿走第二个电子

就变得更困难了，因此电流不再有较大的变化。这个情形有点像原子的电离过程，即二次电离能要比一次电离能大得多。当继续增加栅极电压以致可以从纳米颗粒中取出第二个电子时，漏极电流又一次迅速增加，如此，随着栅极电压的增加，纳米粒子中不断有电子被一个一个拉出来，使得漏极电流发生台阶状的变化，见图 14.18。

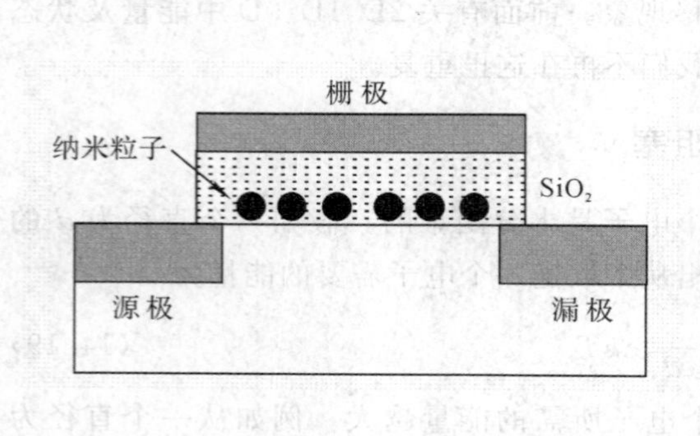

图 14.17 一种单电子晶体管示意图

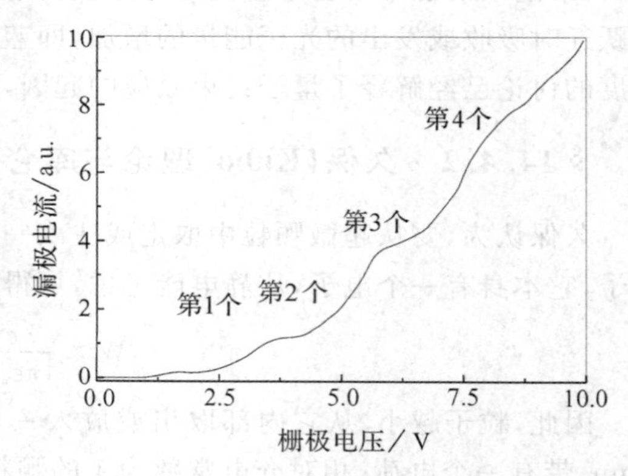

图 14.18 单电子晶体管的漏极电流与栅极偏压的关系

不难看出，对于这种器件，只要纳米粒子中的电荷数量变化一个电子电荷，则漏极电流就可以发生较大变化，这就是所谓的单电子晶体管，它是单电子器件的一种。单电子器件的开关只需几个电子的电荷，因此工作电流非常小，能耗极低加上单电子器件的尺寸很小，集成度很高，因此，单电子器件是目前半导体材料与器件研究的热点之一。

§14.4.3 小尺寸效应

当粒子的尺寸小于光波波长或德布罗依波长等特征尺寸时，晶体的周期性边界条件被破坏，不但可能导致上面所述的电子性能的变化，而且也会导致声子性能改变。例如可以使得材料的光吸收增加，声子谱发生变化等，由此导致材料光学性能如红外光吸收谱以及拉曼光谱的变化等。

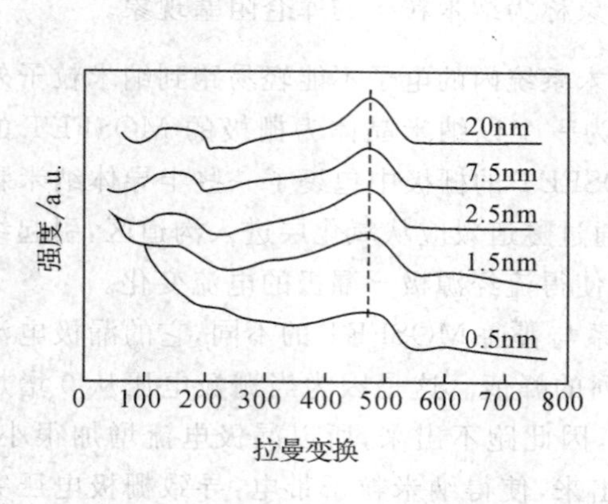

图 14.19 纳米硅粒子的拉曼光谱

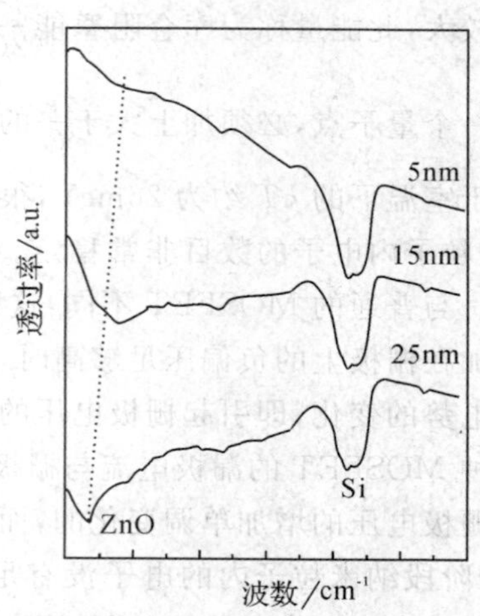

图 14.20 纳米 ZnO 粒子的红外光谱

可见随着粒子尺寸的变化，纳米硅粒子的拉曼光谱的谱峰位置及谱线形状发生了变化，同样纳米 ZnO 粒子的红外光谱的谱峰位置与形状也发生显著的变化。这说明了纳米体系中声子的色散关系以及能量确实发生了变化。

半导体低维系统正在或将在光电子器件、光子器件以及量子器件中得到广泛的应用，但相关的理论研究还不够成熟。本书仅仅介绍了一些基本概念及原理，有兴趣的读者请参考相关文献。

参考文献

[1] Semiconductor pgysics and applications, M. Balkanski and R. F. Wallis, Oxford university press, 2000
[2] 沈学础.半导体光学性质.北京:科学出版社,1992.6.
[3] 施敏.半导体器件物理与工艺.赵鹤鸣,钱敏,黄秋萍译.苏州:苏州大学出版社,2002
[4] 刘文明.半导体物理.吉林:吉林人民出版社,1982.9
[5] 刘恩科,朱秉升,罗晋生.半导体物理.北京:电子工业出版社,2003.8
[6] 孟宪章,康昌鹤.半导体物理.吉林:吉林大学出版社,1993
[7] 黄昆,韩汝琦.固体物理.北京:高等教育出版社,2004.1
[8] 基泰尔.固体物理导论.北京:科学出版社,1979
[9] 周世勋主编.量子力学.北京:高等教育出版社,1979
[10] 蔡建华.量子力学.北京:高等教育出版社,1980
[11] 缪家鼎,徐文娟,牟同升.光电技术.杭州:浙江大学出版社,1995.3
[12] 母国光,战元龄编.光学.北京:高等教育出版社,1978.3
[13] 虞丽生.半导体异质结物理.北京:科学出版社,1990.5
[14] 杨福家.原子物理学第三版,北京:高等教育出版社,2000.7
[15] 方俊鑫,陆栋.固体物理学(上册).上海:上海科学技术出版社,1993
[16] 曾谨言.量子力学导论.北京:北京大学出版社
[17] 曾谨言.量子力学,北京:科学教育出版社,1999
[18] 王正行.近代物理学.北京:北京大学出版社,2004.7
[19] 程守洙,江之永著.普通物理(第一、二、三册).北京:高等教育出版社